计算机"十三五"规划教材

中文版 Office 2010 办公自动化实例教程

主 编 韦邦民 丁 凝 徐 杰
副主编 常学川 涂中明 郑盼民 冯 宁

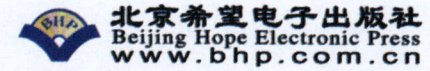

内容简介

本书通过实例的编写方式详细地介绍了使用 Office 2010 进行电脑办公的方法与技巧，帮助读者快速掌握 Office 应用技能。本书共 11 章，主要包括 Office 2010 操作基础，Word 2010 文档的编辑与美化，Word 2010 文档图文混排，Word 2010 文档的页面设置与打印，Excel 2010 电子表格基本操作，Excel 2010 表格的编辑与美化，使用公式与函数，数据的排序、筛选与分析，PowerPoint 2010 基本操作，演示文稿风格统一与美化，演示文稿动画设置与放映等知识。

本书既可作为应用型本科院校、职业院校的教材，也可供具有一定 Office 操作技能并希望进一步提高的读者阅读，同时也是电脑办公人员、家庭电脑初学者的最佳自学教材。

图书在版编目（CIP）数据

中文版 Office2010 办公自动化实例教程 / 韦邦民，丁凝，徐杰主编. -- 北京：北京希望电子出版社，2017.8（2023.8 重印）

ISBN 978-7-83002-483-3

Ⅰ. ①中… Ⅱ. ①韦… ②丁… ③徐… Ⅲ. ①办公自动化—应用软件—教材 Ⅳ. ①TP317.1

中国版本图书馆 CIP 数据核字（2017）第 181103 号

出版：北京希望电子出版社	封面：赵俊红
地址：北京市海淀区中关村大街 22 号 中科大厦 A 座 9 层	编辑：龙景楠
	校对：李 冰
邮编：100190	开本：787mm×1092mm 1/16
网址：www.bhp.com.cn	印张：16.75
电话：010-82626270	字数：428 千字
传真：010-62543892	印刷：唐山唐文印刷有限公司印制
经销：各地新华书店	版次：2023 年 8 月 1 版 2 次印刷

定价：68.00 元

前　言

　　Office 2010 是微软公司推出的办公套装软件，其中应用最为广泛的 3 个组件是 Word 2010、Excel 2010 和 PowerPoint 2010。Word 2010 主要用于制作专业的办公文档和可供印刷的出版物；Excel 2010 主要用于制作各种电子表格；PowerPoint 2010 主要用于制作具有专业外观的演示文稿。同时，3 个软件之间具有很强的兼容性，因此被广泛应用于文秘办公、行政管理、财务出纳、市场营销、学校教学和协同办公等事务中。为帮助广大读者快速掌握 Office 办公自动化实用功能，我们专门组织专家和一些一线骨干老师编写了《中文版 Office 2010 办公自动化实例教程》一书。本书具有以下几个特点：

　　（1）全面介绍 Office 2010 基本功能及实际应用，以各种重要技术为主线，然后对每种技术中的重点内容进行详细介绍。

　　（2）运用实例的写作手法和写作思路，使读者在学习本书之后能够快速掌握 Office 办公操作，真正成为 Office 2010 应用的行家里手。

　　（3）全面讲解 Office 2010 软件功能，内容丰富，步骤讲解详细，实例效果易于理解，读者通过学习能够真正解决在实际工作和学习中遇到的难题。

　　（4）以实用为教学出发点，以培养读者在实际应用能力为目标，通过通俗易懂的文字和手把手的教学方式讲解 Office 软件操作中的要点、难点，使读者全面掌握 Office 应用技能。

　　本书共 11 章，主要包括 Office 2010 操作基础，Word 2010 文档的编辑与美化，Word 2010 文档图文混排，Word 2010 文档的页面设置与打印，Excel 2010 电子表格基本操作，Excel 2010 表格的编辑与美化，使用公式与函数，数据的排序、筛选与分析，PowerPoint 2010 基本操作，演示文稿风格统一与美化，以及演示文稿动画设置与放映等知识。

　　本书由南京东方文理研修学院的韦邦民、沈阳职业技术学院的丁凝和贵州广播电视大学的徐杰担任主编，由嵩山少林武术职业学院的常学川、江西司法警官学校的涂中明、衡水科技工程学校的郑盼民和冯宁担任副主编。本书的相关资料和售后服务可扫本书封底的微信二维码或登录 www.bjzzwh.com 下载获得。

　　本书在编写过程中难免有疏漏和不当之处，敬请各位专家及读者不吝赐教。

编者

目 录

第 1 章　Office 2010 操作基础 1

【本章导读】 1
【本章目标】 1
1.1　Office 2010 基本知识 1
　实例 1　启动 Office 2010 组件 1
　实例 2　关闭 Office 2010 组件 3
1.2　Office 2010 工作界面 4
　实例 1　Word 2010 的工作界面 4
　实例 2　Excel 2010 的工作界面 6
　实例 3　PowerPoint 2010 的工作界面 7
　实例 4　自定义工作界面 8
1.2　Office 2010 基本操作 10
　实例 1　新建文件 11
　实例 2　打开文件 12
　实例 3　保存文件 13
　实例 4　退出与关闭文件 14
本章小结 15
本章习题 16

第 2 章　Word 2010 文档的编辑与
　　　　　美化 17

【本章导读】 17
【本章目标】 17
2.1　输入与编辑文本 17
　实例 1　输入文本 17
　实例 2　选择文本 20

　实例 3　复制与粘贴文本 22
　实例 4　撤销、恢复和重复操作 23
　实例 5　查找与替换文本 24
2.2　编辑文本和段落格式 26
　实例 1　设置文本格式 26
　实例 2　设置段落格式 29
2.3　添加项目符号和编号 33
　实例 1　添加项目符号 33
　实例 2　插入编号 34
2.4　设置边框和底纹 36
　实例 1　为文字添加边框和底纹 36
　实例 2　为段落添加边框和底纹 37
2.5　使用特殊排版方式 38
　实例 1　创建首字下沉效果 38
　实例 2　创建带圈字符 39
　实例 3　为文字添加拼音 40
本章小结 41
本章习题 42

第 3 章　Word 2010 文档图文混排 43

【本章导读】 43
【本章目标】 43
3.1　添加自选图形 43
　实例 1　插入自选图形 43
　实例 2　调整、旋转与对齐图形 45
　实例 3　设置图形样式 47

中文版 Office 2010 办公自动化实例教程

3.2 添加文本框 47
   实例 1 创建文本框 48
   实例 2 设置文本框效果 49
3.3 添加艺术字 50
   实例 1 插入艺术字 50
   实例 2 设置艺术字效果 51
3.4 添加图片 52
   实例 1 插入图片 52
   实例 2 调整图片大小 53
   实例 3 裁剪图片 54
   实例 4 设置图片样式 55
   实例 5 设置图片位置 56
   实例 6 删除图片背景 58
3.5 插入 SmartArt 图形 59
   实例 1 创建 SmartArt 图形 59
   实例 2 更改布局 60
   实例 3 应用 SmartArt 图形样式 62
3.6 应用表格 63
   实例 1 创建表格 63
   实例 2 输入数据 65
   实例 3 插入行或列 66
   实例 4 删除单元格、行或列 68
   实例 5 拆分单元格 70
   实例 6 调整表格行高和列宽 71
   实例 7 设置边框和底纹 72
   实例 8 套用表格样式的操作 73
   实例 9 对表格数据进行计算与排序 ... 73
本章小结 75
本章习题 75

第 4 章 Word 2010 文档的页面设置与打印 77

【本章导读】 77
【本章目标】 77
4.1 文档页面设置 77
   实例 1 设置页边距与纸张方向 77
   实例 2 设置纸张类型 78
   实例 3 设置页面版式 79
   实例 4 设置页面分栏 80
4.2 使用分页符 81
   实例 1 插入分页符 82
   实例 2 插入分栏符 82
4.3 使用分节符 83
   实例 1 插入连续分节符 83
   实例 2 使用其他分节符 83
4.4 设置页面背景 84
   实例 1 添加水印 84
   实例 2 修改页面颜色 85
   实例 3 设置页面边框 87
4.5 使用页面主题 88
   实例 1 使用自带主题 88
   实例 2 自定义主题颜色 89
4.6 添加页眉、页脚与页码 90
   实例 1 添加页眉和页脚 90
   实例 2 添加页码 92
4.7 打印文档 93
   实例 1 基本打印设置 93
   实例 2 文档打印设置 94

实例 3　打印预览 95

本章小结 95

本章习题 96

第 5 章　Excel 2010 电子表格基本操作 98

【本章导读】 98

【本章目标】 98

5.1　工作表的基本操作 98

实例 1　添加多个工作表 98

实例 2　对工作表进行重命名 100

实例 3　复制已有工作表 101

实例 4　调整工作表顺序 102

实例 5　删除工作表 103

实例 6　冻结工作表 104

实例 7　拆分工作表 105

5.2　单元格基本操作 106

实例 1　插入与删除单元格 106

实例 2　合并多个单元格 108

实例 3　调整行高与列宽 109

5.3　数据保护 110

实例 1　保护工作表 111

实例 2　为工作簿设置密码 112

本章小结 113

本章习题 113

第 6 章　Excel 2010 表格的编辑与美化 116

【本章导读】 116

【本章目标】 116

6.1　输入表格数据 116

实例 1　输入常用内容 116

实例 2　批量输入数据 117

实例 3　快速输入数据序列 118

实例 4　自动填充日期 118

实例 5　设置自定义填充序列 119

6.2　编辑表格数据 121

实例 1　移动表格数据 121

实例 2　复制表格数据 121

实例 3　查找与替换数据 122

实例 4　清除数据格式 123

实例 5　删除单元格内容 124

6.3　设置数字格式 124

实例 1　设置字体格式 124

实例 2　设置对齐方式 125

实例 3　设置数字格式 126

实例 4　设置日期格式 126

实例 5　自定义数字格式 127

6.4　在表格中添加图片 128

实例 1　插入图片 128

实例 2　调整图片位置和大小 129

6.5　在表格中应用形状 130

实例 1　插入形状 130

实例 2　插入 SmartArt 图形 131

6.6　美化表格 132

实例 1　添加表格边框 132

实例 2　设置填充效果 133

实例 3　套用表格格式 134

实例 4　套用单元格样式 135

实例 5　设置条件格式 135

实例 6　设置工作表标签颜色 136

本章小结 137

本章习题 137

第 7 章　使用公式与函数 139

【本章导读】 139

【本章目标】 139

7.1　公式的基本知识 139

7.2　输入并编辑公式 141

实例 1　输入公式 141

实例 2　复制公式 143

实例 3　编辑与移动公式 143

实例 4　自动填充公式 144

7.3　单元格引用 144

实例 1　相对引用单元格 145

实例 2　绝对引用单元格 145

实例 3　混合引用单元格 146

实例 4　不同工作表的引用 146

实例 5　命名单元格 147

实例 6　通过名称引用单元格 148

实例 7　审核与更正公式 149

7.4　函数的基本操作 150

实例 1　手动输入函数 151

实例 2　利用向导输入函数 151

实例 3　使用嵌套函数 153

7.5　使用常见函数 154

实例 1　使用 SUM 函数求和 154

实例 2　使用 AVERAGE 函数
　　　　求平均值 155

实例 3　使用 PRODUCT 函数求积 157

实例 4　使用 MAX 函数求最大值 158

实例 5　使用日期和时间函数 159

本章小结 160

本章习题 161

第 8 章　数据的排序、筛选与
　　　　分析 163

【本章导读】 163

【本章目标】 163

8.1　数据的排序 163

实例 1　对数据快速排序 163

实例 2　复杂排序 164

实例 3　设置排序选项 165

实例 4　自定义排序 166

8.2　数据的筛选 167

实例 1　项目筛选 168

实例 2　数值筛选 169

实例 3　文本筛选 169

实例 4　高级筛选 170

8.3　数据的分类汇总 171

实例 1　创建分类汇总 171

实例 2　嵌套分类汇总 172

实例 3　删除分类汇总 174

8.4　图表的应用 175

实例 1　创建图表 176

实例 2　修改图表类型 177

实例 3　更改图表数据源 178

实例 4　修改图表布局 179

实例 5　移动图表位置 180

实例 6　使用样式美化图表 180

8.5 应用数据透视表 182
　实例1　创建数据透视表 182
　实例2　修改数据透视表字段 183
　实例3　美化数据透视表 184
8.6 应用数据透视图 185
　实例1　创建数据透视图 185
　实例2　编辑数据透视图 186
本章小结 188
本章习题 188

第9章　PowerPoint 2010 基本操作 190

【本章导读】 190
【本章目标】 190
9.1 幻灯片的基础操作 190
　实例1　新建幻灯片 191
　实例2　移动幻灯片 192
　实例3　复制幻灯片 193
　实例4　删除幻灯片 193
9.2 添加幻灯片文字 194
　实例1　使用文本框添加文字 194
　实例2　通过大纲窗格添加文字 195
　实例3　使用编号编辑列表 197
　实例4　使用项目符号编辑条目 198
9.3 插入与编辑数据表格 200
　实例1　插入表格 201
　实例2　编辑表格 201
　实例3　绘制表格 202
9.4 插入与编辑多媒体图片 203
　实例1　插入图片 203

　实例2　编辑图片 204
9.5 使用形状制作图形 205
　实例1　使用形状图形 206
　实例2　使用SmartArt图形 207
　实例3　插入图表 209
9.6 添加与编辑视频文件 210
　实例1　添加指定视频 210
　实例2　编辑视频样式 211
9.7 添加与编辑音频文件 212
　实例1　添加音频文件 212
　实例2　编辑音频 213
本章小结 214
本章习题 215

第10章　演示文稿风格统一与 美化 217

【本章导读】 217
【本章目标】 217
10.1 创建与使用模板 217
　实例1　创建演示文稿模板 217
　实例2　使用自定义模板 219
10.2 设置幻灯片背景 220
　实例1　修改单一幻灯片背景 220
　实例2　应用背景样式 221
　实例3　自定义背景样式 222
　实例4　使用图片背景 223
10.3 应用主题 224
　实例1　应用自带主题 224
　实例2　修改主题 225
　实例3　自定义主题 226

10.4 使用幻灯片母版 227
   实例1 设计母版内容 229
   实例2 修改母版版式 230
   实例3 创建自定义版式 231
本章小结 233
本章习题 233

第11章 演示文稿动画设置与放映 235

【本章导读】 235
【本章目标】 235
11.1 由静态向动态转变 235
   实例1 添加进入动画效果 235
   实例2 添加退出动画效果 236
   实例3 设置动画路径 237
   实例4 删除动画效果 238
11.2 制作更为复杂的动画 239
   实例1 重复添加动画 239
   实例2 调整动画先后顺序 240
   实例3 设置动画选项 240
   实例4 设置动画触发器 241

   实例5 设置动画播放时间 241
   实例6 为幻灯片添加切换效果 242
11.3 设置交互按钮 243
   实例1 添加动作按钮 243
   实例2 打开交互文件 244
   实例3 制作文本按钮 245
   实例4 制作图片按钮 246
11.4 设置超链接跳转 248
   实例1 添加超链接 248
   实例2 添加动作超链接 249
   实例3 删除超链接 250
11.5 幻灯片放映设置 251
   实例1 设置放映方式 251
   实例2 设置排练计时 252
   实例3 设置放映顺序 253
11.6 打包与发布幻灯片 254
   实例1 打包幻灯片 254
   实例2 发布幻灯片 255
本章小结 256
本章习题 256

第1章　Office 2010 操作基础

【本章导读】

Office 2010 是目前使用最为广泛的办公软件，其中包括 Word 2010、Excel 2010、PowerPoint 2010 等一系列办公组件，涵盖了文字处理、电子表格制作、演示文稿制作、数据库管理等应用领域。本章将介绍 Office 2010 的新功能、主要组件及用途、软件的启动与关闭、软件的工作界面以及 Office 2010 基本操作等。

【本章目标】

- 熟悉 Office 2010 的主要组件及其用途。
- 能够轻松启动和关闭 Office 2010。
- 熟悉 Office 2010 的工作界面，了解各部分的功能。
- 能够自定义工作界面；能够对 Office 2010 进行各种基本操作。

1.1　Office 2010 基本知识

Office 2010 是 Microsoft 公司推出的新版本的套装办公软件，其全新设计的用户界面、稳定安全的文件格式、集中高效的运作机制，是众多办公自动化软件中的佼佼者，备受广大计算机办公人员的喜爱。

Microsoft Office 2010 提供一些更丰富和更强大的新功能，让用户可以在办公室、家庭或学校里更高效地工作。利用 Office 2010 可以在视觉上吸引观众的注意力，并用自己的想法启发他们，还可以让整个城市或世界不同角落的多个人同时协作，并可以实时访问自己的文件。Office 2010 有很多组件，在办公中经常用到的三大组件有 Word、Excel 和 PowerPoint。

实例 1　启动 Office 2010 组件

启动 Office 2010 组件的方法有多种，如通过"开始"菜单启动、通过快捷方式或通过文件直接启动，用户可以根据需要选择不同的启动方法。

1. 通过"开始"菜单启动

在默认情况下，安装的所有 Office 2010 组件都会出现在"开始"菜单的程序列表中，因此可以从"开始"菜单中启动 Office 组件，具体操作方法如下。

Step 01　单击"开始"按钮，在弹出的"开始"菜单中单击"所有程序"命令，如图 1-1 所示。

中文版 Office 2010 办公自动化实例教程

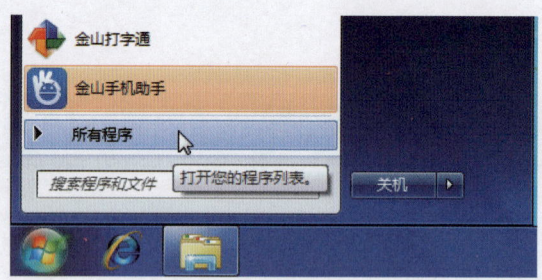

图 1-1　单击"所有程序"命令

Step 02 选择 Microsoft Office 选项，展开后即可看到 Office 2010 的所有组件。单击某一组件即可启动相应的程序，如单击 Microsoft Word 2010 组件（图 1-2），即可启动 Word 2010，如图 1-3 所示。

图 1-2　单击 Microsoft Word 2010 组件　　　　图 1-3　启动 Word 2010

2. 通过桌面快捷方式启动

经常使用某些组件的用户可以在桌面上创建这些程序的快捷方式，通过快捷方式图标来启动程序非常方便。在桌面上双击程序的快捷方式图标即可启动程序，如双击 Excel 2010 快捷方式图标（图 1-4），即可快速启动 Excel 2010，如图 1-5 所示。

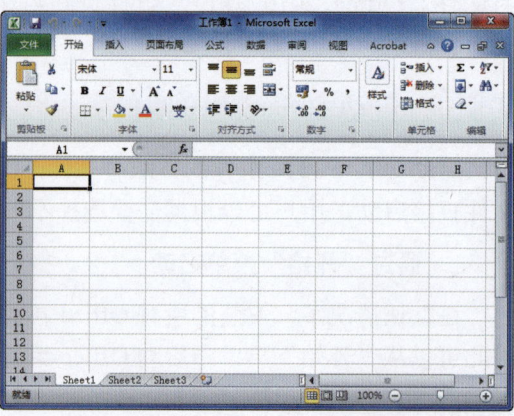

图 1-4　双击 Excel 2010 快捷方式图标　　　　图 1-5　启动 Excel 2010

3．通过文档直接启动

还可以通过双击已经存在的文档直接启动程序。例如，双击已经存在的 PowerPoint 文档（图 1-6），即可启动 PowerPoint 2010，如图 1-7 所示。

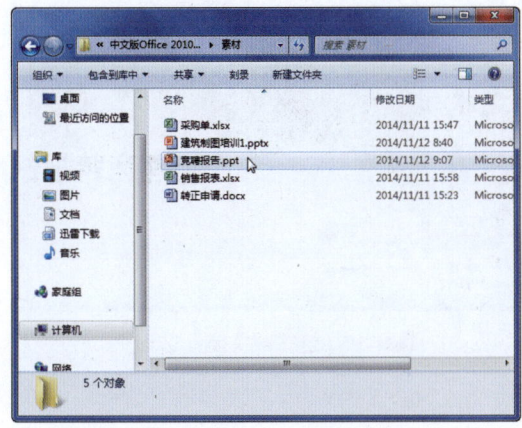 

图 1-6　双击 PowerPoint 文档　　　　　　图 1-7　启动 PowerPoint 2010

实例 2　关闭 Office 2010 组件

关闭 Office 2010 组件也有多种方法，下面简要介绍几种常用方法。

1．单击"关闭"按钮

单击标题栏右侧的"关闭"按钮，即可直接关闭组件，如图 1-8 所示。这是最常用的关闭方法，是 Windows 操作系统下通用的操作方法。

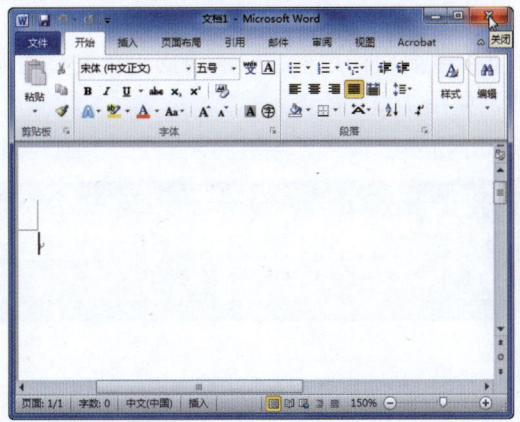

图 1-8　单击"关闭"按钮

2．使用"退出"选项

可通过程序的相关菜单命令来关闭程序。单击"文件"按钮，在左侧选择"退出"选项，即可关闭组件，如图 1-9 所示。

3．使用右键快捷菜单

右击文档窗口的标题栏，在弹出的快捷菜单中选择"关闭"选项，也可关闭组件，如

图 1-10 所示。

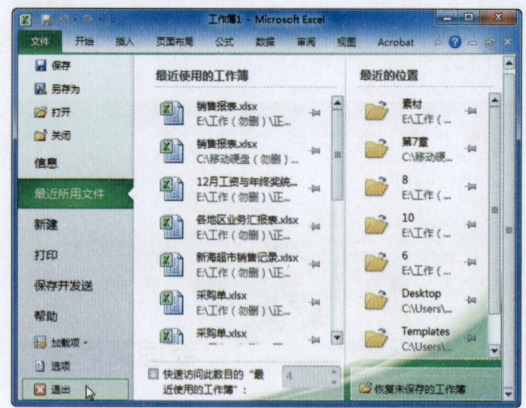

图 1-9 选择"退出"选项

图 1-10 选择"关闭"选项

1.2 Office 2010 工作界面

在使用软件之前，应先熟悉其工作界面，了解各部分的功能，这样在以后进行操作时才能更加高效、快捷。Office 2010 各个组件的工作界面大体相似，只要熟悉了其中一个组件的工作界面，再使用其他组件就变得非常容易了。本节主要对 Office 2010 三大组件的工作界面进行详细介绍。

实例 1　Word 2010 的工作界面

Word 2010 的工作界面主要由标题栏、快速访问工具栏、功能区、文档编辑区、状态栏、视图工具栏等组成，如图 1-11 所示。

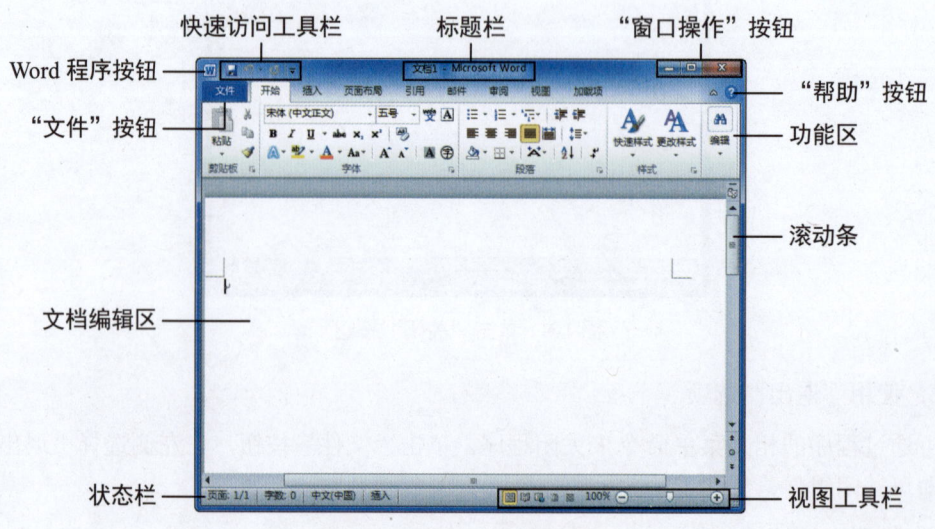

图 1-11 Word 2010 工作界面

➤ **Word 程序按钮**：Word 程序按钮位于窗口的左上角，单击它将弹出一个下拉菜单，其中包含了"还原""移动""关闭"等命令，选择不同的命令，可以执行相应的操作。

➢ **快速访问工具栏**：通过该工具栏可以快速对文档进行保存、恢复和撤销等操作。快速访问工具栏上的工具按钮可根据需要进行添加或删除。单击其右侧的▼按钮，在弹出的下拉菜单中选择需要添加的工具即可。

➢ **标题栏**：标题栏用于显示当前的文档标题与类型。

➢ **"窗口操作"按钮**：通过"窗口操作"按钮可以对窗口执行最小化、最大化和关闭操作。

➢ **"文件"按钮**：单击该按钮，可打开"文件"窗格，从中可以对文档执行保存、新建、打印和发送等操作。

➢ **功能区**：功能区包含了 Word 的各项命令，按照类型的不同，分别收集在对应选项卡下对应的组中。

➢ **文档编辑区**：文档编辑区用于显示文档内容，是进行文档编辑的主要区域。

➢ **滚动条**：滚动条是窗口右侧和下方用于移动窗口显示区的长条，当页面内容较多或太宽时，就会自动显示滚动条。拖动滚动条中的滑块或单击滚动条中的上下按钮，可以滚动显示文档中的内容。

➢ **状态栏**：状态栏用于显示文档页数、字数和语言等信息。

➢ **视图工具栏**：视图工具栏用于切换视图方式，以及设置文档的显示比例。

➢ **"帮助"按钮**：单击该按钮可以打开"帮助"窗口，在其中可以查找需要的帮助信息。

Word 是文字处理软件，它被认为是 Office 的主要程序之一。可使用 Word 创建和编辑专业的文档，如会议记录、邀请函、论文和报告等，如图 1-12 所示为使用 Word 创建的贺卡，图 1-13 所示为使用 Word 制作的转正申请。Word 具有丰富的审阅、批注和比较功能，有助于快速收集和管理来自其他人的反馈信息；高级的数据集成可确保文档与重要的业务信息源时刻相连。

图 1-12　贺卡

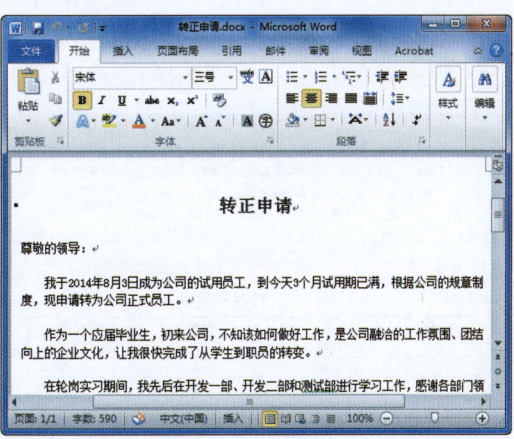

图 1-13　转正申请

实例 2 Excel 2010 的工作界面

Excel 2010 的工作界面和 Word 2010 相似，如图 1-14 所示。

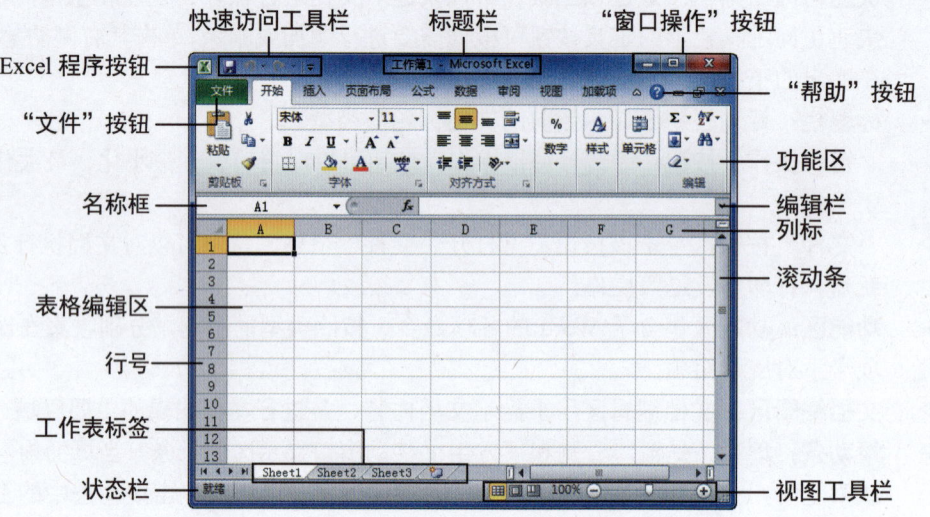

图 1-14 Excel 2010 工作界面

与 Word 2010 相似的组成部分在此不再赘述，下面将介绍 Excel 2010 的特殊组成部分。

- **名称框**：用于显示当前单元格或单元格区域的名称或引用。
- **编辑栏**：用于向所选单元格输入数据或显示所选单元格中的数据。
- **表格编辑区**：表格编辑区用于显示表格内容，是进行表格编辑的主要区域。
- **行号**：用于显示单元格所在行的序号。
- **列标**：用于显示单元格所在列的序号。
- **工作表标签**：用于选择对应的工作表。

Excel 是电子表格处理软件，同样也是 Office 的重要组件之一。利用该软件不仅可以制作各类精美的电子表格，还可以用来计算、统计和分析各种类型的数据，方便地制作复杂的图表和财务统计表，因而得以广泛应用于管理、财经、金融等众多领域中。例如，图 1-15 所示为利用 Excel 制作出的采购单，图 1-16 所示为利用 Excel 制作出的销售图表。

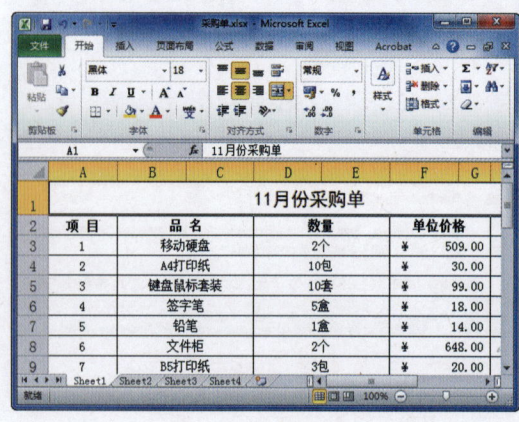

图 1-15 采购单

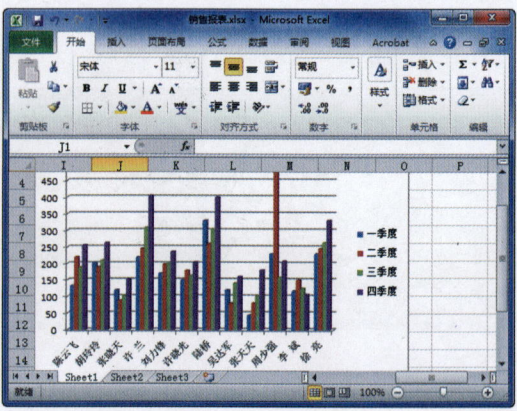

图 1-16 销售图表

实例 3 PowerPoint 2010 的工作界面

PowerPoint 2010 的工作界面如图 1-17 所示。

> **幻灯片编辑区**：主要用于显示和编辑幻灯片。
> **"幻灯片/大纲"窗格**：幻灯片/大纲窗格中主要包括"幻灯片""大纲"选项卡。幻灯片模式是调整和设置幻灯片的最佳模式，该模式下幻灯片会以序号的形式进行排列，可以在此预览幻灯片的整体效果。使用大纲模式可以很好地组织和编辑幻灯片内容。在编辑区的幻灯片中输入文本内容之后，在大纲模式的任务窗格中也会显示文本的内容，甚至可以直接在此输入或修改幻灯片的文本内容。
> **备注窗格**：备注窗格位于"幻灯片编辑区"窗口的下方，是为当前幻灯片添加备注、显示备注的区域。

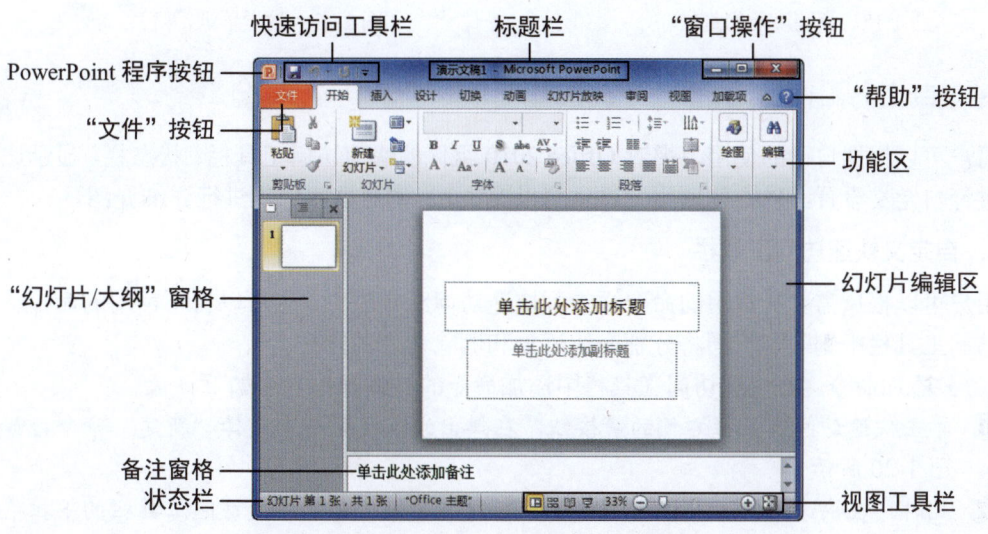

图 1-17 PowerPoint 2010 工作界面

PowerPoint 也是 Office 中非常重要的组件之一，它是一个功能非常强大的制作和演示幻灯片的软件，使用它可以方便、快捷地创建出包含文本、图表、图形、剪贴画和其他艺术效果的幻灯片。PowerPoint 2010 中包含了许多制作精美的设计模板、配色方案和动画方案，用户根据需要可以直接套用，创建的演示文稿既可以在个人计算机上单独播放，也可以通过网络在多台计算机上运行。

PowerPoint 可以创建和编辑用于幻灯片播放、会议和网页的演示文稿，可以制作动态演示文稿用于会议汇报、产品演示等，其形象生动、节省时间、引人注目，可以有效地帮助用户演讲、教学和产品演示等。例如，图 1-18 所示为竞聘演示幻灯片，图 1-19 所示为教学培训幻灯片。

中文版 Office 2010 办公自动化实例教程

图 1-18　竞聘演示幻灯片

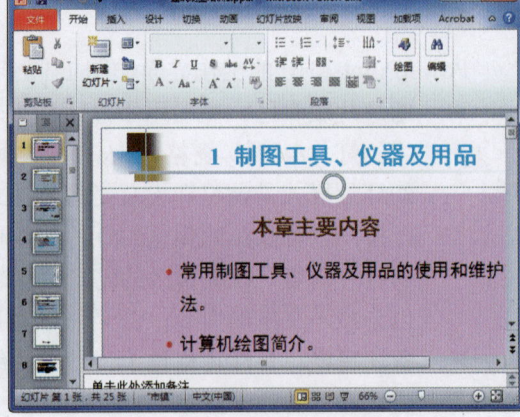

图 1-19　教学培训幻灯片

实例 4　自定义工作界面

用户可以根据自己的使用习惯对 Office 2010 组件的快速访问工具栏、状态栏、显示比例等进行自定义设置，以方便使用。这里将以 Word 为例对这些知识进行详细介绍。

1. 自定义快速访问工具栏

用户可以根据需要将常用的命令添加到快速访问工具栏中，也可以将不常用的命令从快速访问工具栏中删除。下面将分别介绍添加和删除命令的操作。

（1）添加命令。在快速访问工具栏中添加命令的具体操作方法如下。

Step 01　单击快速访问工具栏右侧的 ▼ 按钮，在弹出的下拉菜单中选择"新建"命令，如图 1-20 所示。

Step 02　此时，在快速访问工具栏中添加了"新建"按钮。如果快速访问工具栏的下拉菜单中没有所需的命令，可选择"其他命令"命令，如图 1-21 所示。

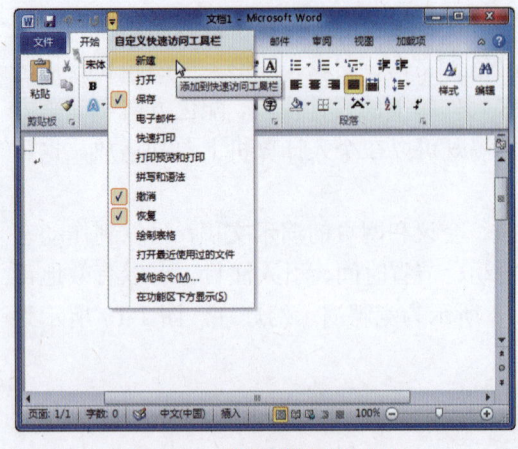

图 1-20　选择"新建"命令

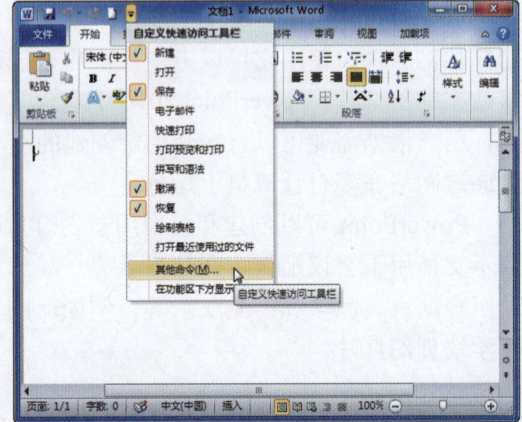

图 1-21　选择"其他命令"命令

Step 03　在弹出的"Word 选项"对话框中选择要添加的命令，如选择"插入来自文件的图片"选项，单击"添加"按钮，然后单击"确定"按钮，如图 1-22 所示。

Step 04 此时,即可看到在快速访问工具栏中已经添加了"插入来自文件的图片"按钮,如图 1-23 所示。

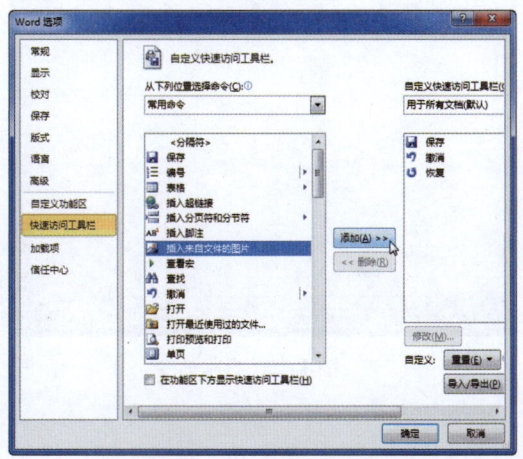
图 1-22 "Word 选项"对话框

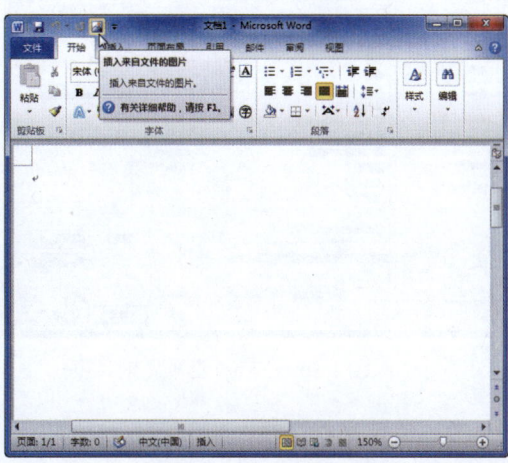
图 1-23 添加命令

(2)删除命令。在快速访问工具栏中删除命令的具体操作方法如下。

Step 01 单击自定义快速访问工具栏右侧的 按钮,在弹出的下拉菜单中取消选择"新建"命令,如图 1-24 所示。

Step 02 此时,在快速访问工具栏中已经删除了"新建"按钮。在快速访问工具栏的下拉菜单中选择"其他命令"命令,如图 1-25 所示。

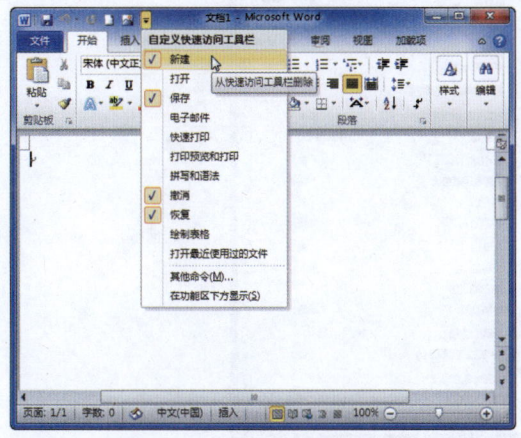
图 1-24 取消选择"新建"命令

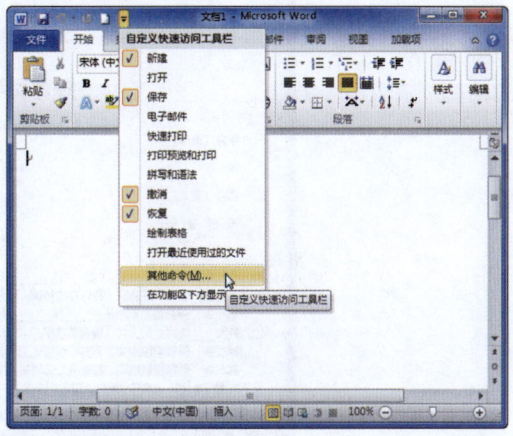
图 1-25 选择"其他命令"命令

Step 03 在弹出的"Word 选项"对话框中选择"插入来自文件的图片"选项,单击"删除"按钮,然后单击"确定"按钮,如图 1-26 所示。

Step 04 此时,即可看到在快速访问工具栏中已经删除了"插入来自文件的图片"按钮,如图 1-27 所示。

中文版 Office 2010 办公自动化实例教程

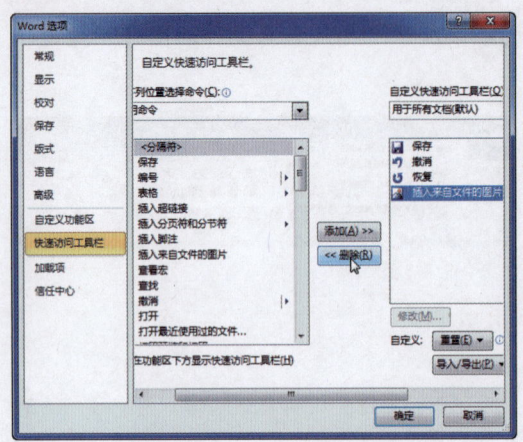

图 1-26 "Word 选项"对话框

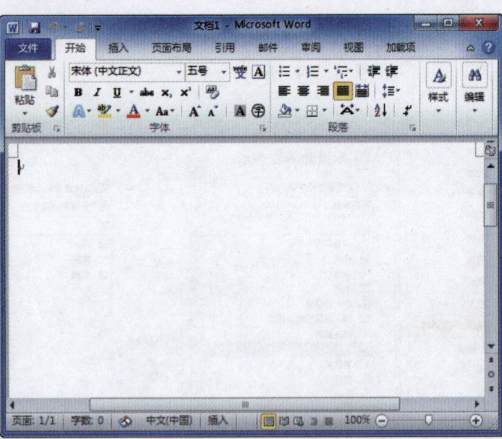

图 1-27 删除命令

2．自定义状态栏

状态栏中显示了当前的文档状态，包括页码、页数和字数等信息。用户可以自定义状态栏，设置需要显示和不需要显示的信息，具体操作方法如下。

右击状态栏，在弹出的快捷菜单中选择需要显示的选项，取消选择不需要显示的选项即可，如图 1-28 所示。

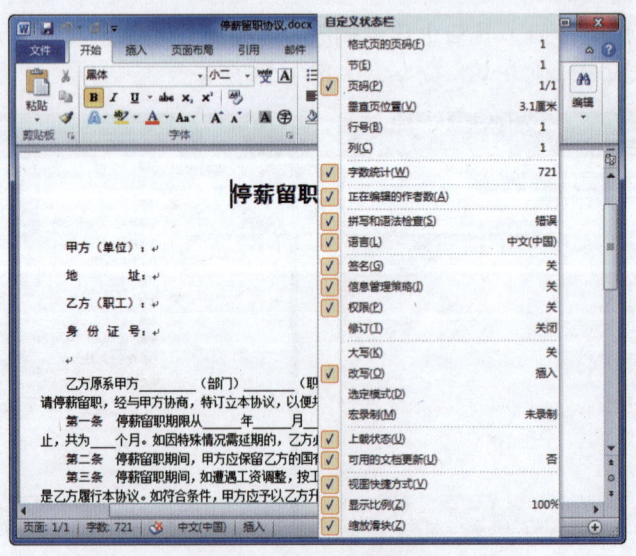

图 1-28 自定义状态栏

1.2　Office 2010 基本操作

在学习 Office 2010 的具体使用方法之前，首先要掌握 Office 2010 的基本操作，如新建文件、打开文件、保存和打印文件等。下面将以 Word 2010 为例进行介绍。

实例 1　新建文件

启动 Word 2010 后，系统会自动创建一个名为"文档 1"的空白文档，用户可以直接在该文档中进行编辑，也可以另外新建其他空白文档或根据 Word 提供的模板新建带有格式和内容的文档，以提高工作效率。

1. 创建空白文档

创建空白文档的具体操作方法如下。

Step 01 打开 Word 2010 程序，单击"文件"按钮，在左侧选择"新建"选项，然后在"可用模板"选项区中选择"空白文档"选项，然后单击"创建"按钮，如图 1-29 所示。

Step 02 此时，即可创建一个空白文档，效果如图 1-30 所示。

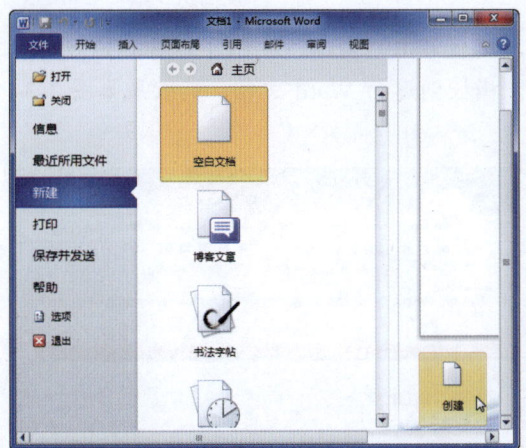 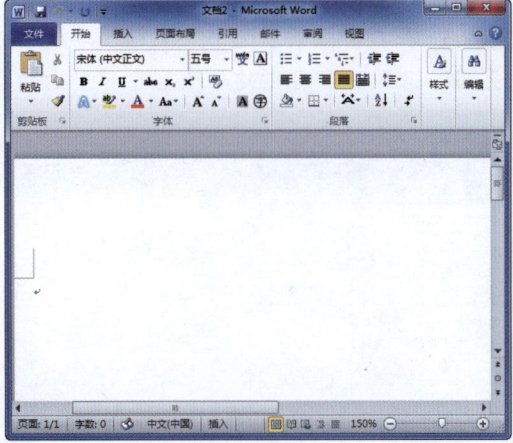

　　图 1-29　选择"空白文档"选项　　　　　　　图 1-30　创建空白文档

在自定义快速访问工具栏中选择"新建"命令或按【Ctrl+N】组合键，也可以快速创建空白文档。

2. 根据已有模板创建文档

在 Word 2010 中，用户可以根据已有模板来创建文档。Word 2010 提供了很多美观、实用的模板供用户选择，还可以通过访问 Internet，从网络上查找更多适合自己需要的模板，直接下载下来进行调用，从而更加高效地完成工作。

根据已有模板来创建文档的具体操作方法如下。

Step 01 单击"文件"按钮，在左侧选择"新建"选项，然后在"可用模板"选项区中选择"样本模板"选项，如图 1-31 所示。

Step 02 在中间窗格的"可用模板"选项区中选择"平衡简历"选项，在右侧可以预览该模板的效果，如图 1-32 所示。

中文版 Office 2010 办公自动化实例教程

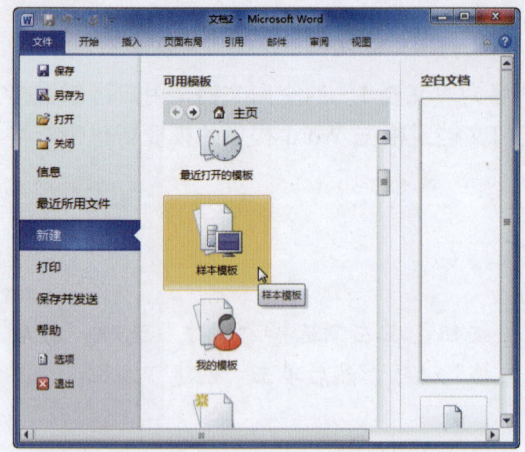

图 1-31　选择"样本模板"选项

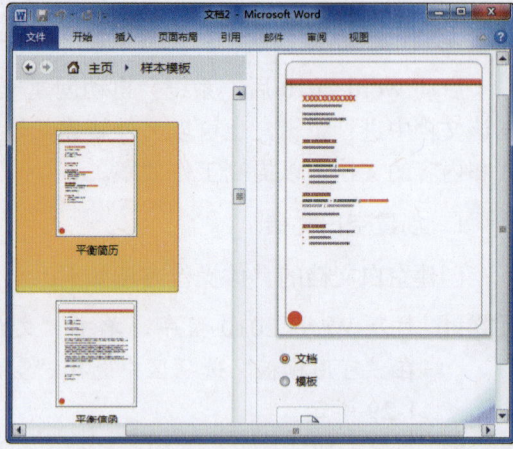

图 1-32　选择"平衡简历"选项

Step 03 在右窗格下方选中"文档"单选按钮，然后单击"创建"按钮，如图 1-33 所示。

Step 04 此时，即可创建一个基于"平衡简历"模板创建的 Word 文档，其效果如图 1-34 所示。

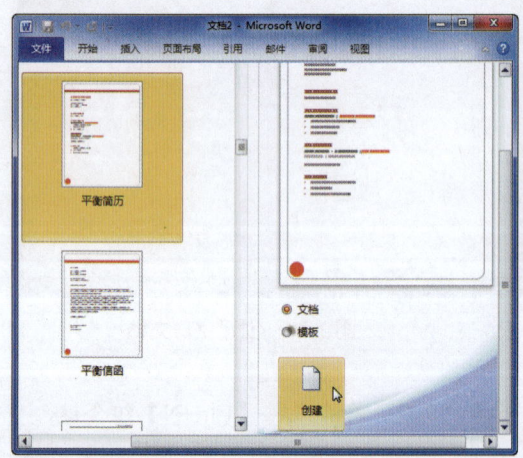

图 1-33　选中"文档"单选按钮

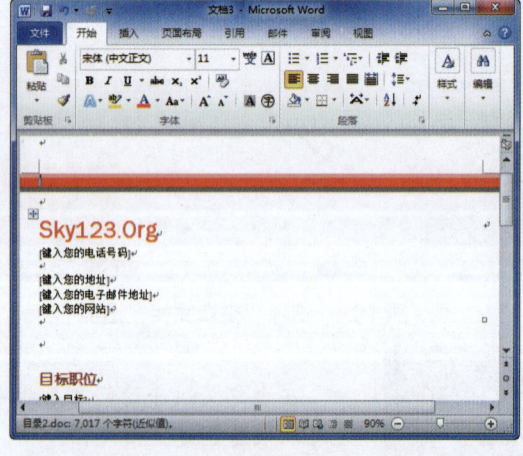

图 1-34　创建基于模板的文档

Word 2010 还提供了对博客的支持，用户可以直接创建博客文章，对其进行任意编辑和美化后发布到网络上。

实例 2　打开文件

在编辑一个已经存在的文件之前，必须先打开该文件。在 Word 2010 中，系统提供了多种打开文档的方法。

Step 01 单击"文件"按钮，在左侧选择"打开"选项，弹出"打开"对话框，选择需要打开的文档，然后单击"打开"按钮，如图 1-35 所示。

Step 02 此时，即可打开所选择的文档，如图 1-36 所示。

Office 2010 操作基础　第 1 章

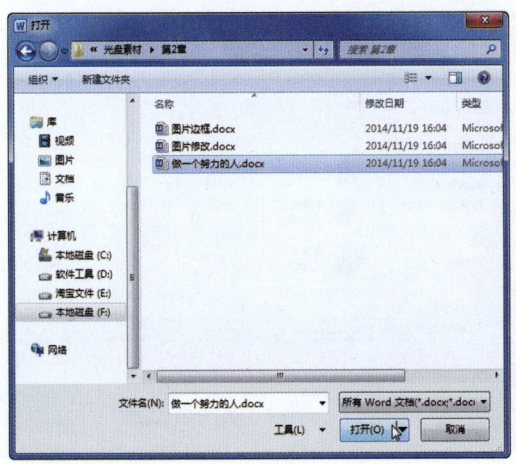

图 1-35 "打开"对话框

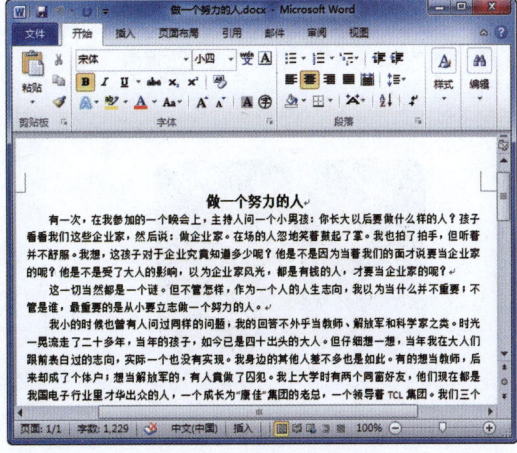

图 1-36 打开所选文档

Step 03　启动 Word 2010 程序，单击"文件"按钮，在左侧选择"最近所用文件"选项，在中间窗格中选择需要打开的文档，如图 1-37 所示。

Step 04　此时，即可打开该文件，如图 1-38 所示。

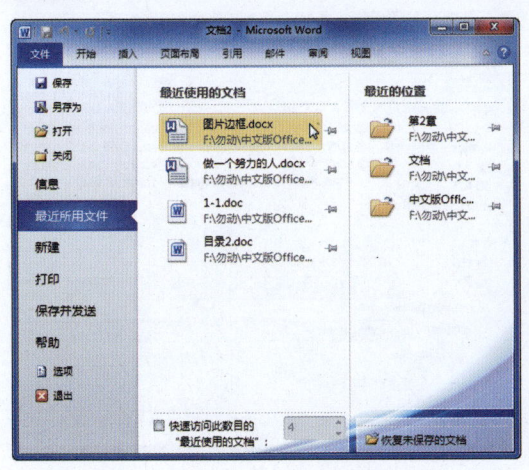

图 1-37 选择最近所用文件

图 1-38 打开文档

实例 3　保存文件

创建并编辑文件后，需要通过保存功能将其存储到计算机中，以便于以后打开和编辑使用。如果不进行保存，编辑的文件内容将会丢失。保存 Word 文档的具体操作方法如下。

Step 01　按【Ctrl + N】组合键，创建一个空白的 Word 文档，然后对其进行编辑操作，效果如图 1-39 所示。

Step 02　单击"文件"按钮，在左侧选择"保存"选项，弹出"另存为"对话框，设置文件保存位置，然后单击"保存"按钮，即可直接保存文档，如图 1-40 所示。

中文版 Office 2010 办公自动化实例教程

图 1-39 创建并编辑文档

图 1-40 "另存为"对话框

Step 03 单击"文件"按钮，在左侧选择"另存为"选项，如图 1-41 所示。

Step 04 弹出"另存为"对话框，设置文件保存位置和文件名，然后单击"保存"按钮，即可另存文件，如图 1-42 所示。

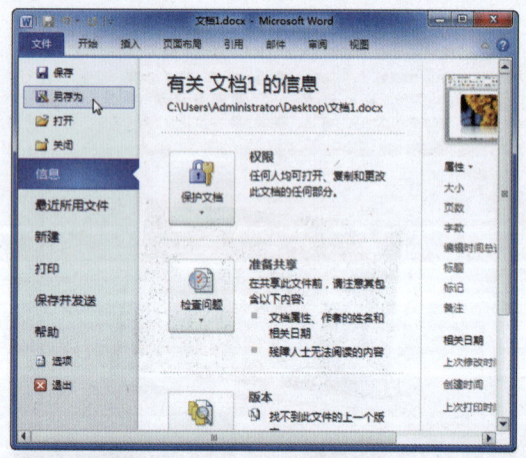

图 1-41 选择"另存为"选项

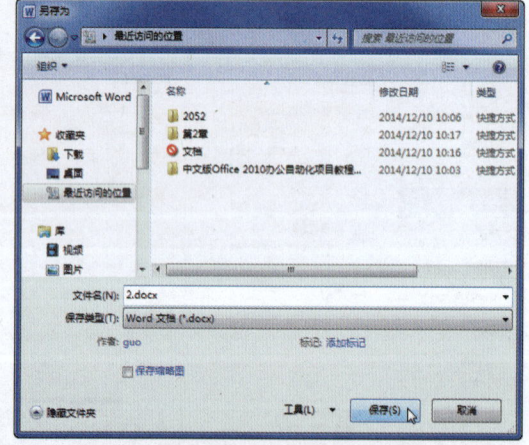

图 1-42 设置文件保存位置和文件名

> Word 2010 的一些新功能在 Word 2003 版本的文档中是不能使用的。若想启用这些新功能，可转换文档：单击"文件"按钮，选择"信息"命令，单击"转换"按钮，弹出 Microsoft Word 提示信息框，单击"确定"按钮即可。

实例 4 退出与关闭文件

关闭文件与退出程序是两个不同的操作，关闭文件可以将当前打开的文件关闭，而不关闭其他同类型的文件窗口；退出程序则是关闭当前打开的所有文件窗口。关闭 Word 文档与退出程序的具体操作方法如下。

Step 01 在要关闭的 Word 文档工作界面中单击"文件"按钮，在左侧选择"关闭"选项，如图 1-43 所示。

Step 02 弹出提示信息框，询问是否保存更改后的文档，单击"保存"按钮，即可将当前文档保存并关闭，如图 1-44 所示。

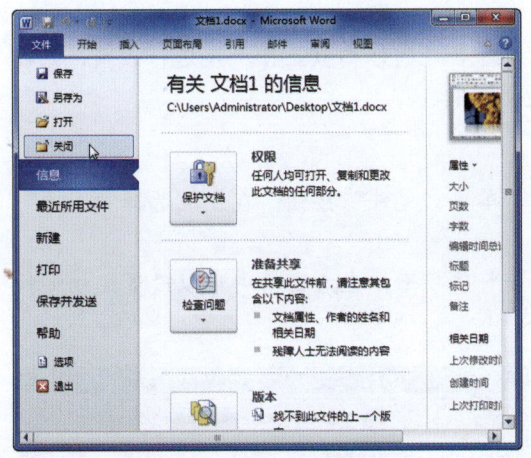

图 1-43 选择"关闭"选项

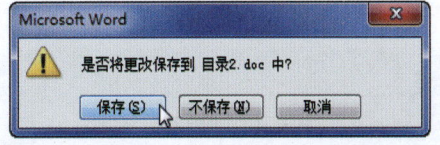

图 1-44 保存并关闭文档

Step 03 如果当前打开了多个 Word 文档，要将其一起关闭，则单击"文件"按钮并选择其中的"退出"选项，如图 1-45 所示。

Step 04 关闭当前打开的文档窗口后，系统还会关闭其他打开的 Word 文档，并弹出提示信息框，提醒用户保存文件，如图 1-46 所示。

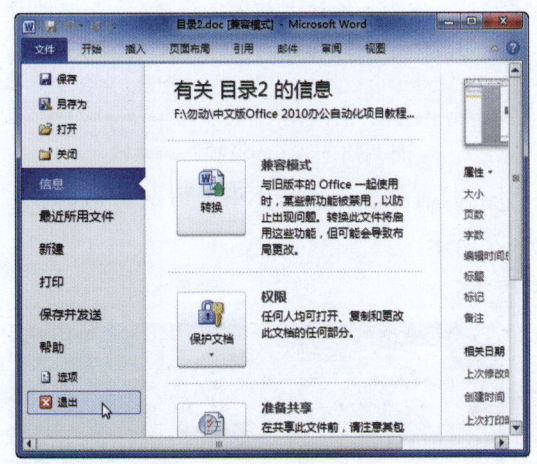

图 1-45 选择"退出"选项

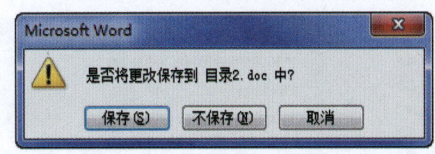

图 1-46 关闭多个文档

本章小结

本章主要介绍了 Office 2010 的新功能、主要组件及其用途、软件的启动与关闭、软件的工作界面以及 Office 2010 的基本操作等。通过对本章的学习，读者应重点掌握以下知识：①熟悉 Office 2010 的主要组件及其用途。②轻松启动和关闭 Office 2010。③熟悉 Office 2010 的工作界面。④掌握 Office 2010 的自定义工作界面以及 Office 2010 的各种基本操作。

中文版 Office 2010 办公自动化实例教程

本章习题

为了让 Office 办公软件使用起来更加得心应手，还可以对其工作环境进行设置，如设置页面显示选项等。下面练习如何设置显示正文边框。

操作提示：

1. 打开"素材文件\第 1 章\文档 1.docx"，单击"文件"按钮，在左侧选择"选项"选项，如图 1-47 所示。

2. 弹出"Word 选项"对话框，选择"显示"选项卡，在右窗格中可以设置文档编辑窗口中要显示的格式标记，如图 1-48 所示。

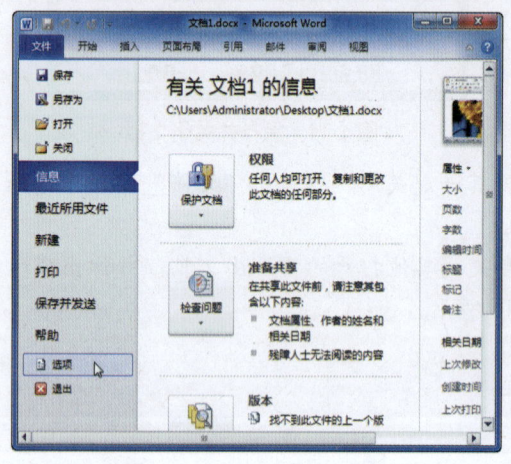

图 1-47　选择"选项"选项　　　　　　图 1-48　"Word 选项"对话框

3. 选择"高级"选项卡，在右窗格的"显示文档内容"选项区中选中"显示正文边框"复选框，然后单击"确定"按钮，如图 1-49 所示。

4. 此时，即可显示正文边框，如图 1-50 所示。

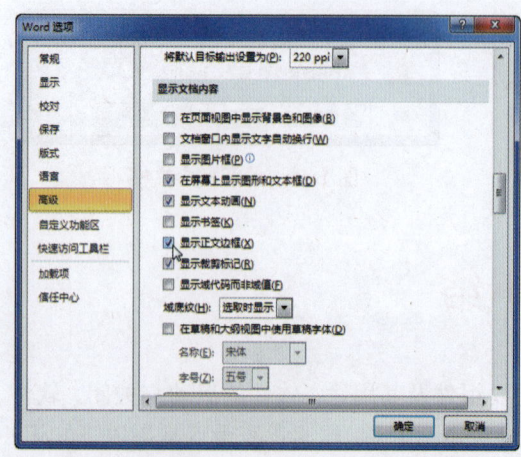
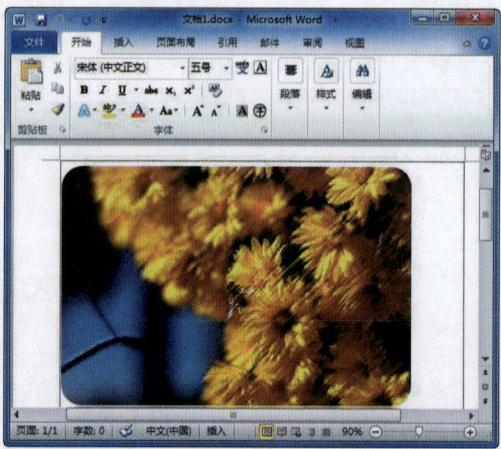

图 1-49　选中"显示正文边框"复选框　　　　图 1-50　显示正文边框

第 2 章　Word 2010 文档的编辑与美化

【本章导读】

本章将学习在 Word 2010 中输入与编辑文本、编排文本格式、添加项目符号和编号、设置边框和底纹以及使用特殊排版方式等知识。掌握了这些操作，才能得心应手地对文档进行编辑与美化。

【本章目标】

- ➢ 能够在文档中输入与编辑文本。
- ➢ 能够编辑文本和段落的格式。
- ➢ 能够在文档中添加项目符号和编号。
- ➢ 能够为文字和段落添加边框和底纹。
- ➢ 能够创建首字下沉、带圈字符，并能为文字添加拼音。

2.1　输入与编辑文本

Word 2010 是一款功能非常强大的文字处理软件，掌握在 Word 2010 中输入文本对象、选定文本对象、复制与粘贴文本、撤销与恢复、查找与替换文本等操作，是进一步编辑文档的重要基础。

实例 1　输入文本

Word 2010 的文本输入功能十分强大，输入的操作也非常简单。输入文本的操作主要是在文档编辑区中进行的，输入文字时光标会随着文字从左至右移动，若需要重新在另一个段落中输入文本，只需按下【Enter】键，光标即会跳转到下一行。

1. 输入普通文本

下面以创建一个会议通知为例介绍如何输入普通文本，具体操作方法如下。

Step 01 启动 Word 2010 程序，系统将自动新建一个空白文档，此时在文档编辑窗口中显示着一个闪烁的光标，如图 2-1 所示。

Step 02 切换至汉字输入法，在文档编辑区中输入通知的标题文本，如图 2-2 所示。

Step 03 按【Enter】键，将光标切换到下一行的行首，继续输入文本。当输入到该行的右边界时，光标将自动切换到下一行的行首，如图 2-3 所示。

Step 04 参照之前的输入方法，在文档编辑窗口中继续输入通知的正文内容，输入完毕后的文档效果如图 2-4 所示。

中文版 Office 2010 办公自动化实例教程

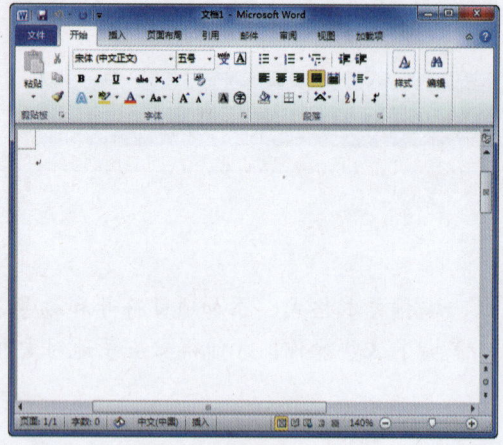

图 2-1　新建空白文档

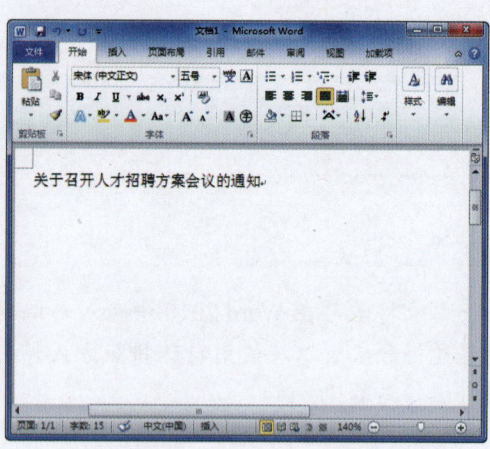

图 2-2　输入标题文本

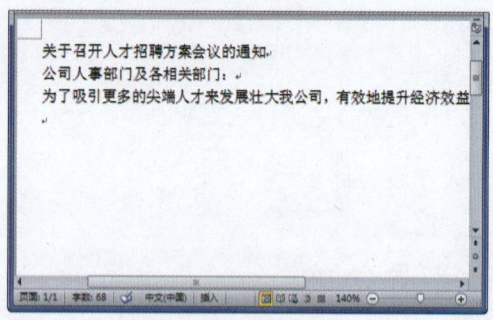

图 2-3　继续输入文本

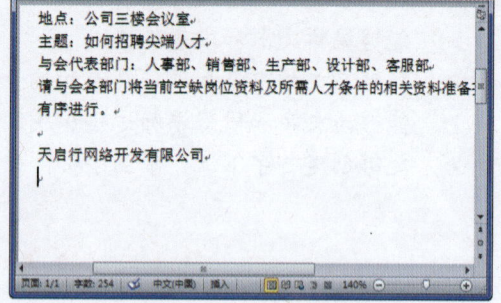

图 2-4　查看输入效果

2．输入特殊符号

在 Word 2010 中除了输入文本外，还可以插入一些特殊的符号，如特殊的标点符号、单位符号或数字符号等。插入特殊符号的具体操作方法如下。

Step 01 将鼠标指针移至 11:00 前，然后单击鼠标左键，确定光标的位置，如图 2-5 所示。

Step 02 选择"插入"选项卡，在"符号"组中单击"符号"下拉按钮，在弹出的下拉列表中选择"其他符号"选项，如图 2-6 所示。

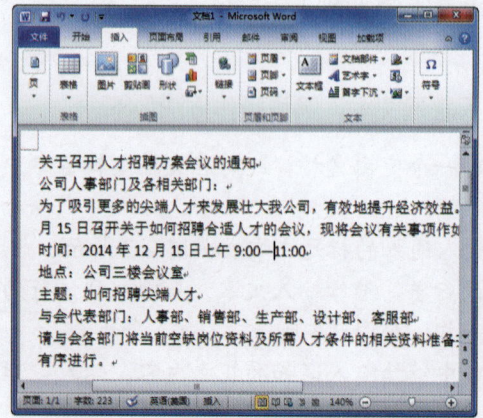

图 2-5　定位光标位置

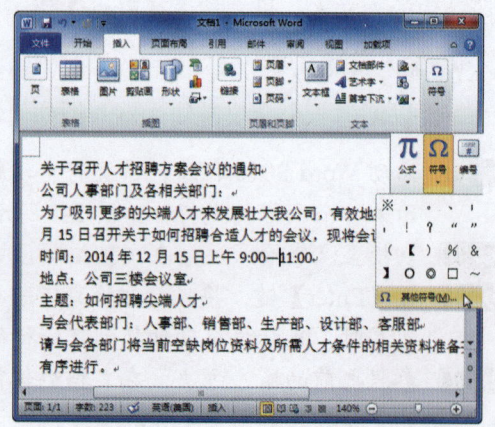

图 2-6　选择"其他符号"选项

Step 03 弹出"符号"对话框,选择"特殊字符"选项卡,选择"长划线"选项,然后单击"插入"按钮,如图 2-7 所示。

Step 04 参照之前的方法,在通知标题下另起一行,输入一排符号,将正文同标题分隔开。单击"关闭"按钮,查看在文档中插入特殊符号后的效果,如图 2-8 所示。

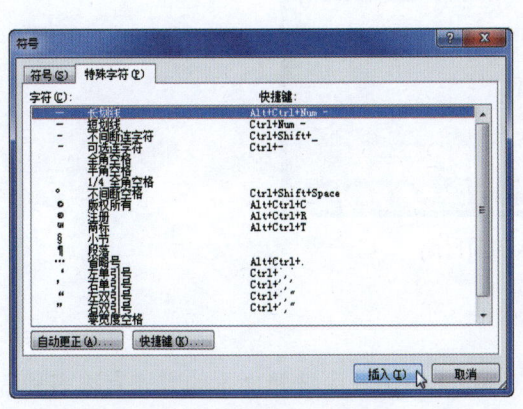
图 2-7 "符号"对话框

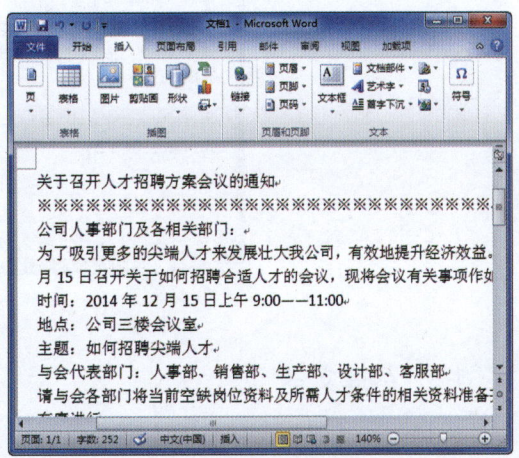
图 2-8 查看文档效果

3．输入日期或时间

在 Word 2010 中可以直接输入日期或时间,也可以直接通过 Word 2010 的插入日期与时间功能插入固定或随着日期更新的时间。在通知中插入日期的具体操作方法如下。

Step 01 将光标定位到文档的最后一行,选择"插入"选项卡,单击"文本"组中的"日期和时间"按钮,如图 2-9 所示。

Step 02 弹出"日期和时间"对话框,在"可用格式"列表框中选择"2014 年 12 月 3 日"选项,然后单击"确定"按钮,如图 2-10 所示。

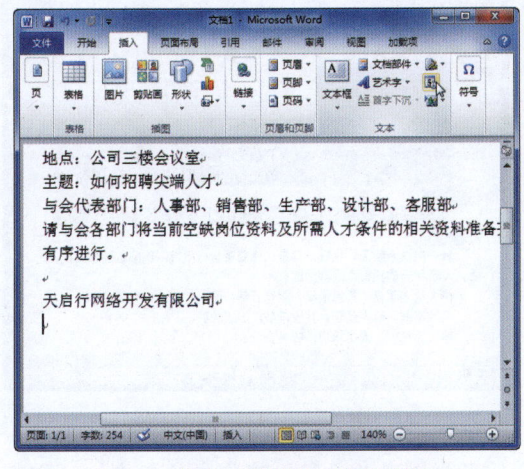
图 2-9 单击"日期和时间"按钮

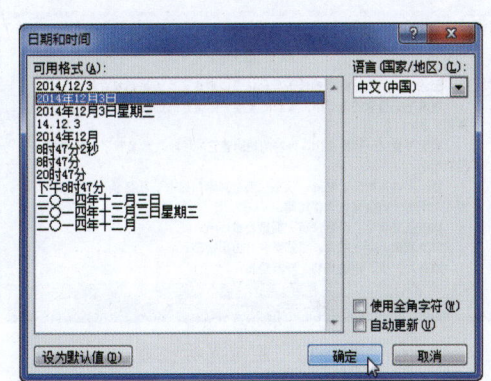
图 2-10 "日期和时间"对话框

Step 03 此时,即可在光标所在的位置中插入当前日期,如图 2-11 所示。

中文版 Office 2010 办公自动化实例教程

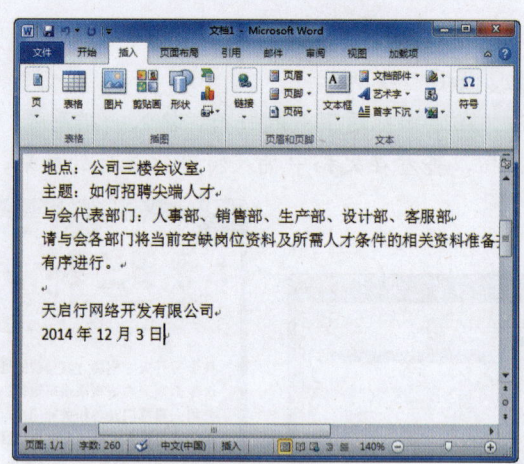

图 2-11　插入当前日期

实例 2　选择文本

在编辑文本时，必须先选中要编辑的文本对象。在 Word 中选择文本的方式有很多种，既可以利用鼠标选择文本，也可以利用键盘进行选择，还可以通过鼠标和键盘相结合的方式进行选择。

1．利用鼠标选择文本

Step 01　打开"素材文件\第 2 章\秋日感怀.docx"，将光标定位到文档的第 1 行开始部分，如图 2-12 所示。

Step 02　按住鼠标左键并拖动，拖至目标位置后松开鼠标，即可选择连续的文本，如图 2-13 所示。

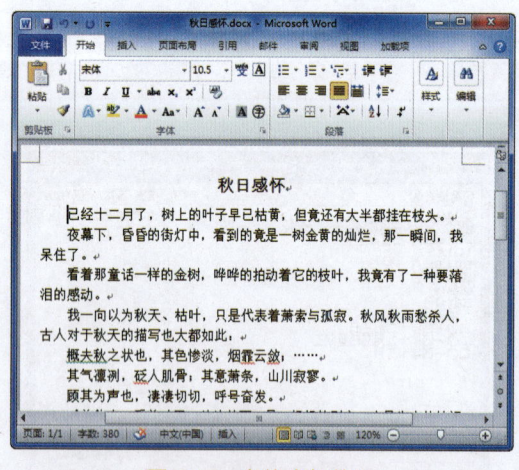

图 2-12　定位光标位置　　　　　　　　图 2-13　选择连续文本

Step 03　将鼠标指针移到第 1 行左侧空白位置，当指针变为 ⇗ 形状时单击鼠标左键，即可选定该行文本，如图 2-14 所示。

Step 04　将鼠标指针移到第 2 段文字左侧空白位置，当指针变为 ⇗ 形状时，连续两次快速单击鼠标左键，即可选中整段文本，如图 2-15 所示。

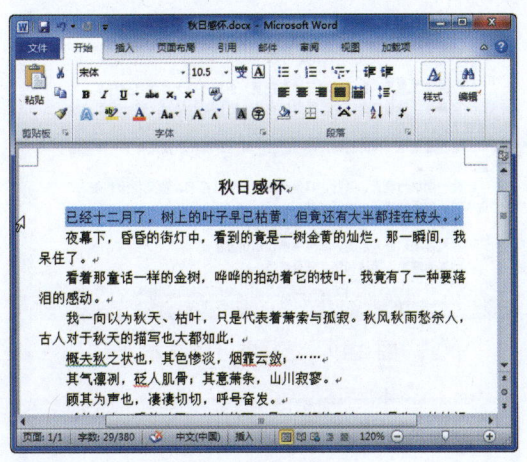
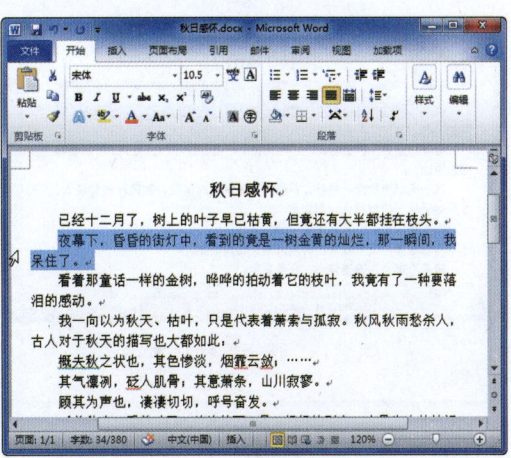

图 2-14　选择整行文本　　　　　　　图 2-15　选择整段文本

Step 05　将鼠标指针移到文本左侧空白位置，当指针变为形状时，连续单击三次鼠标左键，即可选择所有文本，如图 2-16 所示。

Step 06　将光标定位到任意一个词语的中间，双击鼠标左键，即可选中该词语，如图 2-17 所示。

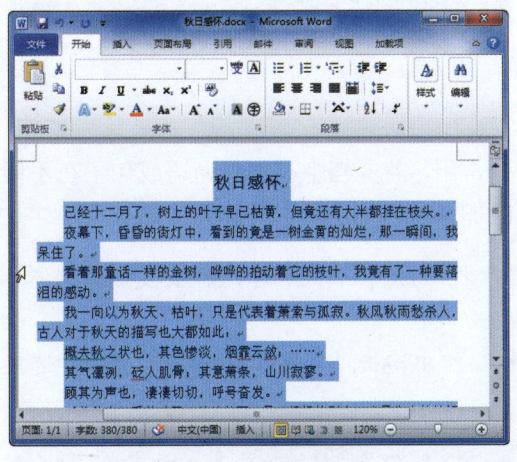
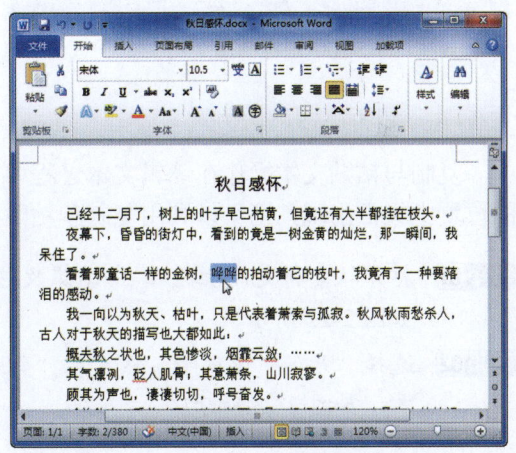

图 2-16　选择所有文本　　　　　　　图 2-17　选择词语

2. 使用鼠标和键盘选择文本

Step 01　将光标定位到要选定区域的开始位置，按住【Shift】键的同时单击要选定区域的结尾处，即可选定该区域中的所有文本，如图 2-18 所示。

Step 02　选中任意一段文本，按住【Ctrl】键的同时拖动鼠标选择其他文本，即可同时选择多段不连续的文本，如图 2-19 所示。

Step 03　按住【Ctrl】键的同时，将鼠标指针移动到文本左侧空白位置，当指针变为形状时单击鼠标左键，即可选中整篇文档，如图 2-20 所示。

Step 04　将光标定位到开始位置，按住【Alt】键并拖动鼠标，即可选中拖动出的矩形框中的文本，如图 2-21 所示。

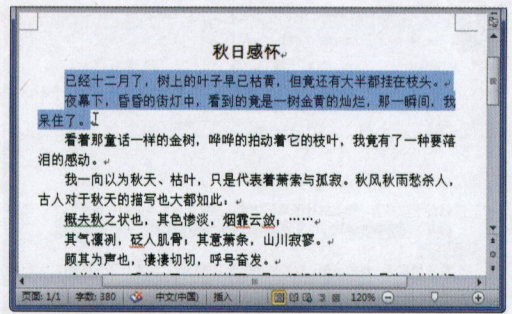

图 2-18　选择连续文本

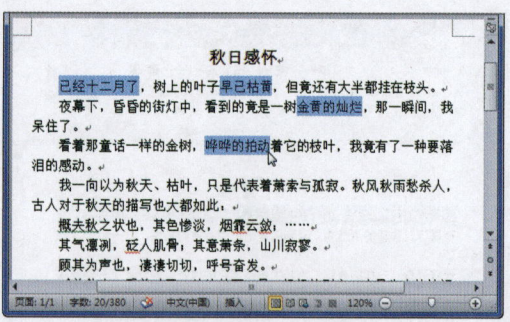

图 2-19　选择非连续文本

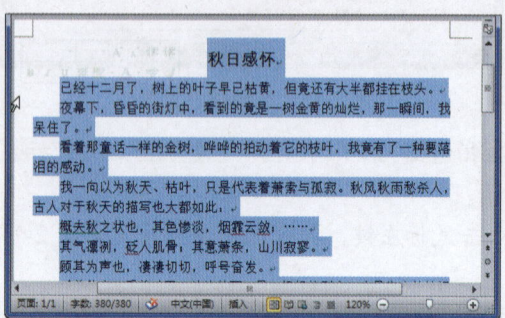

图 2-20　选择整篇文档

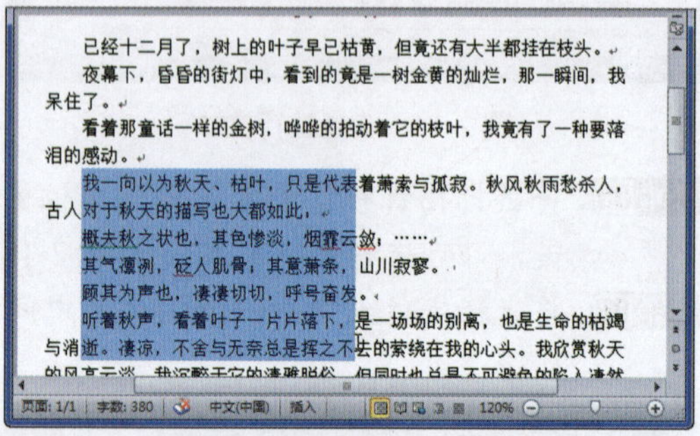

图 2-21　选中矩形框中的文本

实例 3　复制与粘贴文本

复制与粘贴文本操作在编辑文本过程中十分常用，若文档中有部分词语或句子在不同的位置中经常出现，则可以利用复制和粘贴功能加快录入速度，具体操作方法如下。

Step 01　打开"素材文件\第 2 章\中学课改培训计划.docx"，在文档中选择要复制的文本，如图 2-22 所示。

Step 02　选择"开始"选项卡，然后在"剪贴板"组中单击"复制"按钮，复制所选文本，如图 2-23 所示。

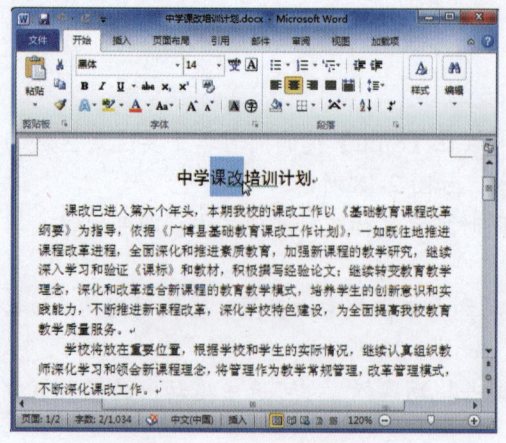

图 2-22　选择要复制的文本

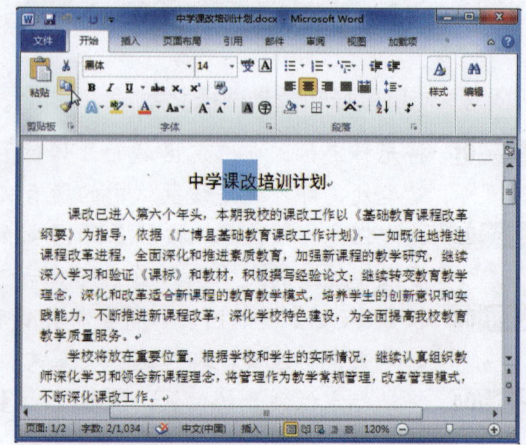

图 2-23　复制所选文本

Step 03 将光标定位到要粘贴文本的位置,然后在"剪贴板"组中单击"粘贴"按钮,即可粘贴文本及其格式,如图2-24所示。

Step 04 若在"剪贴板"组中单击"粘贴"下拉按钮,在弹出的下拉列表中单击"只保留文本"按钮,则只粘贴文本而不粘贴其格式,如图2-25所示。

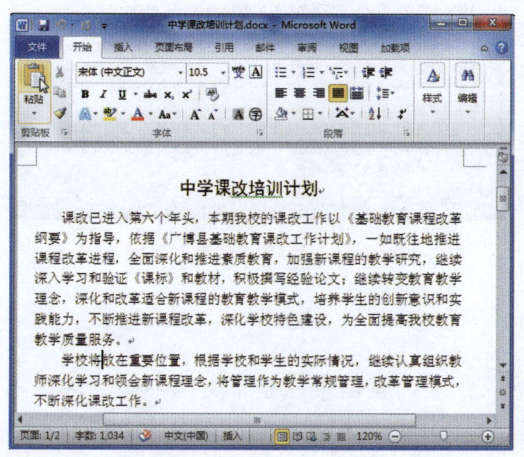
图2-24 粘贴文本及其格式

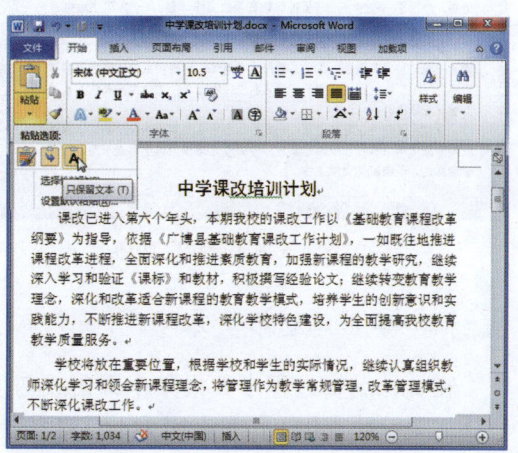
图2-25 只粘贴文本

实例4 撤销、恢复和重复操作

在编辑文档时,Word 2010会自动记录最近所执行的操作,利用这种存储的功能可以重复或撤销刚执行的操作。如果用户执行了错误操作,可以撤销该操作。另外,还可以对撤销的操作进行恢复,具体操作方法如下。

Step 01 打开"素材文件\第2章\中学课改培训计划.docx",在正文合适的位置中输入所缺的文字"课改",如图2-26所示。

Step 02 将光标定位到本段另外一个位置,在快速访问工具栏中单击"重复"按钮,即可重复上一步操作,如图2-27所示。

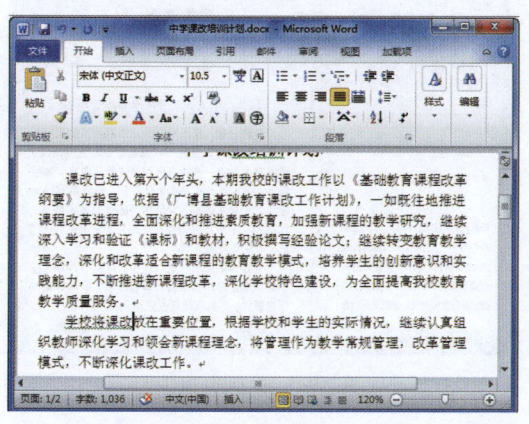
图2-26 输入文字

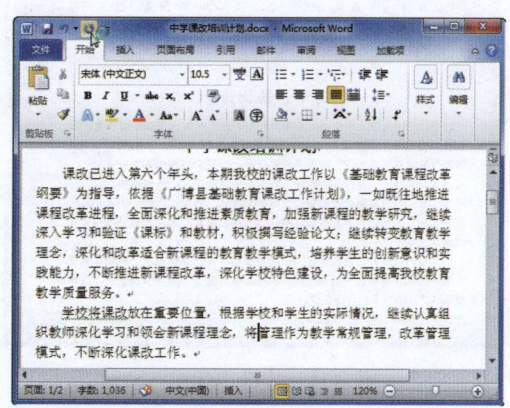
图2-27 单击"重复"按钮

Step 03 在快速访问工具栏中单击"撤销"按钮,即可撤销上一步操作,如图2-28所示。

Step 04 在快速访问工具栏中单击"恢复"按钮,即可恢复上一步操作,如图2-29所示。

中文版 Office 2010 办公自动化实例教程

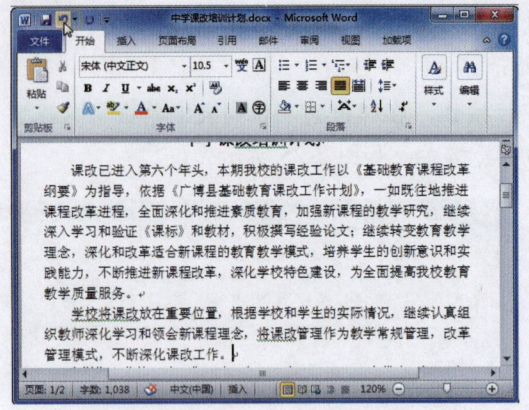

图 2-28　单击"撤销"按钮

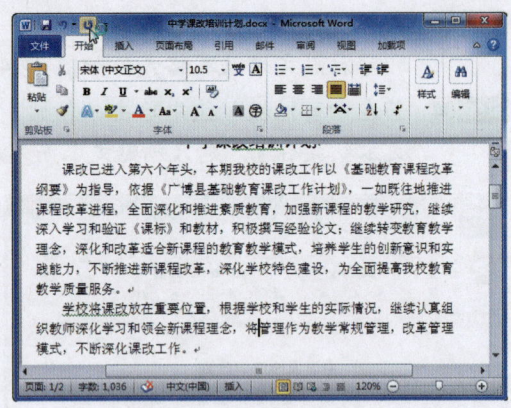

图 2-29　单击"恢复"按钮

实例 5　查找与替换文本

在文档编辑过程中如果某个词语或句子输入错误，就需要在整个文档中修改这些内容。如果手动查找工作量会很大，且容易遗漏，而使用查找和替换功能则会大大提高工作效率。

1．查找文本

使用查找功能可以在文档中快速地搜索自己需要的信息。在 Word 2010 中的"查找"操作主要分为"查找""高级查找"两种查找方式，具体操作方法如下。

Step 01　打开"素材文件\第 2 章\查找与替换文本.docx"，在"编辑"组中单击"查找"按钮，如图 2-30 所示。

Step 02　此时弹出导航窗格，在搜索框中输入要查找的内容"可改"，在编辑区中即会显示出所有与查找内容一致的文本，如图 2-31 所示。

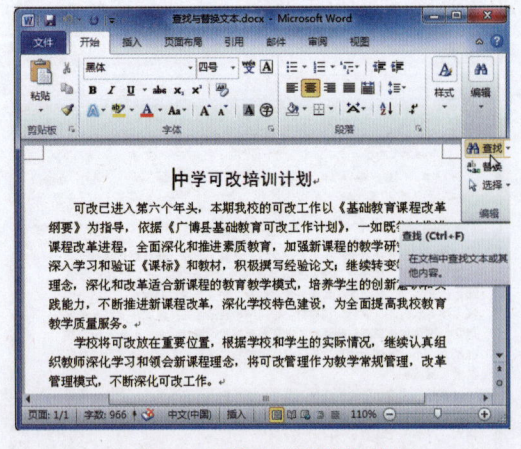

图 2-30　单击"查找"按钮

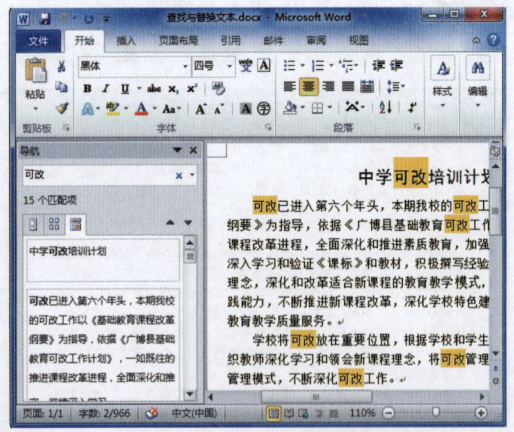

图 2-31　输入查找内容

Step 03　在文档中选择要查找的范围，在"编辑"组中单击"查找"下拉按钮，在弹出的下拉列表中选择"高级查找"选项，如图 2-32 所示。

Step 04 此时弹出"查找和替换"对话框,在"查找内容"文本框中输入要查找的文本,然后单击"查找下一处"按钮,如图2-33所示。

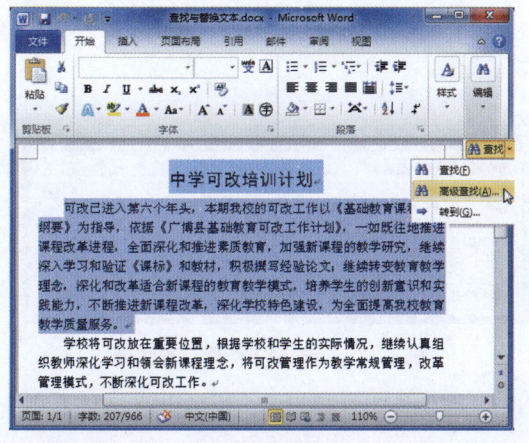

图2-32 选择"高级查找"选项

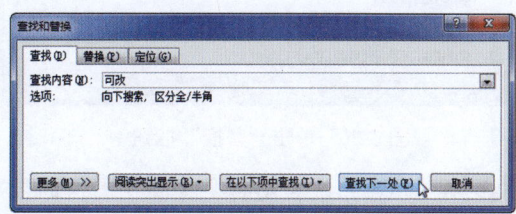

图2-33 "查找和替换"对话框

Step 05 此时文档中符合条件的文本将呈高亮显示,继续单击"查找下一处"按钮,将在文档中继续查找相符的内容,如图2-34所示。

Step 06 当搜索到所选范围末尾时会弹出提示信息框,询问是否继续从开始处搜索,若单击"是"按钮则继续,若单击"否"按钮则完成搜索,如图2-35所示。

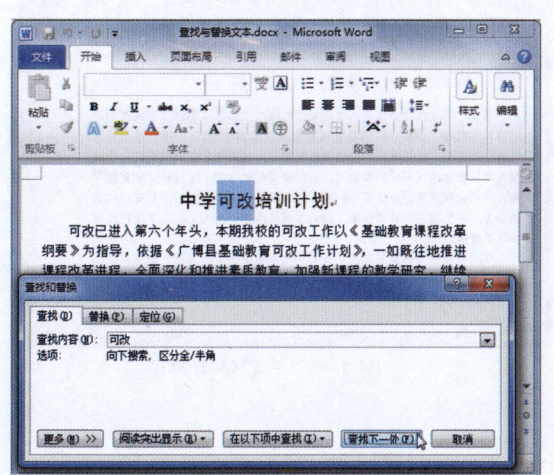

图2-34 单击"查找下一处"按钮

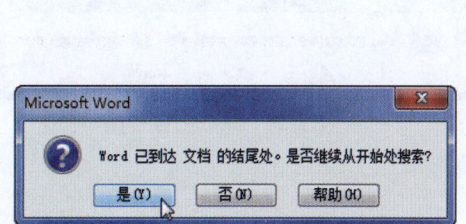

图2-35 完成内容搜索

2. 替换文本

使用替换功能可以快速、批量地对文档中需要替换的内容进行查找并替换。替换文本的具体操作方法如下:

Step 01 在文档中选择要替换的范围,然后在"编辑"组中单击"替换"按钮,如图2-36所示。

Step 02 弹出"查找和替换"对话框,在"查找内容""替换为"文本框中分别输入要查找和替换的内容,然后单击"全部替换"按钮,如图2-37所示。

中文版 Office 2010 办公自动化实例教程

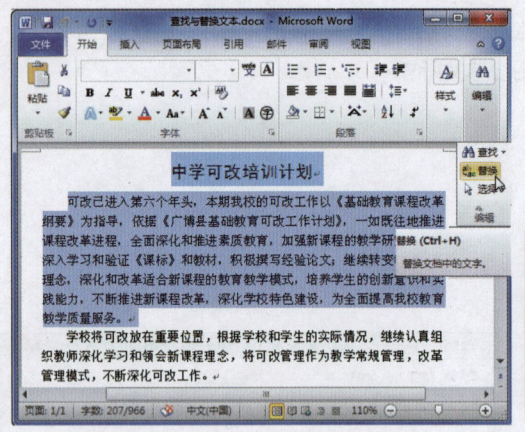

图 2-36　单击"替换"按钮

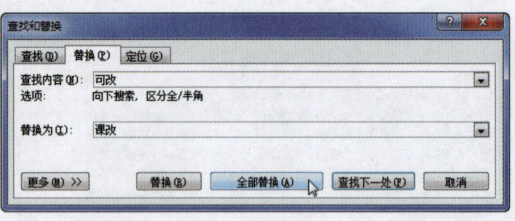

图 2-37　"查找和替换"对话框

Step 03 此时系统自动将要替换范围内的"可改"都替换为"课改",并弹出提示信息框,单击"否"按钮,如图 2-38 所示。

Step 04 在"查找和替换"对话框中单击"关闭"按钮,即可看到要替换范围内的"可改"都已经替换为"课改",如图 2-39 所示。

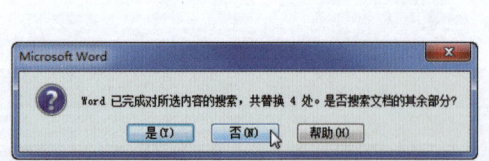

图 2-38　完成内容替换

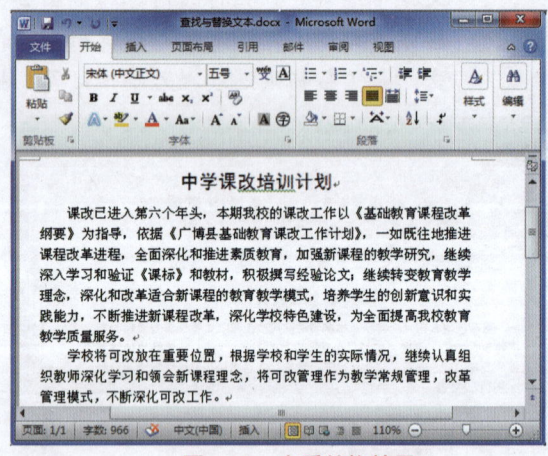

图 2-39　查看替换效果

2.2　编辑文本和段落格式

在 Word 2010 中,有针对性地设置文本和段落的格式,可以使文档条理清晰,版面更加美观,从而增加文章的可读性。本节将详细介绍如何编辑文本和段落格式。

实例 1　设置文本格式

设置文本格式是格式化文档中最基础的操作,主要包括设置文本字体格式、字形、字号和颜色等。在 Word 2010 中,文字格式可以通过"字体"组、浮动工具栏和"字体"对话框 3 种方式进行设置。

方法1：通过"字体"组设置文本格式

Step 01 打开"素材文件\第 2 章\秋日感怀.docx"，选择需要设置格式的文本，如图 2-40 所示。

Step 02 在"字体"组中单击"字体"下拉按钮，在弹出的下拉列表中选择"方正粗倩简体"选项，如图 2-41 所示。

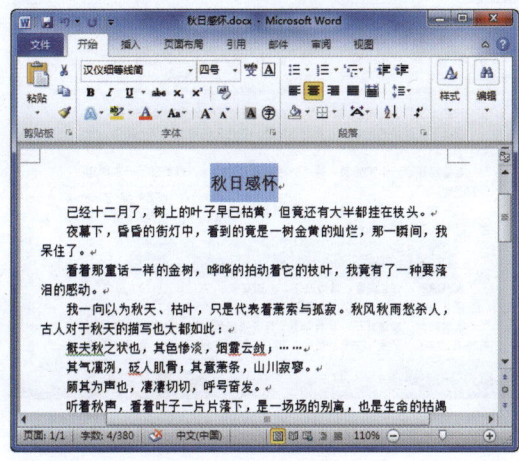
图 2-40　选择文本

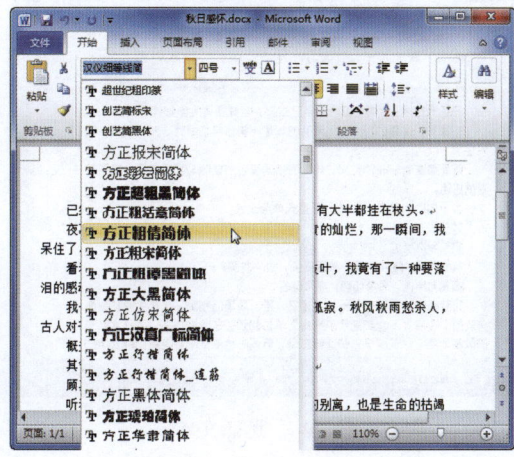
图 2-41　设置字体

Step 03 在"字体"组中单击"字号"下拉按钮，在弹出的下拉列表中选择"小二"选项，如图 2-42 所示。

Step 04 在"字体"组中单击"字体颜色"下拉按钮，在弹出的下拉列表中选择合适的颜色，即可设置字体颜色，如图 2-43 所示。

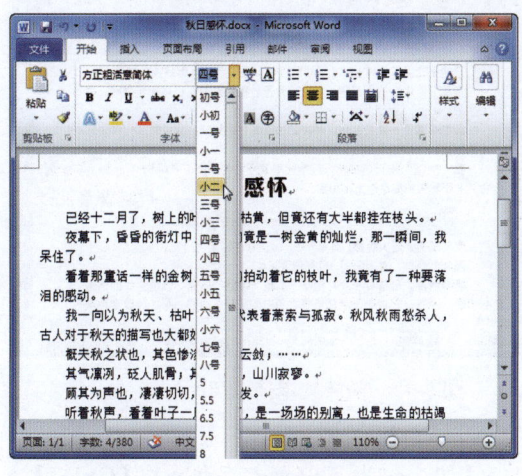
图 2-42　设置字号

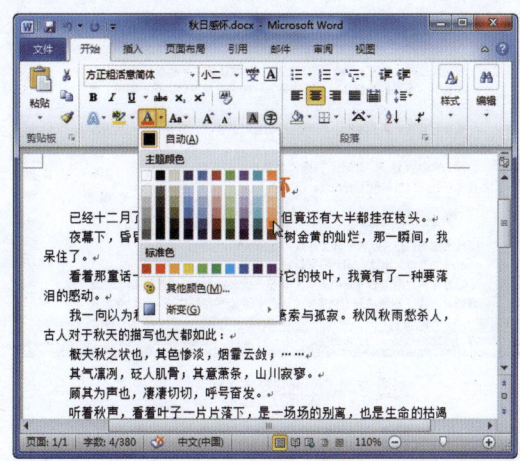
图 2-43　设置字体颜色

方法2：在工具栏中设置文本格式

当在 Word 2010 中选中文本后，会自动出现一个半透明的浮动工具栏，用户也可以在这个工具栏中设置文本格式，具体操作方法如下。

Step 01 选择需要设置格式的文本，松开鼠标左键后，将显示出浮动工具栏，如图 2-44 所示。

Step 02 将鼠标指针移动到浮动工具栏的"增大字体"按钮 A 上，连续单击鼠标左键，即可增大所选文本的字号，如图 2-45 所示。

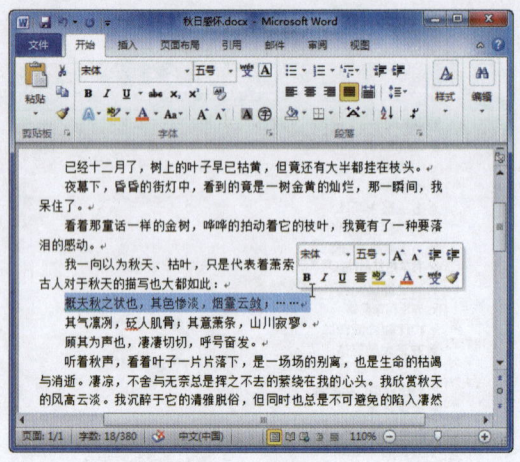

图 2-44　选择文本　　　　　　　　　　图 2-45　增大字号

Step 03 在浮动工具栏中单击"加粗"按钮 B，即可将所选文本加粗，并显示出加粗后的效果，如图 2-46 所示。

Step 04 参照上述操作，在浮动工具栏中分别单击"倾斜"按钮 I 和"下划线"按钮 U，可以将所选文本设置为倾斜格式，并添加下划线，如图 2-47 所示。

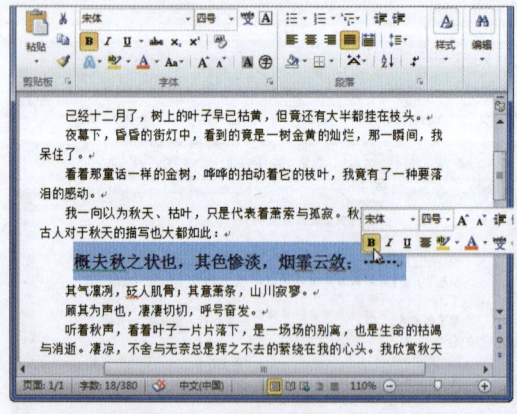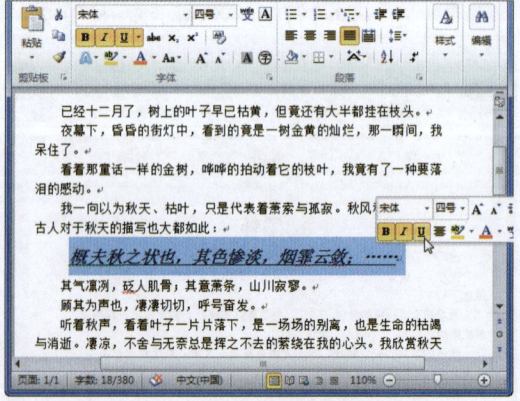

图 2-46　加粗字体　　　　　　　　　　图 2-47　倾斜文本并添加下划线

除上述操作方法外，按【Ctrl+B】组合键也可以加粗字体；按【Ctrl+I】组合键，可以倾斜字体；按【Ctrl+U】组合键，则可以添加下划线。

方法 3：使用"字体"对话框设置文本格式

除了上述两种方式外，还可以在"字体"组中对文本格式进行更加详细的设置，具体操作方法如下。

Step 01 选择需要设置格式的文本，在"字体"组中单击右下角的扩展按钮，如图 2-48 所示。

Step 02 弹出"字体"对话框，在"字体"选项卡中设置"字形"为"加粗"，"字号"为"小四"，"字体颜色"为蓝色，如图 2-49 所示。

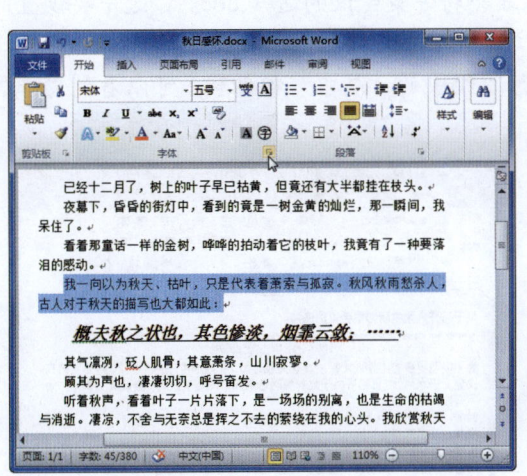

图 2-48 选择文本　　　　　　　　　图 2-49 "字体"对话框

Step 03 在"字体"对话框中选择"高级"选项卡，在"字符间距"选项区中设置"磅值"为 3，然后单击"确定"按钮，如图 2-50 所示。

Step 04 此时即可应用上述设置，查看通过"字体"对话框调整文本格式后的效果，如图 2-51 所示。

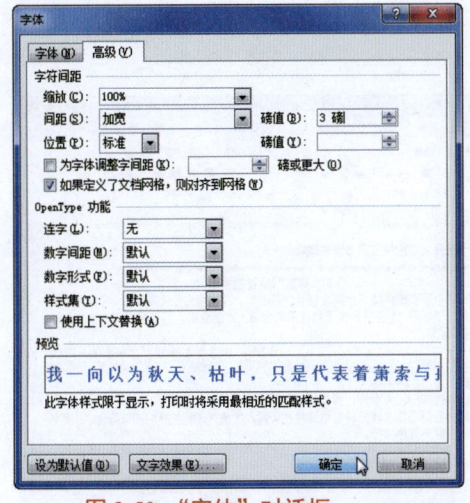 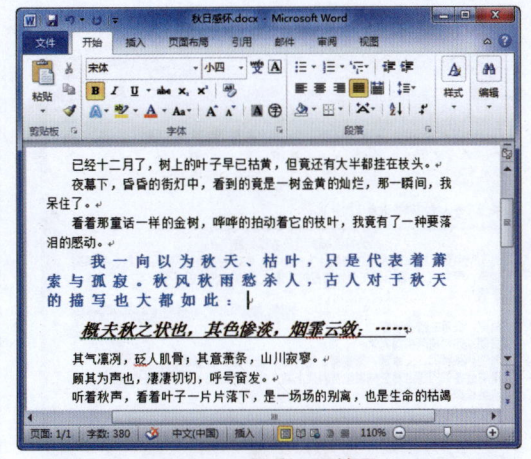

图 2-50 "字体"对话框　　　　　　　图 2-51 查看设置效果

实例 2　设置段落格式

设置段落格式指的是在一个段落的页面范围内对内容进行排版，使整个段落显得美观、大方，更符合规范。设置段落格式主要包括段落对齐方式、段落缩进、段落间距等。

1. 设置段落对齐方式

段落对齐方式是指段落中的文本在水平方向上以何种方式对齐。段落文本的对齐方式包括"居中""左对齐""右对齐""两端对齐""分散对齐"等。设置段落格式的具体操作方法如下。

Step 01 打开"素材文件\第2章\关于召开人才招聘方案会议的通知.docx",选中要设置的文本,然后单击"段落"组中的"文本左对齐"按钮,如图2-52所示。

Step 02 选中要设置的文本,然后单击"段落"组中的"居中"按钮,可以看到文本居中的效果,如图2-53所示。

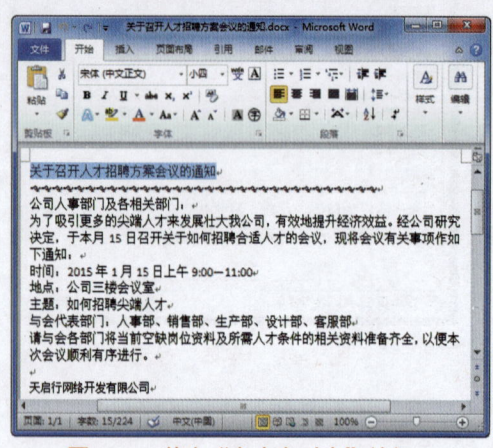
图2-52 单击"文本左对齐"按钮

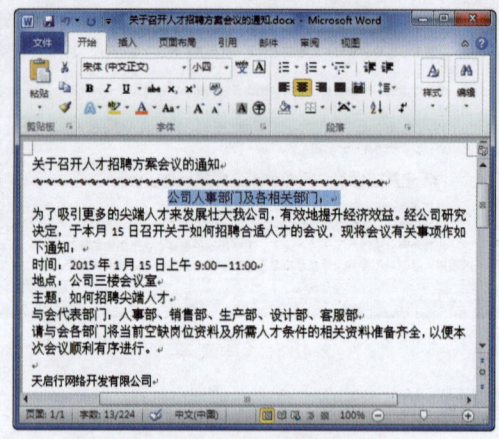
图2-53 单击"居中"按钮

Step 03 选中要设置的文本,然后单击"段落"组中的"文本右对齐"按钮,可以看到文本右对齐的效果,如图2-54所示。

Step 04 选中要设置的文本,然后单击"段落"组中的"分散对齐"按钮,可以看到文本分散对齐的效果,如图2-55所示。

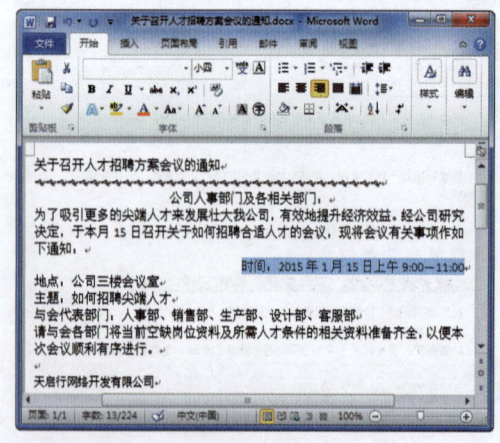
图2-54 单击"文本右对齐"按钮

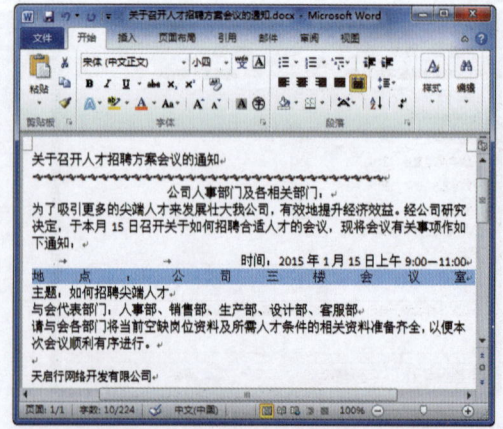
图2-55 单击"分散对齐"按钮

2. 设置段落缩进

在Word 2010中,段落缩进是指文本相对于页边距向页面内缩进一段距离,或向页面外伸展一段距离。段落缩进包括首行缩进、悬挂缩进、左缩进和右缩进几种方式。设置段落缩进的具体操作方法如下。

Step 01 选择要设置的文本段落并右击,在弹出的快捷菜单中选择"段落"命令,如图 2-56 所示。

Step 02 弹出"段落"对话框,在"缩进"选项区中设置"左侧""右侧"各缩进"2 字符",单击"确定"按钮,如图 2-57 所示。

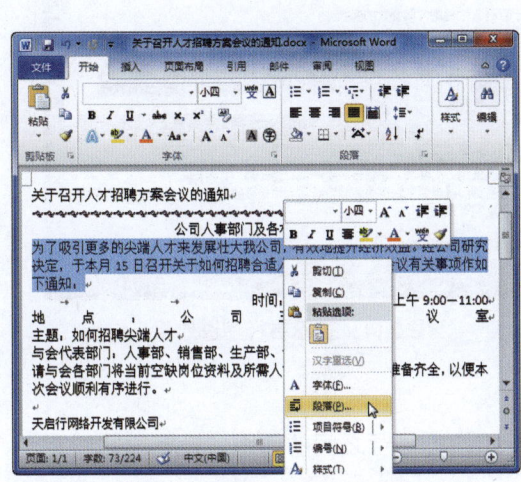
图 2-56 选择"段落"命令

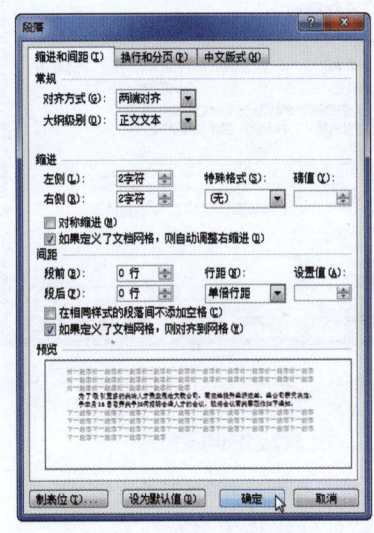
图 2-57 "段落"对话框

Step 03 返回文档,即可查看段落缩进效果,如图 2-58 所示。

Step 04 选择要设置的文本段落,然后单击"段落"组右下角的扩展按钮,如图 2-59 所示。

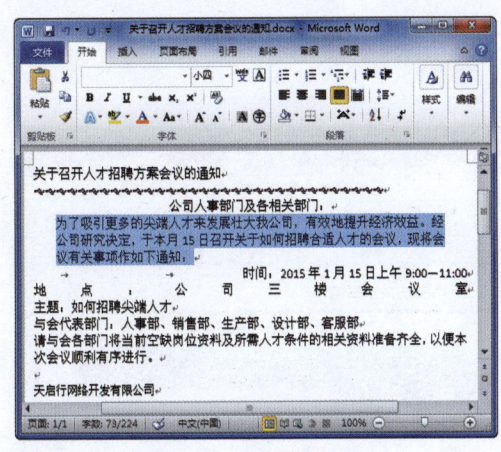
图 2-58 查看缩进效果

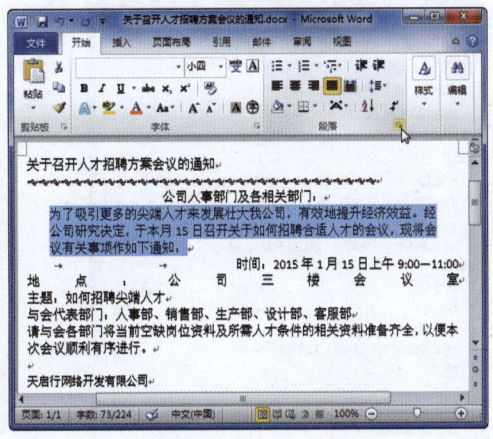
图 2-59 选择文本段落

Step 05 在弹出的"段落"对话框中设置"特殊格式"为"首行缩进","磅值"为"2 字符",然后单击"确定"按钮,如图 2-60 所示。

Step 06 返回文档,即可查看设置的首行缩进效果,如图 2-61 所示。

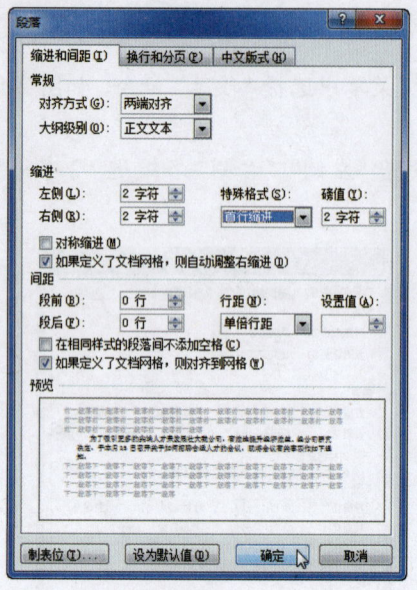

图 2-60 "段落"对话框

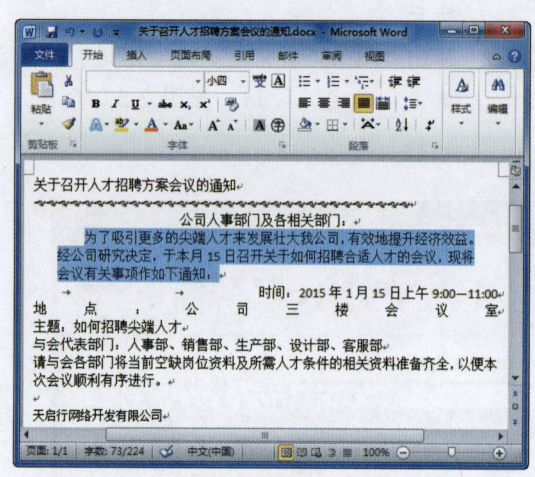

图 2-61 查看首行缩进效果

3. 设置段落间距

段落间距是指相邻两个段落之间的间距，行距指行与行之间的间距。设置段落间距和行距的具体操作方法如下。

Step 01 选中需要设置段落间距的文本，打开"段落"对话框，在"间距"选项区中设置"段前""段后"间距为"1 行"，然后单击"确定"按钮，如图 2-62 所示。

Step 02 返回文档，此时即可看到选定段落前后均增加了一个空行，效果如图 2-63 所示。

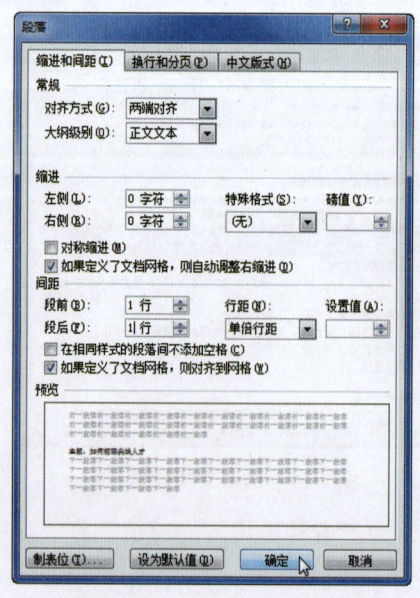

图 2-62 "段落"对话框

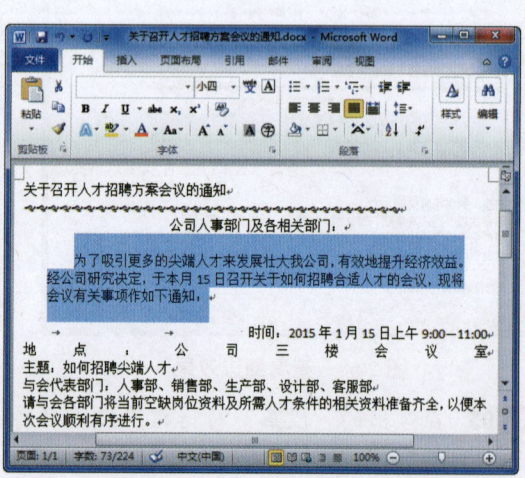

图 2-63 查看设置段落间距的效果

Step 03 选中要设置行距的文本，打开"段落"对话框，设置"行距"为"1.5 倍行距"，然后单击"确定"按钮，如图 2-64 所示。

Step 04 此时，即可查看设置行距后的文档效果，如图 2-65 所示。

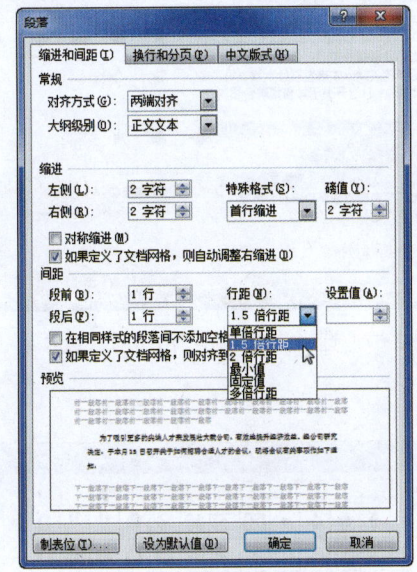
图 2-64 "段落"对话框

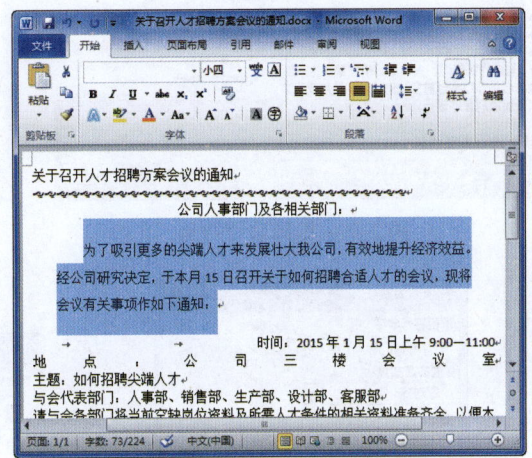
图 2-65 查看设置行距的效果

2.3 添加项目符号和编号

在 Word 文档中有时需要用到项目符号和编号，它们可以更加明确地表达内容之间的并列或顺序关系，使这些项目的层次结构更清晰、更有条理。Word 2010 提供了多种标准的项目符号和编号供用户选择，而且用户还可以根据需要自定义项目符号和编号。

实例 1 添加项目符号

在一些表示并列关系的内容中添加项目符号，可以使文档结构更加清晰，并起到着重提醒的功能。在文档中添加项目符号的具体操作方法如下。

Step 01 打开"素材文件\第 2 章\关于召开人才招聘方案会议的通知.xlsx"，选中文本内容，在"开始"选项卡的"段落"组中单击"项目符号"按钮下拉按钮，在弹出的下拉列表中选择所需的项目符号，如图 2-66 所示。

Step 02 若下拉列表中没有满意的项目符号，可以选择"定义新项目符号"选项，如图 2-67 所示。

Step 03 弹出"定义新项目符号"对话框，单击"符号"按钮，如图 2-68 所示。

Step 04 弹出"符号"对话框，从中选择需要的项目符号，然后单击"确定"按钮，如图 2-69 所示。

中文版 Office 2010 办公自动化实例教程

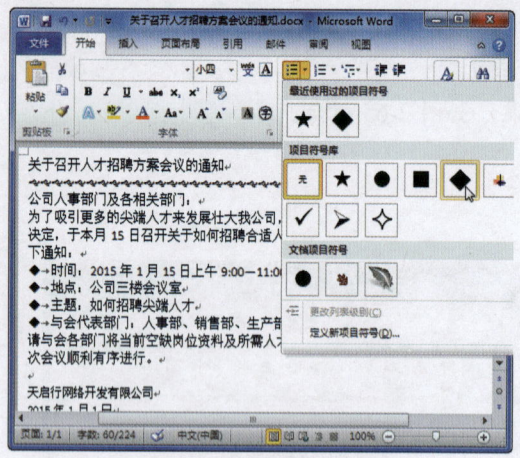

图 2-66　选择项目符号

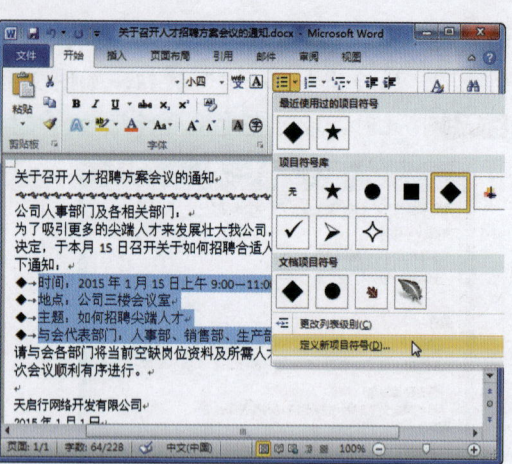

图 2-67　选择"定义新项目符号"选项

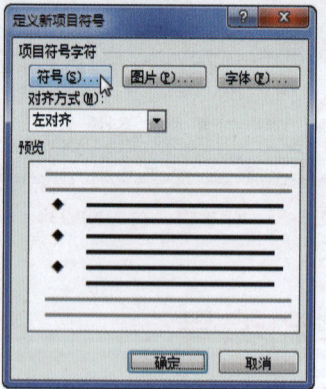

图 2-68　"定义新项目符号"对话框

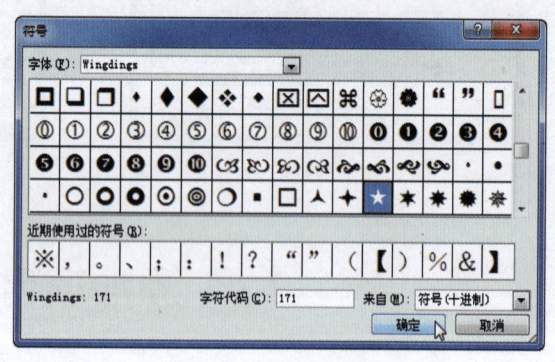

图 2-69　"符号"对话框

Step 05 返回"定义新项目符号"对话框，单击"确定"按钮，如图 2-70 所示。

Step 06 此时，即可将新项目符号应用到文档中，效果如图 2-71 所示。

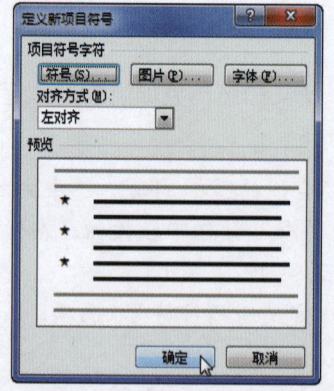

图 2-70　"定义新项目符号"对话框

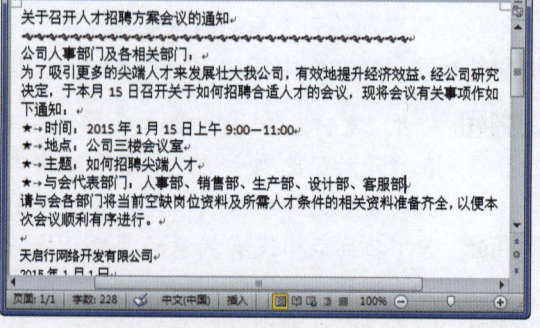

图 2-71　查看应用项目符号的效果

实例 2　插入编号

编号经常用来创建由低到高有一定顺序的项目。在文档中插入编号可以使文档结构清晰，条理分明。下面将详细介绍如何在文档中插入编号，具体操作方法如下。

Step 01 打开"素材文件\第 2 章\关于召开人才招聘方案会议的通知.xlsx"，选中要添加编号的文本内容，如图 2-72 所示。

Step 02 单击"段落"组中的"编号"下拉按钮，在弹出的下拉列表中可以选择所需的编号格式，如图 2-73 所示。

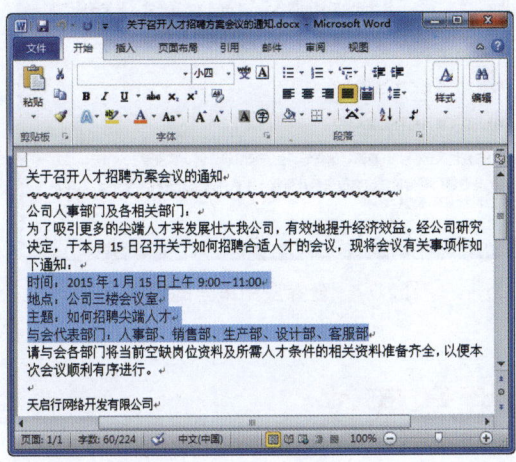

图 2-72　选择文本　　　　　　　　　图 2-73　选择所需的编号格式

Step 03 如果没有合适的编号，可以在下拉列表中选择"定义新编号格式"选项，如图 2-74 所示。

Step 04 弹出"定义新编号格式"对话框，单击"编号样式"下拉按钮，在弹出的下拉列表中选择所需的选项，然后单击"字体"按钮，如图 2-75 所示。

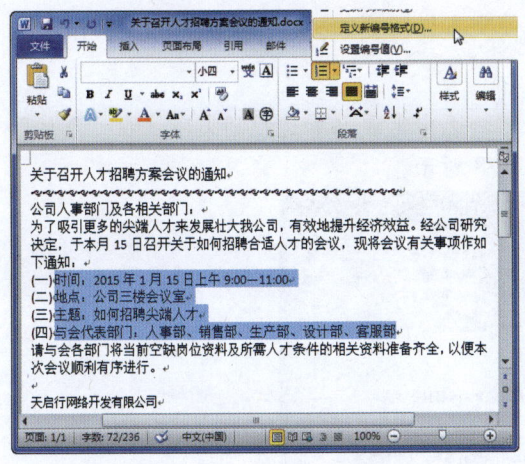 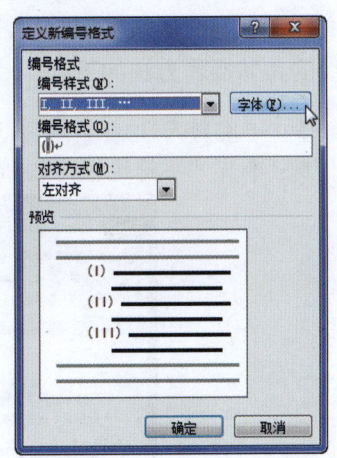

图 2-74　选择"定义新编号格式"选项　　　图 2-75　"定义新编号格式"对话框

Step 05 在弹出的"字体"对话框中设置"中文字体"为"中文标题"，"字形"为"加粗"，"字号"为"四号"，然后依次单击"确定"按钮，如图 2-76 所示。

Step 06 此时，文档将应用自定义编号样式，效果如图 2-77 所示。

中文版 Office 2010 办公自动化实例教程

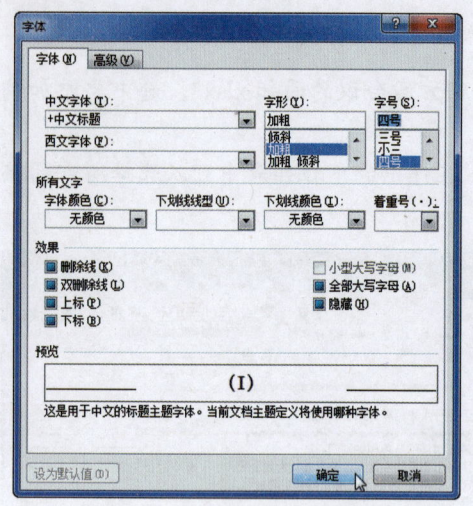

图2-76 "字体"对话框

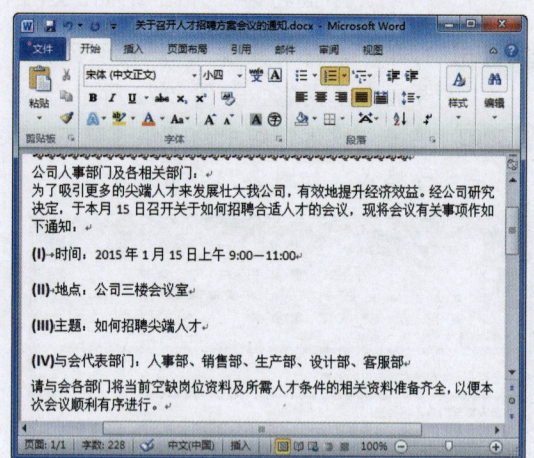

图2-77 查看应用编号的效果

2.4 设置边框和底纹

除了可以通过对文字和段落的格式进行设置达到美化文档的目的之外，还可以为文字或段落添加边框和底纹，从而让文档的重点部分突出、醒目，使文档更真实、更生动。本节将学习如何设置边框和底纹。

实例1 为文字添加边框和底纹

为文本添加合适的边框和底纹效果，可以使文本显得更加独特、美观。为文字添加边框和底纹的具体操作方法如下。

Step 01 打开"素材文件\第2章\秋日感怀.docx"，选中需要添加边框的文字，在"字体"组中单击"字符边框"按钮 A，如图2-78所示。

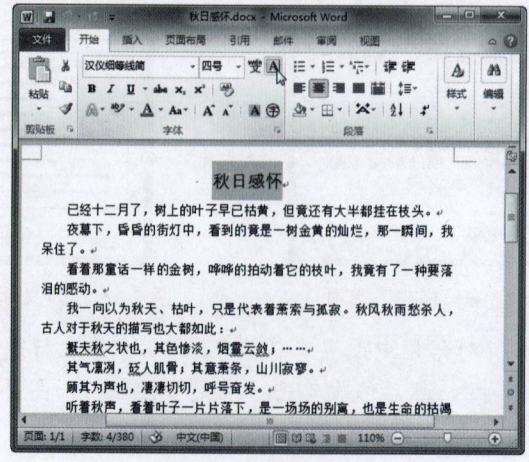

图2-78 单击"字符边框"按钮

Word 2010 文档的编辑与美化　第 2 章

Step 02 执行操作后，即可为选择的文字添加边框，如图 2-79 所示。

Step 03 在文档中选中需要添加底纹的文字，然后在"字体"组中单击"字符底纹"按钮 A，如图 2-80 所示。

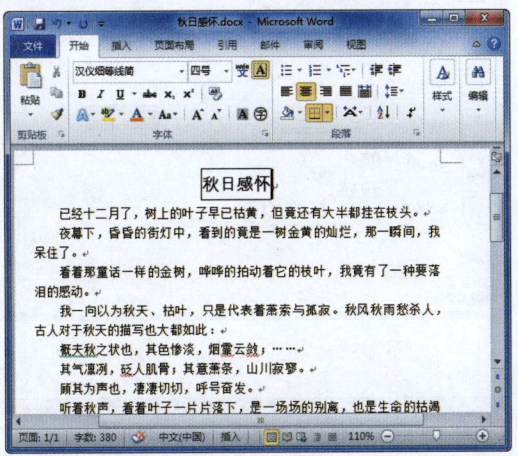 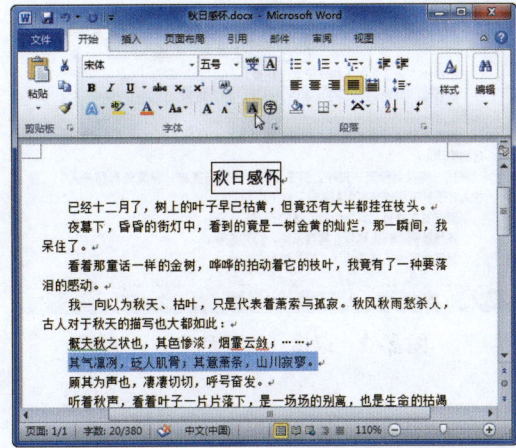

图 2-79　查看添加边框效果　　　　　　　图 2-80　单击"字符底纹"按钮

Step 04 执行操作后，即可为选择的文字添加底纹，如图 2-81 所示。

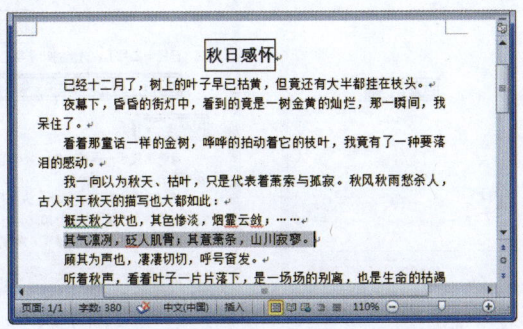

图 2-81　查看添加底纹效果

实例 2　为段落添加边框和底纹

在 Word 2010 中，还可以根据需要为段落添加边框和底纹，具体操作方法如下。

Step 01 选中需要添加边框的段落，然后在"段落"组中单击"下框线"下拉按钮，在弹出的下拉列表中选择"边框和底纹"选项，如图 2-82 所示。

Step 02 弹出"边框和底纹"对话框，在"设置"选项区中选择"三维"选项，设置"样式"为"双排线"选项，"宽度"为"1.5 磅"，如图 2-83 所示。

Step 03 选择"底纹"选项卡，设置所需的底纹颜色，然后单击"确定"按钮，如图 2-84 所示。

Step 04 此时，即可完成对段落边框和底纹的设置，效果如图 2-85 所示。

中文版 Office 2010 办公自动化实例教程

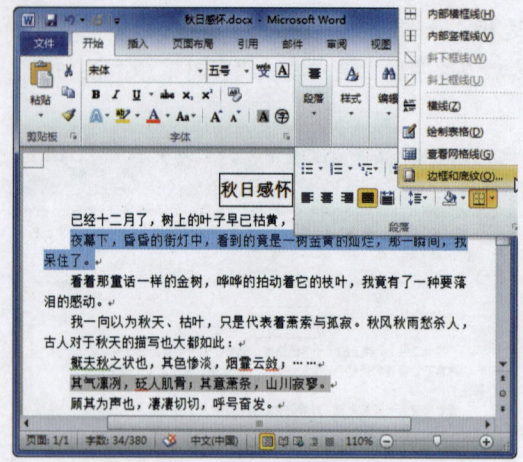

图 2-82　选择"边框和底纹"选项

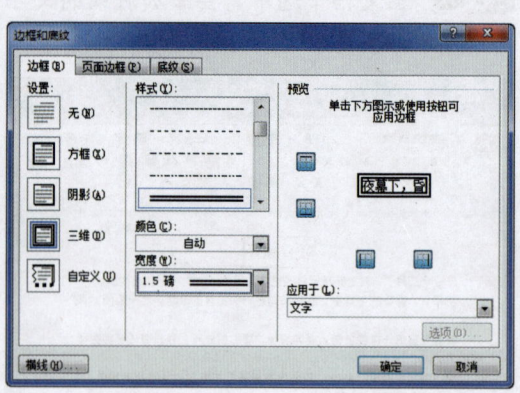

图 2-83　"边框和底纹"对话框

图 2-84　"底纹"选项卡

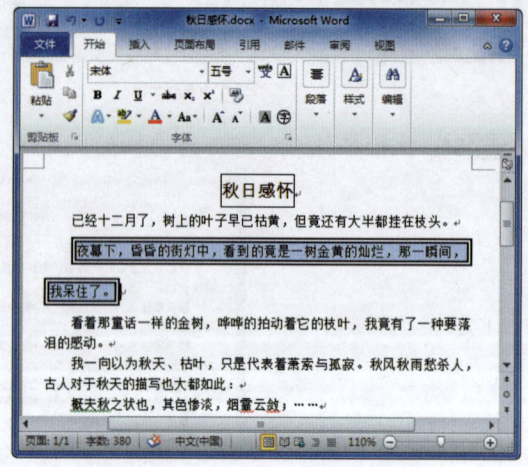

图 2-85　查看设置效果

在"边框和底纹"对话框中选择"页面边框"选项卡，还可以为整个页面添加边框和底纹。

2.5　使用特殊排版方式

　　Word 2010 提供了具有中文特色的中文版式功能，其中包括首字下沉、带圈字符和为文字添加拼音等功能。本节将学习这几种特殊的排版方式。

实例 1　创建首字下沉效果

　　在 Word 2010 中，可以根据需要在文档的某些段落中设置首字下沉效果，具体操作方法如下。

Step 01 打开"素材文件\第 2 章\中学课改培训计划.docx",选择需要设置首字下沉的文本,如图 2-86 所示。

Step 02 选择"插入"选项卡,然后在"文本"组中单击"首字下沉"下拉按钮,在弹出的下拉列表中选择"首字下沉选项",如图 2-87 所示。

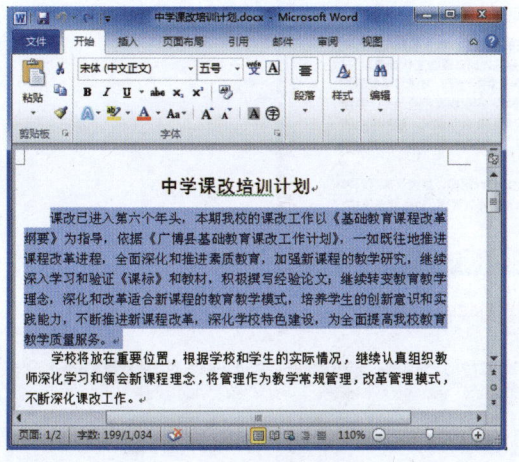

图 2-86 选择文本

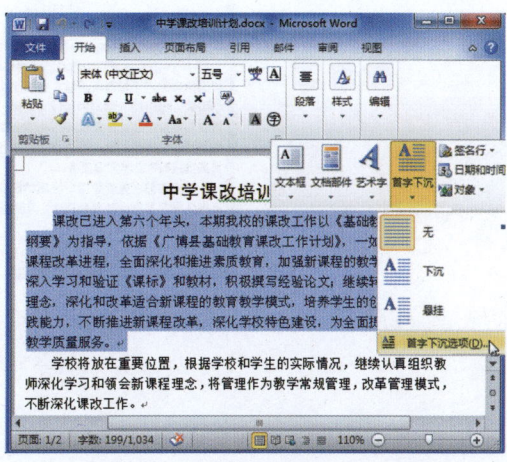

图 2-87 选择"首字下沉"选项

Step 03 弹出"首字下沉"对话框,在"位置"选项区中选择"下沉"选项,设置"下沉行数"为 2,然后单击"确定"按钮,如图 2-88 所示。

Step 04 此时,即可应用首字下沉设置,文档效果如图 2-89 所示。

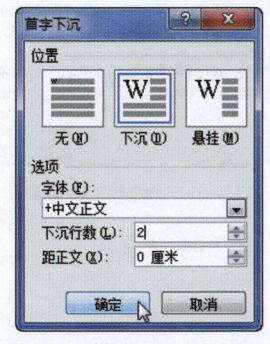

图 2-88 "首字下沉"对话框

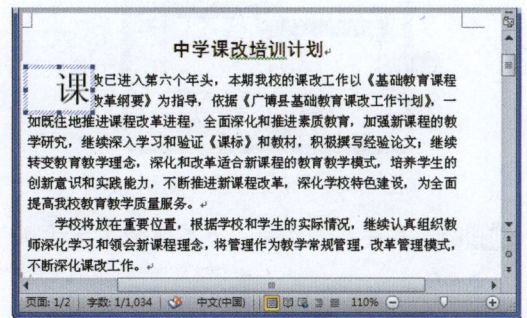

图 2-89 查看设置首字下沉效果

实例 2　创建带圈字符

在 Word 2010 中编辑文字时,可以根据需要在适当的位置创建带圈字符,具体操作方法如下。

Step 01 在文档中选择需要设置带圈字符的文字,在"开始"选项卡下"字体"组中单击"带圈字符"按钮㋤,如图 2-90 所示。

Step 02 弹出"带圈字符"对话框,设置"样式"为"增大圈号","文字"为"中","圈号"为圆形,然后单击"确定"按钮,如图 2-91 所示。

Step 03 此时,即可将选择的文字设置为带圈字符,如图 2-92 所示。

中文版 Office 2010 办公自动化实例教程

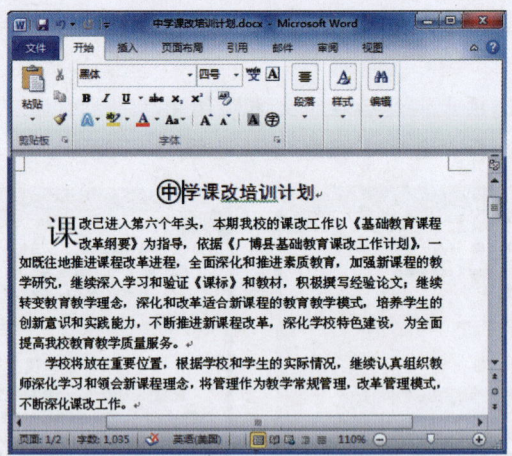

图 2-90　单击"带圈字符"按钮

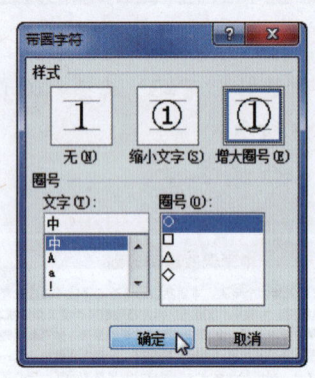

图 2-91　"带圈字符"对话框

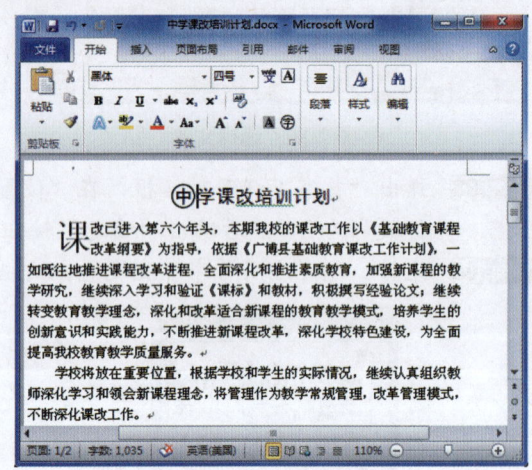

图 2-92　查看设置效果

Step 04　采用上述方法，为其他的文字添加圈号，效果如图 2-93 所示。

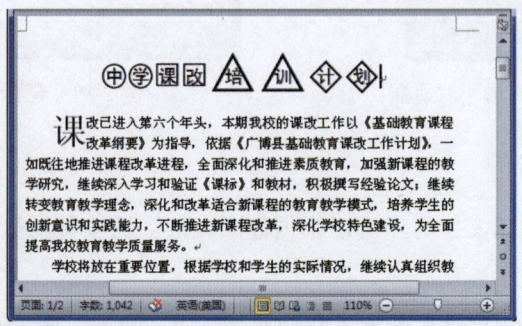

图 2-93　设置其他带圈文字

实例 3　为文字添加拼音

在 Word 2010 中，利用系统提供的中文版式功能可以在文档中为一些不常见的文字添加拼音，具体操作方法如下。

Step 01 打开"素材文件\第2章\秋日感怀.docx",选择需要添加拼音的文本,在"开始"选项卡下"字体"组中单击"拼音指南"按钮,如图2-94所示。

Step 02 弹出"拼音指南"对话框,设置"字号"为10,然后单击"确定"按钮,如图2-95所示。

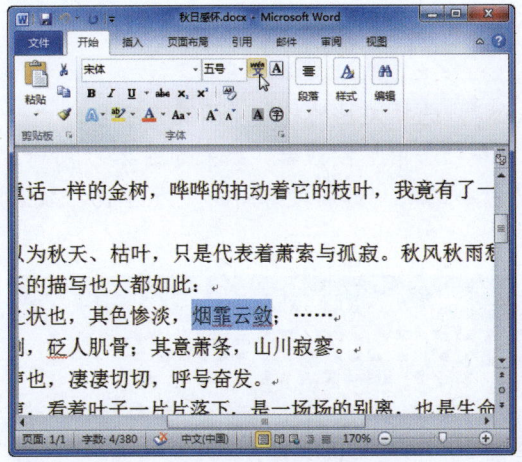

图2-94 单击"拼音指南"按钮

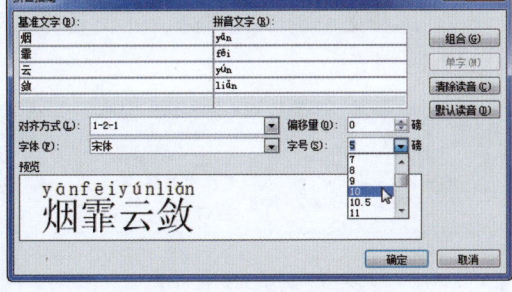

图2-95 "拼音指南"对话框

Step 03 此时,即可为选中的文本添加拼音,其效果如图2-96所示。

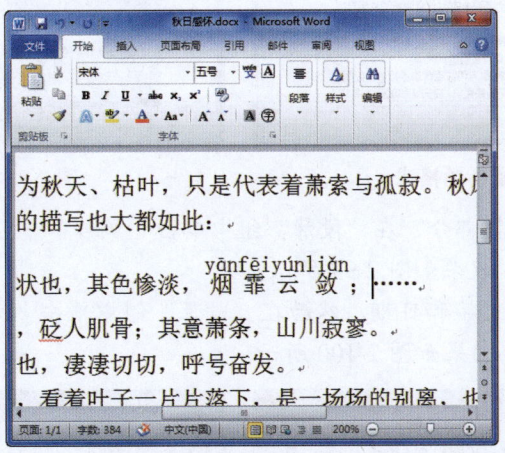

图2-96 查看添加拼音效果

本章小结

本章主要介绍了在Word 2010中输入与编辑文本、编排文本格式、添加项目符号和编号、设置边框和底纹以及使用特殊排版方式等知识。通过对本章的学习,读者应重点掌握以下知识:①在文档中输入与编辑文本。②编辑文本和段落的格式。③在文档中添加项目符号和编号。④为文字和段落添加边框和底纹。⑤使用一些特殊的排版方式。

中文版 Office 2010 办公自动化实例教程

本章习题

下面通过制作一个简单的商务承诺函,练习并巩固输入与编辑文本、编排段落格式及添加编号的方法。

操作提示:

1. 打开"素材文件\第 2 章\商务承诺函.docx",选择文档的标题,设置其字号为"一号",颜色为"蓝色",然后单击"加粗"按钮**B**和"居中"按钮,效果如图 2-97 所示。

2. 选择文档的正文部分,并设置其字号为"小四","行和段落间距"为 1.15,效果如图 2-98 所示。

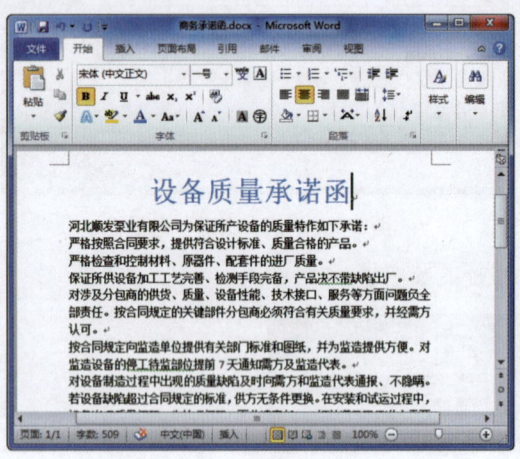

图 2-97　设置标题格式

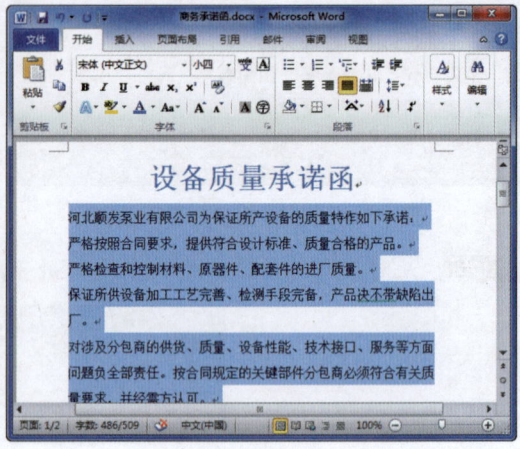

图 2-98　设置正文格式

3. 选中承诺函条款部分,在"段落"组中单击"编号"下拉按钮,在弹出的下拉列表中选择编号样式,效果如图 2-99 所示。

4. 选择落款部分文字和日期,然后在"段落"组中单击"文本右对齐"按钮,将其设置为右对齐,最终效果如图 2-100 所示。

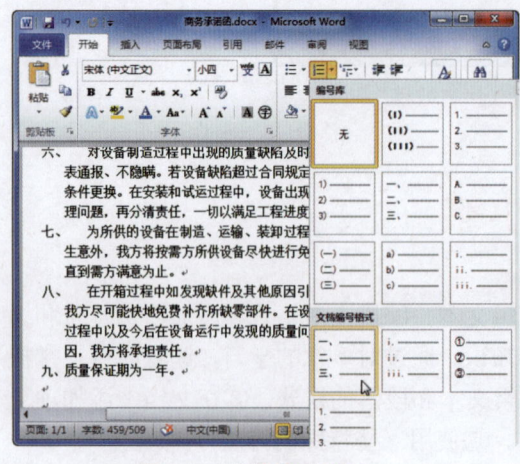

图 2-99　选择编号样式

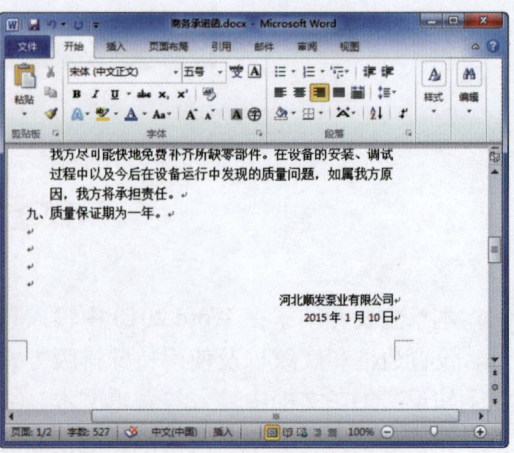

图 2-100　设置文本右对齐

第 3 章　Word 2010 文档图文混排

【本章导读】

在制作文档时，为文字配以图片能够使文档更加生动、形象，可以将语言不便表述的内容形象地表现出来，帮助读者更快地理解文档内容。使用 Word 2010 不仅可以插入图片，还可以插入文本框以及自选图形等。本章将详细介绍如何使用 Word 2010 制作图文并茂的文档。

【本章目标】

- 能够插入并编辑自选图形。
- 能够在文档中创建文本框。
- 能够添加和设置艺术字。
- 能够根据需要插入、编辑与删除图片。
- 能够创建并应用 SmartArt 图形。
- 能够在文档中创建并编辑表格。

3.1　添加自选图形

在 Word 2010 中，系统提供了一套强大的图形绘制工具，利用系统提供的各种自选图形，用户可以轻松地绘制出美观、大方的企业标志等图形。

实例 1　插入自选图形

Word 2010 中的自选图形主要包括：线条、矩形、基本形状、公式形状、箭头总汇、流程图、星与旗帜和标注八大类。下面将以插入"燕尾形"形状为例，详细介绍如何绘制"燕尾服饰"企业标志，具体操作方法如下。

Step 01 新建一个空白文档，选择"插入"选项卡，在"插图"组中单击"形状"下拉按钮，在弹出的下拉列表中选择"燕尾形"选项，如图 3-1 所示。

Step 02 按住鼠标左键并向右下角拖至适当位置，如图 3-2 所示。

Step 03 执行操作后，即可在文档中绘制一个燕尾图形，效果如图 3-3 所示。

Step 04 利用上述方法在右侧继续绘制两个燕尾图形，效果如图 3-4 所示。

Step 05 选中第 2 个燕尾图形，然后选择"格式"选项卡，在"形状样式"组中单击"形状填充"下拉按钮，在弹出的下拉列表中选择形状的填充颜色，如图 3-5 所示。

Step 06 参照上述方法，设置第 3 个燕尾图形的填充颜色，效果如图 3-6 所示。

中文版 Office 2010 办公自动化实例教程

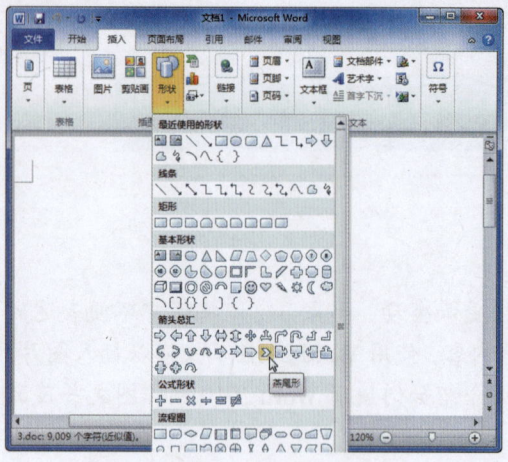

图 3-1 选择"燕尾形"选项　　　　图 3-2 绘制自选图形

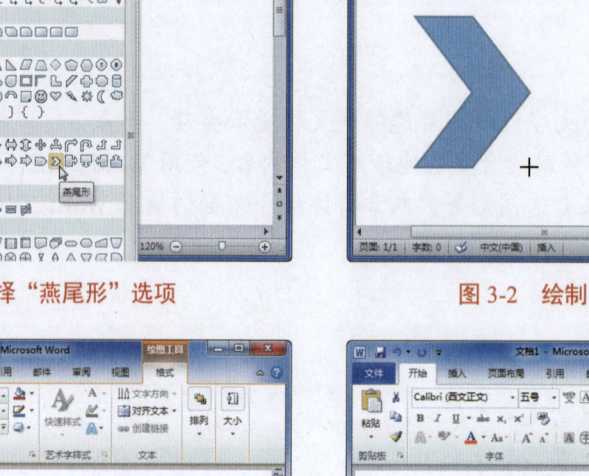

图 3-3 查看绘制效果　　　　图 3-4 继续绘制图形

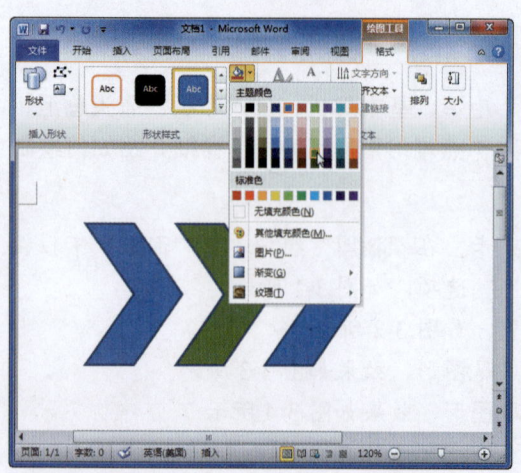
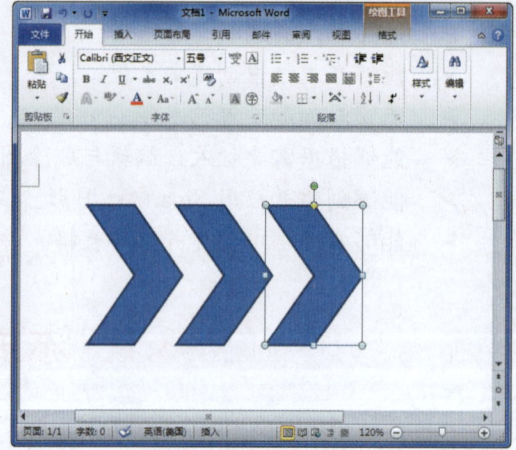

图 3-5 设置形状的填充颜色　　　　图 3-6 继续设置形状的填充颜色

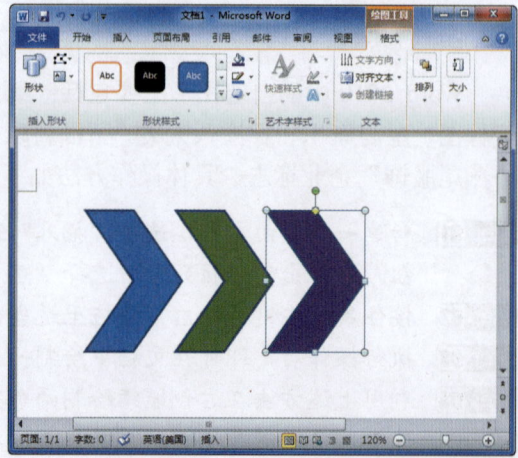

实例 2　调整、旋转与对齐图形

在办公文档中，流程图和结构图都是由多个形状组成的，因此在编辑好各个形状后还需要调整其相互之间的关系，具体操作方法如下。

Step 01　新建一个空白文档，参照上述插入燕尾图形的方法，在编辑窗口中绘制一个燕尾图形，如图 3-7 所示。

Step 02　将鼠标指针移至燕尾图形上，单击鼠标左键将其选中，此时该图形四周出现控制框，如图 3-8 所示。

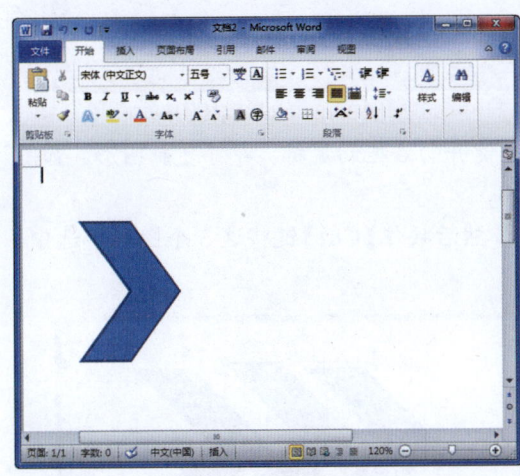

图 3-7　绘制图形　　　　　　　　　　　图 3-8　选中图形

Step 03　将鼠标指针移至右侧中间的控制柄上，当指针呈 形状时，按住鼠标左键并拖动，可以调整图形的宽度，如图 3-9 所示。

Step 04　将鼠标指针移至上方中间的控制柄上，当指针呈 形状时，按住鼠标左键并拖动，可以调整图形的高度，如图 3-10 所示。

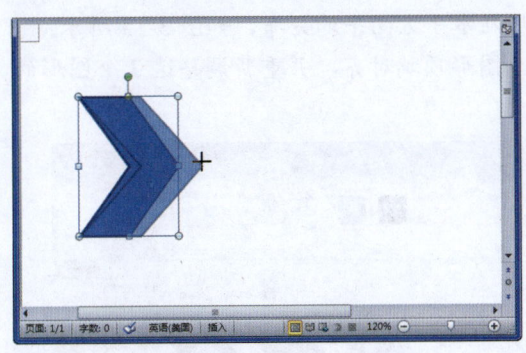
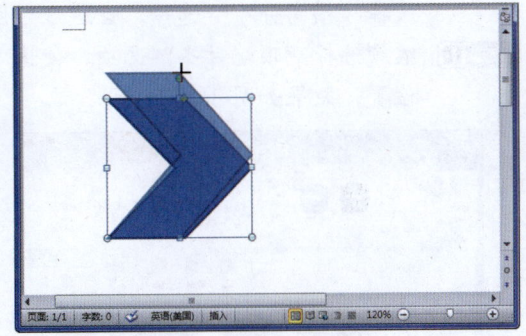

图 3-9　调整图形宽度　　　　　　　　　图 3-10　调整图形高度

Step 05　将鼠标指针移至上方的黄色控制柄上，当指针呈 形状时，按住鼠标左键并拖动，可以调整图形形状，如图 3-11 所示。

Step 06　选中图形后，选择"格式"选项卡，在"排列"组中单击"旋转"按钮，在弹出的下拉列表中选择"水平翻转"选项，即可水平翻转图形，如图 3-12 所示。

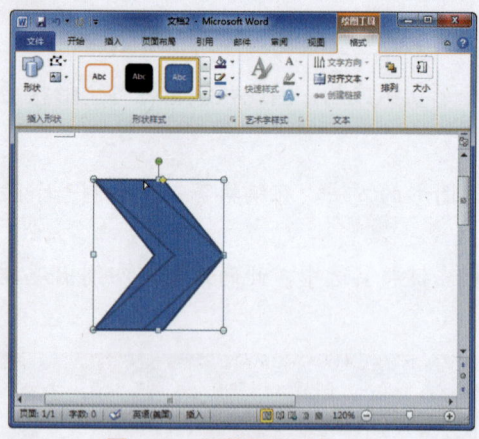
图 3-11　调整图形形状

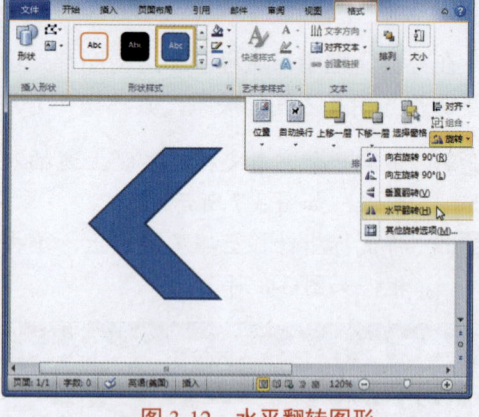
图 3-12　水平翻转图形

Step 07 选中图形后按住【Ctrl】键，按住鼠标左键并向右拖动鼠标，即可复制图形，如图 3-13 所示。

Step 08 利用上述方法拖动出另外一个燕尾图形，然后按住【Ctrl】键将这 3 个图形都选中，如图 3-14 所示。

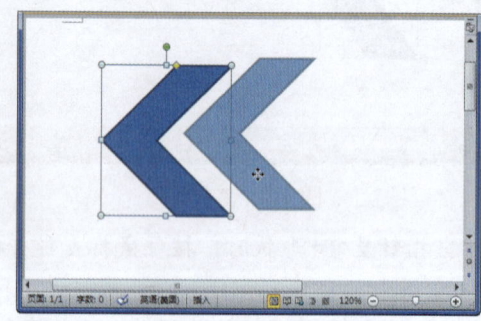
图 3-13　复制图形

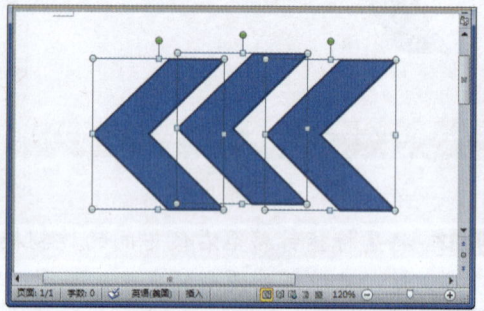
图 3-14　选中 3 个图形

Step 09 在"格式"选项卡下的"排列"组中单击"对齐"按钮，在弹出的下拉列表中选择"横向分布"选择，让这 3 个图形在水平方向平均分布，如图 3-15 所示。

Step 10 继续选择"顶端对齐"选项，使这 3 个图形顶端对齐，并重新调整这 3 个图形的位置，效果如图 3-16 所示。

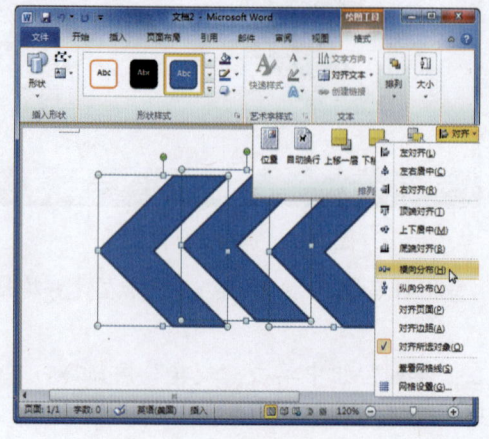
图 3-15　横向分布图形

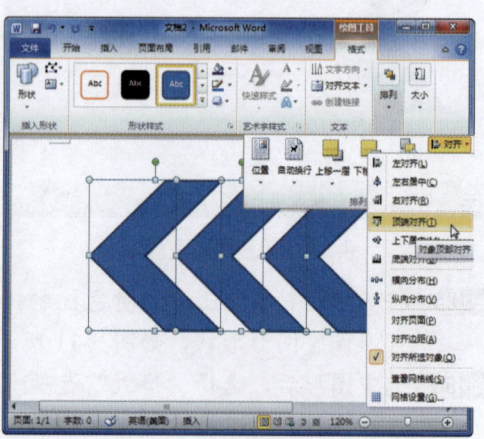
图 3-16　设置顶端对齐

实例 3　设置图形样式

为了让插入的自选图形效果更加好看，还可以继续设置图形样式，具体操作方法如下。

Step 01 选中最左侧的燕尾图形，在"形状样式"组中单击"其他"按钮，在弹出的下拉列表中选择合适的外观样式，如图 3-17 所示。

Step 02 参照上述方法，为另外两个图形设置外观样式，效果如图 3-18 所示。

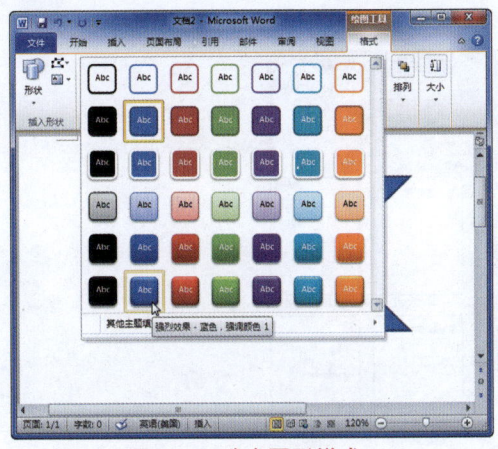
图 3-17　选中图形样式

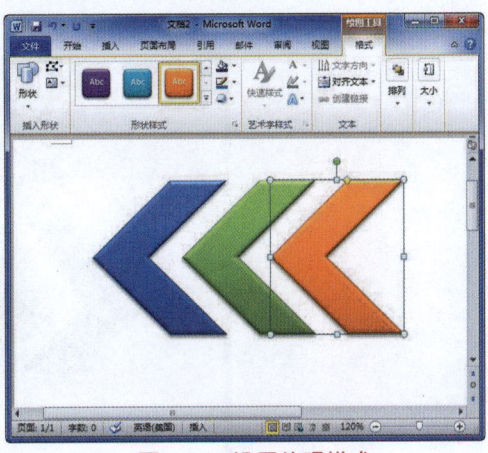
图 3-18　设置外观样式

Step 03 选中最左侧的燕尾图形，在"形状样式"组中单击"形状效果"下拉按钮，选择"预设"选项，在弹出的下拉列表中选择预设样式，如图 3-19 所示。

Step 04 参照上述方法，为另外两个图形设置同样的预设样式，使其呈现出三维效果，如图 3-20 所示。

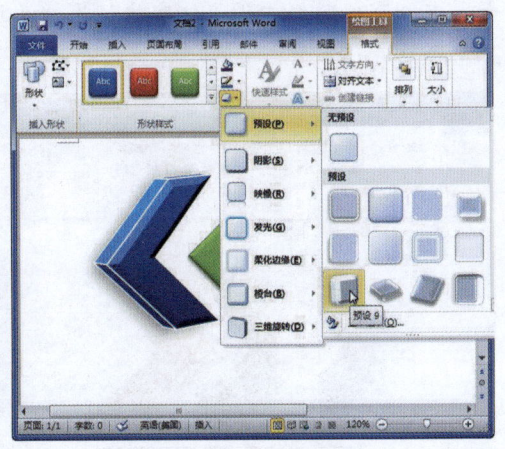
图 3-19　选择预设样式

图 3-20　查看应用样式效果

3.2　添加文本框

在 Word 2010 中，利用文本框可以在编辑窗口的任意位置输入文字，而且可以为其添加更多精美的效果。

中文版 Office 2010 办公自动化实例教程

实例 1　创建文本框

在 Word 2010 中，文本框分为横排文本框和竖排文本框两种形式，用户可以根据自己的需要选择插入不同形式的文本框。插入横排文本框的具体操作方法如下。

Step 01 打开"素材文件\第 3 章\创建文本框.docx"，选择"插入"选项卡，在"文本"组中单击"文本框"下拉按钮，在弹出的下拉列表中选择"绘制文本框"选项，如图 3-21 所示。

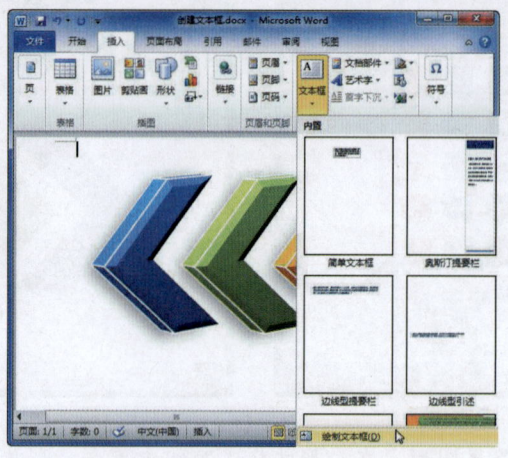

图 3-21　选择"绘制文本框"选项

Step 02 在文档中按下鼠标左键并拖动，拖至合适位置后松开鼠标，即可绘制一个文本框，在文本框中输入文字"燕尾服饰"，如图 3-22 所示。

Step 03 选择输入的文本，选择"开始"选项卡，在"字体"组中设置"字体"为"汉真广标"，"字号"为"小一"，如图 3-23 所示。

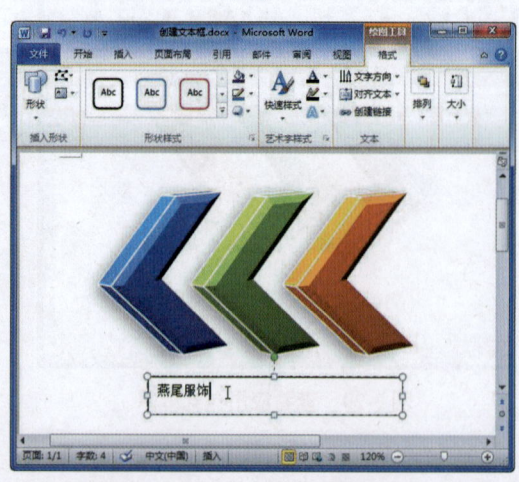

图 3-22　绘制文本框并输入文字

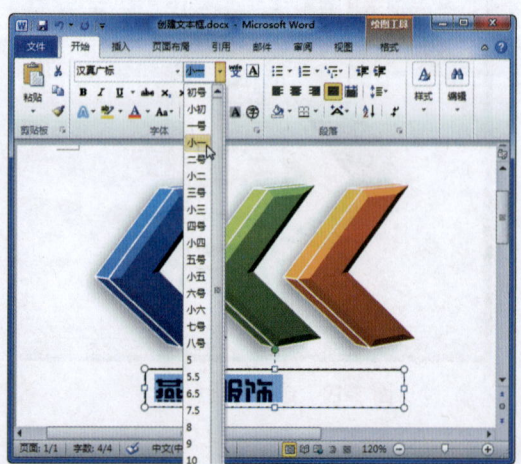

图 3-23　设置文本格式

Step 04 选中文本框，适当调整文本框的宽度，并将其移至合适的位置，效果如图 3-24 所示。

图 3-24　调整文本框宽度和位置

实例 2　设置文本框效果

对于已经插入的文本框，除了可以像更改图形效果那样为文本框调整位置和大小外，还可以设置其形状样式和三维效果。设置文本框效果的具体操作方法如下。

Step 01 选中要设置的文本框，选择"格式"选项卡，在"形状样式"组中单击"其他"按钮，在弹出的下拉列表中选择合适的形状样式，如图 3-25 所示。

Step 02 在"形状样式"组中单击"形状效果"下拉按钮，然后选择"映像"选项，在弹出的下拉列表中选择一种映像效果，如图 3-26 所示。

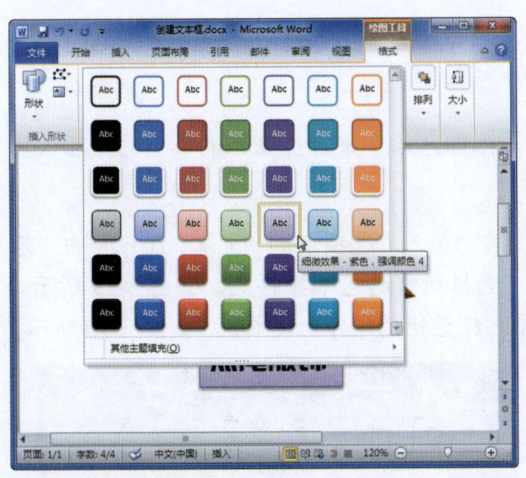

图 3-25　选择形状样式

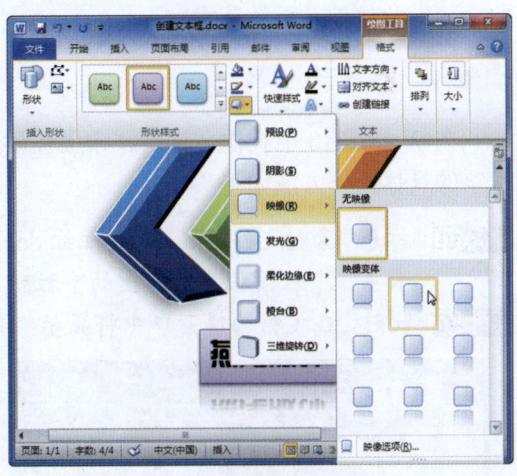

图 3-26　选择映像效果

如果在此选择"三维选项"选项，将弹出"设置形状格式"对话框，在"三维格式"选项卡中可以对文本框的三维格式进行更为详细的设置。

Step 03 单击"快速样式"下拉按钮，在弹出的下拉列表中选择一种艺术字样式，如图 3-27 所示。

Step 04 在"文本"组中单击"对齐文本"下拉按钮，在弹出的下拉列表中选择"中部对齐"选项，如图 3-28 所示。

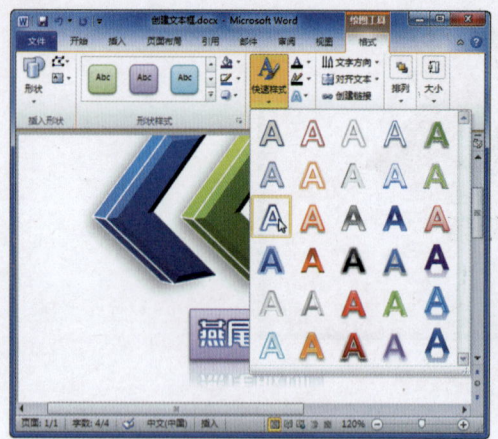
图 3-27 选择艺术字样式

图 3-28 选择"中部对齐"选项

3.3 添加艺术字

在报刊上常常会看到各种各样的艺术字,这些艺术字给文章增添了强烈的视觉效果。与普通文字不同,艺术字其实是一种图形对象。在 Word 文档中,可以创建带有阴影、扭曲、旋转和拉伸效果的艺术字。

实例 1 插入艺术字

在 Word 2010 中制作文档时,常常需要通过添加艺术字来增加文档的吸引力。插入艺术字的具体操作方法如下。

Step 01 打开"素材文件\第 3 章\满江红.docx",在"插入"选项卡的"文本"组中单击"艺术字"下拉按钮,在弹出的下拉列表中选择所需的艺术字样式,如图 3-29 所示。

Step 02 此时,在文档编辑窗口中将显示"请在此放置您的文字"文本框,如图 3-30 所示。

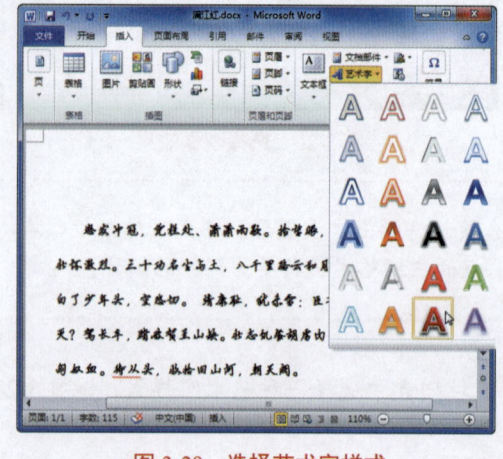
图 3-29 选择艺术字样式

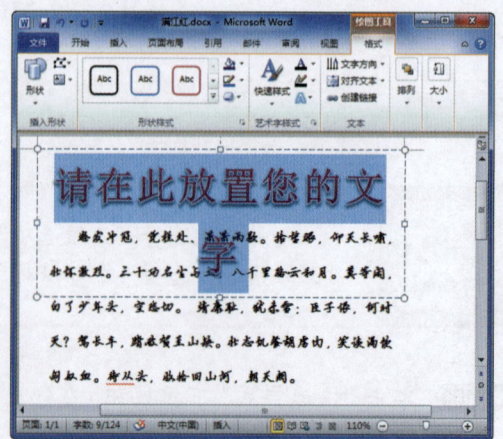
图 3-30 显示文本框

Step 03 在文本框中输入文字"满江红",并在每两个文字之间空一格,如图 3-31 所示。

Step 04 选中输入的文字，选择"开始"选项卡，在"字体"组中设置文字的字体为"方正行楷简体"，"字号"为"初号"，然后利用鼠标调整艺术字的位置，效果如图 3-32 所示。

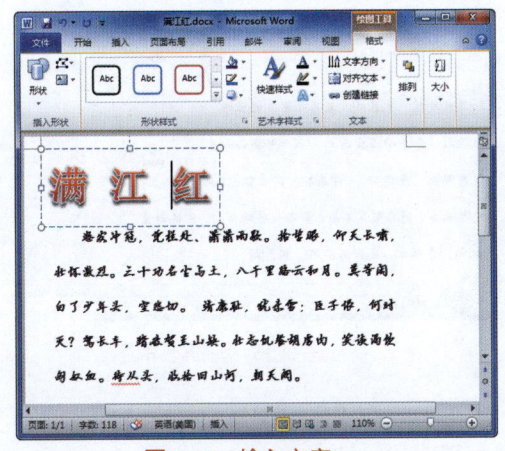

图 3-31 输入文字

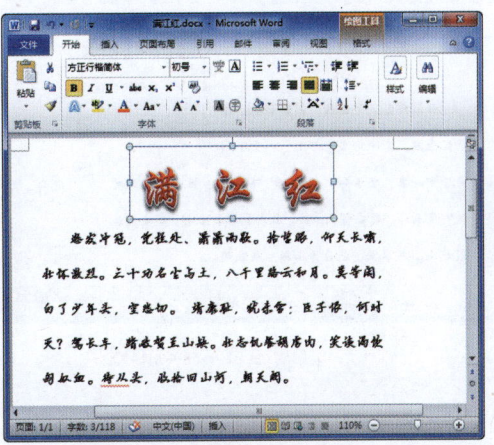

图 3-32 设置文字格式

实例 2 设置艺术字效果

在文档中添加艺术字后，如果对效果样式不满意，还可以对艺术字的样式、填充色、轮廓或文本效果等进行修改。设置艺术字效果的具体操作方法如下。

Step 01 选择"格式"选项卡，在"艺术字样式"组中单击"快速样式"下拉按钮，在弹出的下拉列表中选择合适的样式，如图 3-33 所示。

Step 02 在"艺术字样式"组中单击"文字效果"下拉按钮，选择"阴影"选项，在弹出的下拉列表中选择阴影效果，如图 3-34 所示。

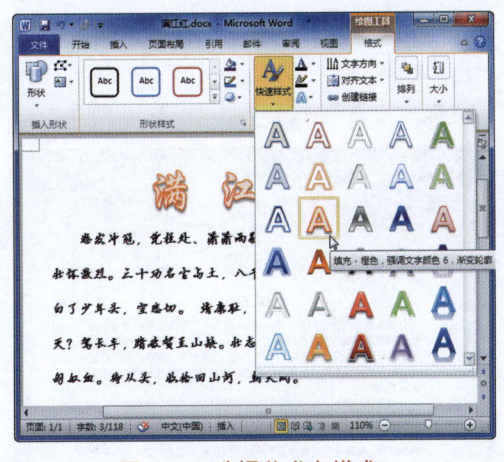

图 3-33 选择艺术字样式

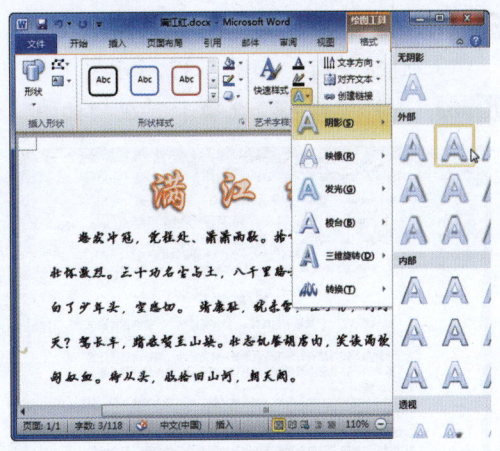

图 3-34 选择阴影效果

Step 03 在"艺术字样式"组中单击"文本轮廓"下拉按钮，在弹出的下拉列表中选择合适的颜色，设置艺术字轮廓效果，如图 3-35 所示。

Step 04 在"艺术字样式"组中单击"文字效果"下拉按钮，选择"转换"选项，在弹出的下拉列表中选择合适的选项，还可以弯曲艺术字，如图 3-36 所示。

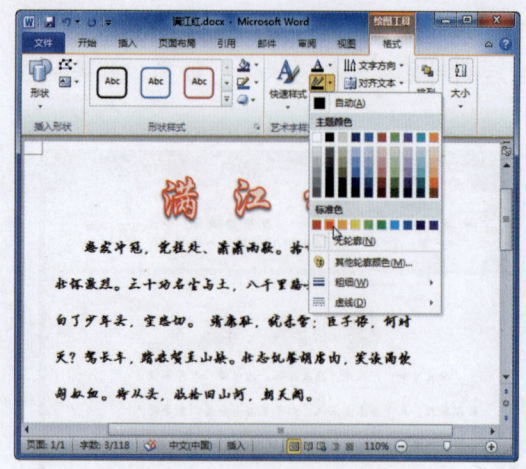
图 3-35　设置艺术字轮廓效果

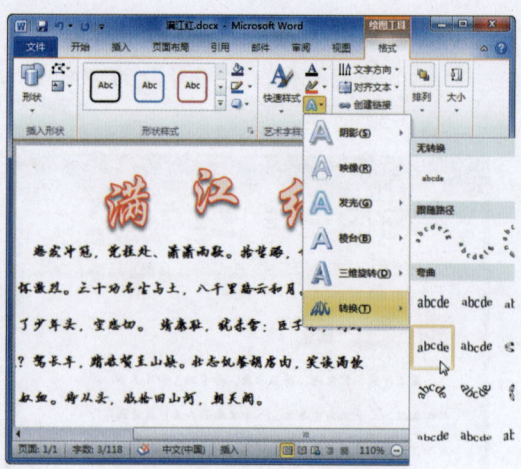
图 3-36　弯曲艺术字

3.4　添加图片

在文档中适当地插入一些精美图片，不仅可以使阅读的过程更加轻松，还可以提高文档的感染力。

实例 1　插入图片

为了使文档更加美观、生动，可以在文档的合适位置插入图片进行修饰。在 Word 2010 中，不仅可以插入系统提供的剪贴画，还可以从其他程序或其他位置中导入图片，也可以从扫描仪或数码相机中直接获取图片。在文档中插入图片的操作方法如下。

Step 01　打开"素材文件\第 3 章\蜂鸟.docx"，将光标定位到文章末尾，按【Enter】键切换到下一行，如图 3-37 所示。

Step 02　选择"插入"选项卡，在"插图"组中单击"图片"按钮，如图 3-38 所示。

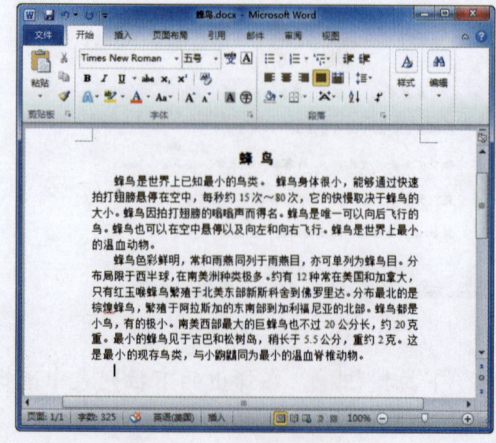
图 3-37　定位插入位置

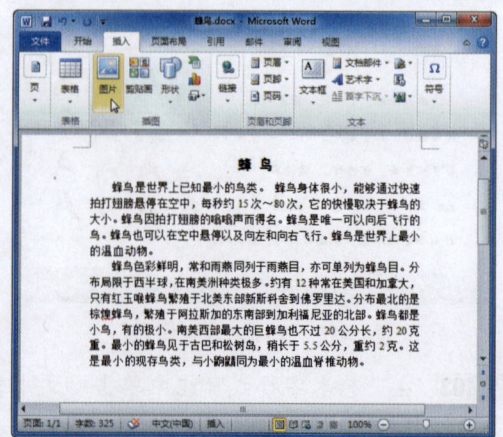
图 3-38　单击"图片"按钮

Step 03 在弹出的"插入图片"对话框中选择要插入的图片,然后单击"插入"按钮,如图 3-39 所示。

Step 04 此时,即可在文档中插入所选的图片,效果如图 3-40 所示。

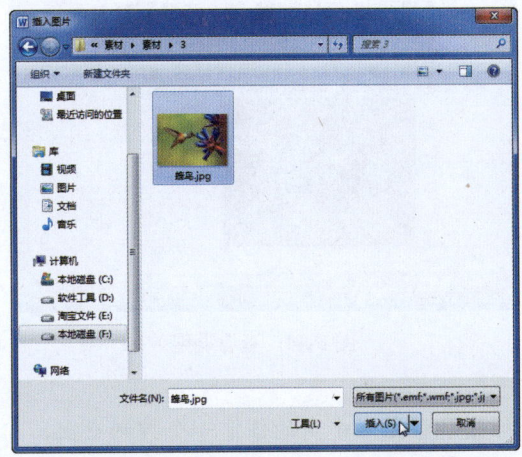

图 3-39 "插入图片"对话框

图 3-40 查看插入图片效果

实例 2 调整图片大小

在插入图片或剪贴画后,还可以根据需要对其大小进行调整,具体操作方法如下。

Step 01 将鼠标指针移至上方中间的控制点上,按住鼠标左键并向下拖至适当的位置,即可调整图片的高度,如图 3-41 所示。

Step 02 将鼠标指针移至右侧中间的控制点上,按住鼠标左键并向左拖至适当位置,即可调整图片的宽度,如图 3-42 所示。

图 3-41 调整图片高度

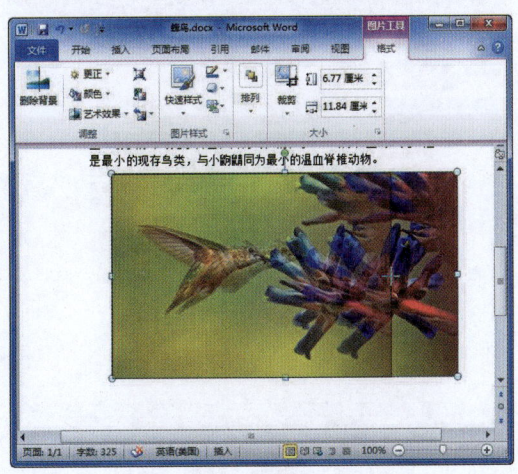

图 3-42 调整图片宽度

Step 03 将鼠标指针移至右下角的控制点上,按住鼠标左键并向右上角拖动,可以同时调整图片的宽度和高度,如图 3-43 所示。

Step 04 此时,即可查看调整图片大小后的文档效果,如图 3-44 所示。

中文版 Office 2010 办公自动化实例教程

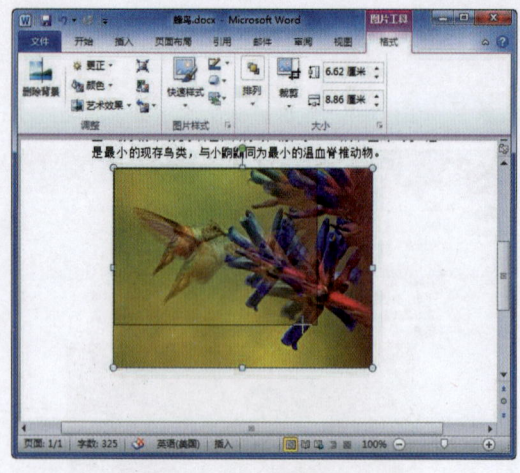

图 3-43　同时调整图片高度和宽度

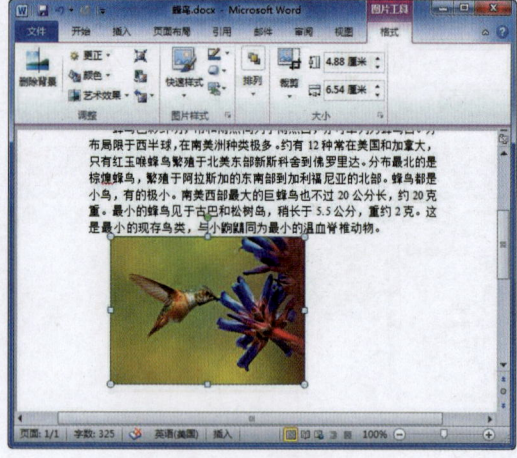

图 3-44　查看调整效果

按住【Shift】键，然后将鼠标指针移至 4 个角的任意一个控制点上，按住鼠标左键并拖动，可以等比例缩放图片。

实例 3　裁剪图片

如果插入的图片有些部分不需要，可以利用裁剪工具将其裁掉，具体操作方法如下。

Step 01 选中插入的蜂鸟图片，然后选择"格式"选项卡，在"大小"组中单击"裁剪"按钮，如图 3-45 所示。

Step 02 利用鼠标调整控制框的大小，使其正好框住要保留的部分，如图 3-46 所示。

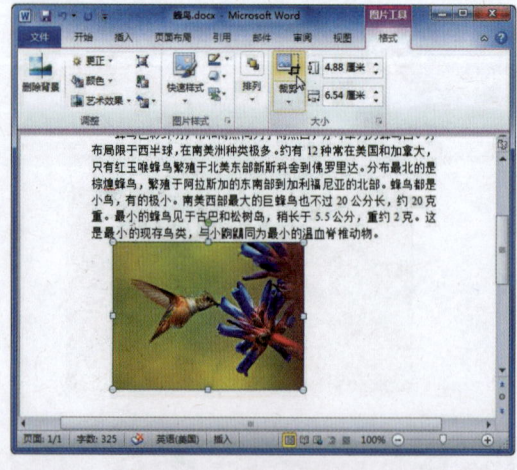

图 3-45　单击"裁剪"按钮

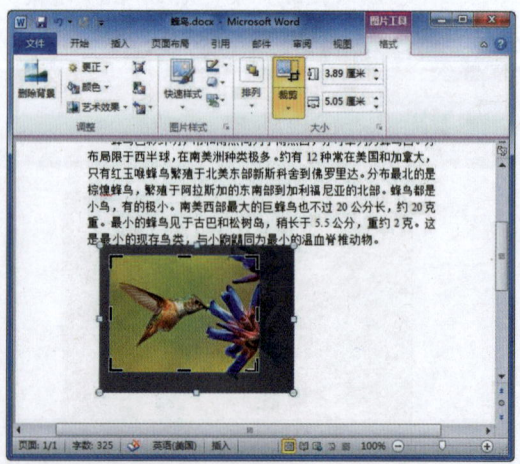

图 3-46　调整控制框大小

Step 03 在图片外的任意位置单击鼠标左键，即可裁剪图片，效果如图 3-47 所示。

Step 04 选择图片，单击"裁剪"下拉按钮，选择"裁剪为形状"选项，在弹出的下拉列表中选择"圆角矩形"形状，如图 3-48 所示。

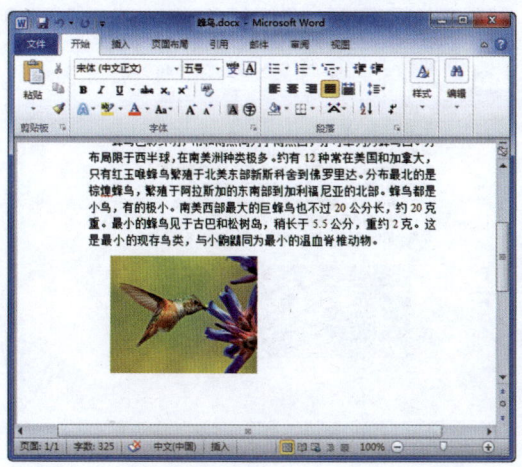
图 3-47 裁剪图片

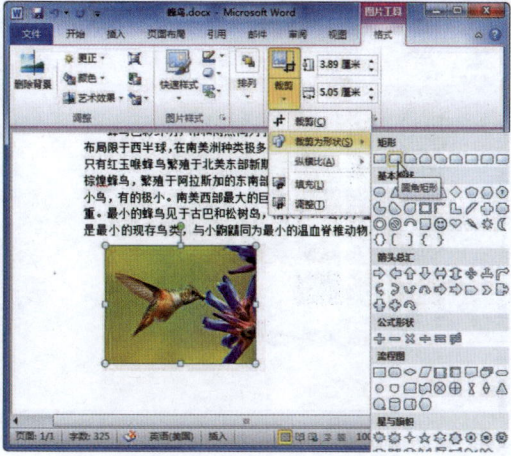
图 3-48 选择"圆角矩形"形状

Step 05 单击"裁剪"下拉按钮,选择"纵横比"选项,在弹出的下拉列表的"横向"下选择 5:3 比例进行裁剪,如图 3-49 所示。

Step 06 此时,图片将根据所选比例进行裁剪,效果如图 3-50 所示。

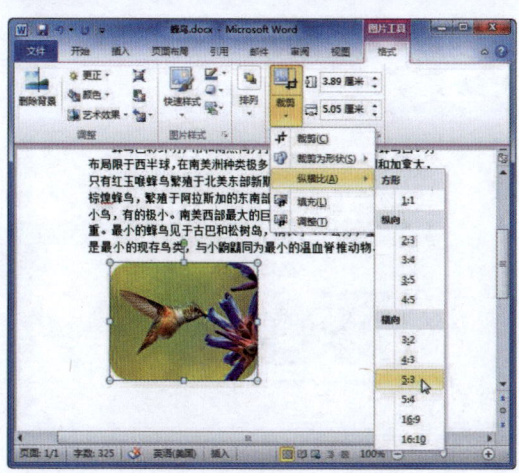
图 3-49 选择裁剪比例

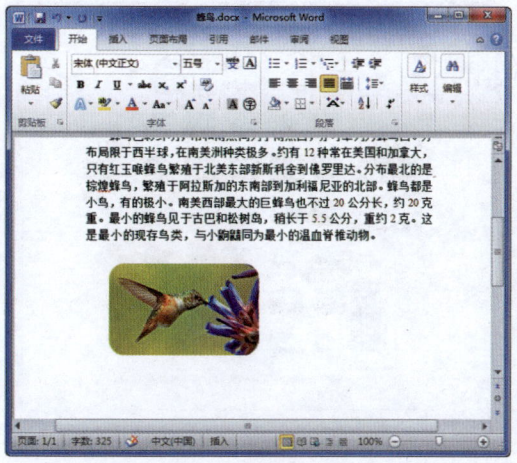
图 3-50 查看裁剪效果

在"大小"组的"形状高度"和"形状宽度"数值框中输入相应的数值,可以调整图片的大小。

实例 4 设置图片样式

在 Word 文档中,还可以为图片添加艺术效果和图片样式,具体操作方法如下。

Step 01 在"调整"组中单击"艺术效果"下拉按钮,在弹出的下拉列表中选择效果,在此选择"铅笔灰度"效果,如图 3-51 所示。

Step 02 选择"铅笔灰度"效果后,图片将变为灰度形式,效果如图 3-52 所示。

中文版 Office 2010 办公自动化实例教程

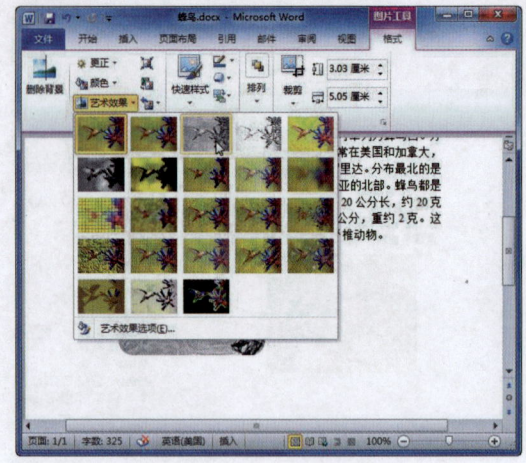

图 3-51　选择"铅笔灰度"效果

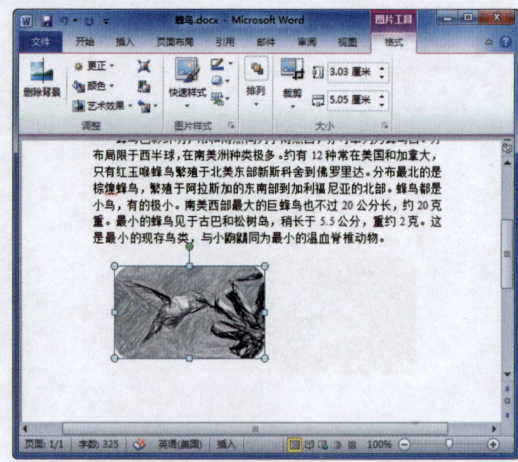

图 3-52　查看设置的效果

Step 03　在"图片样式"组中单击"快速样式"下拉按钮，在弹出的下拉列表中选择合适的样式，如图 3-53 所示。

Step 04　此时，即可查看设置图片样式后的效果，如图 3-54 所示。

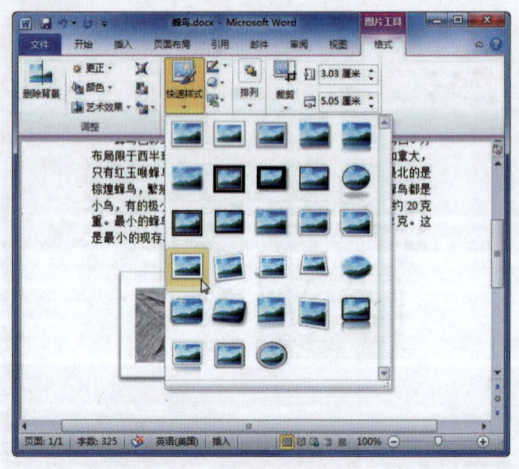

图 3-53　选择图片样式

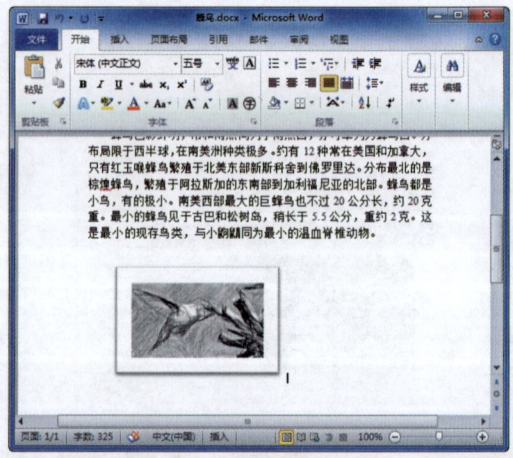

图 3-54　查看设置的效果

实例 5　设置图片位置

　　将图片直接插入文档后，可能图片的位置有时会不太合适，从而造成图片与文档的编排不合理，使文档整体不够美观。此时，可以通过设置图片位置来解决这个问题。设置图片位置的具体操作方法如下。

Step 01　选中插入的蜂鸟图片，然后在"排列"组中单击"位置"下拉按钮，在弹出的下拉列表中选择"顶端居左，四周型文字环绕"选项，如图 3-55 所示。

Step 02　此时图片将移至文档顶端左侧，效果如图 3-56 所示。

Step 03　如果在下拉列表中选择"中间居中，四周型文字环绕"选项，则图片将移至文档中间，效果如图 3-57 所示。

Word 2010 文档图文混排　第 3 章

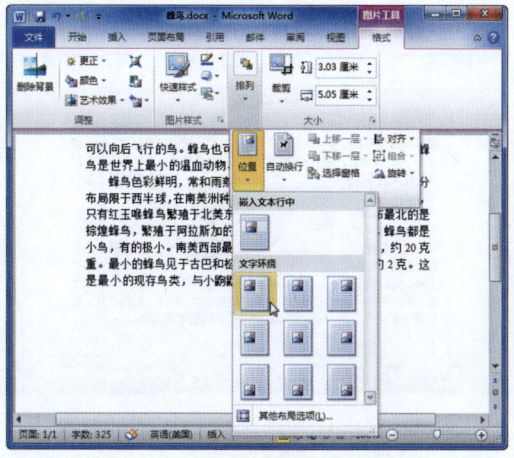

图 3-55　选择文字环绕样式

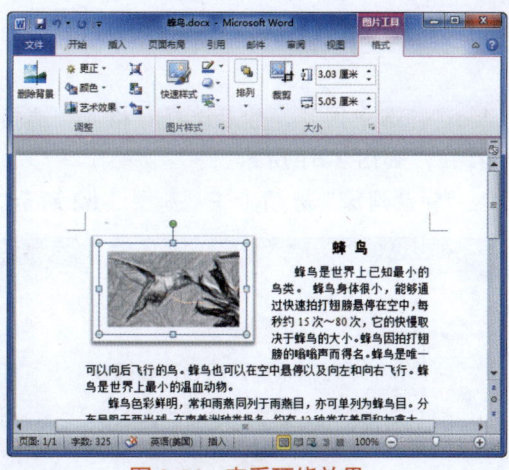

图 3-56　查看环绕效果

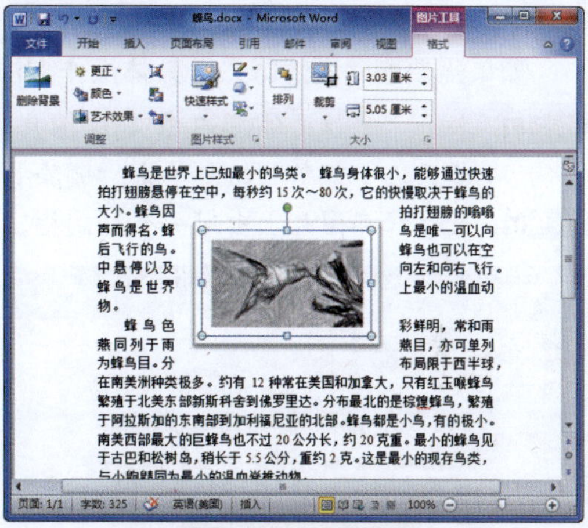

图 3-57　中间居中环绕样式

Step 04 在"排列"组中单击"自动换行"下拉按钮，在弹出的下拉列表中选择"上下型环绕"选项，效果如图 3-58 所示。

Step 05 如果在下拉列表中选择"衬于文字下方"选项，效果如图 3-59 所示。

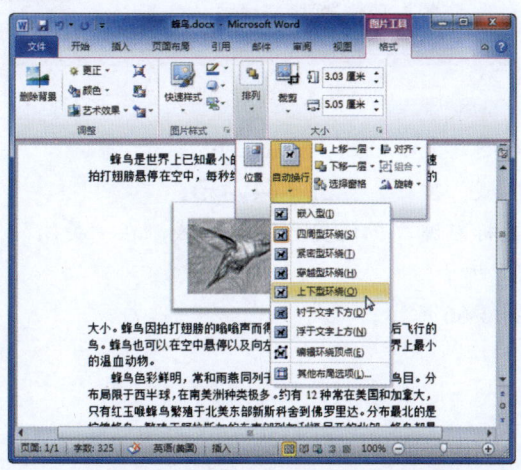

图 3-58　选择"上下型环绕"选项

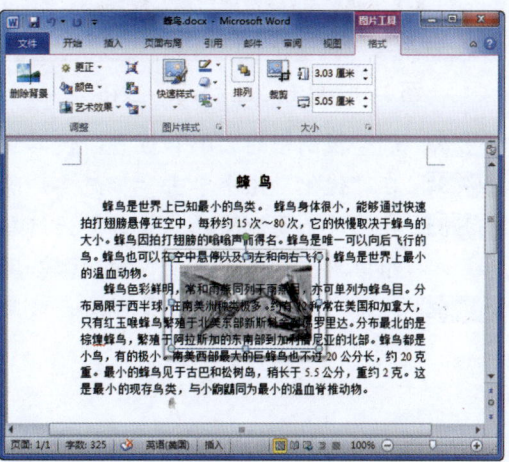

图 3-59　设置图片衬于文字下方

中文版 Office 2010 办公自动化实例教程

Step 06 另外,如果在下拉列表中选择"浮于文字上方"选项,效果如图 3-60 所示。

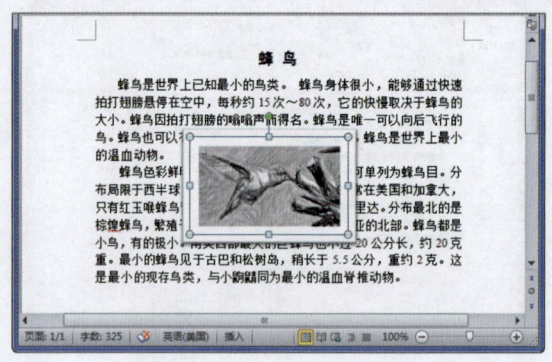

图 3-60 设置图片浮于文字上方

实例 6　删除图片背景

如果需要删除图片背景,具体操作方法如下。

Step 01 打开"素材文件\第 3 章\删除图片背景.docx",选中图片,然后选择"格式"选项卡,在"调整"组中单击"删除背景"按钮,如图 3-61 所示。

Step 02 此时蜂鸟图片上出现一个控制框,并进入"背景消除"选项卡下,如图 3-62 所示。

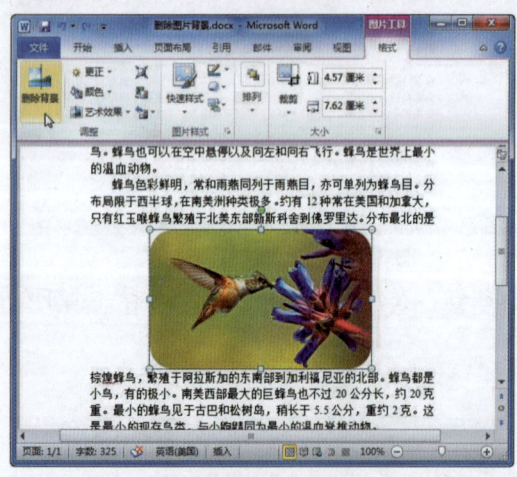
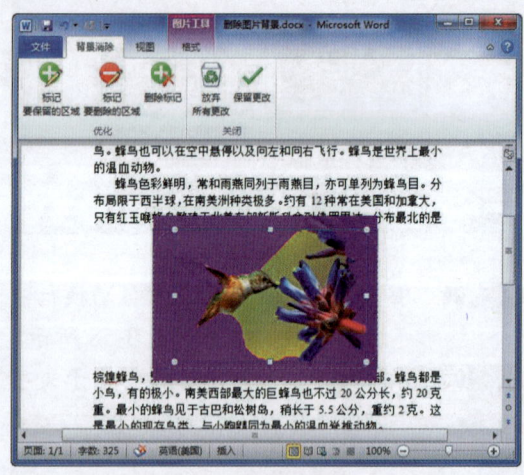

图 3-61 单击"删除背景"按钮　　　　　　图 3-62 进入"背景消除"选项卡

Step 03 调整控制框的大小和位置,使其正好与图片大小一致,如图 3-63 所示。

Step 04 在"优化"组中单击"标记要删除的区域"按钮,如图 3-64 所示。

Step 05 在图片上要删除的背景部分连续单击鼠标左键,标记要删除的区域,在"关闭"组中单击"保留更改"按钮,如图 3-65 所示。

Step 06 此时,即可将图片背景删除,效果如图 3-66 所示。

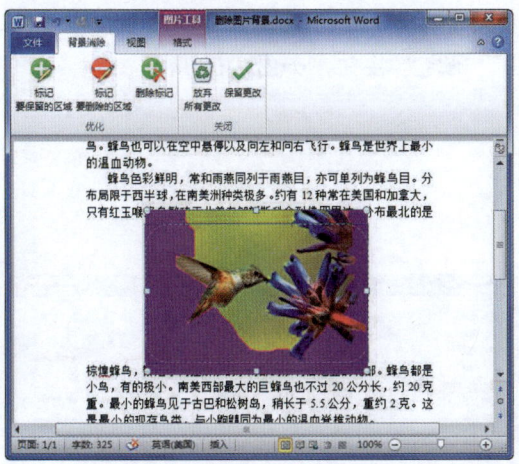

图 3-63　调整控制框大小

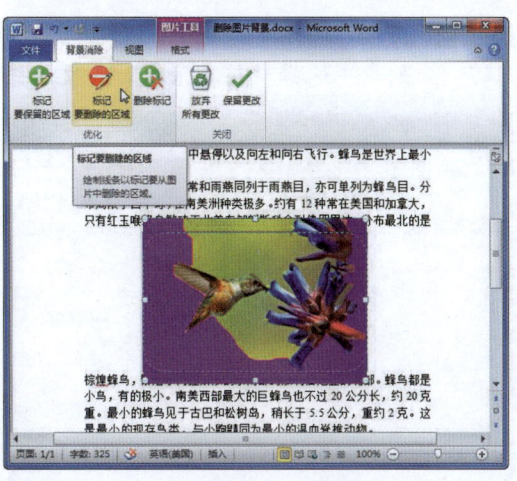

图 3-64　单击"标记要删除的区域"按钮

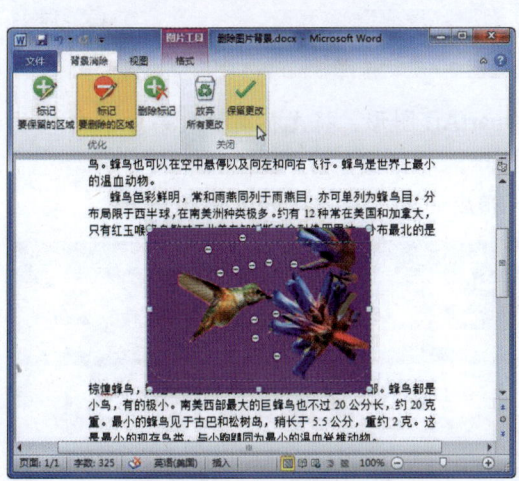

图 3-65　单击"保留更改"按钮

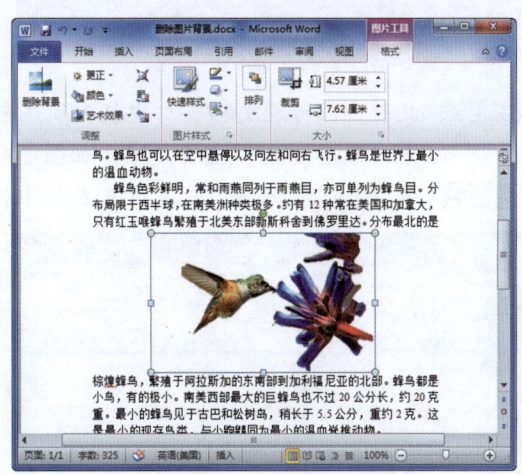

图 3-66　查看删除背景效果

3.5　插入 SmartArt 图形

在 Word 2010 中，系统提供了 SmartArt 图形功能，可以帮助用户在文档中轻松地绘制出列表、流程、循环以及层次结构等相关联的图形对象，使文档更加形象、生动，并容易理解。

实例 1　创建 SmartArt 图形

Word 2010 提供了多种 SmartArt 图形类型，而且每种类型都包含着许多不同的布局。因此，在创建 SmartArt 图形时应根据自己的需要来创建合适的图形。

创建 SmartArt 图形的具体操作方法如下。

Step 01　新建一个空白文档，选择"插入"选项卡，单击"插图"组中的 SmartArt 按钮，如图 3-67 所示。

Step 02 弹出"选择 SmartArt 图形"对话框,在左窗格中单击"层次结构"按钮,在中间列表中选择"层次结构"选项,并单击"确定"按钮,如图 3-68 所示。

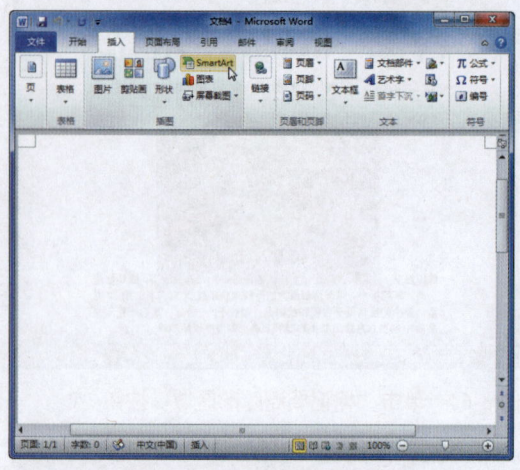

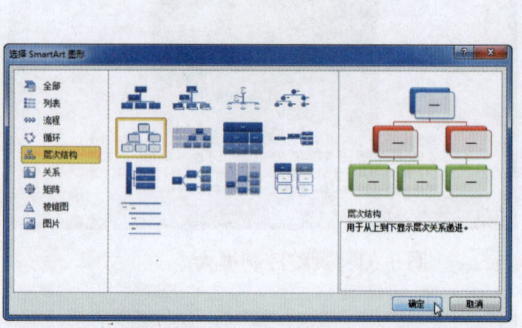

图 3-67　单击 SmartArt 按钮　　　　　　图 3-68　"选择 SmartArt 图形"对话框

Step 03 此时,即可在文档窗口中插入所选的 SmartArt 图形。将光标定位到第 1 个文本框中,然后输入相应的文字,如图 3-69 所示。

Step 04 采用相同的方法,在其他文本框中输入相应的文字,效果如图 3-70 所示。

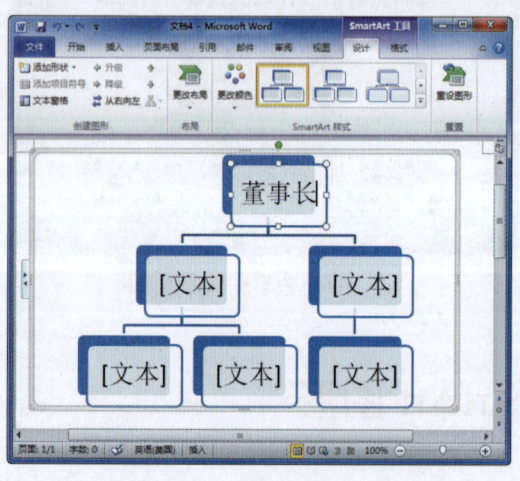

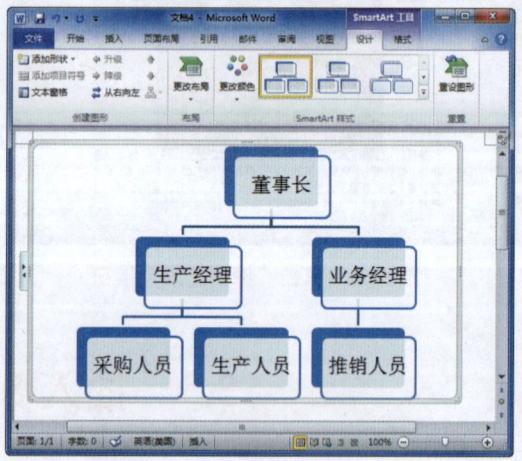

图 3-69　输入文字　　　　　　　　　　图 3-70　继续输入其他文字

实例 2　更改布局

创建的 SmartArt 图形都是默认的布局结构,在后面的编辑和使用过程中可以方便地对其进行修改和调整操作,如添加形状、升降级项目、更改布局样式等,具体操作方法如下。

Step 01 选中"生产经理"项目,在"设计"选项卡下单击"创建图形"组中的"添加形状"下拉按钮,在弹出的下拉列表中选择"在后面添加形状"选项,如图 3-71 所示。

Step 02 此时,即可看到在"生产经理"项目后添加了一个同级空白项,在文本框中输入文字"财务经理",如图 3-72 所示。

Word 2010 文档图文混排　第 3 章

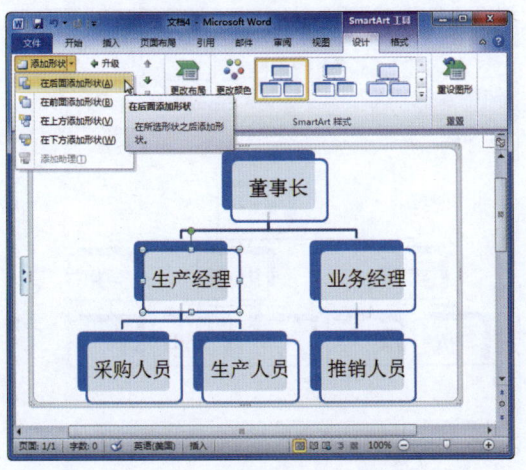

图 3-71　选择"在后面添加形状"选项

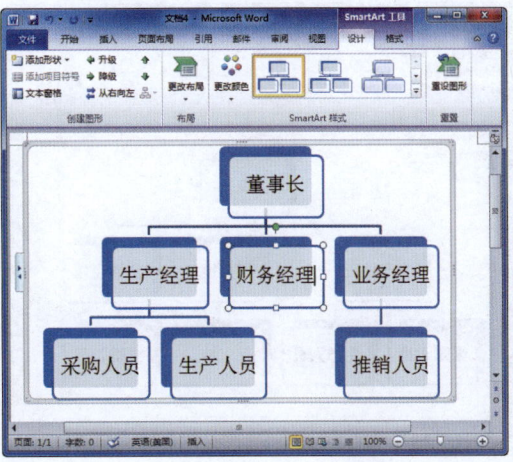

图 3-72　输入文字

Step 03 利用上述方法继续在"财务经理"项目后面添加一个空白项目，并输入文字"出纳"，如图 3-73 所示。

Step 04 选中"出纳"项目，然后在"创建图形"组中单击"降级"按钮，如图 3-74 所示。

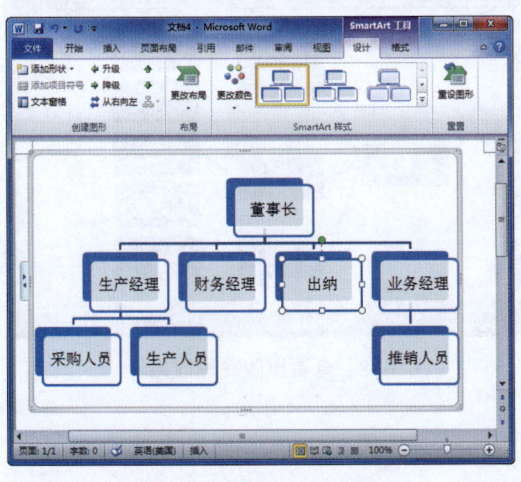

图 3-73　添加一个项目　　　　　　　　　图 3-74　单击"降级"按钮

Step 05 将"出纳"项目降级后，其将被放在"财务经理"的下方，如图 3-75 所示。

Step 06 继续在"出纳"项目右侧添加一个空白项目，并输入文字"会计"，效果如图 3-76 所示。

Step 07 在"布局"组中单击"更改布局"下拉按钮，在弹出的下拉列表中选择合适的布局，如图 3-77 所示。

Step 08 此时，即可看到原 SmartArt 图形布局样式已经完全改变，效果如图 3-78 所示。

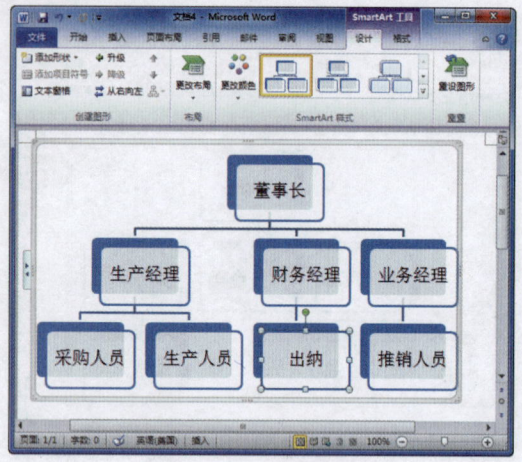
图 3-75　查看降级效果

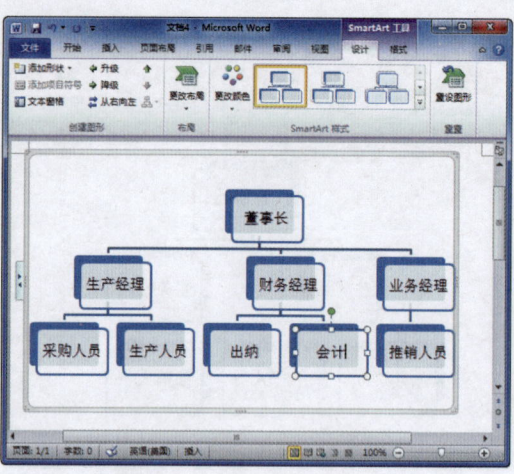
图 3-76　添加一个项目

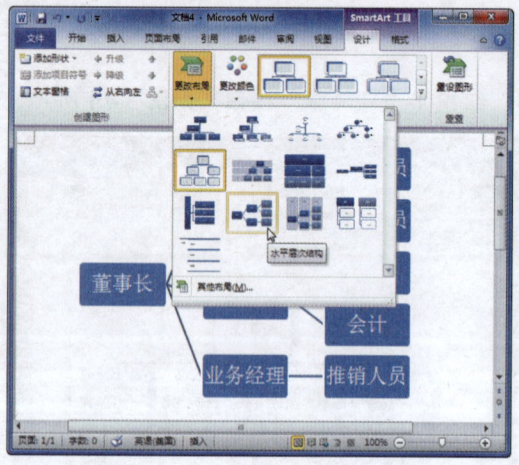
图 3-77　更改布局

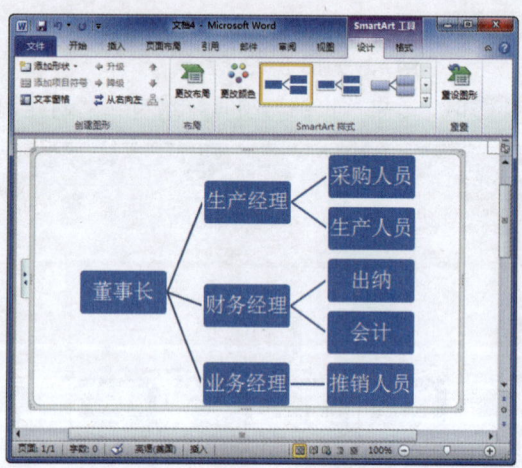
图 3-78　查看更改布局效果

实例 3　应用 SmartArt 图形样式

在 Word 2010 中，可以在"设计""格式"选项卡下为 SmartArt 图形设置样式和色彩风格，以达到美化文档的效果，具体操作方法如下。

Step 01 选中 SmartArt 图形，选择"设计"选项卡，单击"SmartArt 样式"组中的"更改颜色"下拉按钮，在弹出的下拉列表中选择要设置的颜色样式，如图 3-79 所示。

Step 02 此时图形已经变为彩色，单击"SmartArt 样式"组中的"快速样式"下拉按钮，在弹出的下拉列表中选择三维样式，这时图形已经添加了三维效果，如图 3-80 所示。

Step 03 选择"格式"选项卡，单击"艺术字样式"组中的"快速样式"下拉按钮，在弹出的下拉列表中选择合适的艺术字样式，如图 3-81 所示。

Step 04 此时，即可查看 SmartArt 图形的最终效果，如图 3-82 所示。

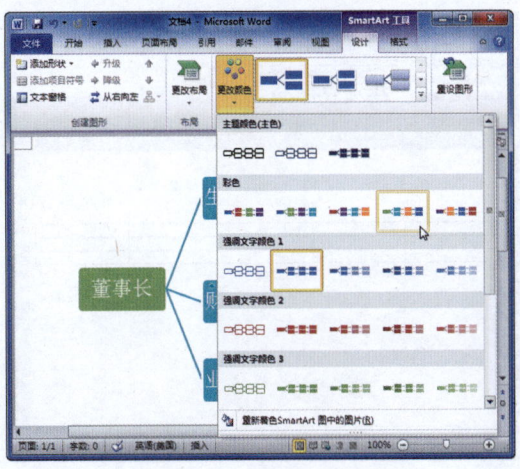
图 3-79　选择颜色样式

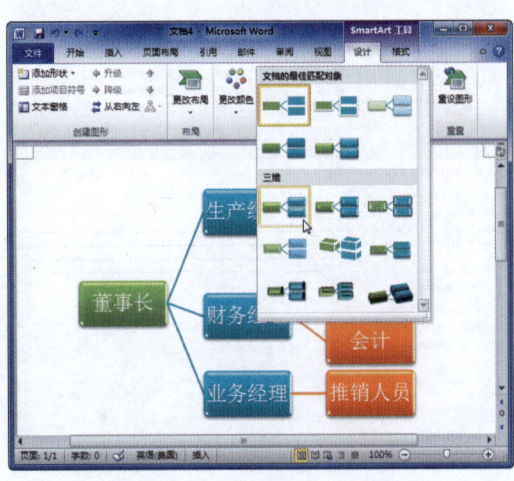
图 3-80　选择三维样式

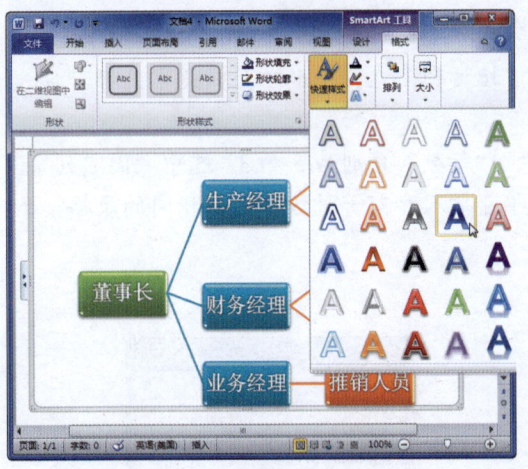
图 3-81　选择艺术字样式

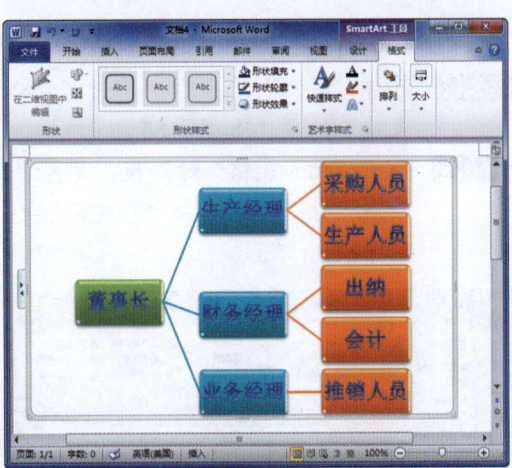
图 3-82　查看更改样式效果

3.6　应用表格

在学习和工作中，人们常常要用表格来表达信息。由于表格说明事物简明、清晰，因此表格在文字处理中也非常重要。

实例 1　创建表格

Word 2010 提供了多种创建表格的方法，用户可以从一组预先设好格式的表格中进行选择，或通过选择需要的行数和列数来插入表格，还可以通过拖动鼠标来绘制表格。

方法 1：直接插入表格

Step 01 新建一个 Word 文档，选择"插入"选项卡，单击"表格"下拉按钮，选择要插入表格的行列数，如 5×3 的表格，如图 3-83 所示。

Step 02 执行上述操作后，即可在文档中显示插入所选行列数的表格，如图 3-84 所示。

中文版 Office 2010 办公自动化实例教程

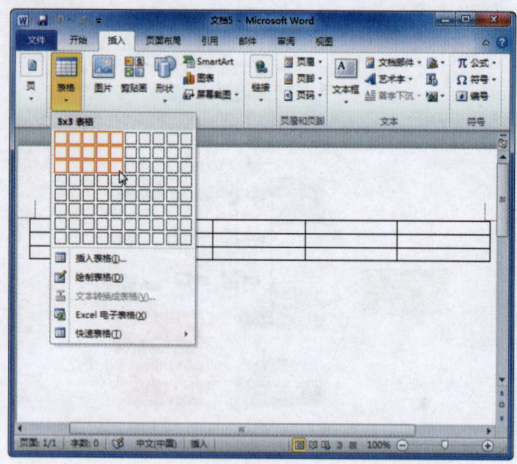

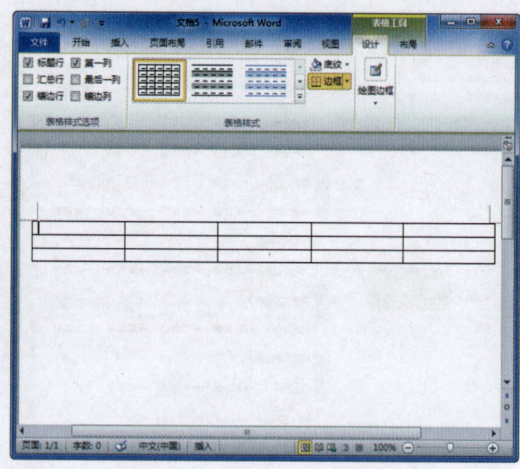

图 3-83　选择行列数　　　　　　　　　　图 3-84　查看插入表格效果

方法 2：通过"插入表格"对话框插入表格

Step 01 选择"插入"选项卡，单击"表格"下拉按钮，在弹出的下拉列表中选择"插入表格"选项，如图 3-85 所示。

Step 02 弹出"插入表格"对话框，设置"列数""行数"分别为 5 和 3，选中"固定列宽"单选按钮，然后单击"确定"按钮，即可插入和前一种方法效果相同的表格，如图 3-86 所示。

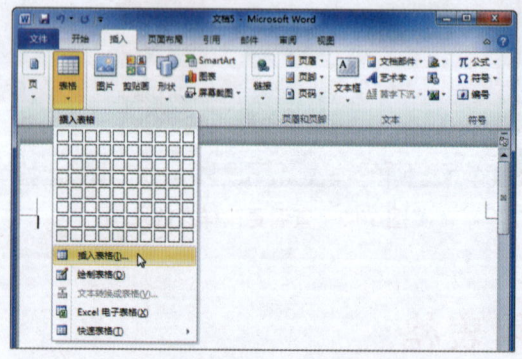

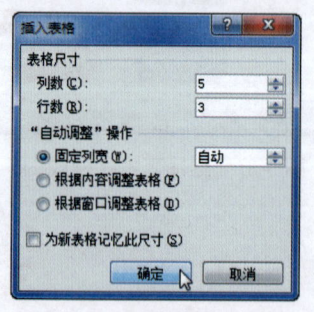

图 3-85　选择"插入表格"选项　　　　　图 3-86　"插入表格"对话框

方法 3：通过绘制插入表格

Step 01 在"插入"选项卡下单击"表格"下拉按钮，在弹出的下拉列表中选择"绘制表格"选项，如图 3-87 所示。

Step 02 此时鼠标指针变为铅笔形状，按住鼠标左键并拖动，随着指针的移动会出现一个依指针变化而变化的虚线框，如图 3-88 所示。

Word 2010 文档图文混排　第 3 章

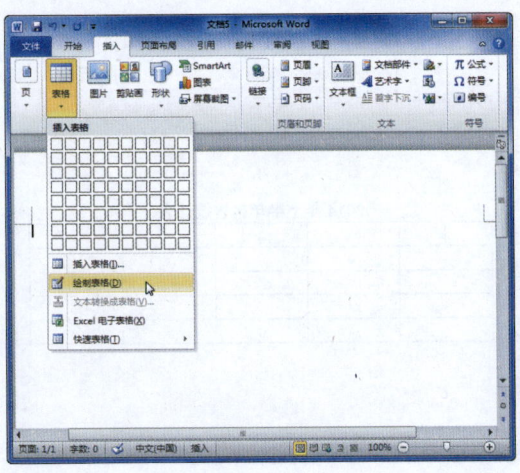

图 3-87　选择"绘制表格"选项

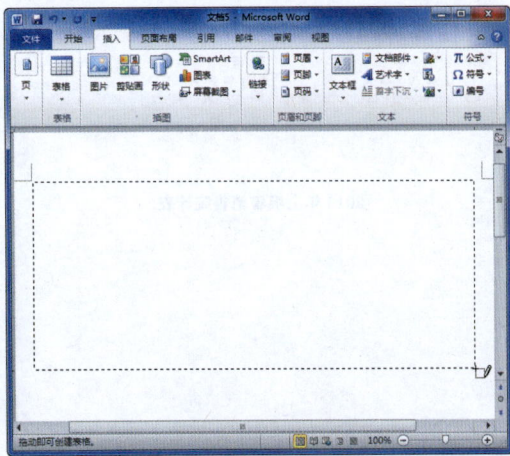

图 3-88　绘制表格

Step 03　当移至合适位置时松开鼠标，即可插入一个表格。将铅笔状的鼠标指针定位到表格中，从左向右拖动鼠标，松开鼠标后即可绘制一条直线，如图 3-89 所示。

Step 04　重复上述操作，继续在表格中绘制横线和竖线，表格绘制完毕后，此时的表格效果如图 3-90 所示。

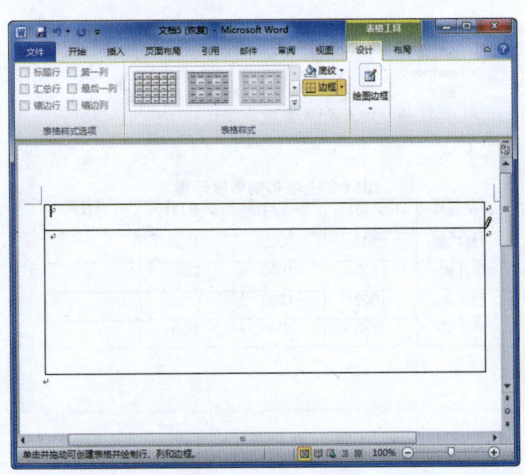

图 3-89　绘制直线

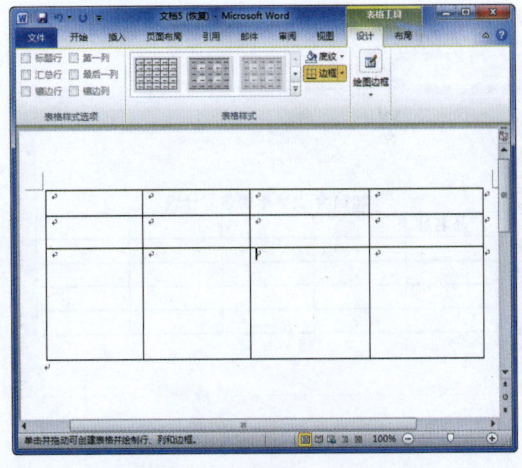

图 3-90　查看绘制效果

实例 2　输入数据

　　创建表格后，就需要在表格中输入数据。下面将通过实例介绍如何在表格中输入数据，具体操作方法如下。

Step 01　创建一个新文档，在文档中输入表格标题"2014 年上半年销售统计表"，然后设置其文本格式，效果如图 3-91 所示。

Step 02　按【Enter】键将光标切换到下一行，然后在编辑窗口中插入一个 5×5 的表格，如图 3-92 所示。

中文版 Office 2010 办公自动化实例教程

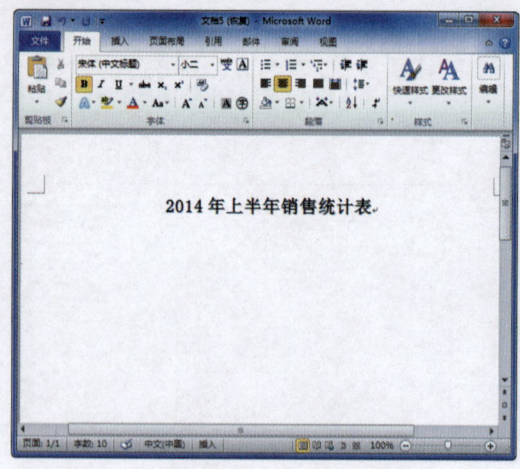

图 3-91　输入表格标题

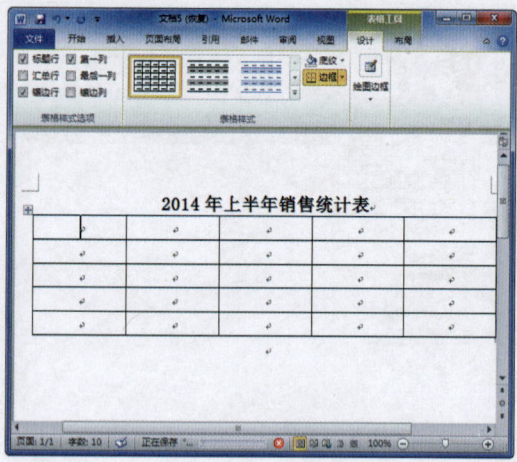

图 3-92　插入表格

Step 03　将光标定位到表格左上角的第 1 个单元格中，然后在单元格中输入文本"产品名称"，如图 3-93 所示。

Step 04　采用同样的方法在表格中输入其他数据，然后在"字体"组中设置这些文字的格式，效果如图 3-94 所示。

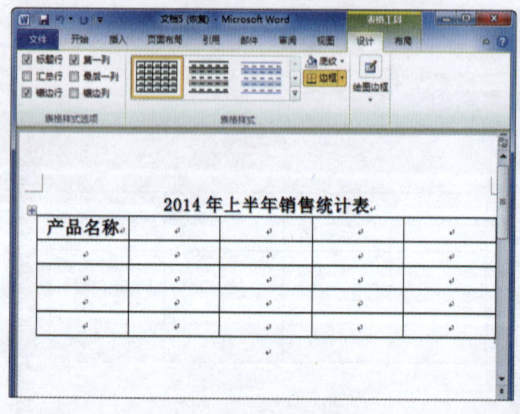

图 3-93　输入文本

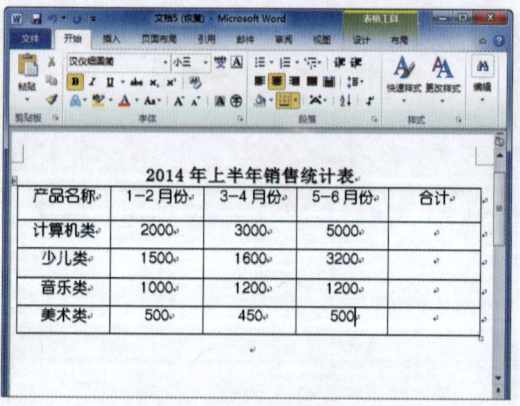

图 3-94　设置字体格式

实例 3　插入行或列

根据输入数据的需要，有时需要在已有的表格中插入行、列或新的单元格，具体操作方法如下。

Step 01　定位光标，单击"布局"选项卡下"行和列"组中的"在下方插入"按钮，如图 3-95 所示。

Step 02　此时，在该行的下方将插入一行空白单元格，如图 3-96 所示。

Word 2010 文档图文混排 第 3 章

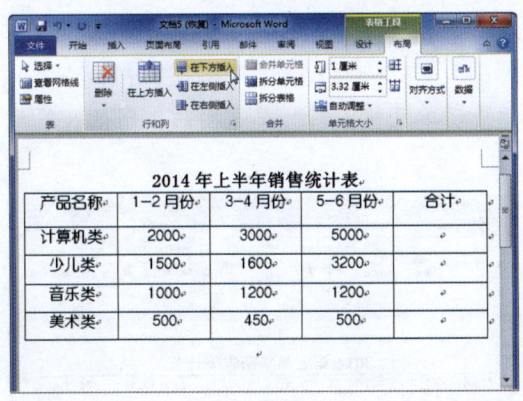

图 3-95 插入行

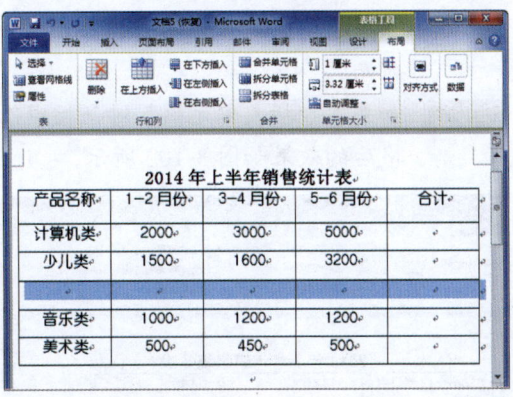

图 3-96 查看插入行效果

Step 03 将光标定位到任意一个单元格中，单击"行和列"组中的"在右侧插入"按钮，如图 3-97 所示。

Step 04 此时，在该列的右侧将插入一列空白单元格，效果如图 3-98 所示。

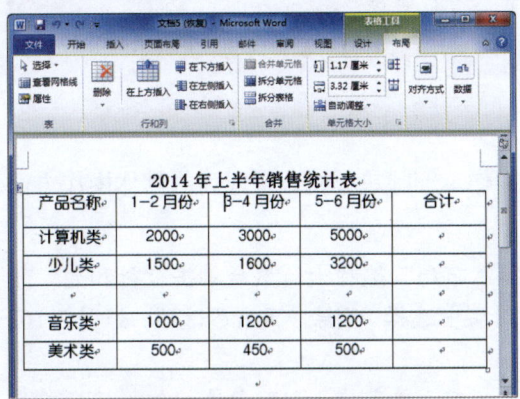

图 3-97 插入列

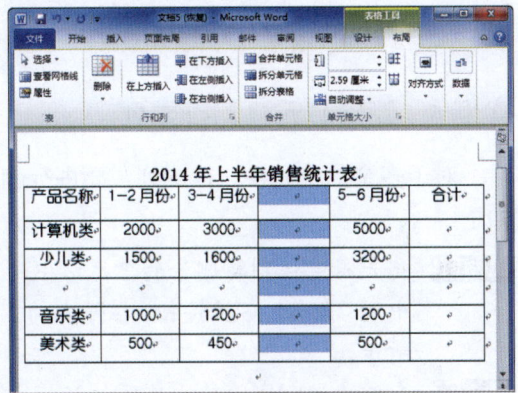

图 3-98 查看插入列效果

Step 05 将光标定位到某个单元格中，单击"行和列"组右下角的扩展按钮，如图 3-99 所示。

Step 06 弹出"插入单元格"对话框，选中"活动单元格右移"单选按钮，然后单击"确定"按钮，如图 3-100 所示。

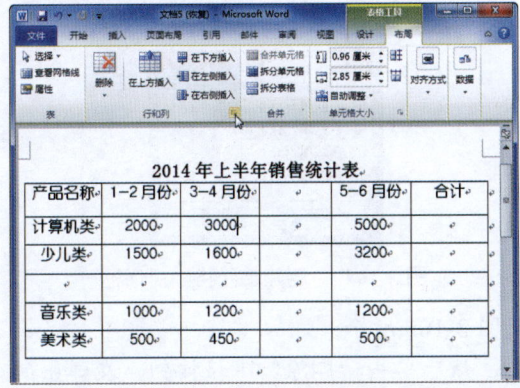

图 3-99 单击扩展按钮

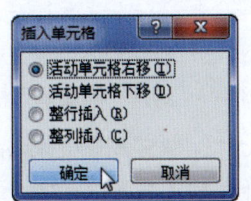

图 3-100 "插入单元格"对话框

中文版 Office 2010 办公自动化实例教程

Step 07 此时当前活动单元格右移,在原单元格位置插入了一个空白单元格,如图 3-101 所示。

Step 08 如果在"插入单元格"对话框中选中"活动单元格下移"单选按钮,则插入单元格后的效果如图 3-102 所示。

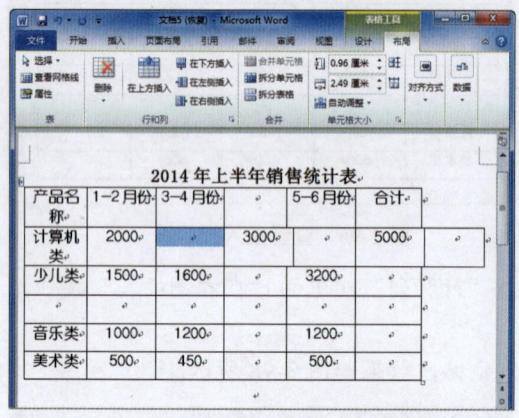

图 3-101 查看插入单元格效果

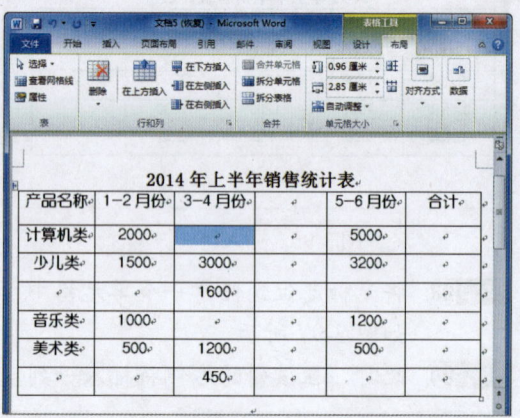

图 3-102 设置活动单元格下移

实例 4 删除单元格、行或列

对于多余的单元格、行或列,要进行删除操作。删除单元格、行或列的具体操作方法如下。

Step 01 将光标定位到要删除的单元格中,选择"布局"选项卡,然后单击"行和列"组中的"删除"下拉按钮,在弹出的下拉列表中选择"删除单元格"选项,如图 3-103 所示。

Step 02 在弹出的"删除单元格"对话框中选中"下方单元格上移"单选按钮,然后单击"确定"按钮,如图 3-104 所示。

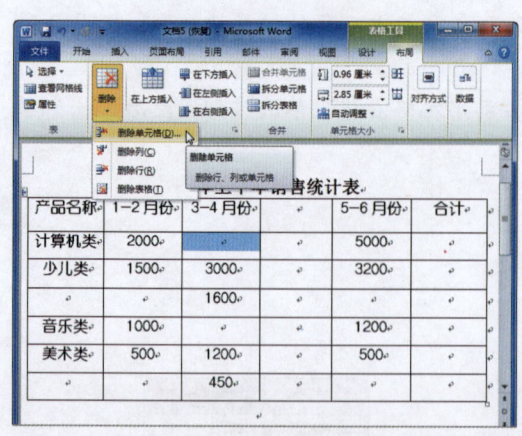

图 3-103 选择"删除单元格"选项

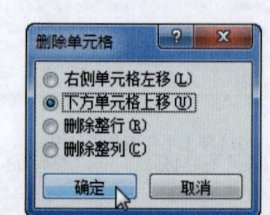

图 3-104 "删除单元格"对话框

Step 03 此时,即可删除光标所在的单元格,如图 3-105 所示。

Step 04 将光标定位到要删除行的某个单元格中,然后单击"删除"下拉按钮,在弹出的下拉列表中选择"删除行"选项,如图 3-106 所示。

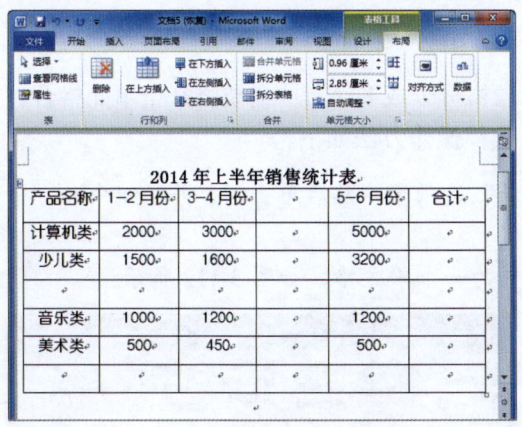

图 3-105　查看删除单元格效果　　　　　　图 3-106　选择"删除行"选项

Step 05 此时，即可删除光标所在的行，效果如图 3-107 所示。

Step 06 将光标定位到要删除列的某个单元格中，然后单击"删除"下拉按钮，在弹出的下拉列表中选择"删除列"选项，如图 3-108 所示。

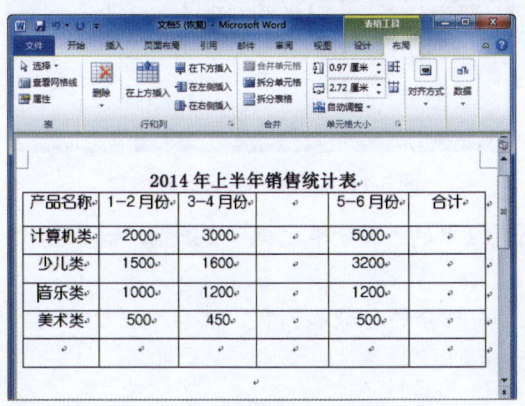 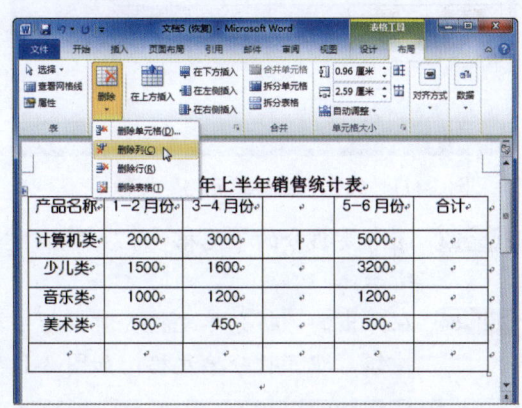

图 3-107　查看删除行效果　　　　　　　　图 3-108　选择"删除列"选项

Step 07 此时，即可删除光标所在的列，效果如图 3-109 所示。

Step 08 单击"删除"下拉按钮，在弹出的下拉列表中选择"删除表格"选项，即可删除整个表格，如图 3-110 所示。

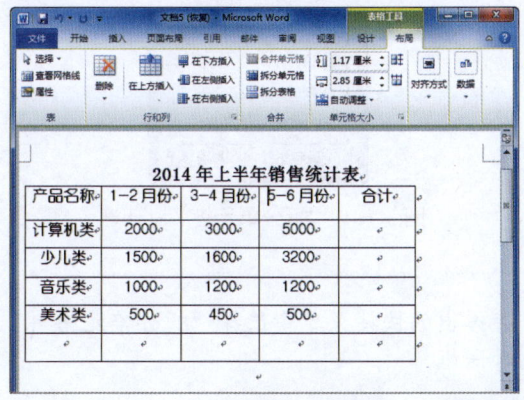 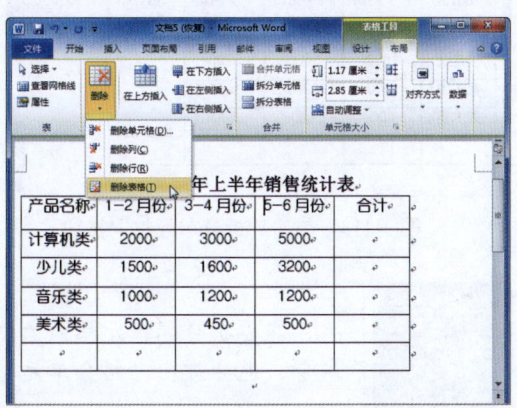

图 3-109　查看删除列效果　　　　　　　　图 3-110　选择"删除表格"选项

中文版 Office 2010 办公自动化实例教程

实例 5　拆分单元格

在实际工作中，有时需要将一个单元格或表格拆分成多个，或需要将几个单元格合并为一个。下面将介绍如何拆分与合并单元格，具体操作方法如下。

Step 01 选中要合并的多个单元格，选择"布局"选项卡，然后单击"合并"组中的"合并单元格"按钮，如图 3-111 所示。

Step 02 此时，即可看到所选的单元格已经合并为一个单元格，如图 3-112 所示。

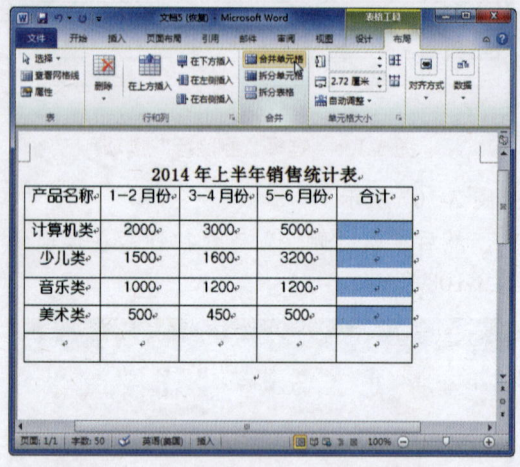
图 3-111　单击"合并单元格"按钮

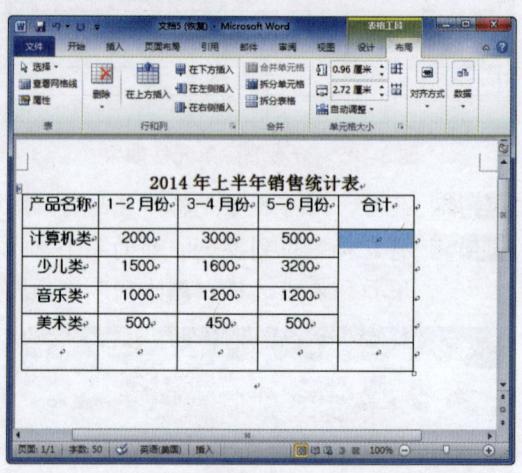
图 3-112　查看合并单元格效果

Step 03 选中要拆分的单元格，然后单击"合并"组中的"拆分单元格"按钮，如图 3-113 所示。

Step 04 在弹出的"拆分单元格"对话框中设置要拆分的行数和列数，然后单击"确定"按钮，即可拆分单元格，如图 3-114 所示。

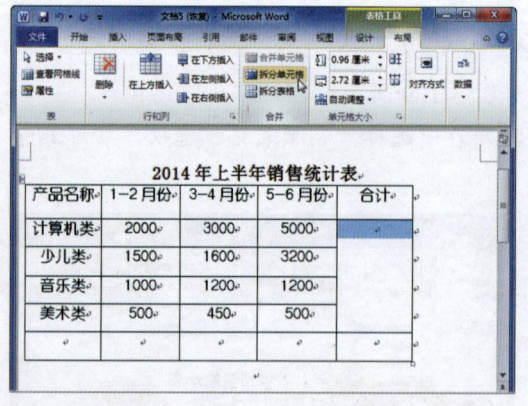
图 3-113　单击"拆分单元格"按钮

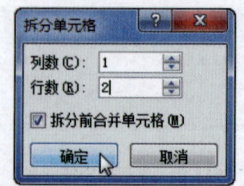
图 3-114　"拆分单元格"对话框

在要拆分的单元格内右击，在弹出的快捷菜单中选择"拆分单元格"命令，也会弹出"拆分单元格"对话框。

实例 6　调整表格行高和列宽

表格中不同的行可以有不同的高度,但同一行中的所有单元格必须具有相同的高度。使用功能区中的数值框可以方便地调整行高和列宽,具体操作方法如下。

Step 01　选中整个表格,选择"布局"选项卡,在"单元格大小"组中单击"自动调整"下拉按钮,在弹出的下拉列表中选择"根据内容自动调整表格"选项,如图 3-115 所示。

Step 02　此时,表格则根据每一列的文本内容重新调整列宽,调整后的表格看上去更加紧凑、整洁,如图 3-116 所示。

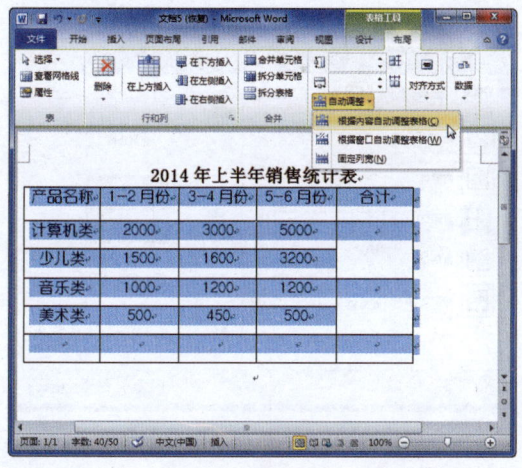

图 3-115　根据内容自动调整表格　　　　图 3-116　查看调整效果

Step 03　如果选择"根据窗口自动调整表格"选项,则调整后的表格宽度与正文区宽度相同,表格中每一列的宽度将按照相同的比例扩大,如图 3-117 所示。

Step 04　将光标移至要调整列的单元格中,在"单元格大小"组的"宽度"数值框中输入 2.5,按【Enter】键进行确认,效果如图 3-118 所示。

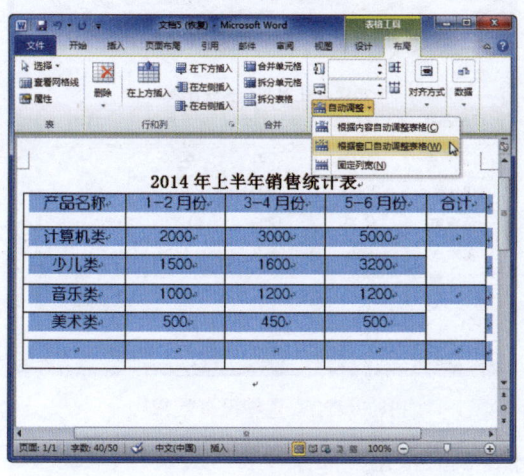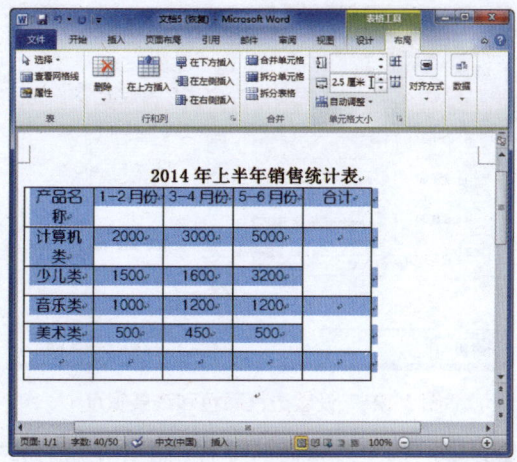

图 3-117　根据窗口自动调整表格　　　　图 3-118　设置单元格大小

中文版 Office 2010 办公自动化实例教程

实例 7　设置边框和底纹

在 Word 2010 中，可以对表格的边框或底纹进行自定义设置，从而制作出精美的表格样式。设置边框和底纹的具体操作方法如下。

Step 01　选中整个要设置边框的表格并右击，在弹出的快捷菜单中选择"边框和底纹"命令，如图 3-119 所示。

Step 02　弹出"边框和底纹"对话框，在"边框"选项卡下的"样式"列表框中选择需要的边框样式，如图 3-120 所示。

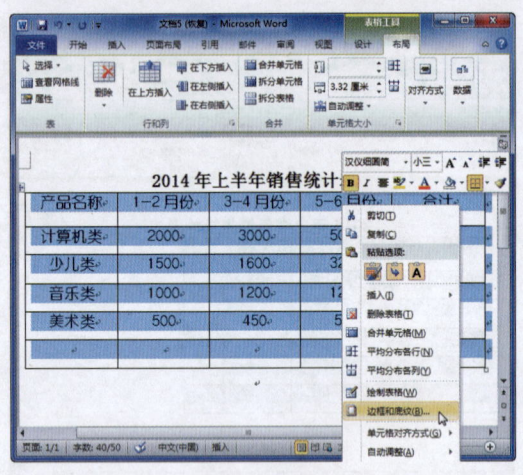

图 3-119　选择"边框和底纹"选项　　　　图 3-120　"边框和底纹"对话框

Step 03　单击"颜色"下拉按钮，在弹出的下拉列表中选择绿色，再设置边框线条宽度为"1.5 磅"，然后单击"确定"按钮，如图 3-121 所示。

Step 04　此时，可以看到表格的边框发生了改变，效果如图 3-122 所示。

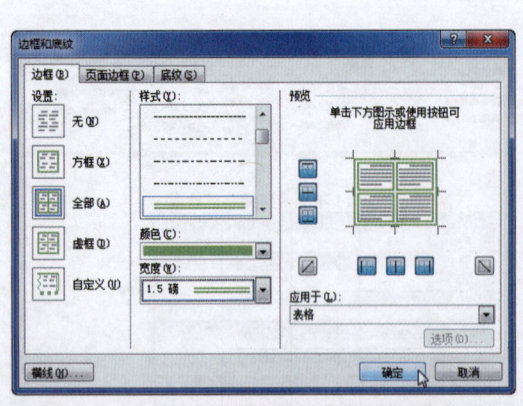
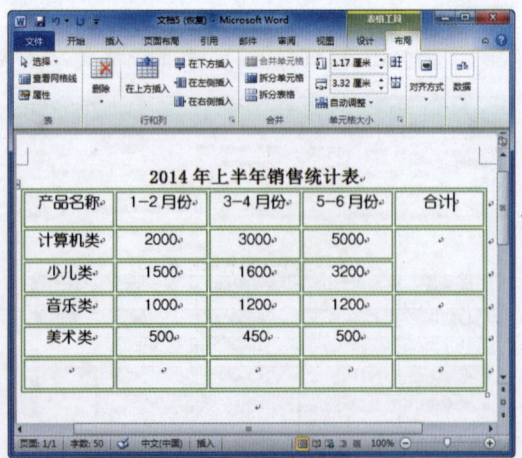

图 3-121　设置边框颜色和线条宽度　　　　图 3-122　查看设置效果

Step 05　选中表格的第 1 行，在"开始"选项卡下的"段落"组中单击"底纹"下拉按钮，在弹出的下拉列表中选择一种颜色，如图 3-123 所示。

Step 06　此时可以看到单元格区域已经进行了填充，效果如图 3-124 所示。

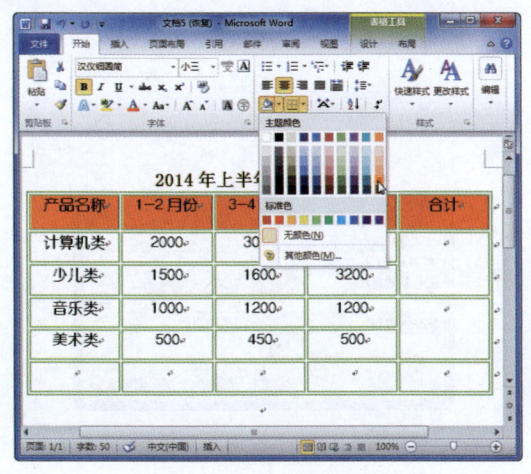
图 3-123　选择底纹颜色

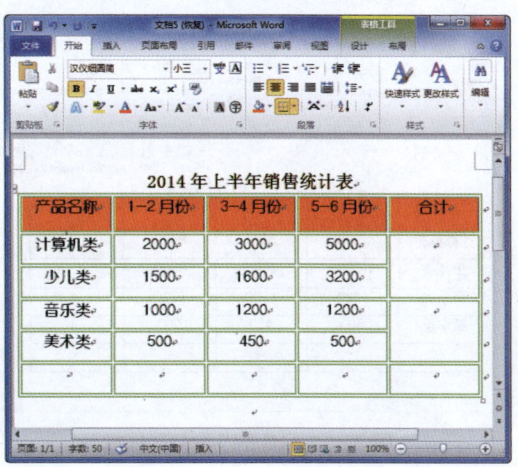
图 3-124　查看填充效果

实例 8　套用表格样式的操作

在 Word 2010 中，对于创建好的表格可以套用表格样式以及单元格格式，让表格更加美观。套用表格样式的具体操作方法如下。

Step 01　将光标置于表格的任一单元格中，选择"设计"选项卡，在"表格样式"组中单击"样式列表"右侧的"其他"按钮，在弹出的下拉列表中选择表格样式，如图 3-125 所示。

Step 02　返回文档编辑区，此时所选的样式已经套用到表格中，如图 3-126 所示。

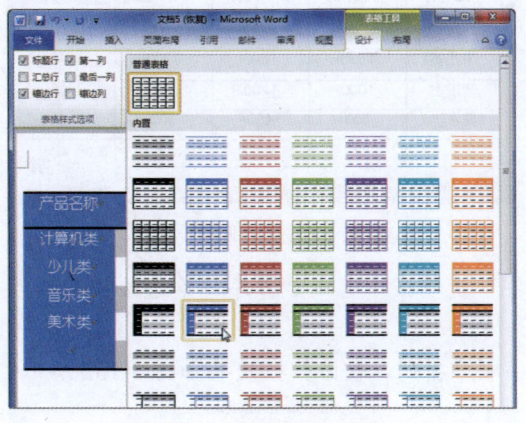
图 3-125　选择表格样式

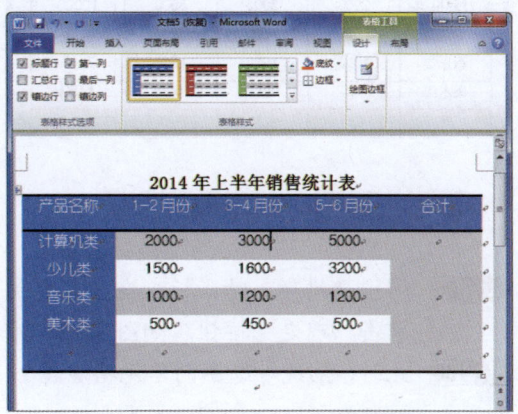
图 3-126　查看套用样式效果

实例 9　对表格数据进行计算与排序

在 Word 表格中，还可以对其中的数据进行简单的计算与排序，具体操作方法如下。

Step 01　打开"素材文件\第 3 章\销售统计表.docx"，将光标定位到"合计"列对应单元格中，选择"布局"选项卡，单击"数据"组中的"公式"按钮，如图 3-127 所示。

Step 02　弹出"公式"对话框，其中已经自动输入了公式"=SUM(LEFT)"，表示将对左侧的数据进行求和，单击"确定"按钮，如图 3-128 所示。

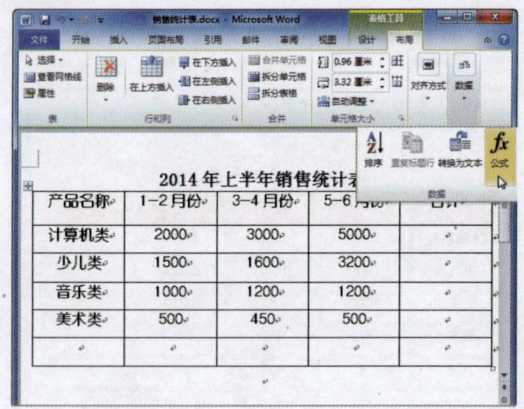
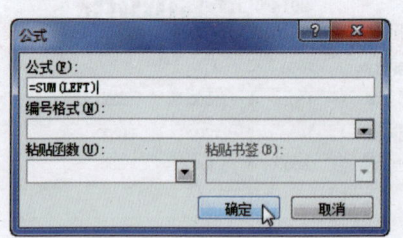

图 3-127 单击"公式"按钮　　　　　图 3-128 "公式"对话框

Step 03 此时系统会自动计算出结果，并填入单元格中。采用同样的方法计算该列其他单元格中的数值，计算结果如图 3-129 所示。

Step 04 在表格中选择要排序的单元格区域，选择"布局"选项卡，然后单击"数据"组中的"排序"按钮，如图 3-130 所示。

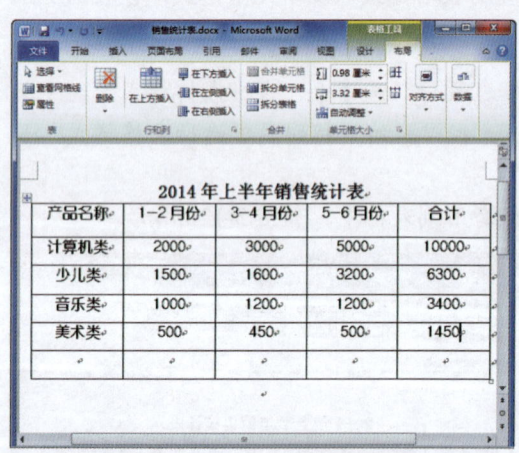
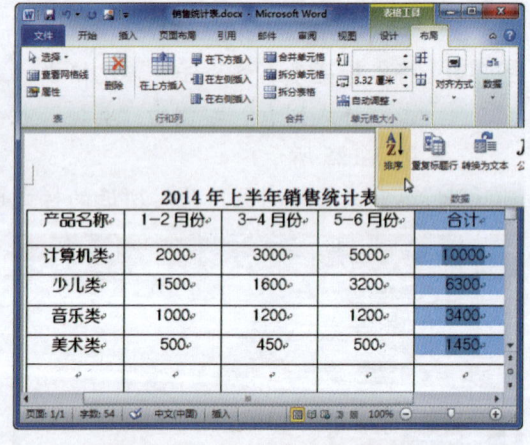

图 3-129 查看计算结果　　　　　图 3-130 单击"排序"按钮

Step 05 弹出"排序"对话框，在"主要关键字"选项区中选中"升序"单选按钮，然后单击"确定"按钮，如图 3-131 所示。

Step 06 此时，系统对选中的单元格数据按升序顺序排列，表格数据效果如图 3-132 所示。

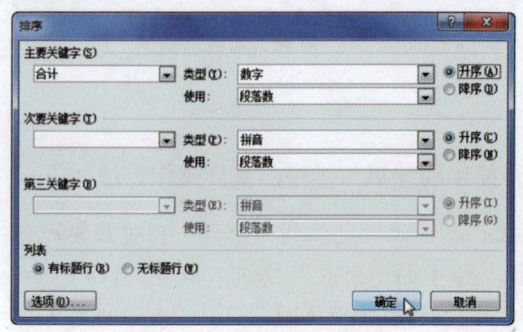

图 3-131 "排序"对话框　　　　　图 3-132 查看排序效果

本章小结

本章主要介绍了在 Word 2010 中插入自选图形、文本框、艺术字、图片、SmartArt 图形和表格等操作。通过对本章的学习，读者应重点掌握以下知识：①插入并编辑自选图形。②在文档中添加文本框。③添加和设置艺术字。④根据需要插入、编辑、删除图片。⑤创建并应用 SmartArt 图形。⑥在文档中创建并编辑表格。

本章习题

创建"员工考核流程表.docx"文档，插入艺术字标题、创建 SmartArt 图形、更改流程图布局以及应用图形样式，效果如图 3-133 所示。

操作提示：

1. 在"插入"选项卡下"文本"组中单击"艺术字"下拉按钮，在弹出的下拉列表中选择所需的艺术字样式，如图 3-134 所示。

2. 在文本框中输入标题文字，选择"开始"选项卡，适当设置字体格式，如图 3-135 所示。

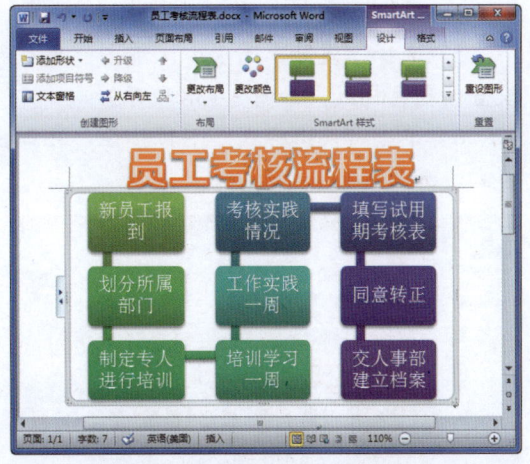

图 3-133　员工考核流程表

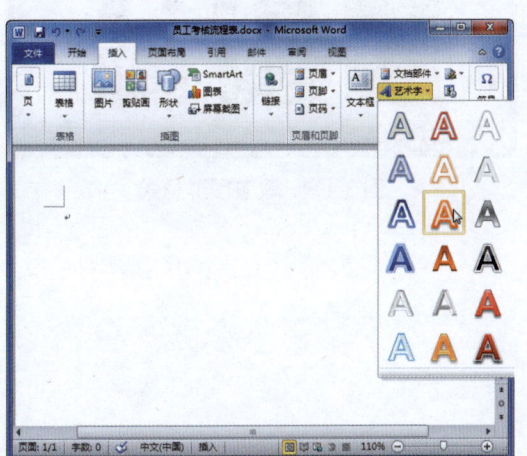

图 3-134　插入艺术字

图 3-135　输入并设置艺术字格式

3. 选择"插入"选项卡，在"插图"组中单击 SmartArt 按钮，弹出"选择 SmartArt 图形"对话框，选择"垂直蛇形流程"选项，然后单击"确定"按钮，如图 3-136 所示。

4. 在各个文本框中输入相应的内容，如图 3-137 所示。

中文版 Office 2010 办公自动化实例教程

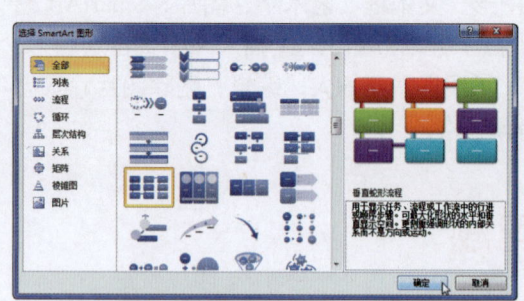

图 3-136 "选择 SmartArt 图形"对话框

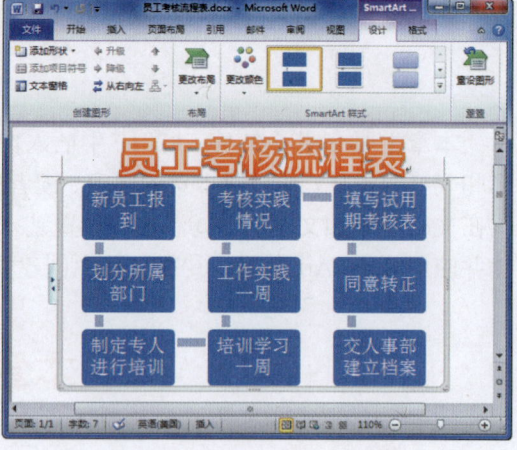

图 3-137 输入文本内容

5. 选择"设计"选项卡，单击"更改颜色"下拉按钮，在弹出的下拉列表中选择要设置的颜色样式，如图 3-138 所示。

6. 单击"快速样式"下拉按钮，在弹出的下拉列表中选择图形样式，即可添加图形样式，如图 3-139 所示。

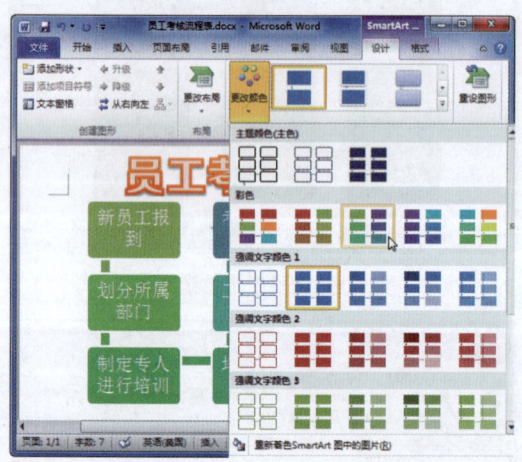

图 3-138 设置颜色样式

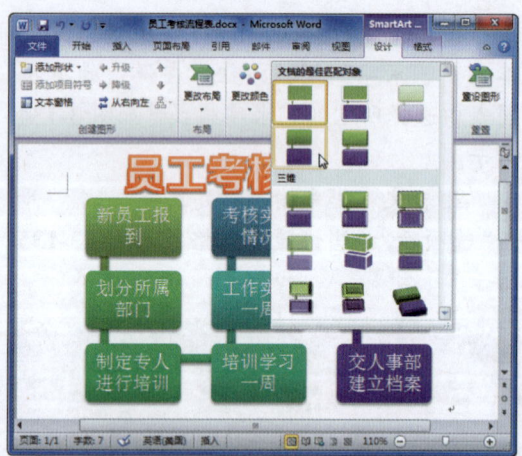

图 3-139 设置图形样式

第4章　Word 2010 文档的页面设置与打印

【本章导读】

本章将学习如何在 Word 2010 中进行页面设置以及打印文档，其中包括文档页面设置，使用分页符，使用分节符，设置页面背景，使用页面主题，添加页眉、页脚与页码，设置打印与预览等。通过本章的学习，读者能够全面掌握 Word 文档页面设置与打印技能。

【本章目标】

- ➢ 能够设置页边距、纸张方向、类型和版式等。
- ➢ 能够根据需要在文档中插入分页符和分节符。
- ➢ 能够在文档中添加页眉、页脚与页码。
- ➢ 能够熟练打印文档。

4.1　文档页面设置

在使用 Word 2010 进行文档排版时，经常会遇到这样的需求：需要在页面的外侧留白、指定纸张的大小以及文档分栏等。

实例 1　设置页边距与纸张方向

Word 2010 提供了一些常用的页边距预设值，当没有特别精确的页边距要求时，可以直接使用这些预设值。

方法一：使用预设值

打开"素材文件\第 4 章\企业面试试卷.docx"，选择"页面布局"选项卡，单击"页边距"下拉按钮，在弹出的下拉列表中选择预设的页边距选项即可，如图 4-1 所示。

方法二：通过"页面设置"对话框设置

当需要精确设置页边框，或需要同时设置页面方向、装订线等选项时，可以通过"页面设置"对话框进行详细设置，具体操作方法如下。

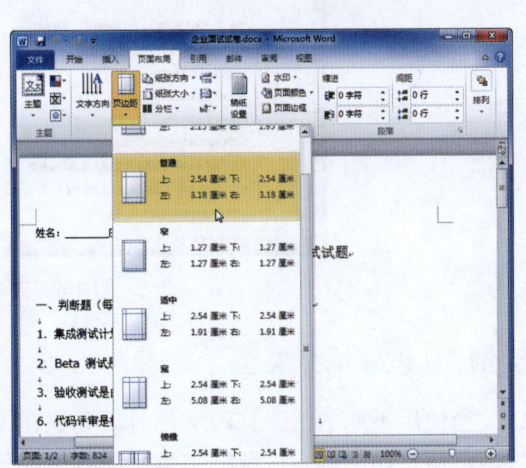

图 4-1　选择预设页边距

中文版 Office 2010 办公自动化实例教程

Step 01 选择"页面布局"选项卡,单击"页面设置"组右下角的扩展按钮,如图4-2所示。

Step 02 弹出"页面设置"对话框,在"页边距"选项卡下"页边距"选项区中设置四个边距数值为"2.5厘米",单击"横向"图标修改纸张方向,然后单击"确定"按钮,如图4-3所示。

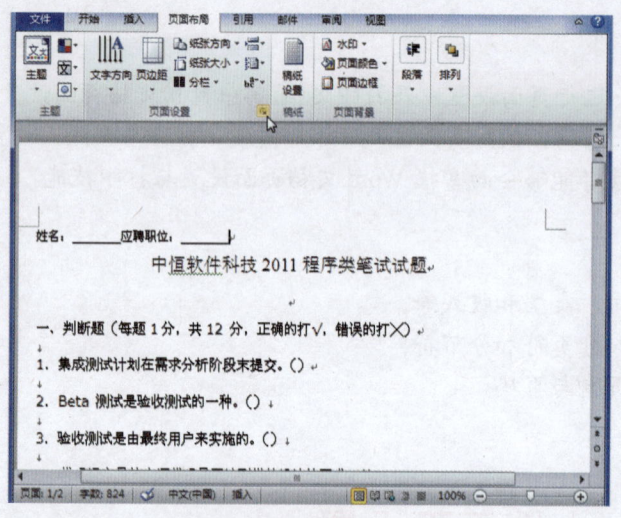

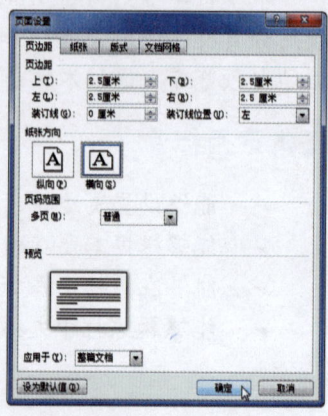

图 4-2　单击扩展按钮　　　　　　　　图 4-3　"页面设置"对话框

Step 03 此时,即可查看设置文档页边距以及纸张方向后的文档效果,如图4-4所示。

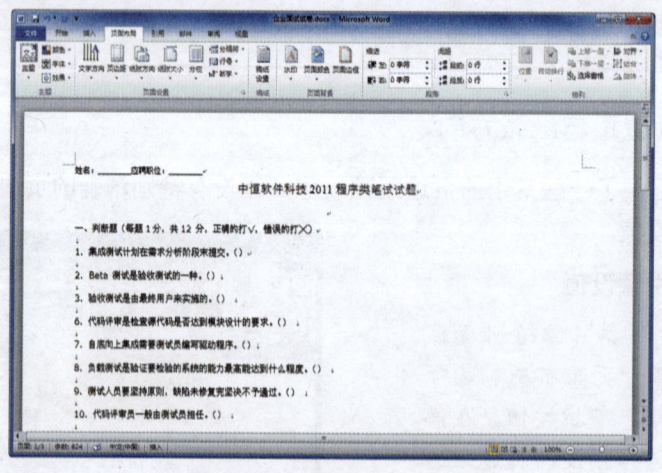

图 4-4　查看设置效果

实例2　设置纸张类型

当使用不同的纸张打印文档时,要先在 Word 2010 中设置纸张类型,再进行编辑和排版,最后打印文档。设置纸张类型的具体操作方法如下。

Step 01 打开"素材文件\第4章\企业面试试卷.docx",选择"页面布局"选项卡,单击"纸张大小"下拉按钮,在弹出的下拉列表中选择A4选项,如图4-5所示。或在"纸张大小"下拉列表中选择"其他页面大小"选项,如图4-6所示。

Word 2010 文档的页面设置与打印　第 4 章

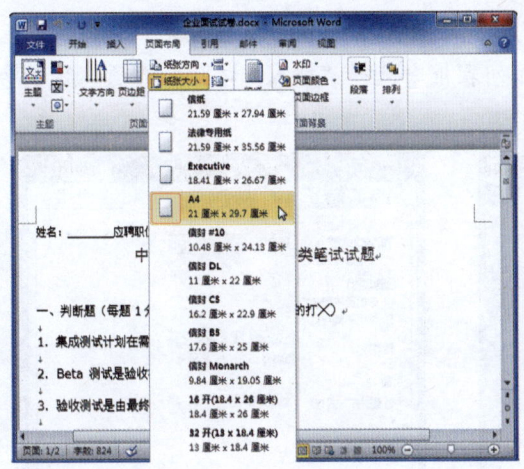

图 4-5　选择纸张类型

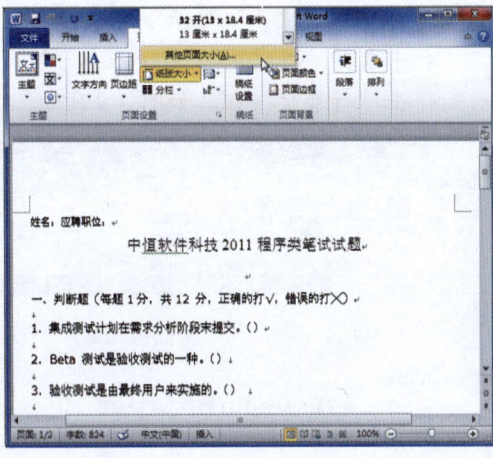

图 4-6　选择"其他页面大小"选项

> **专家指导**
> Expert guidance
>
> 若没有符合纸张大小的合适选项，或需要自由设置纸张大小，可在"页面设置"对话框中选择"纸张"选项卡，在"纸张大小"下拉列表框中选择"自定义大小"选项，修改高度和宽度，然后单击"确定"按钮。

Step 02　弹出"页面设置"对话框，在"纸张大小"下拉列表框中选择更多的纸张类型，如"信纸"，然后单击"确定"按钮，如图 4-7 所示。

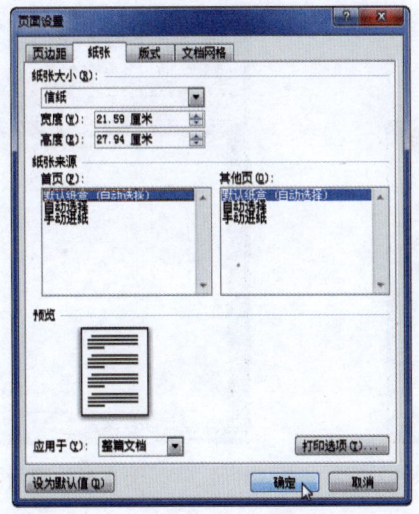

图 4-7　"页面设置"对话框

实例 3　设置页面版式

页面版式决定了页面中节的位置、页眉和页脚的属性等，这些设置在制作页数比较多的长文档时特别有用。设置页面版式的具体操作方法如下。

Step 01　选择"页面布局"选项卡，单击"页面设置"组右下角的扩展按钮，如图 4-8 所示。

中文版 Office 2010 办公自动化实例教程

Step 02 在"页面设置"对话框中选择"版式"选项卡,在"节的起始位置"下拉列表框中选择"新建页",在"应用于"下拉列表框中选择"插入点之后"选项,然后单击"行号"按钮,如图4-9所示。

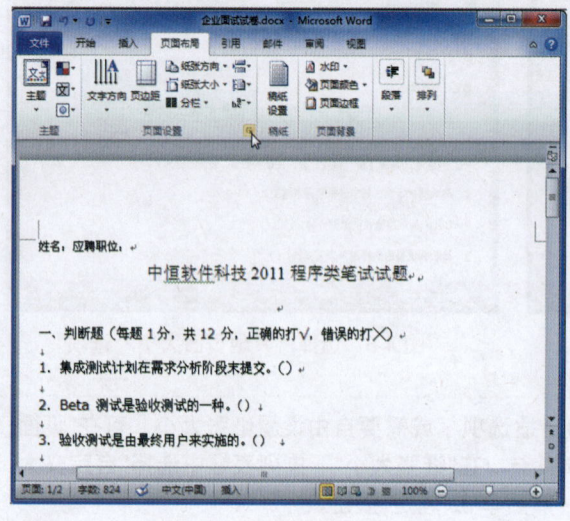

图4-8 单击扩展按钮

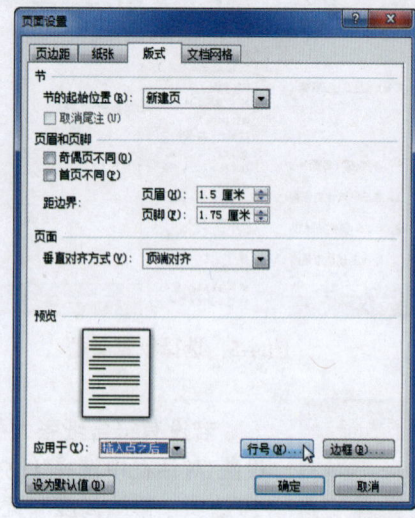

图4-9 "页面设置"对话框

Step 03 弹出"行号"对话框,选中"添加行号"复选框,在下面的数值框中设置行号选项,然后单击"确定"按钮,如图4-10所示。

Step 04 此时,即可在插入点后显示行号,并从新的一页开始,如图4-11所示。

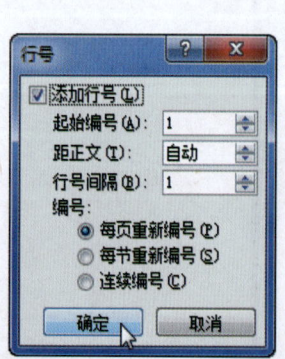

图4-10 "行号"对话框

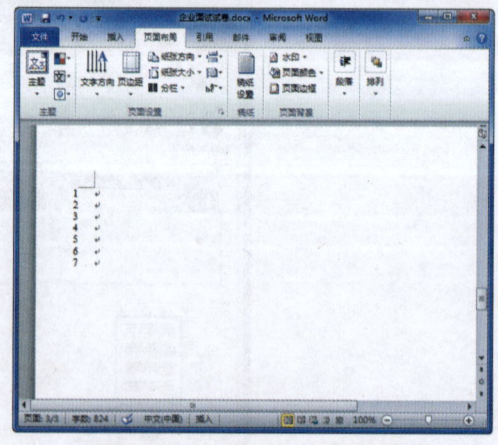

图4-11 查看添加行号效果

在"页面设置"对话框中选择"文档网格"选项卡,从中可设置文字排列方向、文档网格、指定每页的行数或每行的字数等。

实例4 设置页面分栏

在报纸、期刊等印刷物中经常需要应用多栏版式。设置页面分栏的具体操作方法如下。

Step 01 选择"页面布局"选项卡，单击"分栏"下拉按钮，在弹出的下拉列表中选择"两栏"选项，即可将文档快速分为两栏，如图 4-12 所示。

Step 02 若要采用更多分栏，则单击"分栏"下拉按钮，在弹出的"分栏"下拉列表中选择"更多分栏"选项，如图 4-13 所示。

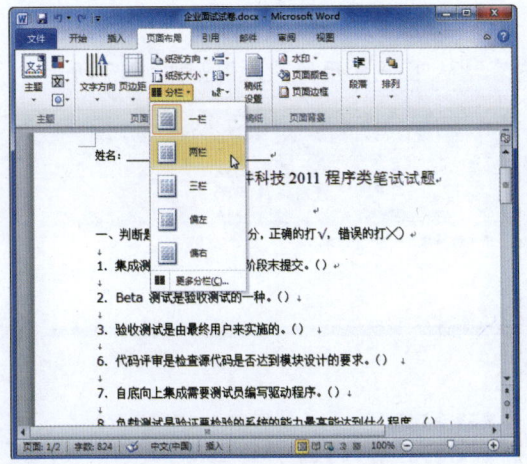 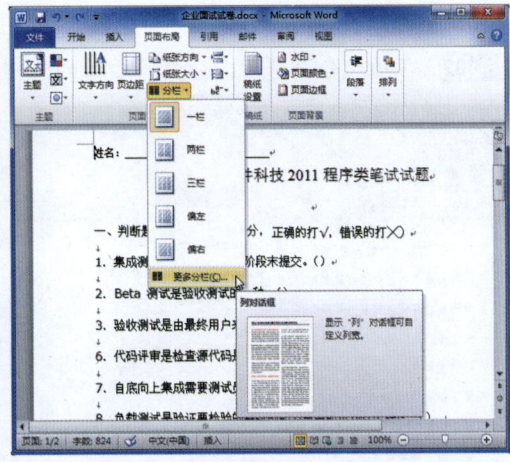

图 4-12　选择"两栏"选项　　　　　　　图 4-13　选择"更多分栏"选项

Step 03 弹出"分栏"对话框，在"栏数"数值框中设置"栏数"为 3，选中"分隔线"复选框，然后单击"确定"按钮，如图 4-14 所示。

Step 04 此时即可将笔试试题分为三栏，并在每两栏之间添加了分隔线，分栏效果如图 4-15 所示。

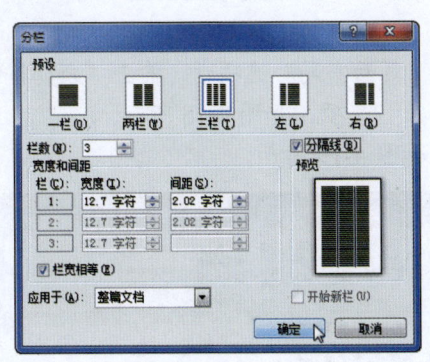 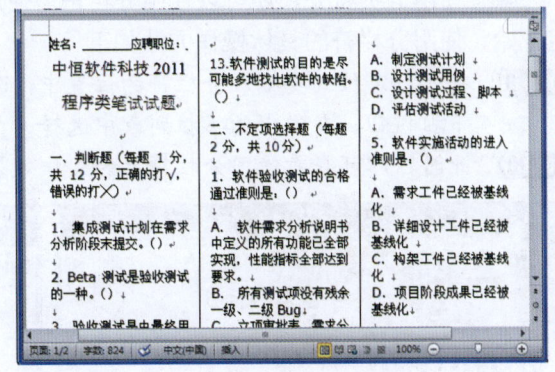

图 4-14　"分栏"对话框　　　　　　　　图 4-15　查看分栏效果

4.2　使用分页符

使用分页符可以在文档中的指定位置强制分页。在普通视图下，分页符是一条虚线，它标记着一页的结束和下一页的开始。在文档中插入分页符后，分页符后面的内容将从下一页开始。

中文版 Office 2010 办公自动化实例教程

实例 1　插入分页符

在 Word 文档中插入分页符的具体操作方法如下。

Step 01　打开"素材文件\第 4 章\国家行政机关公文处理办法.docx",选择"页面布局"选项卡,单击"分页符"下拉按钮,在弹出的下拉列表中选择"分页符"选项,如图 4-16 所示。

Step 02　在插入分页符后,分页符后面的文档内容均从下一页开始,效果如图 4-17 所示。

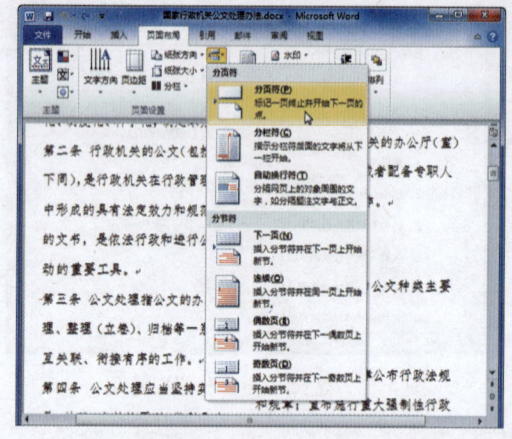
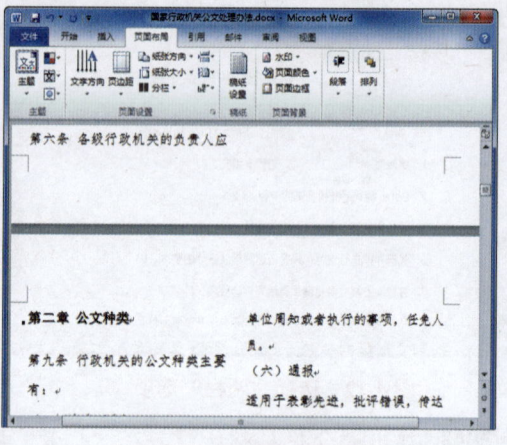

图 4-16　选择"分页符"选项　　　　　　　　图 4-17　查看分页效果

实例 2　插入分栏符

除了使用分页符外,还可以使用分栏符。使用分栏符后,分栏符后面的文字将从下一栏开始。使用分栏符的具体操作方法如下。

Step 01　将光标定位到要插入分栏符的位置中,选择"页面布局"选项卡,单击"分页符"下拉按钮,在弹出的下拉列表中选择"分栏符"选项,如图 4-18 所示。

Step 02　此时,即可查看使用分栏符后的文档效果,如图 4-19 所示。

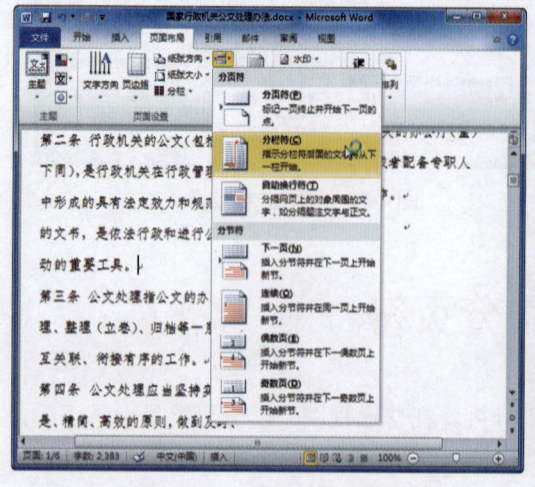
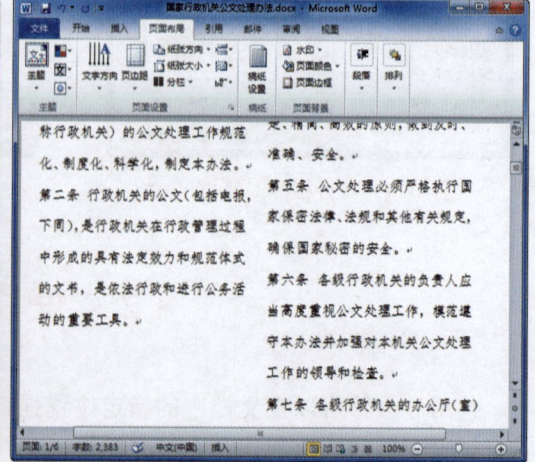

图 4-18　选择"分栏符"选项　　　　　　　　图 4-19　查看分栏效果

4.3 使用分节符

与分栏符不同，分节符分隔的前后文档可以使用不同的格式设置。例如，正文需要分栏，但标题可能不需要分栏，此时就需要插入分节符。

实例 1 插入连续分节符

连续分节符是将文档分为两部分，每个部分可以设置不同的版式，不同的页眉和页脚，以及不同的起始页码与样式等。在 Word 文档中插入连续分节符的具体操作方法如下。

Step 01 将光标定位到要进行分节的位置中，选择"页面布局"选项卡，单击"分页符"下拉按钮，在弹出的下拉列表中选择"连续"选项，如图 4-20 所示。

Step 02 将光标定位于分节符的前面，即对前面一节进行设置，单击"分栏"下拉按钮，在弹出的下拉列表中选择"一栏"选项，如图 4-21 所示。

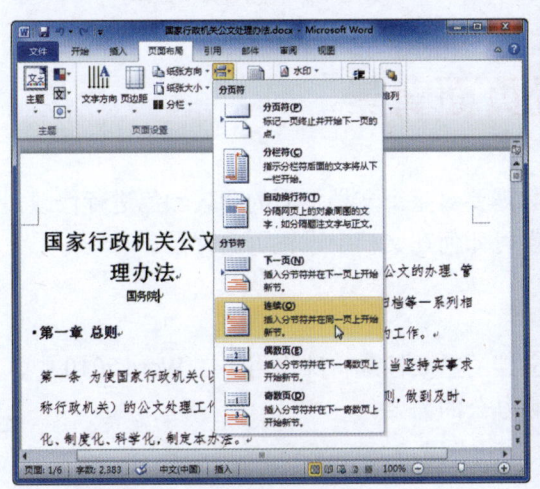

图 4-20 选择"连续"选项

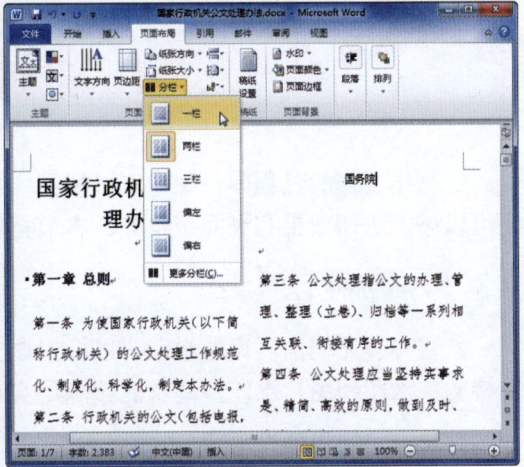

图 4-21 选择"一栏"选项

Step 03 此时，即可查看分节效果，可以对分节符前后的文档设置不同的格式，如图 4-22 所示。

实例 2 使用其他分节符

用户还可以使用"下一页""偶数页""奇数页"等分节符，操作方法类似，但各自的作用不同，可以根据需要进行选择。下面以"下一页"分节符为例进行介绍，具体操作方法如下。

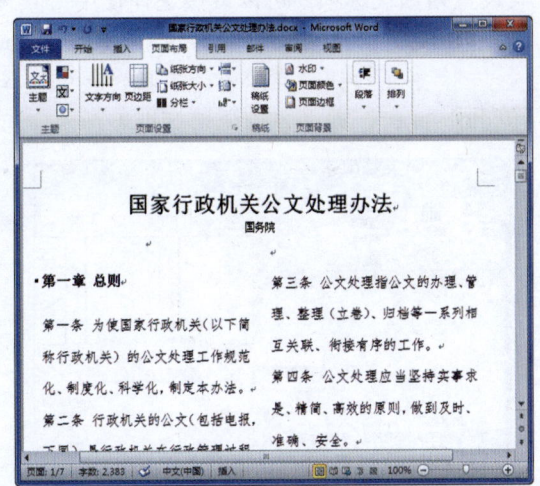

图 4-22 查看分节效果

中文版 Office 2010 办公自动化实例教程

Step 01 将光标定位到要进行分节的位置中，选择"页面布局"选项卡，单击"分页符"下拉按钮，在弹出的下拉列表中选择"下一页"选项，如图 4-23 所示。

Step 02 此时即可查看分节效果。"下一节"分节符是将新节从新页开始，对文档既分节，又分页，如图 4-24 所示。

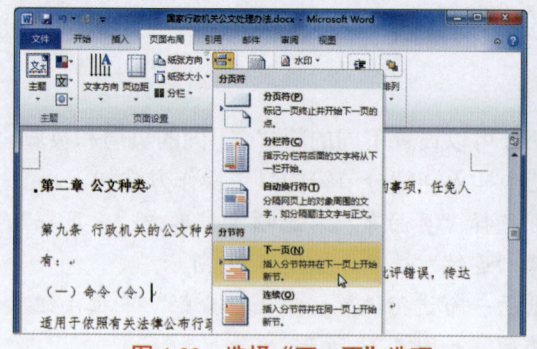
图 4-23 选择"下一页"选项

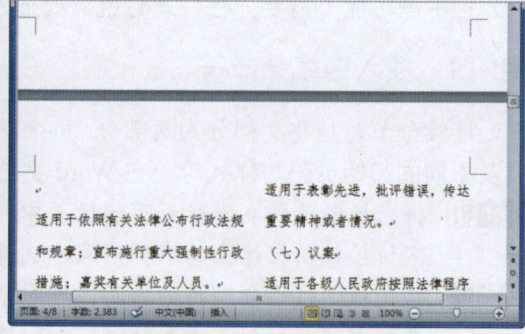
图 4-24 查看分节效果

4.4 设置页面背景

在制作文档的过程中，用户可以根据实际需要对整个文档页面的背景颜色进行修改，还可以添加水印效果和页面边框等。本节将学习如何在文档中设置页面背景。

实例 1 添加水印

某些办公文档需要添加水印，以标识该文档的重要性或特殊作用。在 Word 2010 中，支持文字水印和图片水印，基本能够满足实际办公的需要。

方法一：使用预设水印

由于一些常用的水印文字是相同的，如"机密""严禁复制"等，因此 Word 2010 将其设置为预设选项，可以直接选择使用，具体操作方法如下。

Step 01 打开"素材文件\第 4 章\保密制度.docx"，选择"页面布局"选项卡，单击"水印"下拉按钮，在弹出的下拉列表中选择"机密 1"选项，如图 4-25 所示。

Step 02 此时，即可查看使用预设添加水印后的文档效果，如图 4-26 所示。

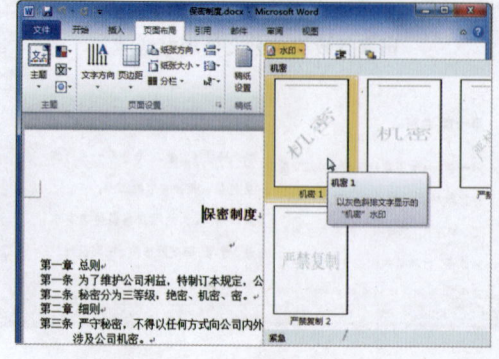
图 4-25 选择预设水印效果

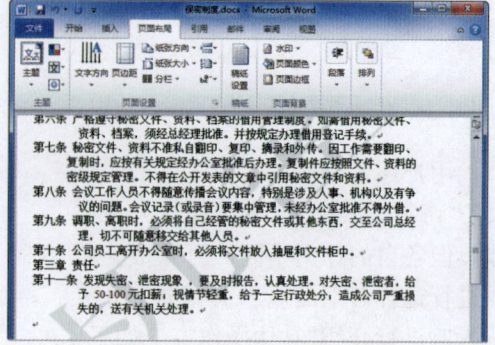
图 4-26 查看添加水印效果

方法二：自定义水印

如果对文档中水印的文字有一些特殊要求，或需要对水印的文字格式进行设置，可以设置自定义水印，具体操作方法如下。

Step 01 选择"页面布局"选项卡，单击"水印"下拉按钮，在弹出的下拉列表中选择"自定义水印"选项，如图4-27所示。

Step 02 弹出"水印"对话框，选中"文字水印"单选按钮，在"文字"下拉列表框中输入内容，如"严禁外传"，设置字体、字号等其他选项，选中"半透明"复选框，然后单击"确定"按钮，如图4-28所示。

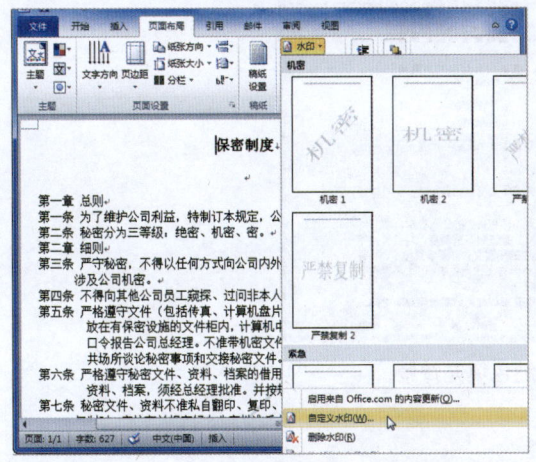
图4-27 选择"自定义水印"选项

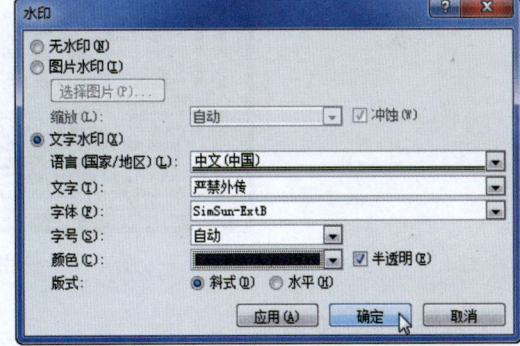
图4-28 "水印"对话框

Step 03 此时，即可查看自定义设置的水印效果，水印文字呈半透明效果，如图4-29所示。

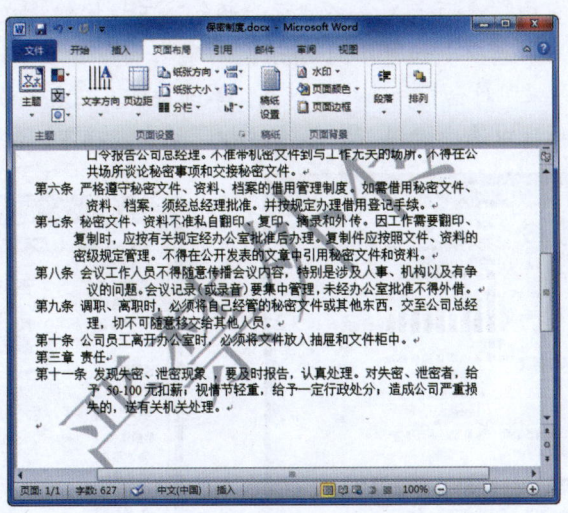
图4-29 查看自定义水印效果

实例2 修改页面颜色

在默认情况下，Word文档的背景是白色的，如果要求页面的整体背景为其他颜色，则可以通过修改页面背景来实现。

方法一：使用纯色

对页面背景的修改最简单的方式就是对页面应用一种新的纯色填充，具体操作方法如下。

在文档窗口中选择"页面布局"选项卡，单击"页面颜色"下拉按钮，在弹出的下拉列表中选择一种颜色，即可使用纯色填充背景，如图4-30所示。

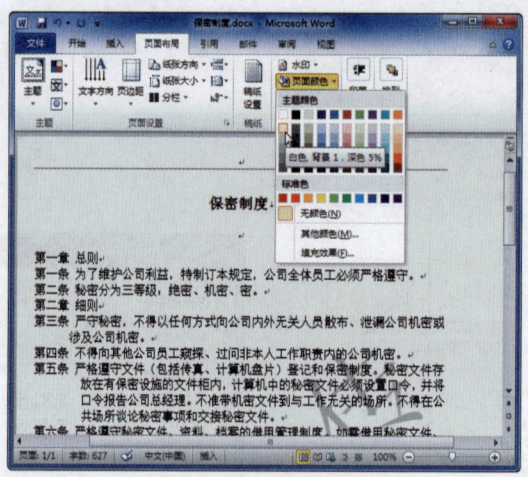

图4-30 使用纯色填充背景

方法二：渐变填充

还可以使用渐变填充来设置文档背景颜色，并可以设置渐变的样式，如水平、中心辐射等，具体操作方法如下。

Step 01 选择"页面布局"选项卡，单击"页面颜色"下拉按钮，在弹出的下拉列表中选择"填充效果"选项，如图4-31所示。

Step 02 弹出"填充效果"对话框，选中"双色"单选按钮，在右侧设置两种颜色，在"底纹样式"选项区中选中"斜下"单选按钮，单击"确定"按钮，如图4-32所示。

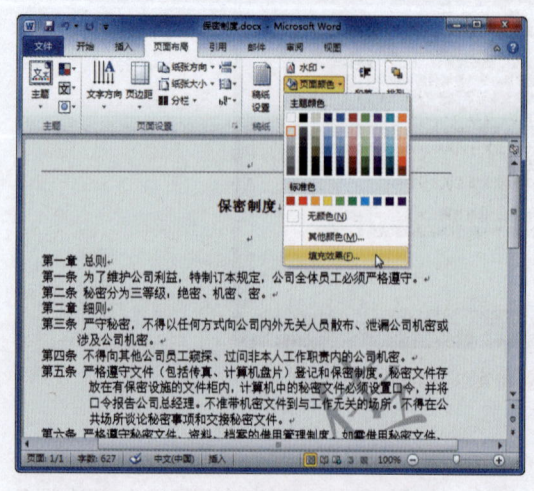

图4-31 选择"填充效果"选项

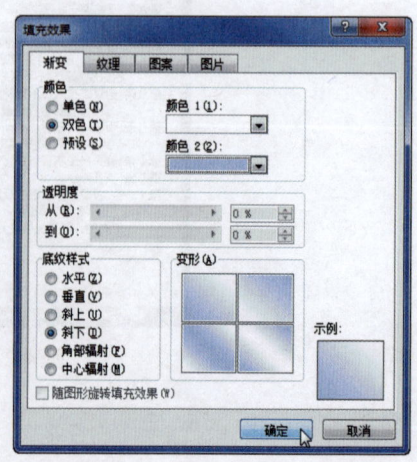

图4-32 "填充效果"对话框

Step 03 此时，即可查看使用渐变色填充页面背景后的效果，如图4-33所示。

Word 2010 文档的页面设置与打印　第 4 章

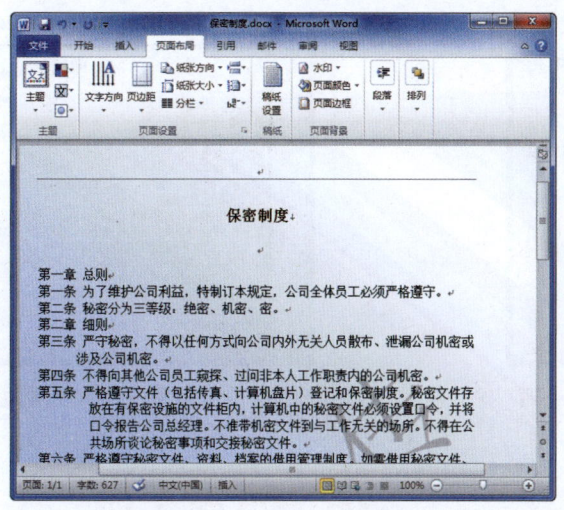

图 4-33　查看填充效果

实例 3　设置页面边框

用户可以根据需要为页面添加边框效果，而且可以选择不同的页面边框样式，具体操作方法如下。

Step 01　选择"页面布局"选项卡，单击"页面背景"组中的"页面边框"按钮，如图 4-34 所示。

Step 02　弹出"边框和底纹"对话框，单击"方框"按钮，在"样式"下拉列表中选择一种样式，然后单击"选项"按钮，如图 4-35 所示。

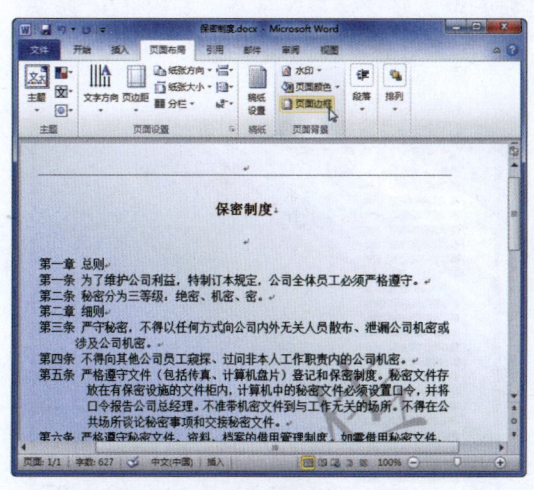
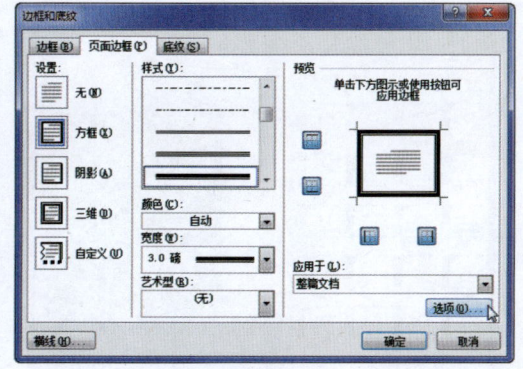

图 4-34　单击"页面边框"按钮　　　　　图 4-35　"边框和底纹"对话框

Step 03　弹出"边框和底纹选项"对话框，在"边距"选项区中设置边距数值，在"测量基准"下拉列表框中选择"文字"选项，然后单击"确定"按钮，如图 4-36 所示。

Step 04　此时，将以文字为基准，为文档添加了一种较粗的边框效果，如图 4-37 所示。

中文版 Office 2010 办公自动化实例教程

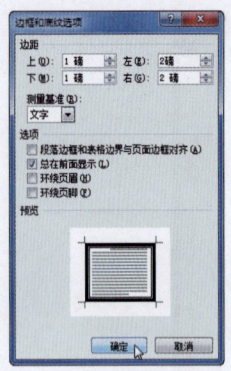

图 4-36 "边框和底纹选项"对话框

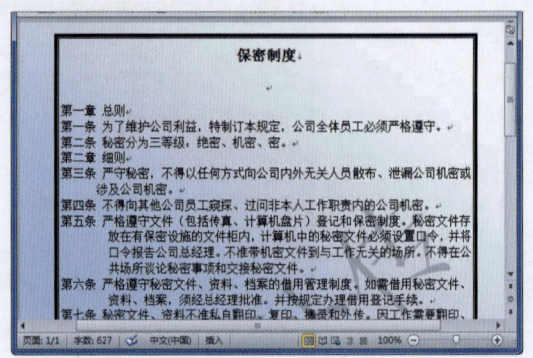

图 4-37 查看边框效果

4.5 使用页面主题

　　文档主题是一套统一的设计元素和配色方案，一套完整的格式集合包括主题颜色（配色方案的集合）、主题文字（标题文字和正文文字的格式集合）和相关主题效果（如线条或填充效果的格式集合）。

实例 1 使用自带主题

　　Word 2010 提供了多组自带的主题样式可供用户选择，在选择主题后还可以对主题进行编辑操作，从而创作出专业且别具个性的页面风格，具体操作方法如下。

Step 01 打开"素材文件\第 4 章\网络商业生存手册.docx"，选择"页面布局"选项卡，单击"主题"下拉按钮，在弹出的下拉列表中选择"波形"选项，如图 4-38 所示。

Step 02 在"主题"组中单击"颜色"下拉按钮，在弹出的下拉列表中选择一种内置颜色，如"沉稳"，如图 4-39 所示。

图 4-38 选择"波形"选项

图 4-39 选择主题颜色

Step 03 在"主题"组中单击"字体"下拉按钮，在弹出的下拉列表中选择"隶书"选项，如图 4-40 所示。

Step 04 此时，即可查看应用主题后的文档效果，如图 4-41 所示。

Word 2010 文档的页面设置与打印 第 4 章

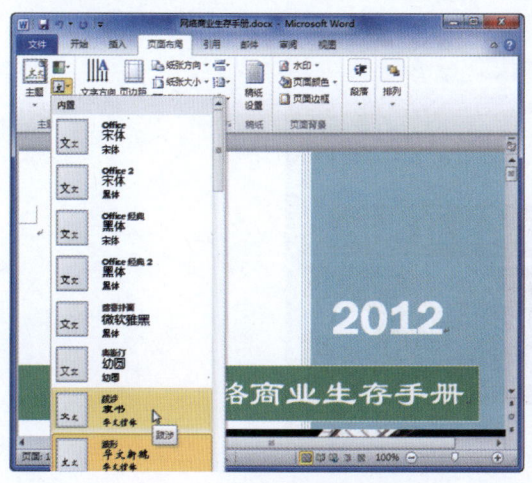

图 4-40 选择主题字体

图 4-41 查看应用主题效果

实例 2　自定义主题颜色

如果有一些样式是经常使用的，如具有企业文化特征的办公文档，可以将其设置为自定义主题，然后保存起来，方便以后调用。自定义主题颜色的具体操作方法如下。

Step 01 在"主题"组中单击"颜色"下拉按钮，在弹出的下拉列表中选择"新建主题颜色"选项，如图 4-42 所示。

Step 02 弹出"新建主题颜色"对话框，在"主题颜色"选项区中设置各项颜色，在"名称"文本框中输入名称，然后单击"保存"按钮，如图 4-43 所示。

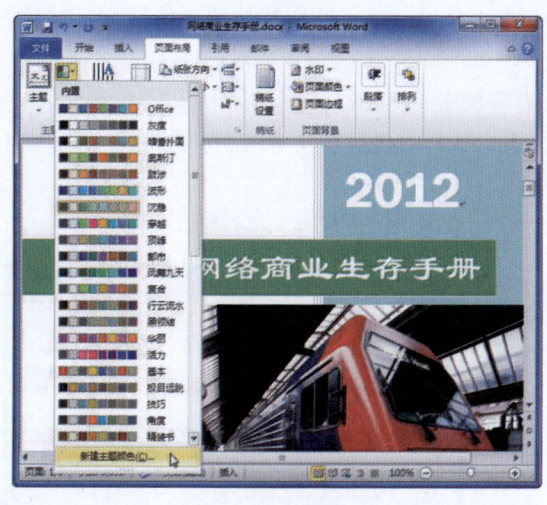

图 4-42 选择"新建主题颜色"选项

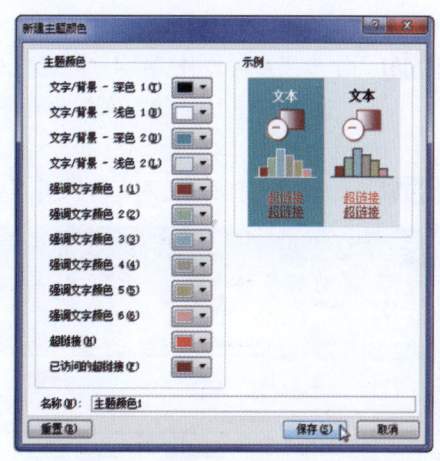

图 4-43 "新建主题颜色"对话框

Step 03 创建自定义主题颜色后，在"主题颜色"下拉列表的上方选择自定义的颜色选项，即可将其应用到文档中，如图 4-44 所示。

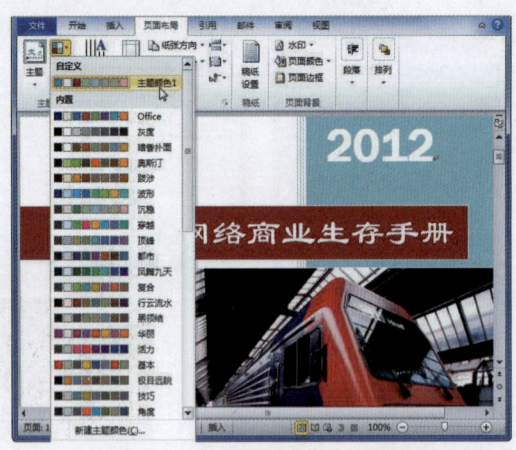

图 4-44　应用自定义主题

4.6　添加页眉、页脚与页码

页眉、页脚通常用于显示正文以外的附加信息，如插入单位名称、徽标、时间、日期和页码等。其中，页眉位于页面的顶部，页脚位于页面的底部，用于比较正式的办公文档，特别是一些篇幅较长的文档。本节将学习如何在文档中添加页眉、页脚与页码。

实例 1　添加页眉和页脚

添加页眉和页脚的方法基本相同，编辑的方法也一样，只是其位置有所区别，具体操作方法如下。

Step 01 打开"素材文件\第 4 章\现代企业的薪酬激励.docx"，选择"插入"选项卡，单击"页眉"下拉按钮，在弹出的下拉列表中选择"拼板型（奇数页）"选项，如图 4-45 所示。

Step 02 此时，即可插入页眉，修改页眉中的文字，单击"转至页脚"按钮，如图 4-46 所示。

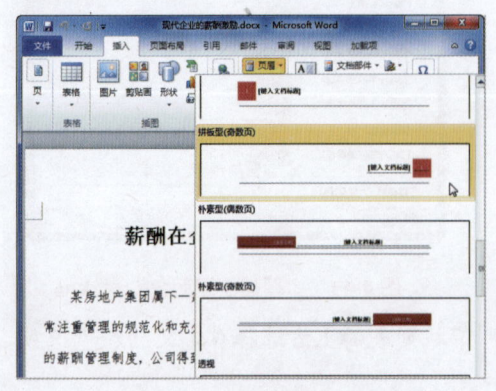
图 4-45　选择页眉样式

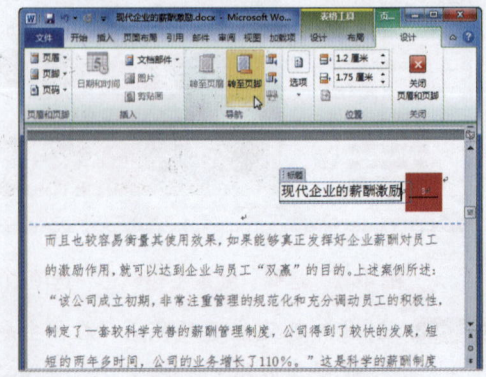
图 4-46　编辑页眉内容

Step 03 在页脚位置编辑文字，选择"开始"选项卡，在功能区"字体"组中可以设置字体大小为"四号"，如图 4-47 所示。

Step 04 选择"设计"选项卡,在"选项"组中选中"奇偶页不同"复选框,设置奇偶页不同的页眉,如图 4-48 所示。

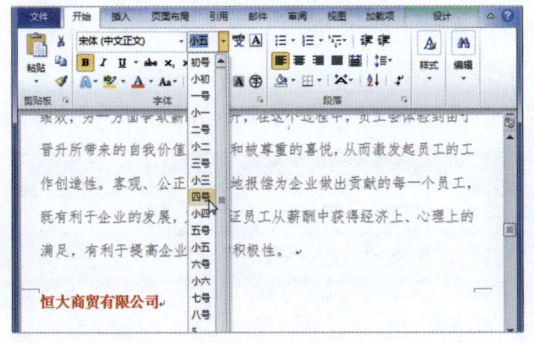

图 4-47 设置文本格式

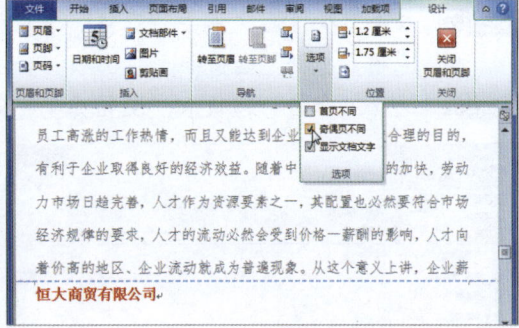

图 4-48 选中"奇偶页不同"复选框

Step 05 单击"页眉"下拉按钮,选择与偶数页对应的页眉样式,如图 4-49 所示。

Step 06 转到同一页的页脚,编辑页脚内容,通常要与奇数页对称,如图 4-50 所示。

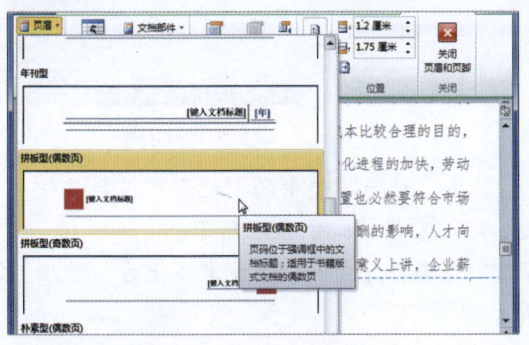

图 4-49 设置偶数页页眉

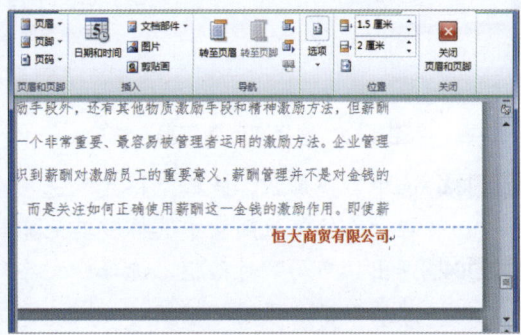

图 4-50 编辑页脚内容

Step 07 在"页眉顶端距离"或"页脚底端距离"数值框中可以设置页眉与页脚的位置,如图 4-51 所示。

Step 08 编辑好页眉与页脚后,单击"关闭页眉和页脚"按钮,即可退出页眉和页脚编辑状态,如图 4-52 所示。

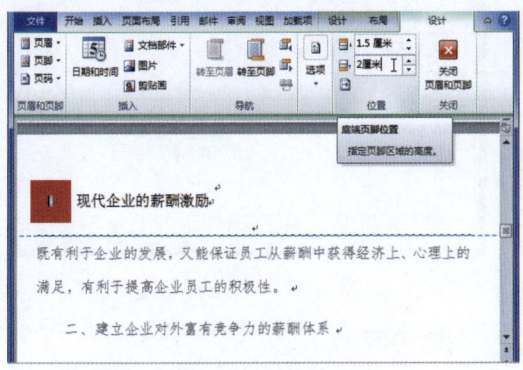

图 4-51 设置页眉与页脚位置

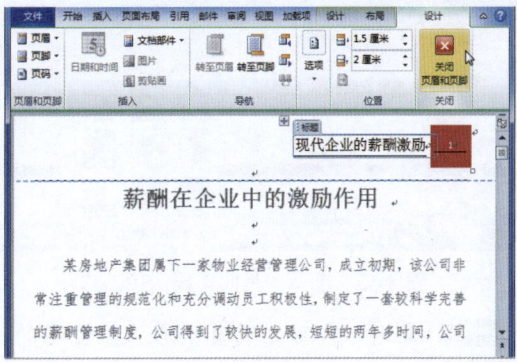

图 4-52 关闭编辑页眉和页脚

中文版 Office 2010 办公自动化实例教程

实例 2　添加页码

当编辑篇幅较长的文档时，往往需要为其添加页码，具体操作方法如下。

Step 01　双击页脚区域，单击"页码"下拉按钮，在弹出的下拉列表中选择"当前位置"选项，选择"圆角矩形"选项，如图 4-53 所示。

Step 02　选择"开始"选项卡，设置页码字体大小为"四号"，如图 4-54 所示。

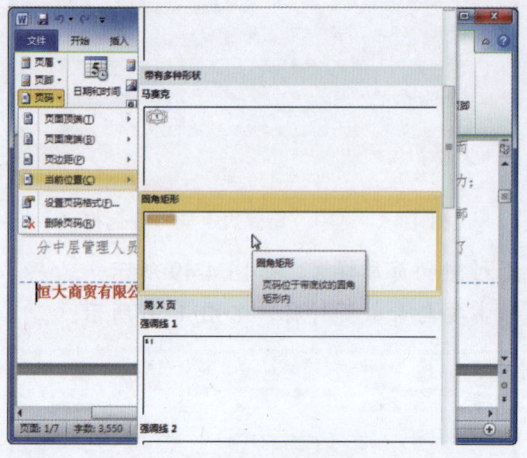　　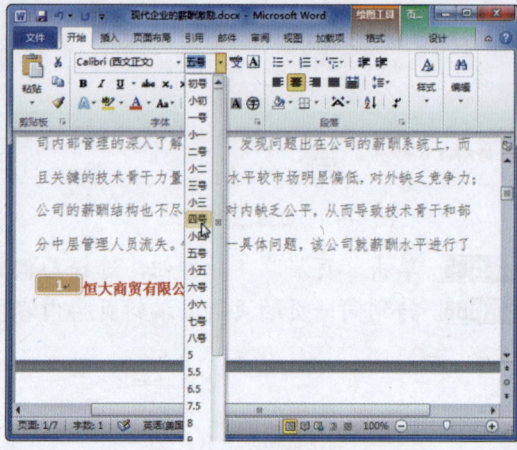

图 4-53　选择"圆角矩形"选项　　　　　　图 4-54　设置页码字号

Step 03　选中页码形状，选择"格式"选项卡，单击"排列"组中的"位置"下拉按钮，在弹出的下拉列表中选择"其他布局选项"选项，如图 4-55 所示。

Step 04　弹出"布局"对话框，选择"文字环绕"选项卡，选中"浮于文字上方"选项，然后单击"确定"按钮，如图 4-56 所示。

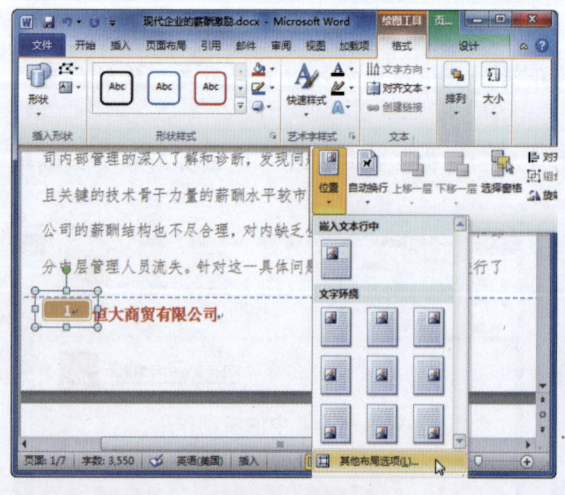　　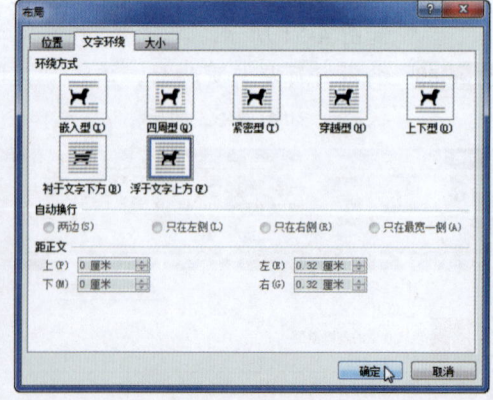

图 4-55　选择"其他布局选项"选项　　　　　图 4-56　"布局"对话框

Step 05　此时，即可拖动页码形状至合适的位置，如图 4-57 所示。

Step 06　选择"设计"选项卡，单击"页码"下拉按钮，在弹出的下拉列表中选择"设置页码格式"选项，如图 4-58 所示。

Word 2010 文档的页面设置与打印　第 4 章

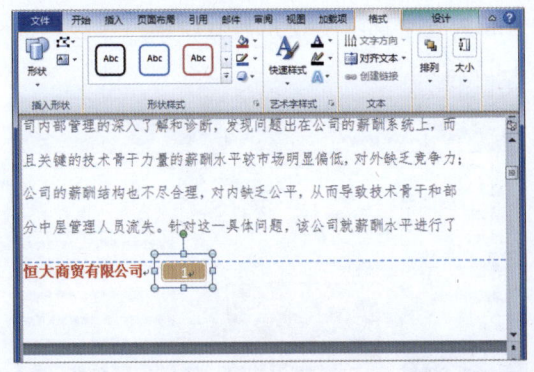

图 4-57　调整页码位置

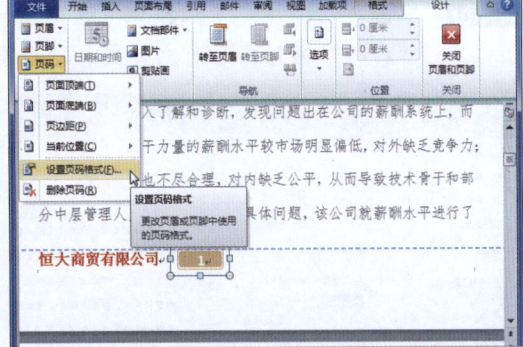

图 4-58　选择"设置页码格式"选项

Step **07**　弹出"页码格式"对话框，设置页码格式和起始页码，然后单击"确定"按钮，如图 4-59 所示。

Step **08**　此时，即可查看设置页码、页眉和页脚后的文档效果，如图 4-60 所示。

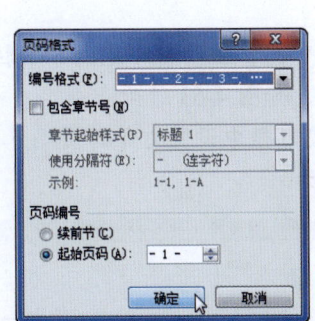

图 4-59　"页码格式"对话框

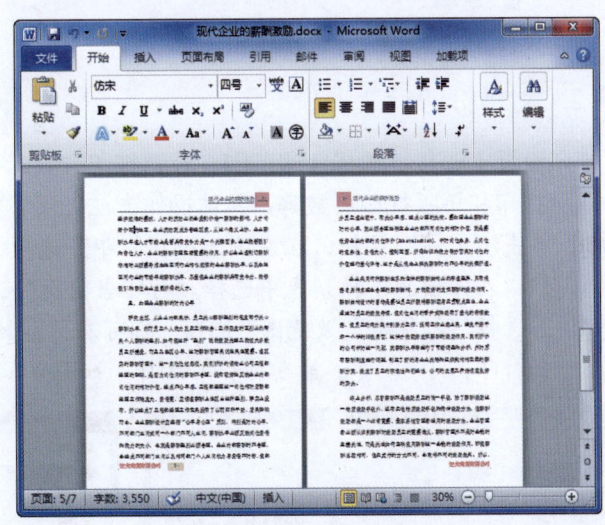

图 4-60　查看设置效果

4.7　打印文档

在编辑好 Word 文档后，就可以将文档打印出来，以供其他人观看。在打印文档时，需要根据实际情况进行一些打印设置。本节将学习如何打印文档。

实例 1　基本打印设置

在打印文档之前，需要设置最基本的打印选项，如打印份数、打印机等，具体操作方法如下。

Step **01**　单击"文件"按钮，在左侧选择"打印"选项，在中间打印"份数"数值框中设置打印份数为 2，如图 4-61 所示。

Step 02 单击"打印机"下拉按钮,在弹出的下拉列表中选择要使用的打印机,然后单击"打印"按钮,即可打印文档,如图4-62所示。

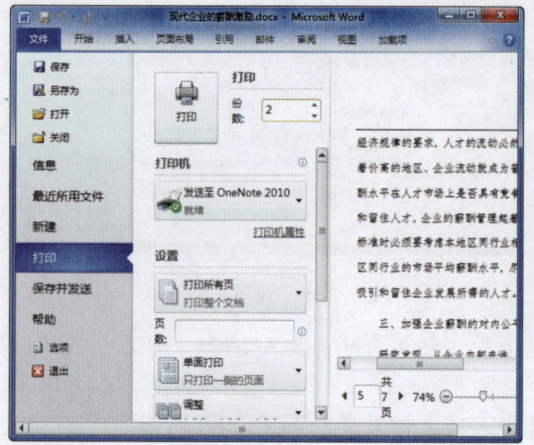

图4-61 设置打印份数

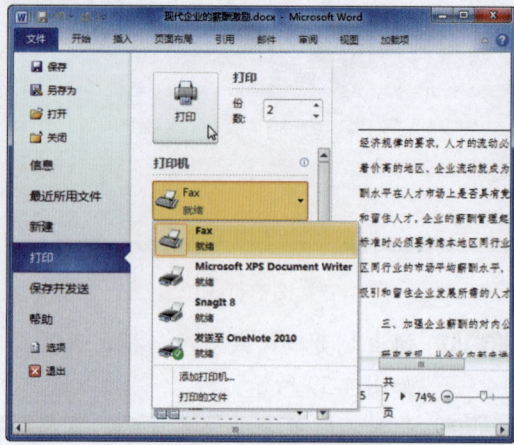

图4-62 选择打印机

实例2 文档打印设置

打印设置主要包括选择打印范围,设置打印方式、打印顺序,以及打印缩放等,还涉及单双面打印和每版打印页数等,具体操作方法如下。

Step 01 单击"文件"按钮,在左侧选择"打印"选项,在中间单击"打印范围"下拉按钮,在弹出的下拉列表中选择"打印当前页"选项,如图4-63所示。

Step 02 若选择"打印自定义范围"选项,则可在"页数"文本框中设置打印的页码范围,如打印第1~3页、第5页和第7页,如图4-64所示。

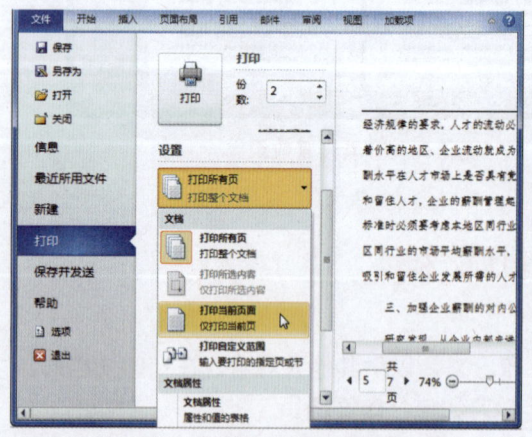

图4-63 选择"打印当前页"选项

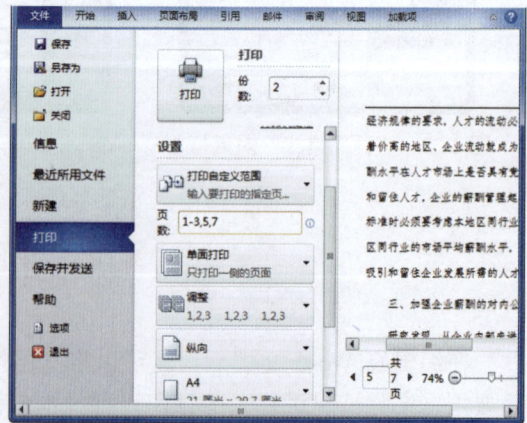

图4-64 设置打印页码范围

Step 03 单击"页数"文本框下面的下拉按钮,在弹出的下拉列表中可以选择单面或双面打印,如"单面打印",如图4-65所示。

Step 04 单击最后一个下拉按钮,在弹出的下拉列表中可以选择每版打印页数,如"每版打印2页",如图4-66所示。

Word 2010 文档的页面设置与打印　第 4 章

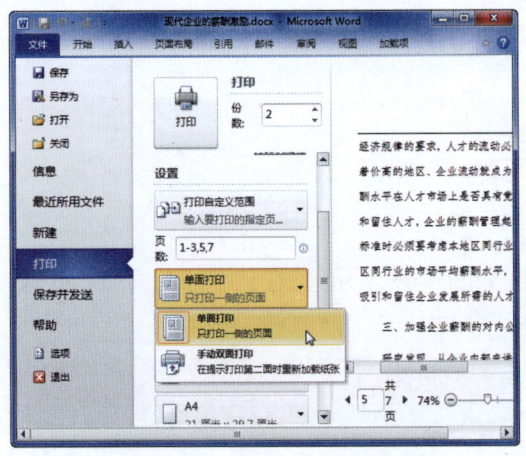

图 4-65　设置打印方式

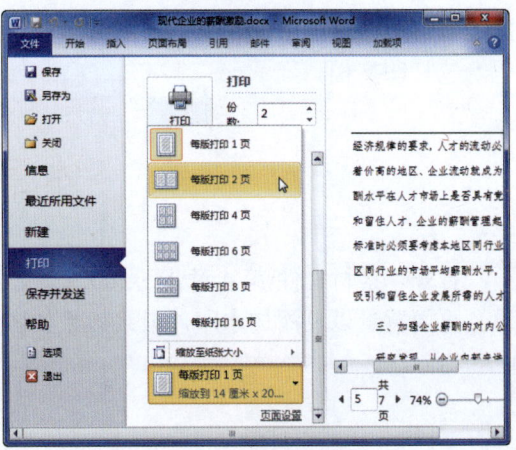

图 4-66　设置每版打印页数

实例 3　打印预览

与以往版本不同,Word 2010 不再提供专门的打印预览视图,而是将其集成到 Backstage 视图当中,默认是单页预览,也可以进行缩放,具体操作方法如下。

Step 01　在 Backstage 视图中选择"打印"选项后,最右侧的窗格为预览窗格。单击左下角的"下一页"按钮,即可预览下一页,如图 4-67 所示。

Step 02　单击预览窗格底部的"放大"或"缩小"按钮,或直接拖动滑块,可以调整预览视图的大小,如图 4-68 所示。

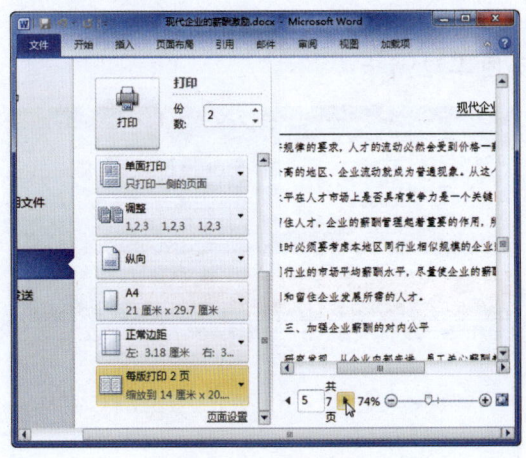

图 4-67　翻页预览

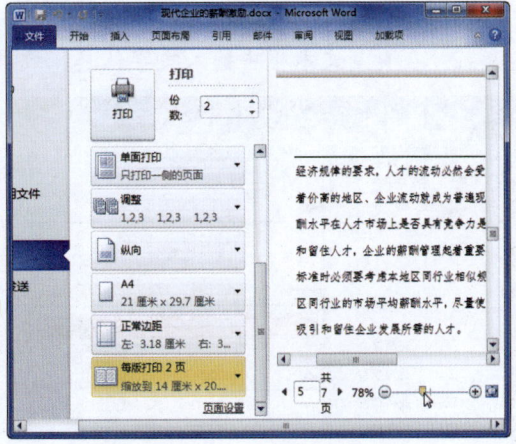

图 4-68　缩放预览

本章小结

本章主要介绍了在 Word 2010 中进行页面设置以及打印文档的方法,其中包括文档页面设置,使用分页符,使用分节符,设置页面背景,使用页面主题,添加页眉、页脚与页码,设置打印与预览等。通过对本章的学习,读者应重点掌握以下知识:①对文档进行页面设置。②在文档中插入分页符和分节符。③设置文档页面背景。④添加页眉、页脚与页码。⑤打印文档。

本章习题

打开"素材文件\第 4 章\目录.docx"文档（如图 4-69 所示），在其中插入页眉、页脚，设置页面背景以及添加水印，最终效果如图 4-70 所示。

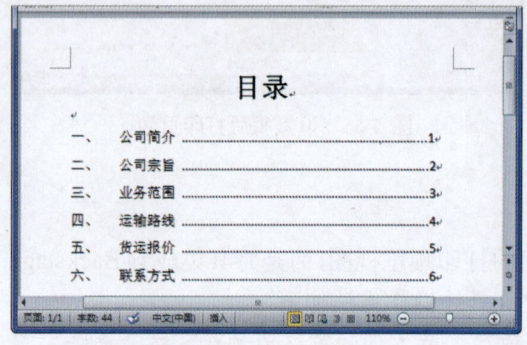

图 4-69　素材文件　　　　　　　　　图 4-70　效果文件

操作提示：

1. 选择"插入"选项卡，在"页眉和页脚"组中单击"页眉"下拉按钮，在弹出的下拉列表中选择"瓷砖型"选项，如图 4-71 所示。

2. 在页眉文本框中输入文字信息，效果如图 4-72 所示。

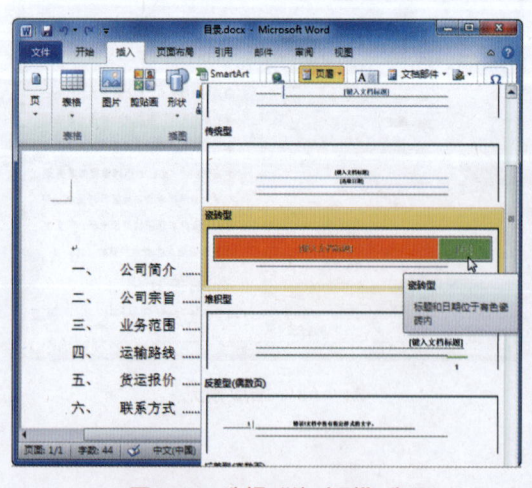 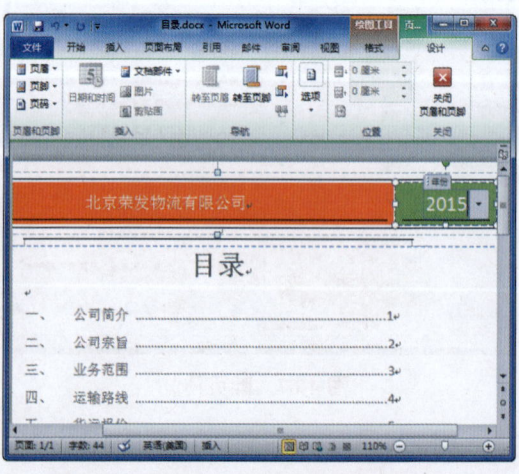

图 4-71　选择"瓷砖型"选项　　　　　图 4-72　输入页眉信息

3. 在"页眉和页脚"组中单击"页脚"下拉按钮，在弹出的下拉列表中选择"飞越型"选项，如图 4-73 所示。

4. 在页脚文本框中输入文字信息，效果如图 4-74 所示。

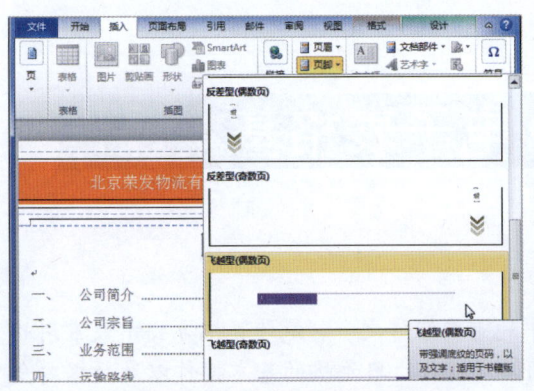
图 4-73　选择"飞越型"选项

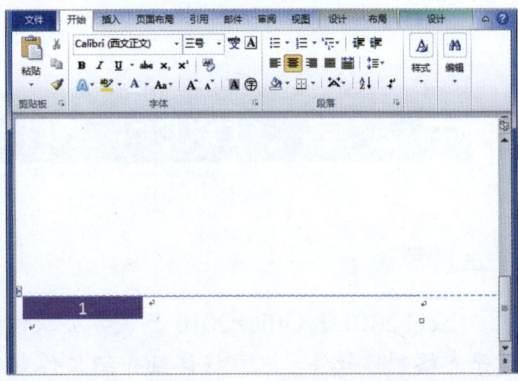
图 4-74　输入页脚信息

5. 选择"页面布局"选项卡，在"页面背景"组中单击"页面颜色"下拉按钮，在弹出的下拉列表中选择"填充效果"选项，如图 4-75 所示。

6. 弹出"填充效果"对话框，选择"图片"选项卡，然后单击"选择图片"按钮，如图 4-76 所示。

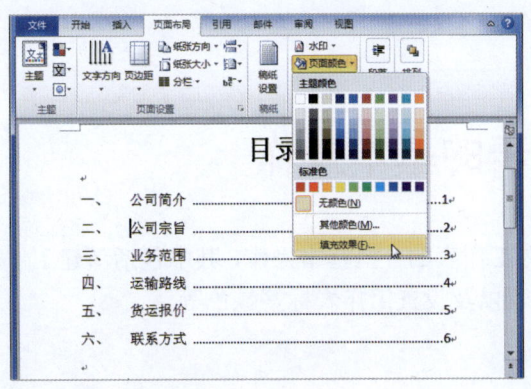
图 4-75　选择"填充效果"选项

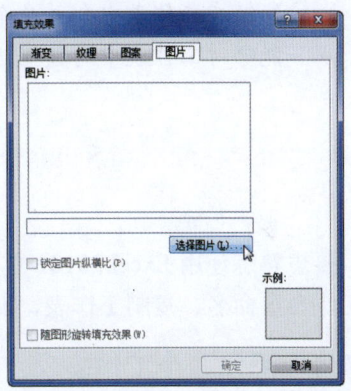
图 4-76　"填充效果"对话框

7. 弹出"选择图片"对话框，选择需要的背景图片，单击"插入"按钮，返回"填充效果"对话框，单击"确定"按钮，如图 4-77 所示。

8. 选择"页面布局"选项卡，单击"水印"下拉按钮，在弹出的下拉列表中选择"严禁复制 1"水印效果，如图 4-78 所示。

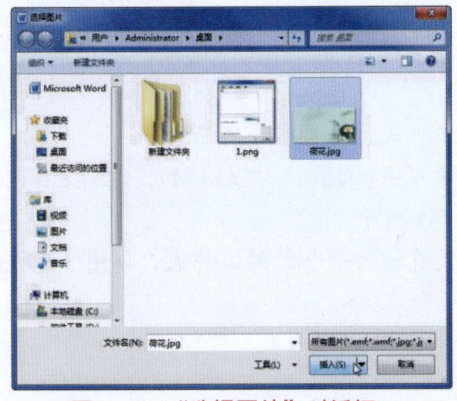
图 4-77　"选择图片"对话框

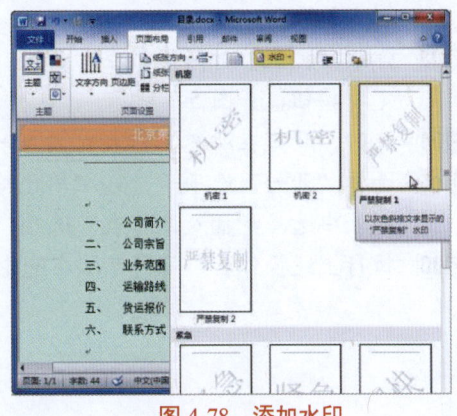
图 4-78　添加水印

第 5 章　Excel 2010 电子表格基本操作

【本章导读】

Excel 2010 是 Office 2010 套装办公软件中的重要组件之一，是计算机办公中最常用的电子表格制作软件。本章将详细介绍工作表的常用操作、单元格的基本操作以及数据安全加密等知识。

【本章目标】

- 能够添加、复制、调整与冻结工作表。
- 能够在工作表中插入与删除单元格。
- 能够在工作表中合并多个单元格。
- 能够对工作表中的数据进行加密。

5.1　工作表的基本操作

要想熟练使用 Excel 2010，首先要掌握工作表的一些基本操作，其中包括新建工作表、对工作表重命名、复制工作表、删除工作表以及设置工作表标签颜色等。

实例 1　添加多个工作表

工作表是 Excel 窗口中非常重要的组成部分，每个工作表都包含了多个单元格，Excel 数据主要就是以工作表为单位来存储的。添加多个工作表的具体操作方法如下。

Step 01 打开 Excel 2010，系统会默认创建一个工作簿，其中包含 3 个工作表，选择 Sheet2 工作表，如图 5-1 所示。

Step 02 在 Sheet2 工作表的标签上右击，然后在弹出的快捷菜单中选择"插入"命令，如图 5-2 所示。

Step 03 弹出"插入"对话框，在"常用"选项卡下选择"工作表"选项，然后单击"确定"按钮，如图 5-3 所示。

Step 04 此时，即可在所选工作表前插入一个新工作表，如图 5-4 所示。

Step 05 选择"开始"选项卡，在"单元格"组中单击"插入"下拉按钮，在弹出的下拉列表中选择"插入工作表"选项，如图 5-5 所示。

Step 06 执行上述操作后，同样可以在选中工作表前插入一个新的工作表，如图 5-6 所示。

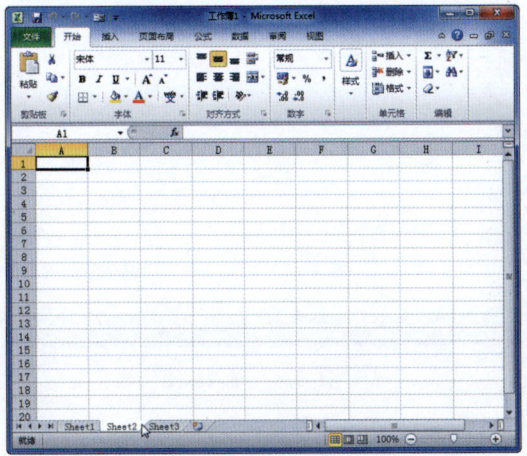
图 5-1 选择工作表

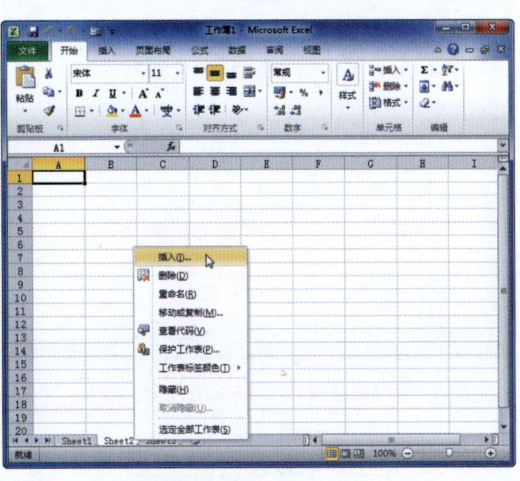
图 5-2 选择"插入"命令

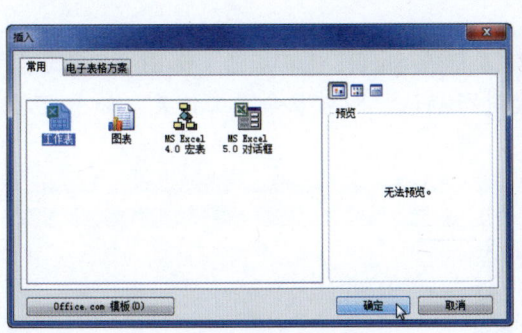
图 5-3 "插入"对话框

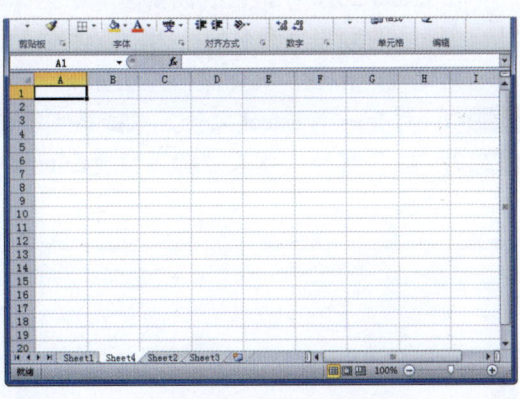
图 5-4 插入新工作表

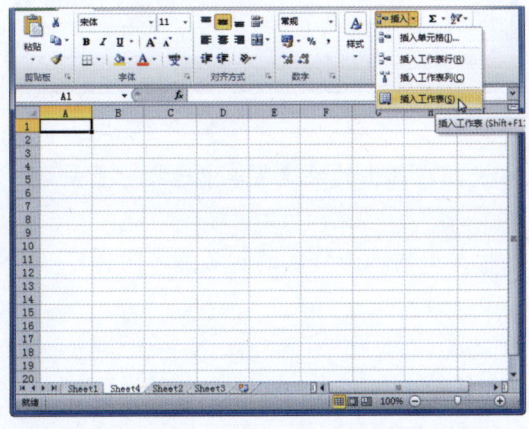
图 5-5 选择"插入工作表"选项

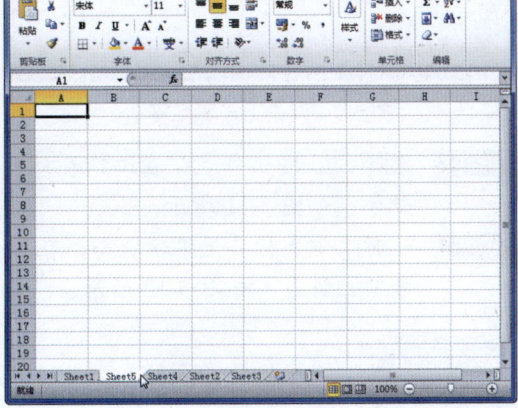
图 5-6 插入新工作表

Step 07 选择 Sheet3 工作表，然后单击"插入工作表"按钮，如图 5-7 所示。
Step 08 此时，即可在所选工作表后面插入一个新的工作表，如图 5-8 所示。

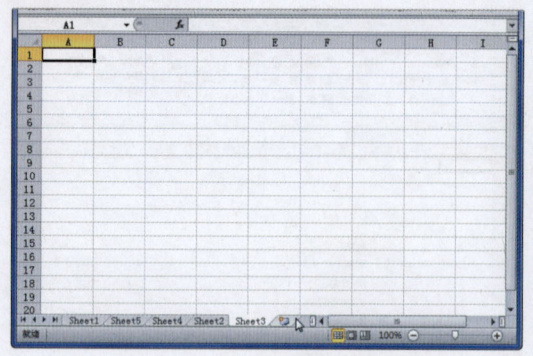
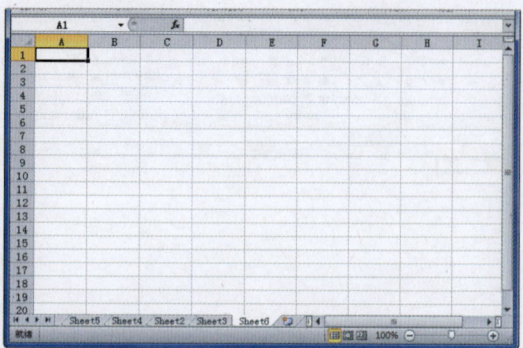

图 5-7　单击"插入工作表"按钮　　　　　　图 5-8　插入新工作表

实例 2　对工作表进行重命名

在 Excel 2010 中，系统在新建一个工作簿时，工作表默认的名称是以 Sheet1、Sheet2、Sheet3……的顺序来命名的。为了方便对工作表的记忆和管理，可以通过对工作表进行重命名来管理工作表，具体操作方法如下。

Step 01 打开一个 Excel 文件，双击第 1 个工作表标签 Sheet1 使其激活，如图 5-9 所示。

Step 02 输入新的工作表名称，按【Enter】键进行确认，即可重命名工作表，如图 5-10 所示。

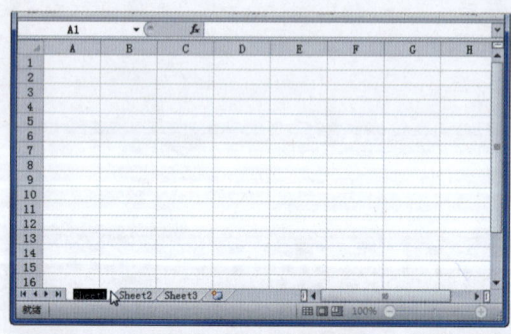
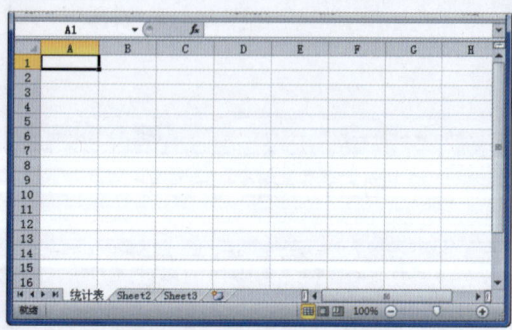

图 5-9　双击工作表标签　　　　　　　　　图 5-10　重命名工作表

Step 03 选择 Sheet3 工作表，在工作表标签上右击，在弹出的快捷菜单中选择"重命名"命令，如图 5-11 所示。

Step 04 此时工作表标签呈编辑状态，在工作表标签中输入工作表的新名称，同样可以重命名工作表，如图 5-12 所示。

> **专家指导**
> Expert guidance
>
> 需要注意的是，在同一工作簿中不能为工作表命名相同的名称，只有在不同的工作簿中才能为工作表命名相同的名称。

Excel 2010 电子表格基本操作　第 5 章

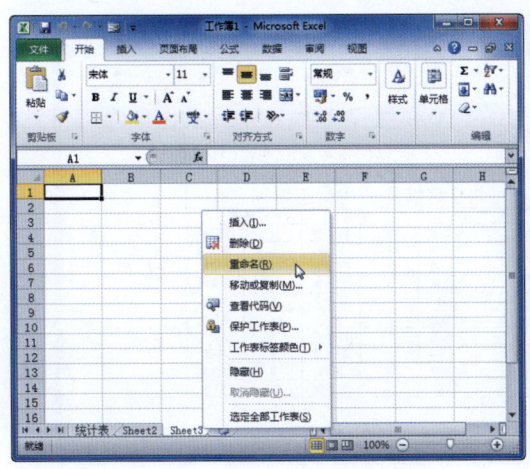
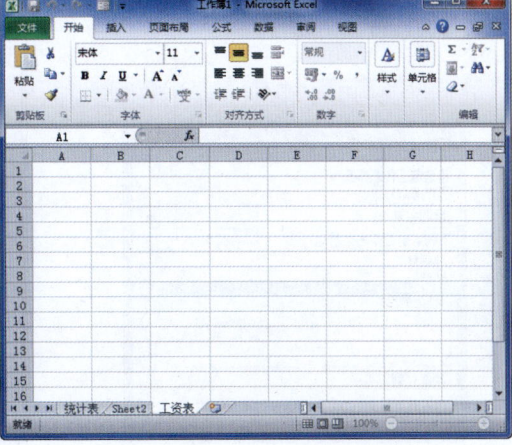

图 5-11　选择"重命名"命令　　　　　图 5-12　重命名工作表

实例 3　复制已有工作表

当一个工作表中包含的数据或元素比较多时，不用逐一复制，可以直接复制整个工作表，具体操作方法如下。

Step 01 打开"素材文件\第 5 章\培训名单.xlsx"，选择 Sheet1 工作表，如图 5-13 所示。

Step 02 在工作表标签上右击，在弹出的快捷菜单中选择"移动或复制"命令，如图 5-14 所示。

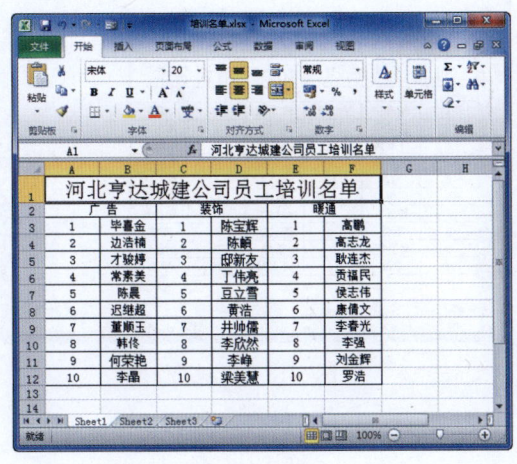
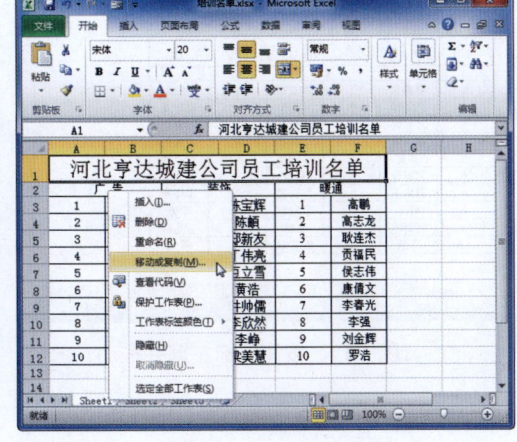

图 5-13　选择工作表　　　　　　　　　图 5-14　选择"移动或复制"命令

Step 03 弹出"移动或复制工作表"对话框，在"下列选定工作表之前"列表框中选择 Sheet3 选项，选中"建立副本"复选框，然后单击"确定"按钮，如图 5-15 所示。

Step 04 此时，即可复制 Sheet1 工作表，新添加的工作表将被放在 Sheet3 工作表之前，如图 5-16 所示。

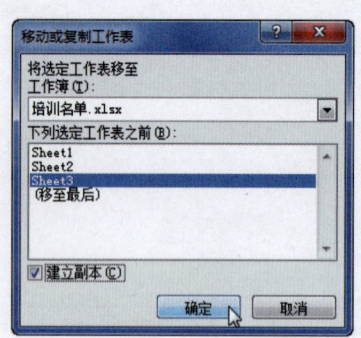

图 5-15 "移动或复制工作表"对话框   图 5-16 复制工作表

Step 05 选择 Sheet1 工作表,按住【Ctrl】键不放,在工作表标签上按住鼠标左键并拖动,如图 5-17 所示。

Step 06 拖至 Sheet2 工作表后松开鼠标左键,再松开【Ctrl】键,同样可以复制 Sheet1 工作表,效果如图 5-18 所示。

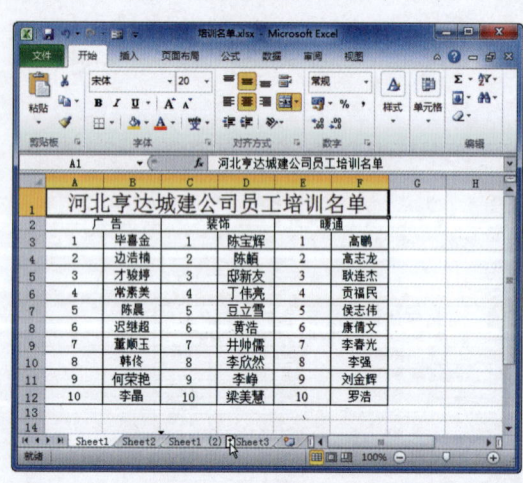 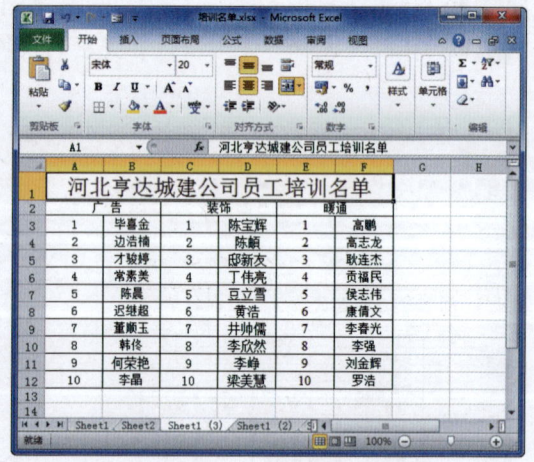

图 5-17 按住鼠标左键并拖动   图 5-18 复制工作表

实例 4 调整工作表顺序

在 Excel 2010 中,通过拖动鼠标移动和选择快捷菜单命令这两种方法都可以调整工作表顺序,具体操作方法如下。

Step 01 打开"素材文件\第 5 章\培训名单.xlsx",选择 Sheet3 工作表,在工作表标签上按住鼠标左键并拖动,如图 5-19 所示。

Step 02 将 Sheet3 工作表拖至目标位置后松开鼠标左键即可移动工作表,如图 5-20 所示。

Excel 2010 电子表格基本操作　第 5 章

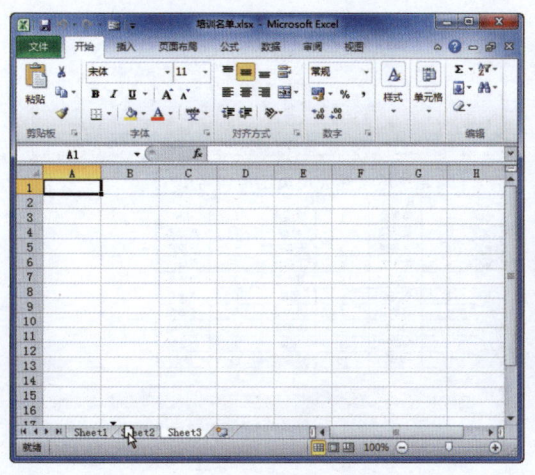
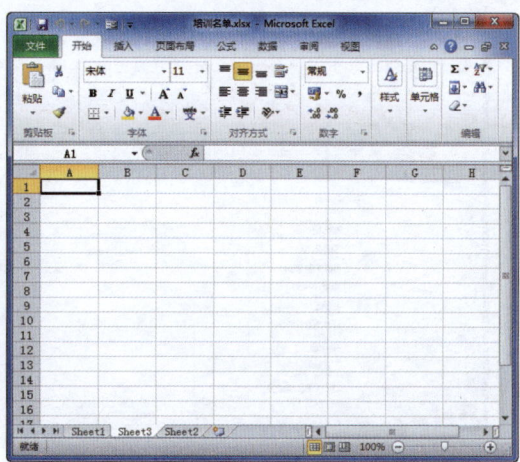

图 5-19　按住鼠标左键并拖动　　　　　　　图 5-20　移动工作表

Step 03 选择 Sheet1 工作表，在工作表标签上右击，在弹出的快捷菜单中选择"移动或复制"命令，如图 5-21 所示。

Step 04 弹出"移动或复制工作表"对话框，在"下列选定工作表之前"列表框中选择"移至最后"选项，然后单击"确定"按钮，即可移动工作表，如图 5-22 所示。

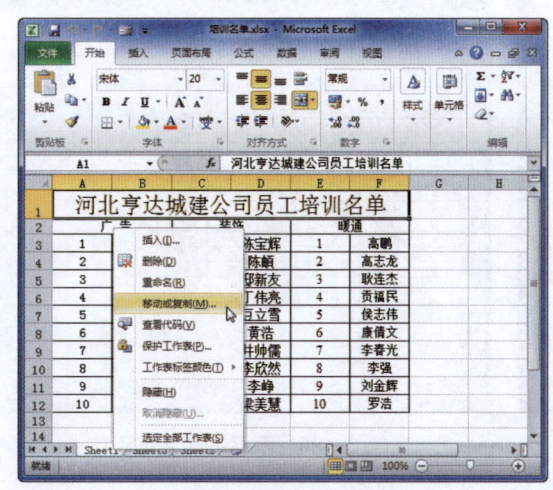
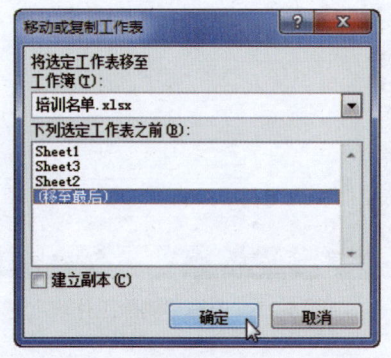

图 5-21　选择"移动或复制"命令　　　　　图 5-22　"移动或复制工作表"对话框

实例 5　删除工作表

在 Excel 2010 中，当不再需要某个工作表时，可以将其删除。删除不用的工作表的具体操作方法如下。

Step 01 选择 Sheet2 工作表，右击工作表标签，在弹出的快捷菜单中选择"删除"命令，如图 5-23 所示。

Step 02 在弹出的提示信息框中单击"删除"按钮，即可删除所选工作表，效果如图 5-24 所示。

中文版 Office 2010 办公自动化实例教程

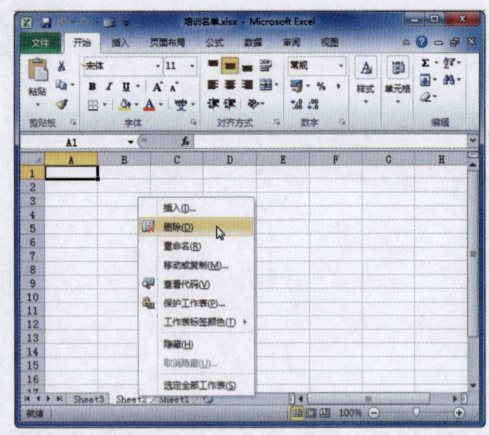

图 5-23　选择"删除"命令　　　　　图 5-24　删除工作表

Step 03 选择要删除的 Sheet3 工作表，在"单元格"组中单击"删除"下拉按钮，在弹出的下拉列表中选择"删除工作表"选项，同样可以删除选中的工作表，如图 5-25 所示。

Step 04 此时的表格如图 5-26 所示。

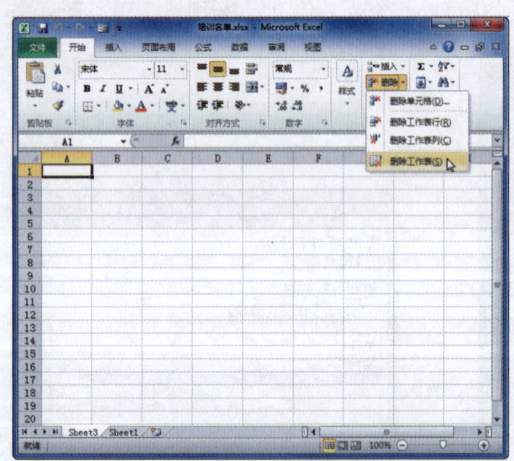
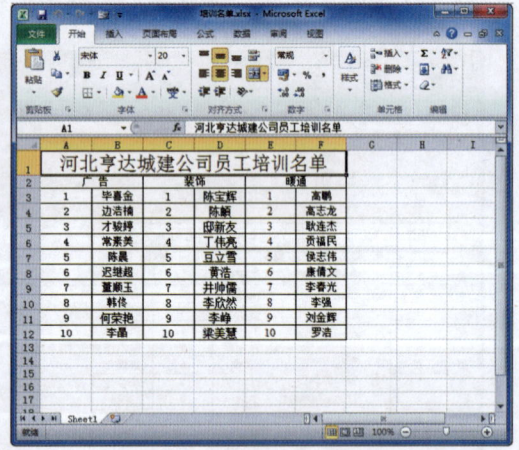

图 5-25　选择"删除工作表"选项　　　图 5-26　查看删除工作表效果

实例 6　冻结工作表

冻结工作表是将表格中某一部分始终显示在工作区内，而不随滚动条进行滚动。通常用于冻结标题行，便于查看数据记录行特别多的表格。冻结工作表的具体操作方法如下。

Step 01 选择 A2:F2 单元格区域，选择"视图"选项卡，在"窗口"组中单击"冻结窗格"下拉按钮，在弹出的下拉列表中选择"冻结拆分窗格"选项，如图 5-27 所示。

Step 02 冻结后再滚动垂直滚动条，发现冻结点下方的行正常滚动，而标题行始终显示，效果如图 5-28 所示。

Excel 2010 电子表格基本操作　第 5 章

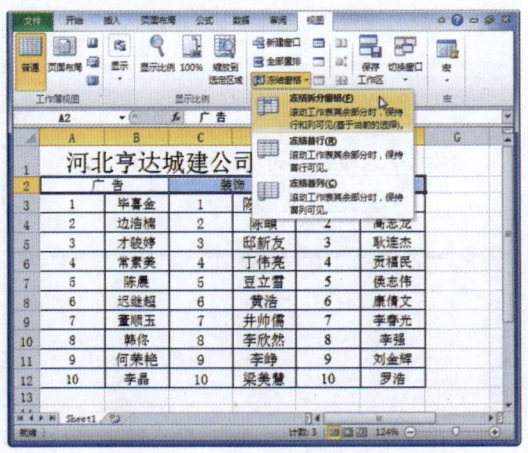
图 5-27　选择"冻结拆分窗格"选项

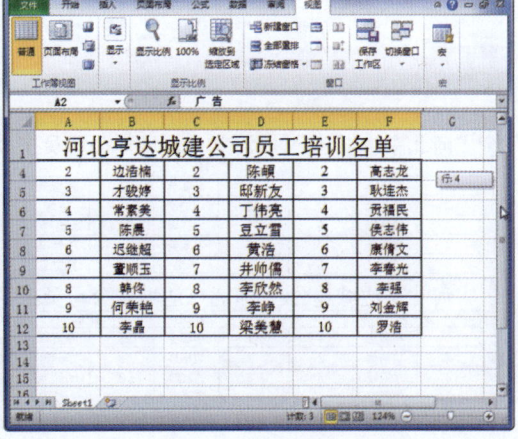
图 5-28　查看冻结效果

> **专家指导** Expert guidance
>
> 再次单击"冻结窗格"下拉按钮，在弹出的下拉列表中选择"取消冻结窗格"选项，即可取消对工作表的冻结操作。

实例 7　拆分工作表

拆分工作表就是将当前工作表视图拆分成 2 个或 4 个区域，每个区域都可以查看完整的工作表，这样可以在同一工作区内显示同一表格的不同部分，具体操作方法如下。

Step 01　选择 D6 单元格，选择"视图"选项卡，然后在"窗口"组中单击"拆分"按钮，如图 5-29 所示。

Step 02　拖动拆分边框，可以调整视图大小，可拖动左右边框、上下边框或边框中心交叉处，如图 5-30 所示。

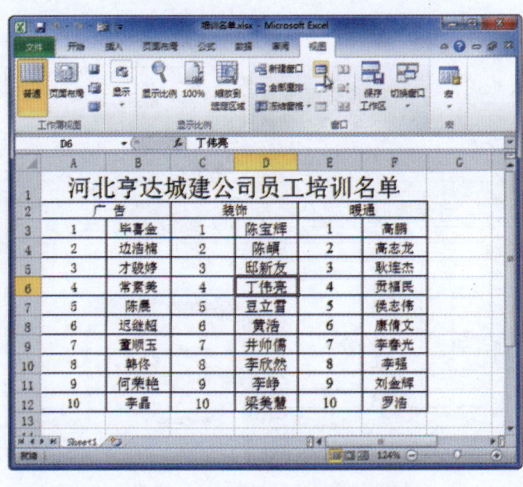
图 5-29　单击"拆分"按钮

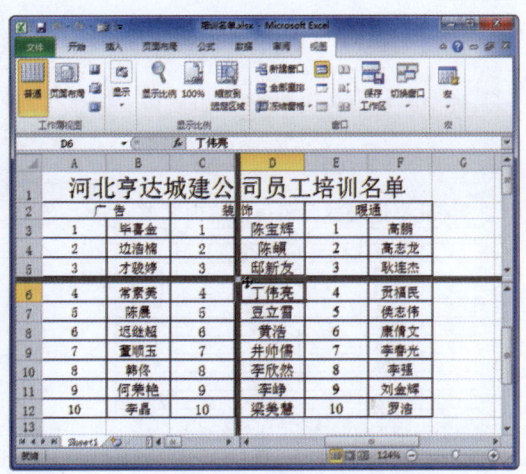
图 5-30　拖动拆分边框

Step 03　工作表拆分后形成 4 对滚动条，可以分别调整 4 个视图区的位置，如图 5-31 所示。

Step 04　拖动原始工作区滚动条下方或右侧的"拆分"按钮，也可以实现拆分效果，如图 5-32 所示。

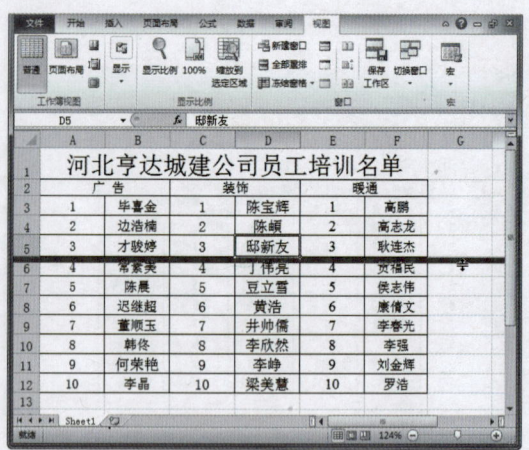

图 5-31　查看拆分效果　　　　图 5-32　使用滚动条"拆分"按钮

5.2　单元格基本操作

单元格是 Excel 存储数据的最小单元,大量数据都存储在单元格中,许多操作也是针对单元格来进行的,因此熟练掌握单元格操作是使用 Excel 的重要基础。本节将学习单元格的各种基本操作。

实例 1　插入与删除单元格

在 Excel 2010 中,用户可以根据需要为工作表插入或删除单元格。插入与删除单元格的具体操作方法如下。

Step 01　打开"素材文件\第 5 章\培训名单.xlsx",选择 D3 单元格,如图 5-33 所示。

Step 02　在单元格上右击,然后在弹出的快捷菜单中选择"插入"命令,如图 5-34 所示。

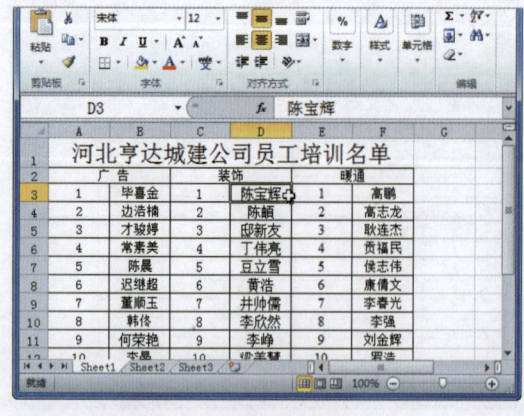 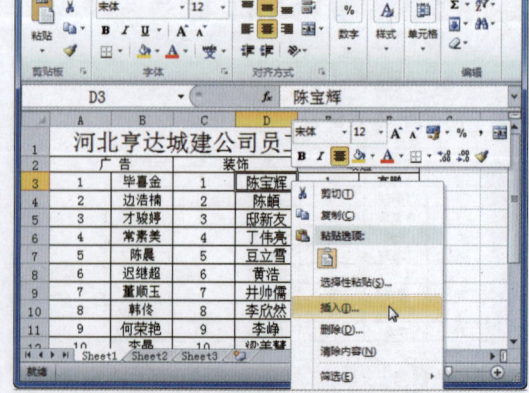

图 5-33　选择单元格　　　　图 5-34　选择"插入"命令

Step 03　弹出"插入"对话框,选中"活动单元格下移"单选按钮,然后单击"确定"按钮,如图 5-35 所示。

Step 04 此时，即可在选择的位置中插入一个单元格，原来的单元格则移至该单元格的下方，如图 5-36 所示。

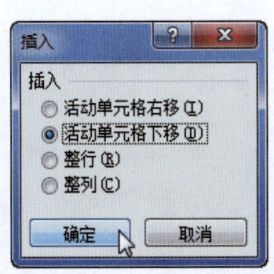

图 5-35 "插入"对话框

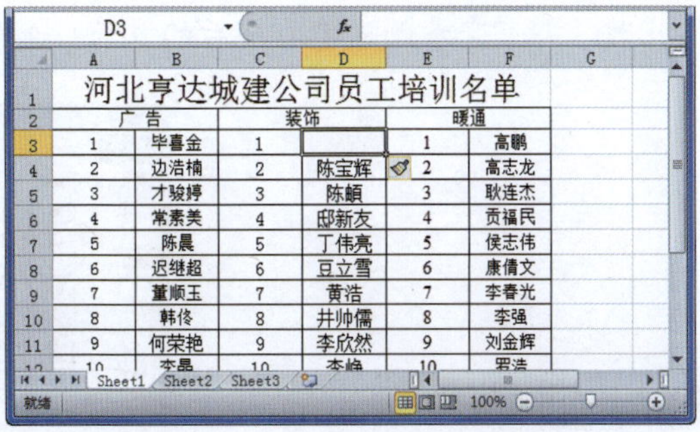

图 5-36 查看插入单元格效果

Step 05 选择 F3 单元格，然后在"单元格"组中单击"插入"下拉按钮，在弹出的下拉列表中选择"插入单元格"选项，如图 5-37 所示。

Step 06 弹出"插入"对话框，选中"活动单元格右移"单选按钮，然后单击"确定"按钮，即可在选择的位置中插入一个单元格，原来的单元格将移至该单元格的右侧，如图 5-38 所示。

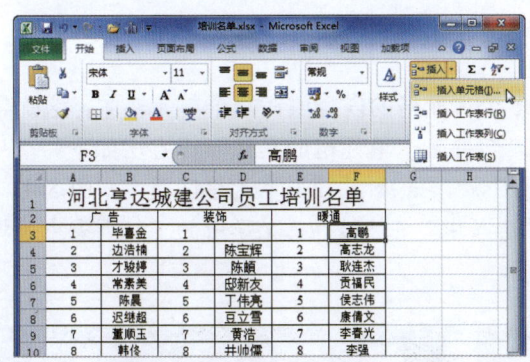

图 5-37 选择"插入单元格"选项

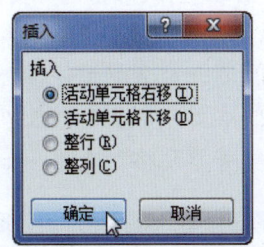

图 5-38 "插入"对话框

Step 07 此时，即可查看插入单元格后的效果，如图 5-39 所示。

Step 08 选择 F3 单元格并右击，在弹出的快捷菜单中选择"删除"命令，如图 5-40 所示。

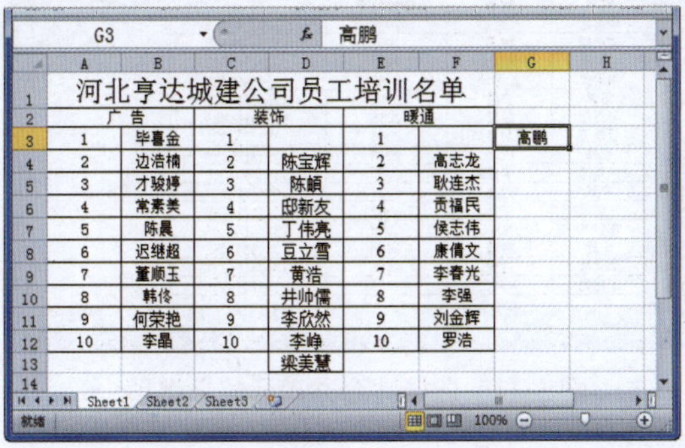

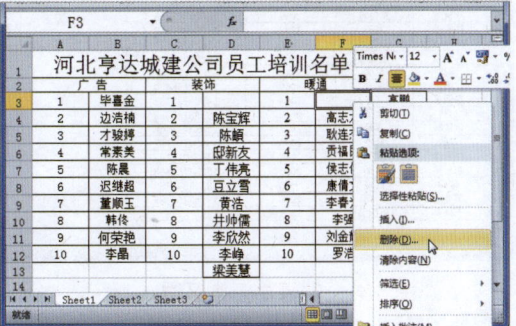

图 5-39 查看插入单元格效果

图 5-40 选择"删除"命令

中文版 Office 2010 办公自动化实例教程

Step 09 弹出"删除"对话框,选中"下方单元格上移"单选按钮,然后单击"确定"按钮,如图 5-41 所示。

Step 10 此时,即可查看删除单元格后的效果,如图 5-42 所示。

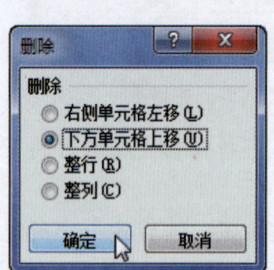

图 5-41 "删除"对话框

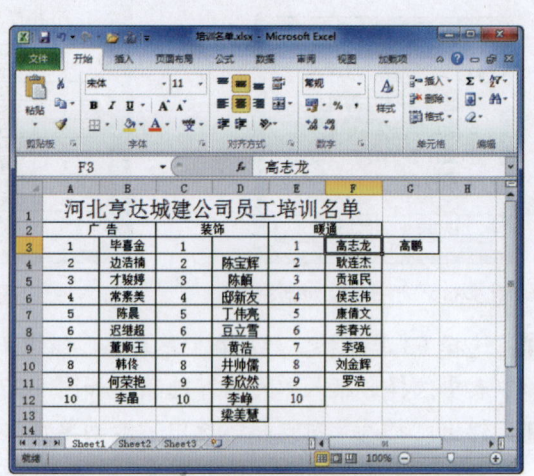

图 5-42 查看删除单元格效果

实例 2 合并多个单元格

在编辑工作表时,有时需要将占用多个单元格的内容放在一个单元格中,这就需要将多个单元格合并成一个单元格才能实现。合并多个单元格的具体操作方法如下。

Step 01 打开"素材文件\第 5 章\通讯簿.xlsx",选择 A1:D1 单元格区域,如图 5-43 所示。

Step 02 在"对齐方式"组中单击"合并后居中"下拉按钮,在弹出的下拉列表中选择"合并单元格"选项,如图 5-44 所示。

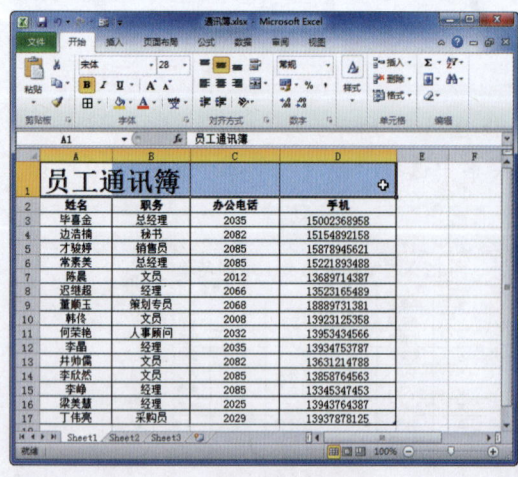

图 5-43 选择单元格区域

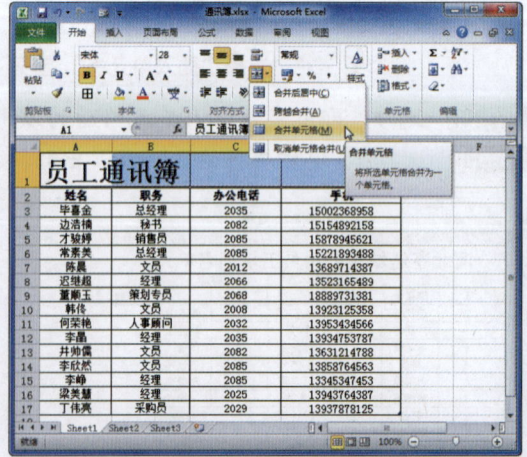

图 5-44 选择"合并单元格"选项

Step 03 执行操作后,即可合并单元格,效果如图 5-45 所示。

Step 04 如果在弹出的下拉列表中选择"合并后居中"选项,则合并后的效果如图 5-46 所示。

Excel 2010 电子表格基本操作　第 5 章

图 5-45　查看合并效果　　　　　　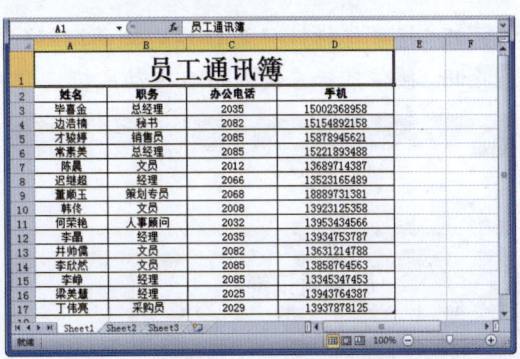
　　　　　　　　　　　　　　　　　图 5-46　合并后居中

实例 3　调整行高与列宽

通常在单元格中输入文字或数据时会出现这种情况，在编辑栏中能够显示完整的信息，而单元格中只显示部分文字或只有一串"#"符号，这主要是因为单元格的宽度或高度不够。在这种情况下需要对单元格的行高或列宽进行调整，具体操作方法如下。

Step 01　将鼠标指针移至第 2 行的序号上，此时指针呈 ➡ 形状，单击鼠标左键选中该行，如图 5-47 所示。

Step 02　在所选的行上右击，在弹出的快捷菜单中选择"行高"命令，如图 5-48 所示。

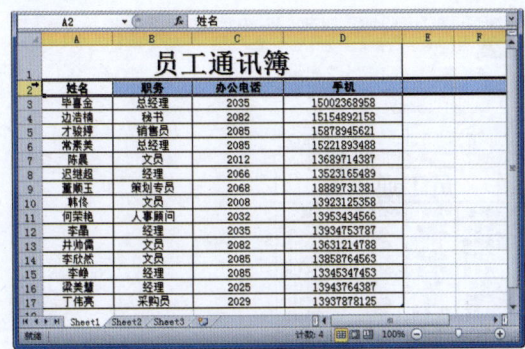　　　　　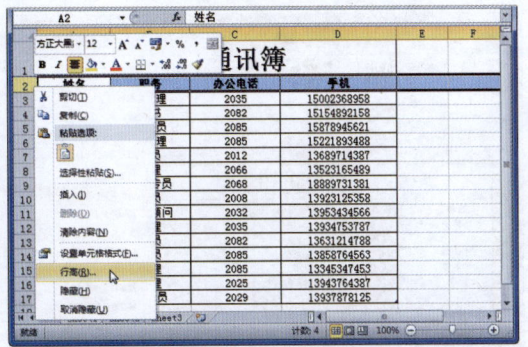

图 5-47　选中整行　　　　　　　　图 5-48　选择"行高"命令

Step 03　弹出"行高"对话框，在"行高"文本框中输入 20，然后单击"确定"按钮，如图 5-49 所示。

Step 04　此时即可设置行高为 20，效果如图 5-50 所示。

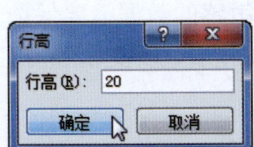

图 5-49　"行高"对话框　　　　　　图 5-50　查看设置行高效果

中文版 Office 2010 办公自动化实例教程

Step 05 将鼠标指针移至 D 列右侧的列标线上，此时指针呈 ✥ 形状，如图 5-51 所示。
Step 06 按住鼠标左键并向右拖动鼠标，即可调宽 D 列，如图 5-52 所示。

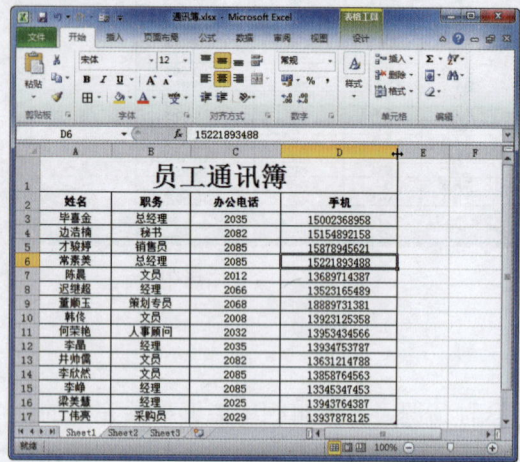

图 5-51　移动鼠标指针　　　　　　　　图 5-52　调整列宽

Step 07 选中 A 至 D 列，单击"单元格"组中的"格式"下拉按钮，在弹出的下拉列表中选择"自动调整列宽"选项，如图 5-53 所示。
Step 08 自动调整列宽后，列宽根据列中单元格数据的最大长度确定，效果如图 5-54 所示。

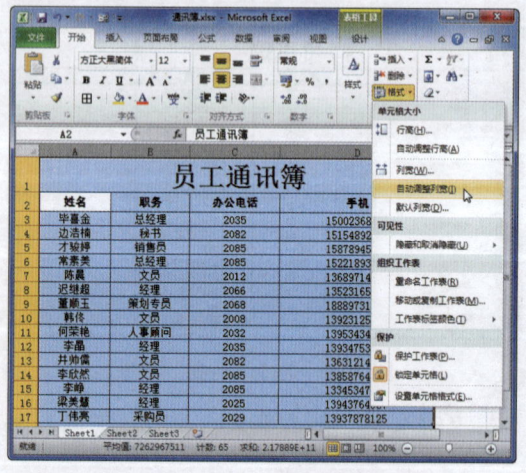
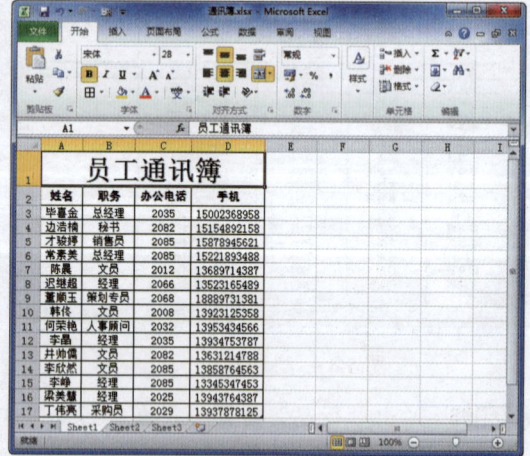

图 5-53　选择"自动调整列宽"选项　　　　　图 5-54　查看调整效果

5.3　数据保护

由于 Excel 经常用于存储各种重要数据，因此涉及一些敏感的数据需要保护。Excel 2010 提供了多种保护数据的方法，本节将详细介绍如何保护工作表，以及如何为工作簿设置密码。

实例 1　保护工作表

在 Excel 2010 中，可以通过设置密码来限制其他人修改工作表，具体操作方法如下。

Step 01　打开"素材文件\第 5 章\工资表.xlsx"，选择"开始"选项卡，单击"单元格"组中的"格式"下拉按钮，在弹出的下拉列表中选择"保护工作表"选项，如图 5-55 所示。

Step 02　弹出"保护工作表"对话框，在"取消工作表保护时使用的密码"文本框中输入密码，然后单击"确定"按钮，如图 5-56 所示。

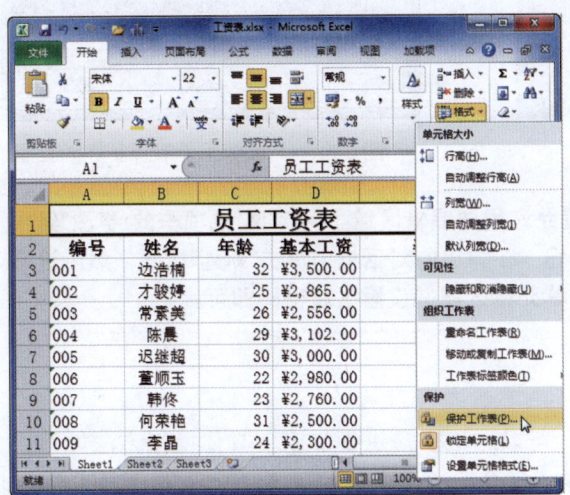
　　图 5-55　选择"保护工作表"选项

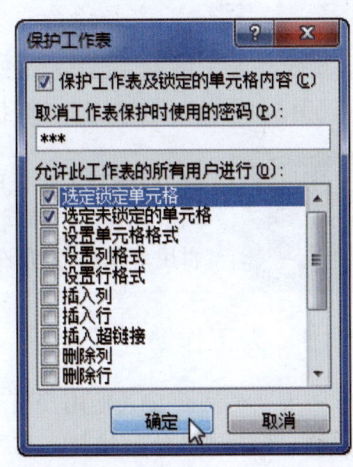
　　图 5-56　"保护工作表"对话框

Step 03　弹出"确认密码"对话框，在"重新输入密码"文本框中再次输入密码，然后单击"确定"按钮，如图 5-57 所示。

Step 04　返回工作表，修改数据时会弹出提示信息框，提示文件是只读的，操作对象受保护，如图 5-58 所示。

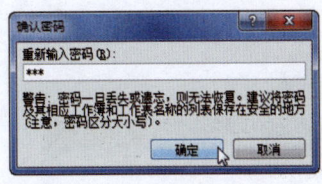
　图 5-57　"确认密码"对话框

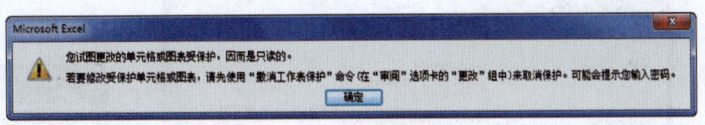
　　　　图 5-58　操作对象受保护

Step 05　选择"审阅"选项卡，单击"更改"组中的"撤销工作表保护"按钮，如图 5-59 所示。

Step 06　弹出"撤销工作表保护"对话框，输入原来设置的保护密码，然后单击"确定"按钮，即可撤销对工作表的保护，如图 5-60 所示。

中文版 Office 2010 办公自动化实例教程

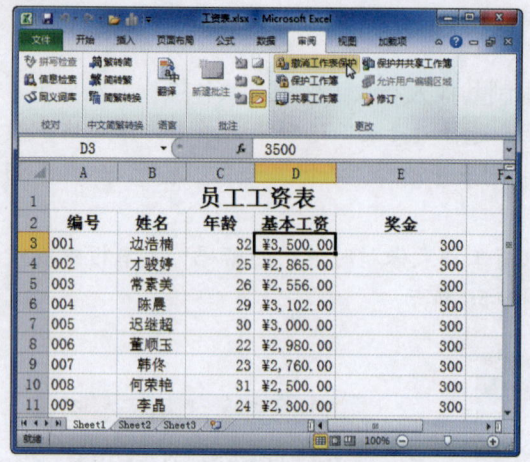

图 5-59　单击"撤消工作表保护"按钮

图 5-60　"撤消工作表保护"对话框

> **专家指导**
> Expert guidance
>
> 　　在保护工作表前可设置允许用户编辑区域，在"审阅"选项卡的"更改"组中单击"允许用户编辑区域"按钮，在弹出的对话框中单击"新建"按钮，然后设置"引用单元格"为允许编辑的单元格区域并设置区域密码即可。

实例 2　为工作簿设置密码

　　如果要彻底防止其他用户打开文档，可以对工作簿进行加密，具体操作方法如下。

Step 01　单击"文件"按钮，在左侧选择"信息"选项，在中间单击"保护工作簿"下拉按钮，在弹出的下拉列表中选择"用密码进行加密"选项，如图 5-61 所示。

Step 02　弹出"加密文档"对话框，在"密码"文本框中输入密码，然后单击"确定"按钮，如图 5-62 所示。

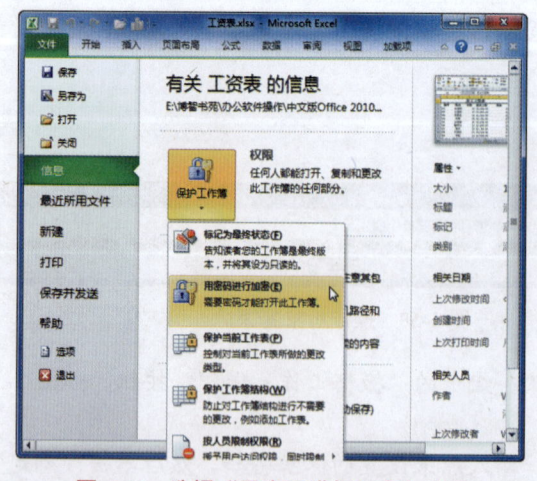

图 5-61　选择"用密码进行加密"选项

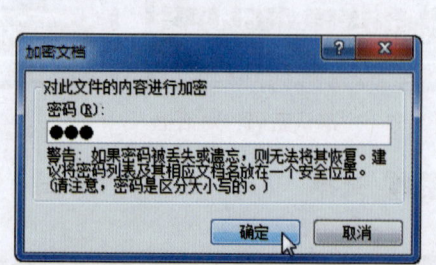

图 5-62　"加密文档"对话框

Step 03　弹出"确认密码"对话框，在"重新输入密码"文本框中再次输入密码进行确认，然后单击"确定"按钮，如图 5-63 所示。

Step 04　当再次打开已经设置加密的工作簿时，将弹出"密码"对话框要求输入密码，否则无法打开，如图 5-64 所示。

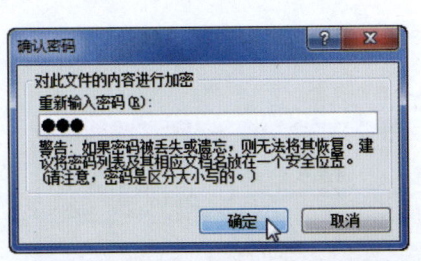
图 5-63 "确认密码"对话框

图 5-64 要求输入密码

本章小结

本章主要介绍了工作表的常用操作、单元格的基本操作以及数据安全加密等。通过对本章的学习，读者应重点掌握以下知识：①添加、复制、调整与冻结工作表。②在工作表中插入与删除单元格。③在工作表中合并多个单元格。④在工作表中调整行高和列宽。⑤保护工作表，对其进行密码保护。

本章习题

打开"素材文件\第 5 章\员工通讯簿.xlsx"，在其中设置单元格格式，合并多个单元格，保护工作表，并重命名工作表。

操作提示：

1. 选择 A1:D17 单元格区域，在"开始"选项卡下单击"对齐方式"组中的"居中"按钮，如图 5-65 所示。

2. 在"开始"选项卡下"单元格"组中单击"格式"下拉按钮，在弹出的下拉列表中选择"列宽"选项，如图 5-66 所示。

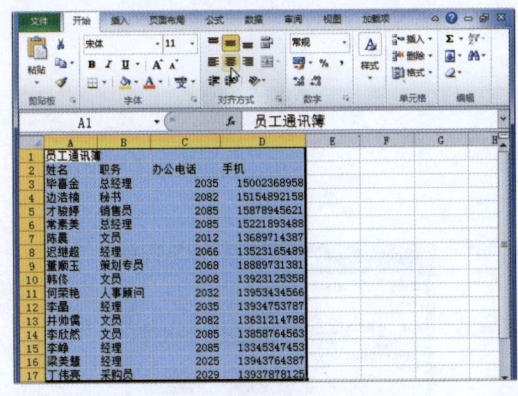
图 5-65 单击"居中"按钮

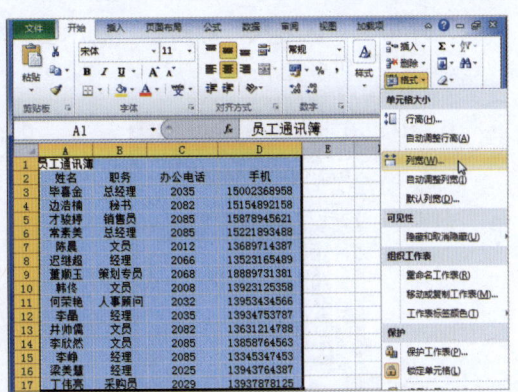
图 5-66 选择"列宽"选项

3. 弹出"列宽"对话框，设置"列宽"为 16，然后单击"确定"按钮，如图 5-67 所示。

4. 选择 A1:D1 单元格区域，在"开始"选项卡下单击"对齐方式"组中的"合并后居中"按钮，如图 5-68 所示。

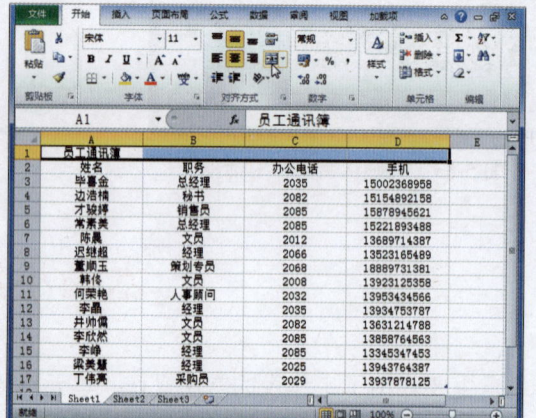

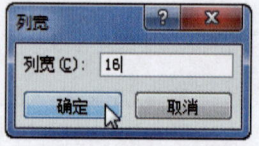

图 5-67 "列宽"对话框　　　　　　　　　图 5-68 单击"合并后居中"按钮

5. 选择 A1 单元格，设置其字号为 20，单击"加粗"按钮 **B**，如图 5-69 所示。

6. 选择"审阅"选项卡，在"更改"组中单击"保护工作表"按钮，如图 5-70 所示。

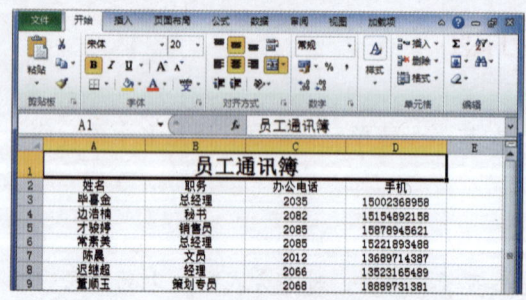 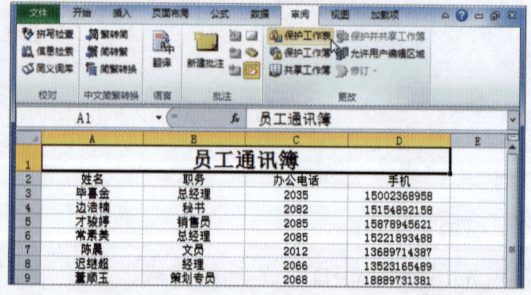

图 5-69 设置标题格式　　　　　　　　　图 5-70 单击"保护工作表"按钮

7. 弹出"保护工作表"对话框，在"取消工作表保护时使用的密码"文本框中输入密码，然后单击"确定"按钮，如图 5-71 所示。

8. 弹出"确认密码"对话框，在"重新输入密码"文本框中输入密码，然后单击"确定"按钮，如图 5-72 所示。

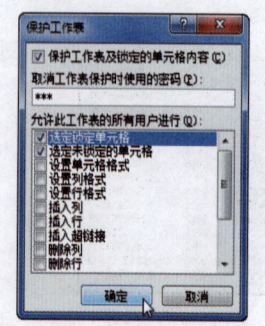 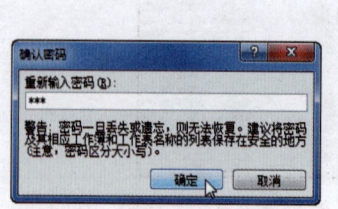

图 5-71 "保护工作表"对话框　　　　　　图 5-72 "确认密码"对话框

9. 右击 Sheet1 工作表标签，在弹出的快捷菜单中选择"重命名"命令，如图 5-73 所示。

10. 将工作表重命名为"员工通讯簿"，最终效果如图 5-74 所示。

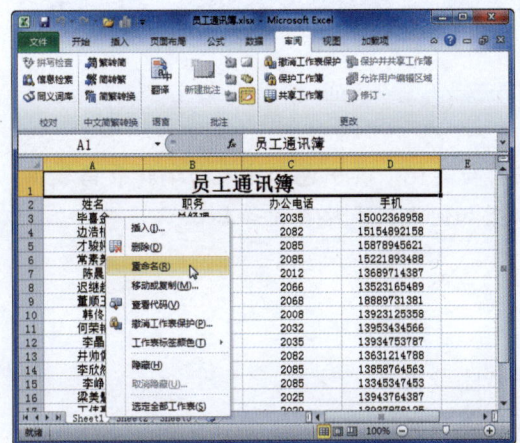
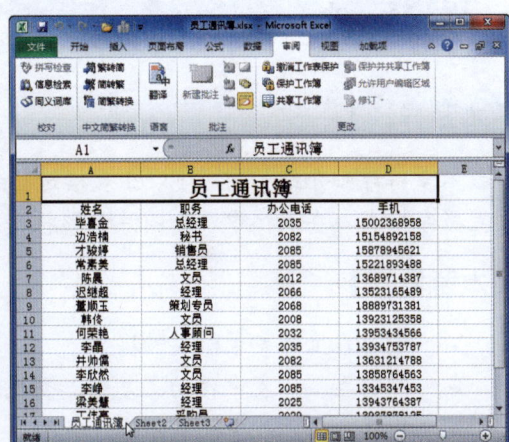

图 5-73　选择"重命名"命令　　　　　　　图 5-74　重命名工作表

第 6 章　Excel 2010 表格的编辑与美化

【本章导读】

本章将详细介绍如何对 Excel 表格进行编辑与美化，其中包括输入与编辑表格数据、设置数字格式，在表格中添加图片和形状，以及如何进行表格美化等知识。

【本章目标】

- ➢ 能够在工作表中输入数据。
- ➢ 能够在工作表中移动、复制、查找和清除数据等。
- ➢ 能够在工作表中设置字体、数字、日期等格式。
- ➢ 能够在表格中添加图片和形状，并能够对表格进行美化。

6.1　输入表格数据

在 Excel 2010 中，若要输入不同的表格数据，采用的方法也是不同的。下面将详细介绍如何输入常用内容、批量输入数据、快速输入序列数据、自动填充日期，以及设置自定义填充序列等。

实例 1　输入常用内容

在 Excel 表格中可以输入文本、数字、分数和日期等，具体操作方法如下。

Step 01 打开"素材文件\第 6 章\销售值班表.xlsx"，在单元格中可以直接输入文本，输入完成后按【Enter】键确认，如图 6-1 所示。

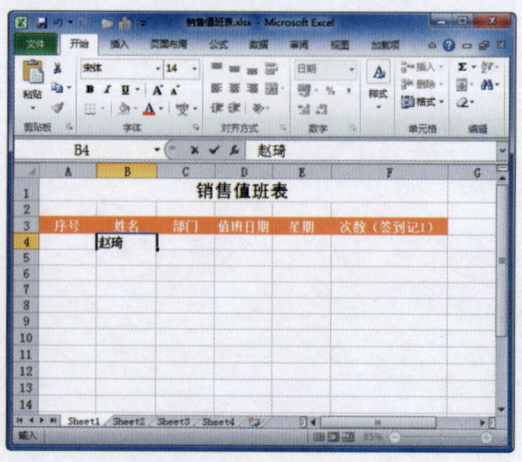

图 6-1　输入文本

Step 02 在单元格中可以输入日期，如 2014/12/20，如图 6-2 所示。日期有多种格式，2014/12/20 的格式都会被认定为日期格式。

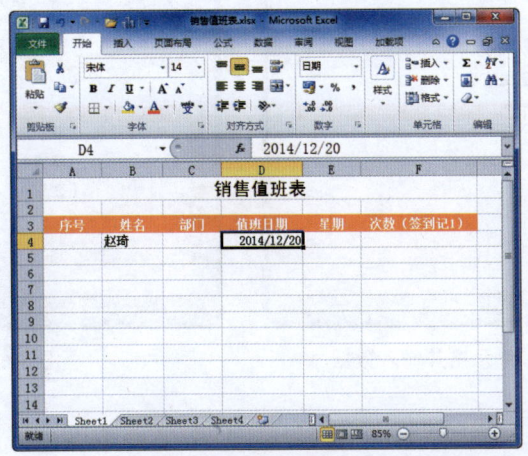

图 6-2　输入日期

Step 03 需要输入分数时，如 $3\frac{1}{2}$，可先输入 3，再输入一个空格，随后输入分数部分 1/2，如图 6-3 所示。

Step 04 在单元格中可以直接输入数字，当数值很大时会显示为科学计数法或"#"，此时增大列宽即可正常显示，如图 6-4 所示。

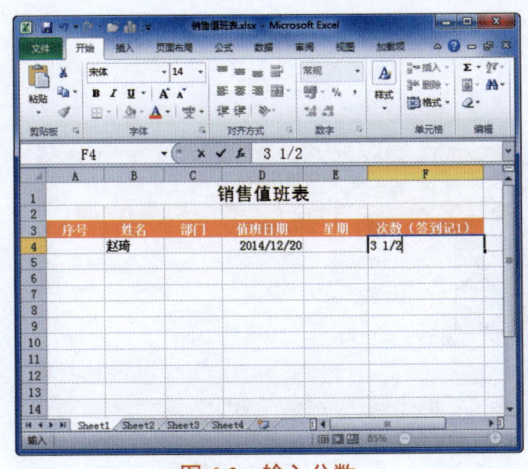

图 6-3　输入分数

图 6-4　输入数字

实例 2　批量输入数据

当需要在大量不连续的单元格中输入相同的数据时，可以进行批量输入，具体操作方法如下。

Step 01 按住【Ctrl】键，选择要输入数据的单元格，然后在最后一个单元格中输入数据，如"一部"，如图 6-5 所示。

Step 02 按【Ctrl+Enter】组合键确认输入操作，即可在所选的单元格中均输入相同的数据，如图 6-6 所示。

中文版 Office 2010 办公自动化实例教程

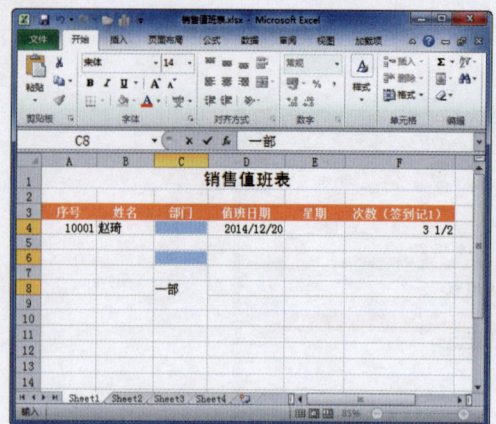

图 6-5 选择单元格并输入数据

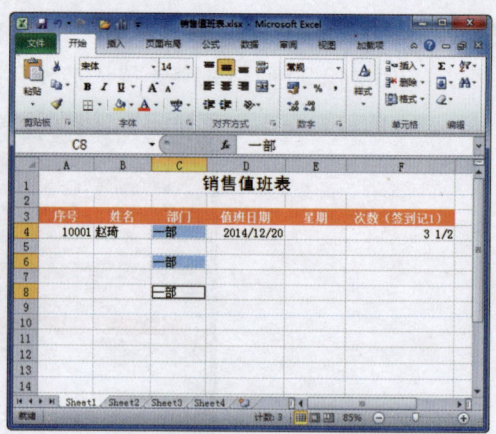

图 6-6 确认输入操作

实例 3 快速输入数据序列

对于具有一定规则的单元格数据，可以使用 Excel 的自动填充功能来快速输入，具体操作方法如下。

Step 01 在 A5 单元格中输入 10002，选择 A4:A5 单元格区域，将鼠标指针移至单元格右下角，当其变成十字形状时按住鼠标左键并向下拖动进行填充，如图 6-7 所示。

Step 02 此时，即可查看自动填充效果。默认是以等差为 1 的等差数列进行填充，填充效果如图 6-8 所示。

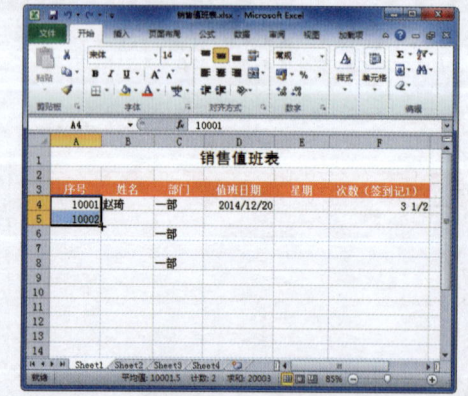

图 6-7 拖动填充柄

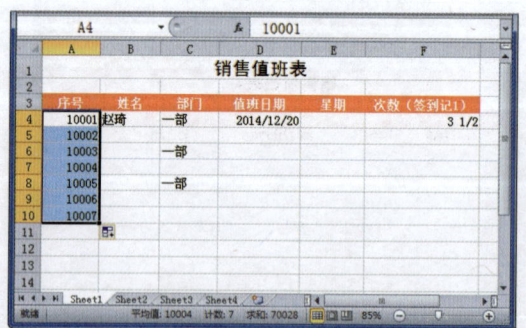

图 6-8 查看填充效果

实例 4 自动填充日期

在 Excel 表格中也可以自动填充日期，填充完成后还可以选择填充类型，具体操作方法如下。

Step 01 选择 D4 单元格，向下拖动十字形状的填充柄，自动填充日期，如图 6-9 所示。

Step 02 单击右下角出现的"填充选项"下拉按钮，在弹出的下拉列表中选择所需的选项，如"以工作日填充"，如图 6-10 所示。

Excel 2010 表格的编辑与美化　第 6 章

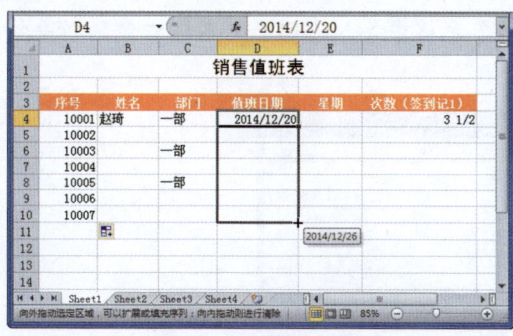
图 6-9　拖动填充柄

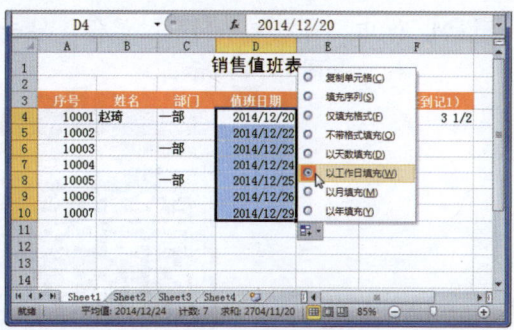
图 6-10　选择填充选项

实例 5　设置自定义填充序列

在 Excel 2010 中可以根据需要自定义填充序列，然后再进行填充，具体操作方法如下。

Step 01　在 B5:B10 单元格区域中输入文本，如图 6-11 所示。

Step 02　单击"文件"按钮，在左侧选择"选项"选项，如图 6-12 所示。

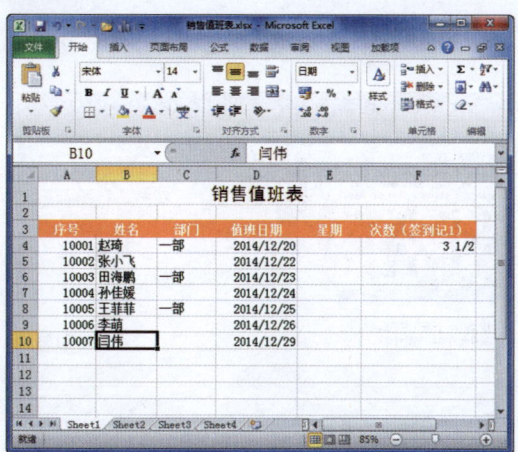
图 6-11　输入文本

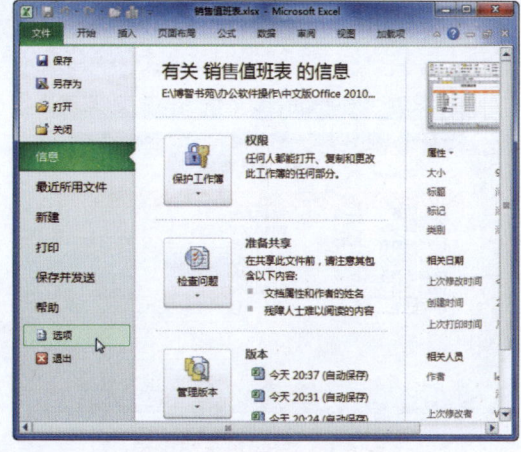
图 6-12　选择"选项"选项

Step 03　弹出"Excel 选项"对话框，在左侧选择"高级"选项，在右侧单击"编辑自定义列表"按钮，如图 6-13 所示。

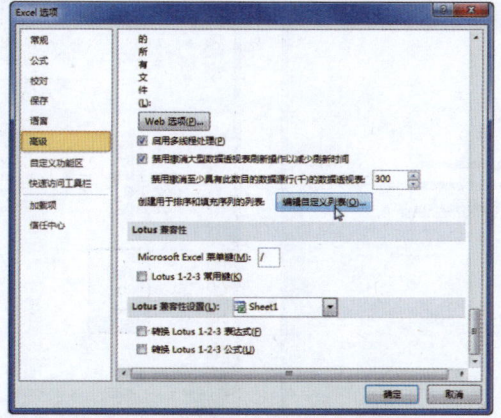
图 6-13　"Excel 选项"对话框

Step 04 弹出"自定义序列"对话框,单击"从单元格中导入序列"文本框右侧的折叠按钮,如图 6-14 所示。

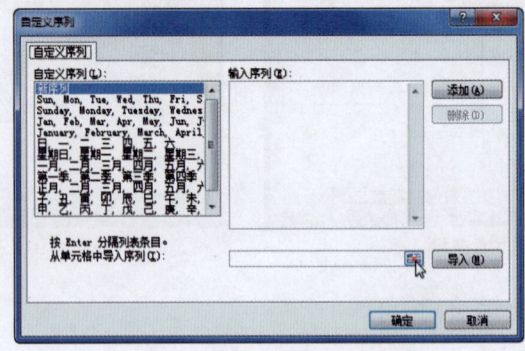

图 6-14 "自定义序列"对话框

Step 05 返回工作表,选择 B4:B8 单元格区域,单击折叠按钮,如图 6-15 所示。
Step 06 弹出"选项"对话框,然后单击"导入"按钮,如图 6-16 所示。

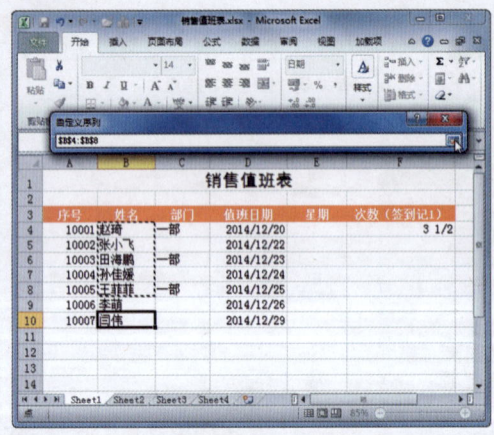 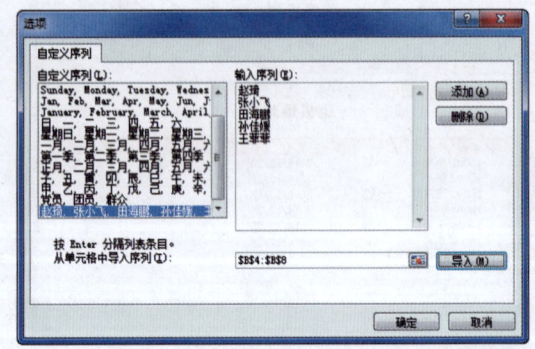

图 6-15 选择单元格区域　　　　　　　　图 6-16 "选项"对话框

Step 07 返回"Excel 选项"对话框,单击"确定"按钮,如图 6-17 所示。
Step 08 输入序列的首个项目,然后拖动鼠标进行填充即可,如图 6-18 所示。

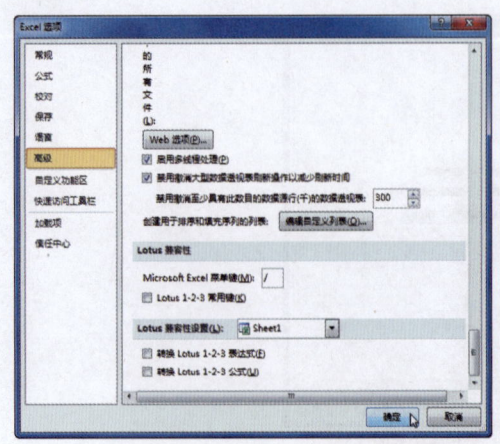 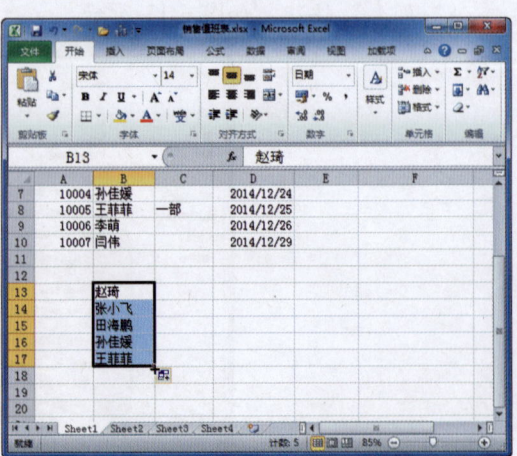

图 6-17 "Excel 选项"对话框　　　　　　　图 6-18 填充序列

6.2 编辑表格数据

输入表格数据后，还可能需要对数据进行进一步的编辑操作，如修改数据、移动和复制数据、查找与替换数据以及清除数据等，本节将分别对其进行介绍。

实例 1 移动表格数据

用户可以将已经输入的数据移动到其他单元格位置中，此操作要求源数据区域与目标区域具有相同的行列数，若有合并单元格则不适用，具体操作方法如下。

Step 01 打开"素材文件\第 6 章\员工培养统计表.xlsx"，选择 A3:D3 单元格区域，将鼠标指针移至单元格边框位置，当其变成移动指针形状后按住鼠标左键并拖动鼠标，如图 6-19 所示。

Step 02 拖动鼠标到目标位置后释放鼠标，即可移动表格中的数据，如图 6-20 所示。

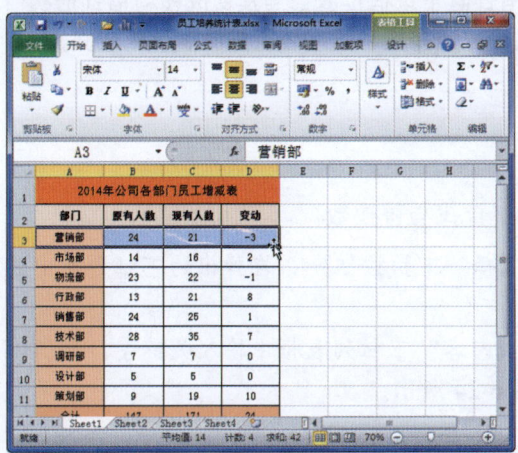

图 6-19 选择单元格区域

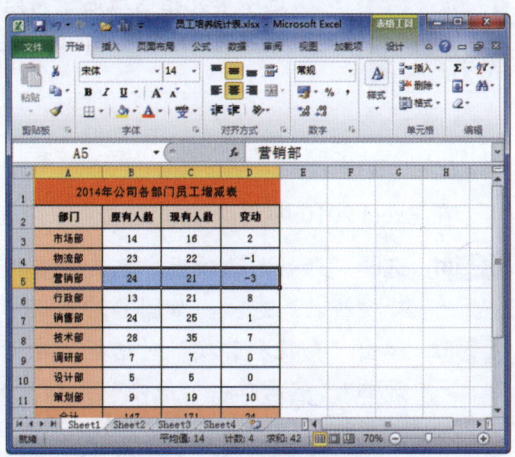

图 6-20 查看移动数据效果

实例 2 复制表格数据

在输入表格数据时，相同的数据可以直接进行复制，在粘贴时可以根据需要选择不同的粘贴选项，具体操作方法如下。

Step 01 选择 B6:D6 单元格区域，选择"开始"选项卡，单击"剪贴板"组中的"复制"按钮，如图 6-21 所示。

Step 02 选择要粘贴数据的 B9:D9 单元格区域，然后单击"剪贴板"组中的"粘贴"按钮即可，如图 6-22 所示。

中文版 Office 2010 办公自动化实例教程

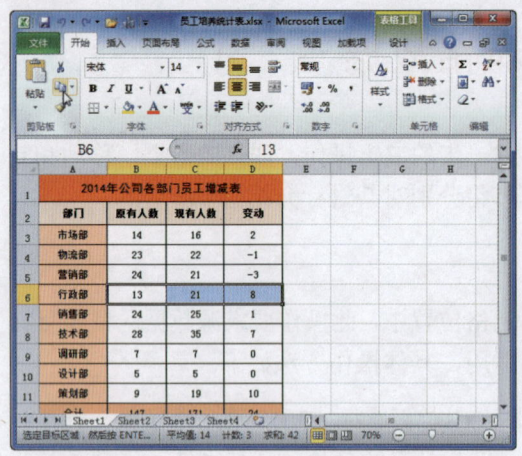

图 6-21　单击"复制"按钮　　　　　　　图 6-22　粘贴数据

专家指导 Expert guidance

选中单元格区域后，将鼠标指针置于边框位置，当其变成移动指针形状时，按住【Ctrl】键的同时按住鼠标左键并拖动鼠标也可复制单元格数据。

实例3　查找与替换数据

在 Excel 2010 中，可以非常方便地在表格中查找与替换数据，具体操作方法如下。

Step 01 选择"开始"选项卡，单击"查找和选择"下拉按钮，在弹出的下拉列表中选择"查找"选项，如图 6-23 所示。

Step 02 弹出"查找和替换"对话框，在"查找内容"下拉列表框中输入关键字，如"设计部"，然后单击"选项"按钮，如图 6-24 所示。

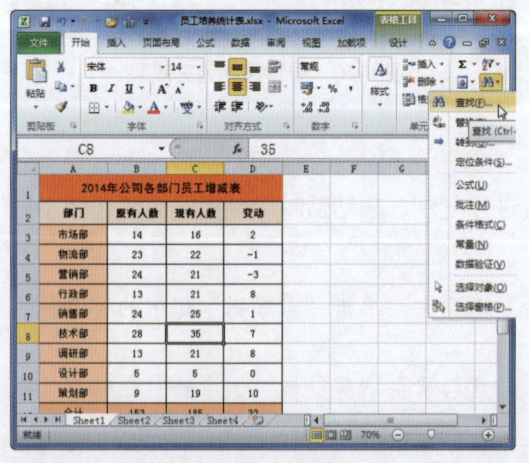

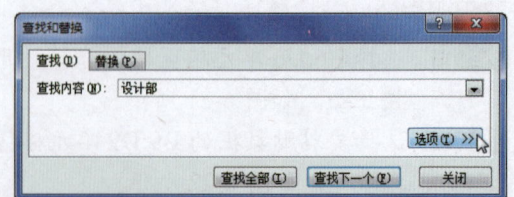

图 6-23　选择"查找"选项　　　　　　　图 6-24　"查找和替换"对话框

Step 03 展开其他可选项，在"范围"下拉列表框中选择"工作簿"选项，然后单击"查找下一个"按钮，如图 6-25 所示。

Step 04 选择"替换"选项卡，在"替换为"下拉列表框中输入关键字，如"售后部"，然后单击"全部替换"按钮，如图 6-26 所示。

Excel 2010 表格的编辑与美化　第 6 章

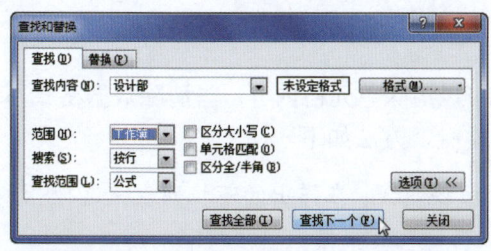

图 6-25　单击"查找下一个"按钮

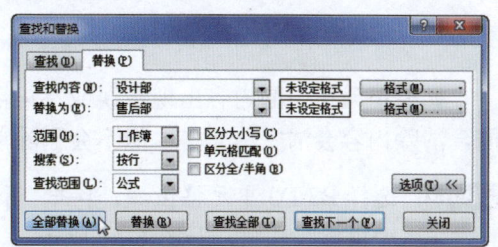

图 6-26　"替换"选项卡

Step 05　弹出提示信息框,提示查找并替换的数量,单击"确定"按钮,如图 6-27 所示。

Step 06　返回"查找和替换"对话框,单击"关闭"按钮,即可查看替换数据之后的工作表效果,如图 6-28 所示。

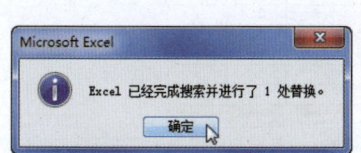

图 6-27　替换成功

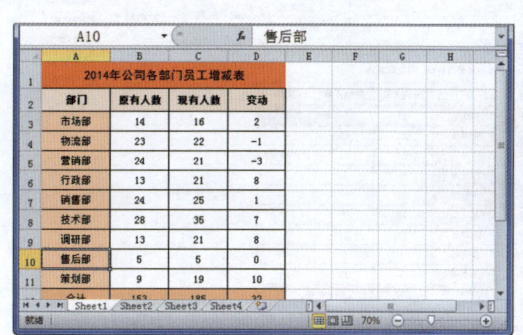

图 6-28　查看替换效果

实例 4　清除数据格式

清除数据格式可以清除除表格格式外的自设格式,如字体格式、单元格边框和底纹等,不会清除单元格中的文本内容,具体操作方法如下。

Step 01　选择 A1 单元格,选择"开始"选项卡,单击"清除"下拉按钮，在弹出的下拉列表中选择"清除格式"选项,如图 6-29 所示。

Step 02　此时,所有的字体格式和单元格格式都会消失,恢复为默认的数据格式,如图 6-30 所示。

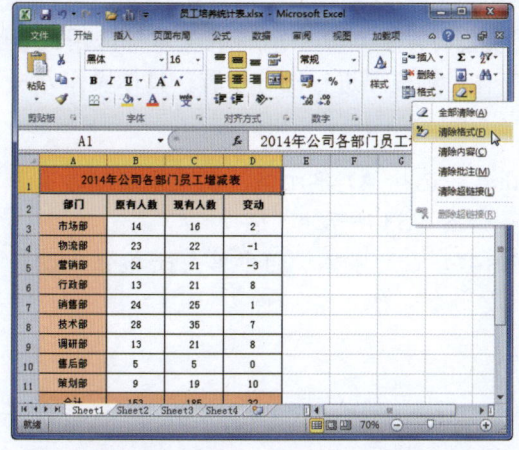

图 6-29　选择"清除格式"选项

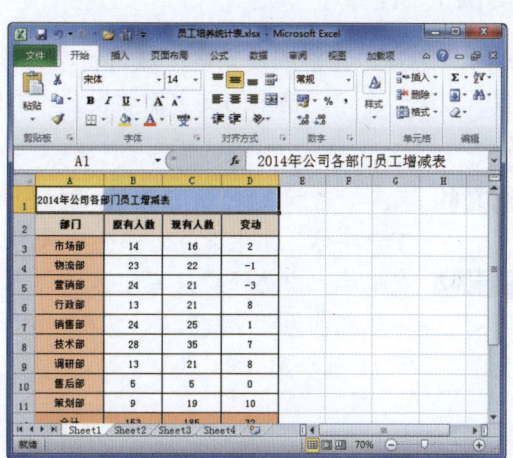

图 6-30　查看清除格式效果

实例 5　删除单元格内容

如果单元格中的内容出现错误或不再需要,可以清除单元格内容。与清除数据格式不同,清除内容会清空单元格,但不会删除单元格本身,方法如下。

Step 01　选择 B3:D3 单元格区域,单击"清除"下拉按钮,在弹出的下拉列表中选择"清除内容"选项,如图 6-31 所示。

Step 02　此时,即可查看清除内容后的效果,如图 6-32 所示。

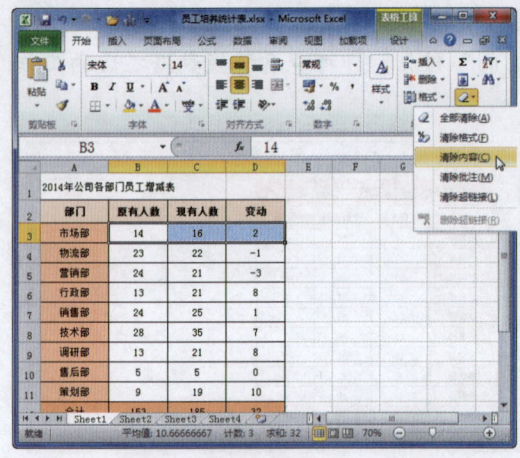
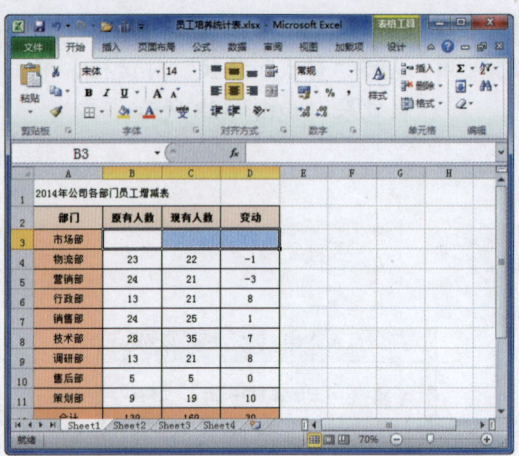

图 6-31　选择"清除内容"选项　　　　　图 6-32　查看清除内容效果

6.3　设置数字格式

表格中的数据类型不仅可以是文本,还可以是数字、日期或其他格式,因此设置好单元格中的数字格式有利于加快输入速度,也便于后期进行处理。本节将学习如何在表格中设置数字格式。

实例 1　设置字体格式

当选择单元格或单元格区域进行字体格式设置时,会对其中所有的文本都应用此设置。如果一个单元格中的文字需要设置不同的字体,则需要进行部分设置,具体操作方法如下。

Step 01　打开"素材文件\第 6 章\电脑报价单.xlsx",选择 A1 单元格,在"开始"选项卡下"字体"组中设置文字的字号为 20,如图 6-33 所示。

Step 02　在编辑栏中选择要设置字体的文本"2014",在"字体"组中单击按钮,设置字体颜色为"深红",如图 6-34 所示。

Excel 2010 表格的编辑与美化　第 6 章

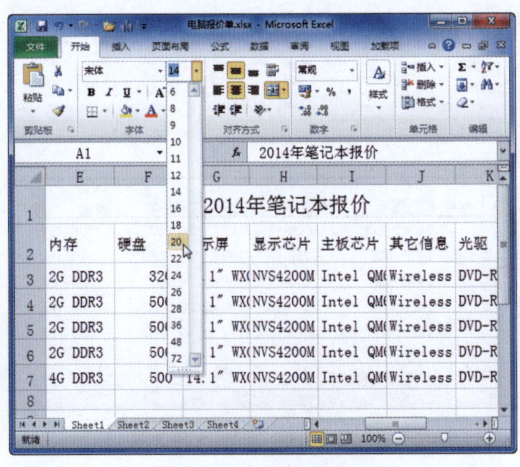

图 6-33　设置文字字号

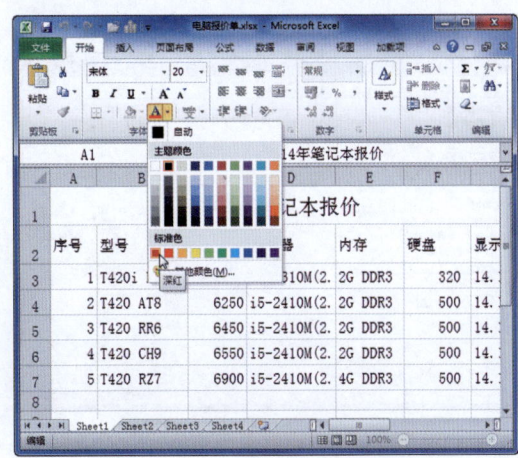

图 6-34　设置文字颜色

实例 2　设置对齐方式

默认常规格式下的单元格文本内容为左对齐，数值为右对齐。为了满足实际需求，可以重新设置对齐方式，具体操作方法如下。

Step 01 选择 A2:O2 单元格区域，在"开始"选项卡下单击"居中"按钮，如图 6-35 所示。

Step 02 若要设置垂直方向上的对齐方式，则单击"对齐方式"组中的扩展按钮，如图 6-36 所示。

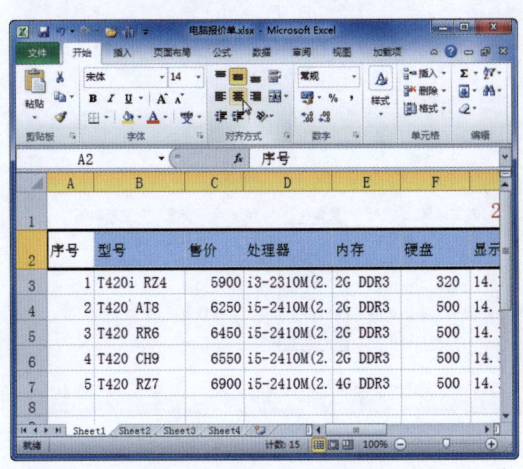

图 6-35　单击"居中"按钮

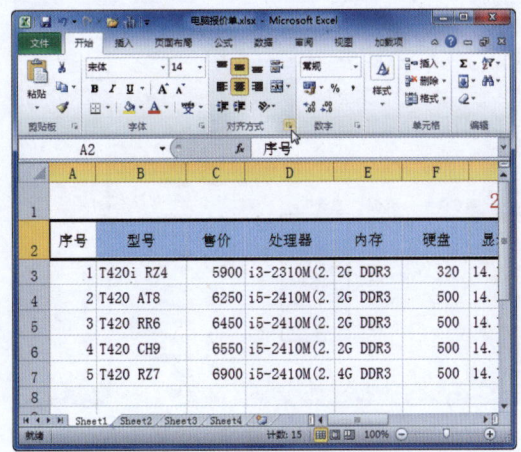

图 6-36　单击扩展按钮

Step 03 弹出"设置单元格格式"对话框，在"垂直对齐"下拉列表框中选择"靠下"选项，然后单击"确定"按钮，如图 6-37 所示。

Step 04 此时，即可将标题行的对齐方式改为水平居中、垂直靠下对齐，效果如图 6-38 所示。

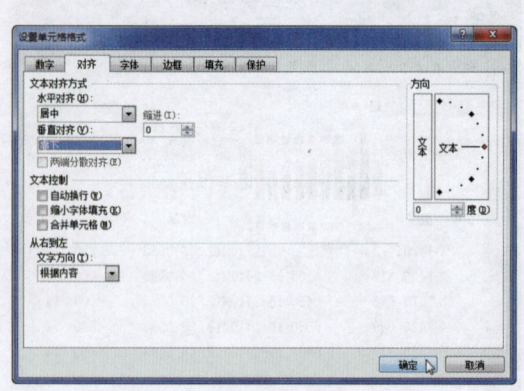

图 6-37 "设置单元格格式"对话框

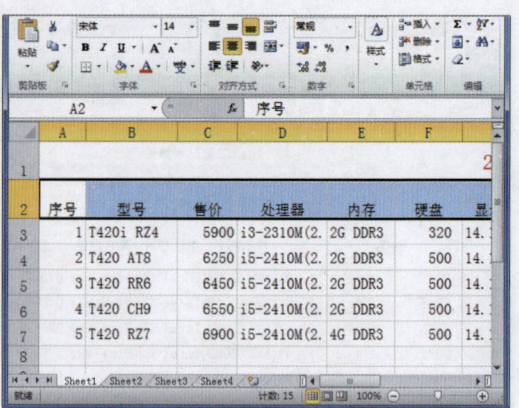

图 6-38 查看对齐效果

实例 3 设置数字格式

数字内容应当设置为数字格式，数字格式会自动添加小数位数等，更便于输入。设置数字格式的具体操作方法如下。

Step 01 选择 L3:L7 单元格区域，单击"数字"组中的"数字格式"下拉按钮，在弹出的下拉列表中选择"数字"选项，如图 6-39 所示。

Step 02 单击"数字"组中的"减少小数位数"按钮，可以调整显示的数字的小数位数，如图 6-40 所示。

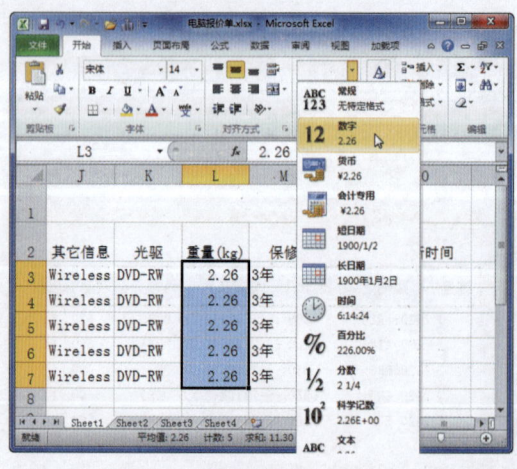

图 6-39 选择"数字"选项

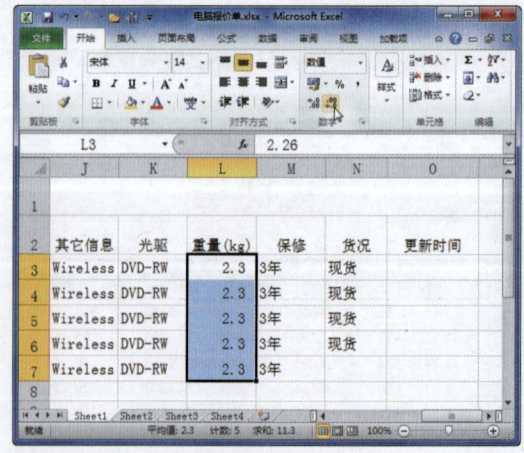

图 6-40 单击"减少小数位数"按钮

实例 4 设置日期格式

当在单元格内输入日期时，可以选择日期的不同格式，具体操作方法如下。

Step 01 在 O3 单元格中输入 2014/12/22，单击"数字"组中的"数字格式"下拉按钮，在弹出的下拉列表中选择"长日期"选项，如图 6-41 所示。

Step 02 此时，即可自动显示"2014 年 12 月 22 日"。若要设置更多格式，则在下拉列表中选择"其他数字格式"选项，如图 6-42 所示。

Excel 2010 表格的编辑与美化　第 6 章

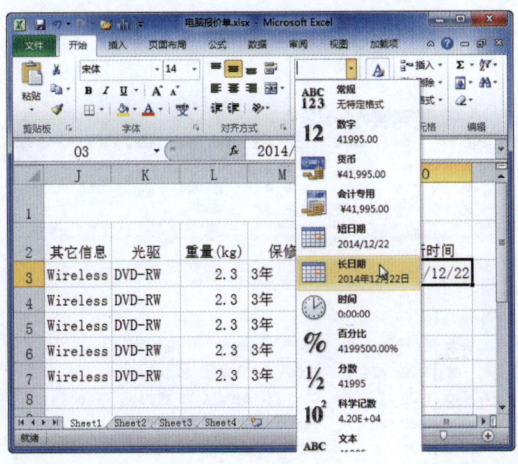

图 6-41　选择"长日期"选项

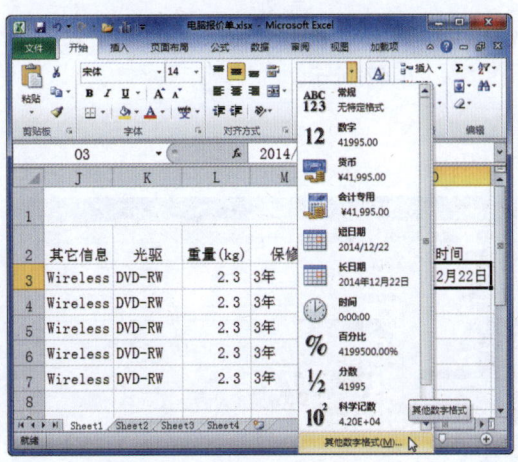

图 6-42　选择"其他数字格式"选项

Step 03 弹出"设置单元格格式"对话框，在"类型"列表框中选择新的类型，然后单击"确定"按钮，如图 6-43 所示。

Step 04 此时，即可将表格中的日期更改为所选择的数字格式，如图 6-44 所示。

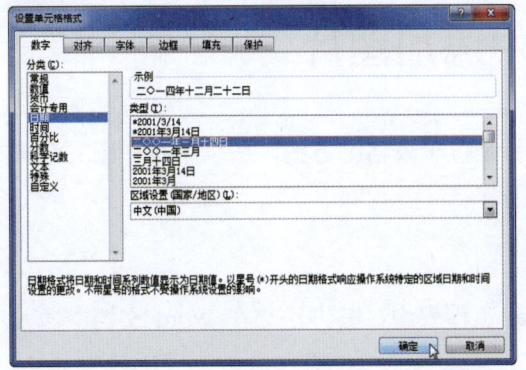

图 6-43　"设置单元格格式"对话框

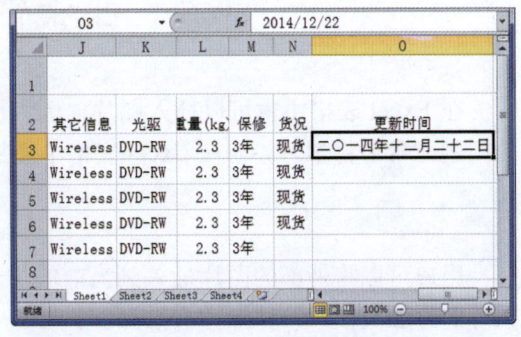

图 6-44　查看设置效果

实例 5　自定义数字格式

Excel 2010 提供了丰富的数字格式，用户也可以自定义数字格式。自定义数字格式后，再输入数据时便会按照指定格式显示数据，具体操作方法如下。

Step 01 选择 A3:A7 单元格区域，然后单击"数字"组的扩展按钮，如图 6-45 所示。

Step 02 弹出"设置单元格格式"对话框，在"分类"列表框中选择"自定义"选项，在"类型"文本框中输入 000，然后单击"确定"按钮，如图 6-46 所示。

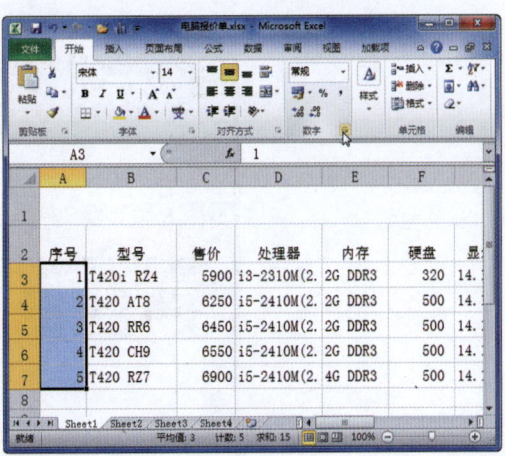

图 6-45　选择单元格区域

Step 03 此时，即可查看设置的数字效果。使用自动填充也会填充同样格式的数字，如图 6-47 所示。

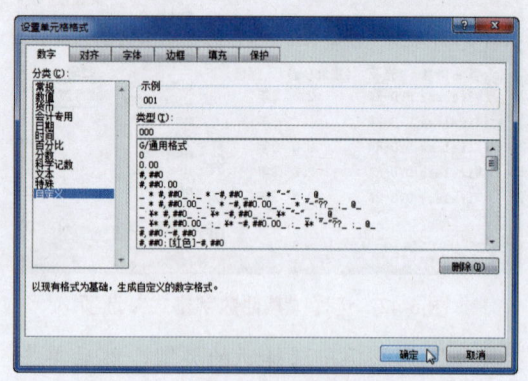

图 6-46 "设置单元格格式"对话框

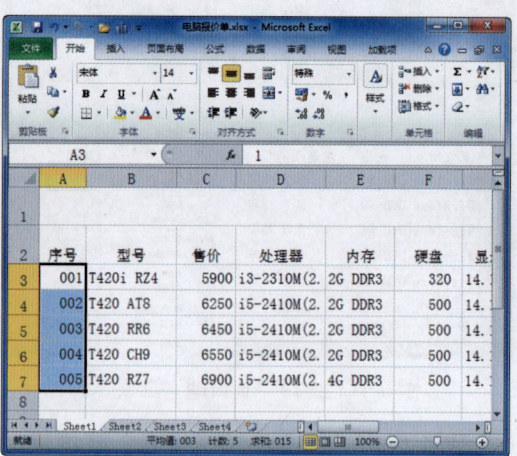

图 6-47 查看设置效果

6.4 在表格中添加图片

在 Excel 表格中也可以插入图片，因为图片是位于表格上方的，所以不存在图文混排的问题。本节将学习如何在 Excel 表格中添加图片。

实例 1 插入图片

用户可以将外部的图片插入到当前的 Excel 工作表中，其方法与在 Word 文档中插入图片的方法类似，具体操作方法如下。

Step 01 打开"素材文件\第 6 章\缺货统计.xlsx"，选择"插入"选项卡，在"插图"组中单击"图片"按钮，如图 6-48 所示。

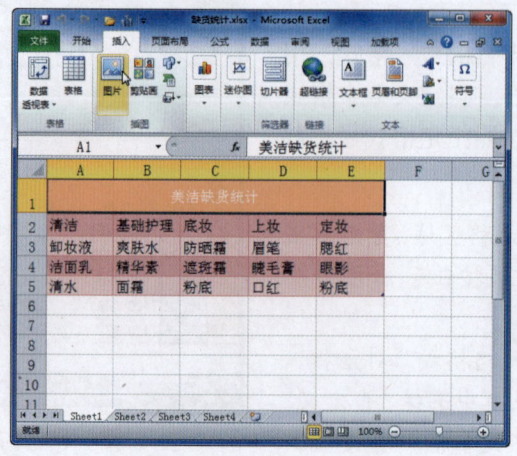

图 6-48 单击"图片"按钮

Step 02 弹出"插入图片"对话框,选择要插入的图片,然后单击"插入"按钮,如图 6-49 所示。

Step 03 此时,即可查看插入图片后的效果,如图 6-50 所示。

图 6-49 "插入图片"对话框　　　　　图 6-50 查看插入图片效果

实例 2　调整图片位置和大小

在表格中插入图片后,可以方便地调整图片的位置和大小,因为图片总是浮于表格上层,所以直接拖动即可调整其位置,具体操作方法如下。

Step 01 选择"格式"选项卡,在"大小"组中单击"裁剪"按钮,如图 6-51 所示。

Step 02 拖动图片四周的裁剪线,再次单击"裁剪"按钮,确认裁剪操作即可,如图 6-52 所示。

图 6-51 单击"裁剪"按钮　　　　　图 6-52 裁剪图片

Step 03 拖动图片四周的控制柄,即可调整图片的大小,如图 6-53 所示。

Step 04 此时,即可查看在表格中插入并调整图片之后的最终效果,如图 6-54 所示。

中文版 Office 2010 办公自动化实例教程

图 6-53　调整图片大小

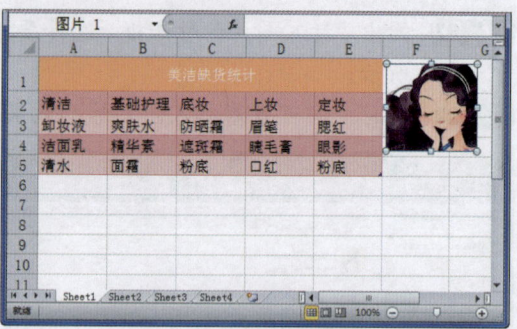

图 6-54　查看调整效果

6.5　在表格中应用形状

与插入图片一样，在 Excel 表格中也可以插入形状以及 SmartArt 图形，这样数据表便可以与流程图、结构图等显示在同一工作表中。本节将学习如何在表格中应用形状。

实例 1　插入形状

在 Excel 表格中插入形状的具体操作方法如下。

Step 01 新建并保存"合同变更流程"工作簿，选择"插入"选项卡，单击"形状"下拉按钮，在弹出的下拉列表中选择"圆角矩形"，如图 6-55 所示。

Step 02 拖动鼠标在工作表中绘制形状并右击，在弹出的快捷菜单中选择"编辑文字"命令，如图 6-56 所示。

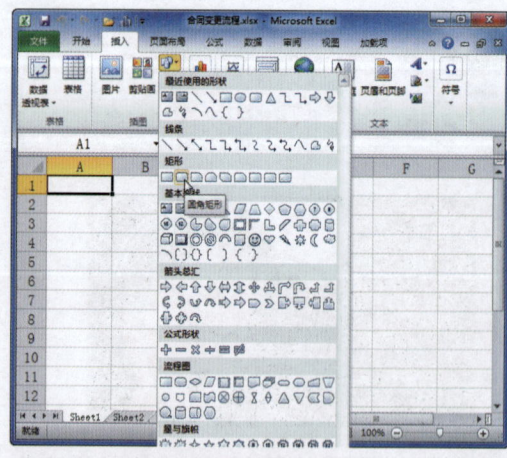

图 6-55　选择插入形状

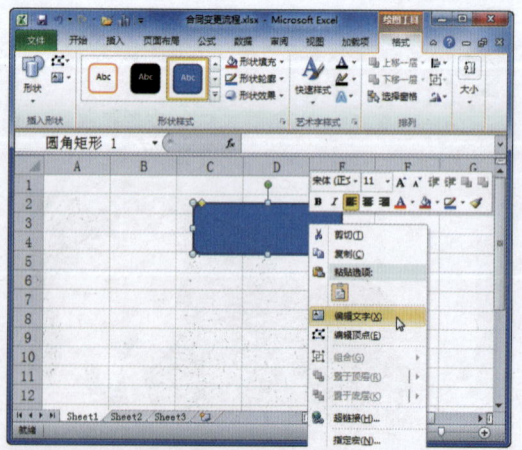

图 6-56　选择"编辑文字"命令

Step 03 此时在图形中间出现一个文字插入点，输入文字，如图 6-57 所示。

Step 04 选择"开始"选项卡，设置文字字号为 18，分别单击"垂直居中"与"居中"按钮，效果如图 6-58 所示。

Excel 2010 表格的编辑与美化　第 6 章

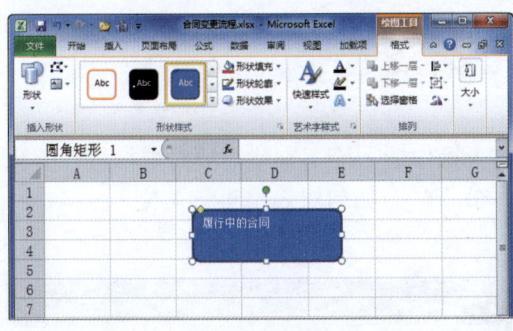

图 6-57　输入文字

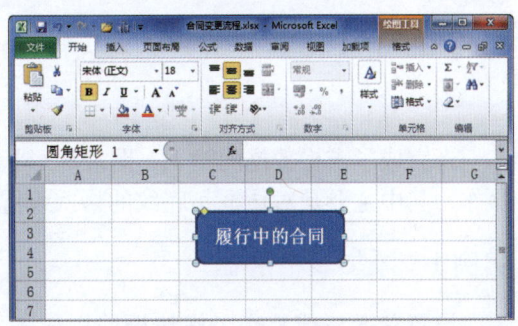

图 6-58　设置文字格式

实例 2　插入 SmartArt 图形

在 Excel 表格中可以根据需要插入各种 SmartArt 图形，具体操作方法如下。

Step 01 选择"插入"选项卡，单击"插图"组中的 SmartArt 按钮，如图 6-59 所示。

Step 02 弹出"选择 SmartArt 图形"对话框，在左侧列表中选择"列表"选项，在中间的列表框中选择"垂直项目符号列表"选项，然后单击"确定"按钮，如图 6-60 所示。

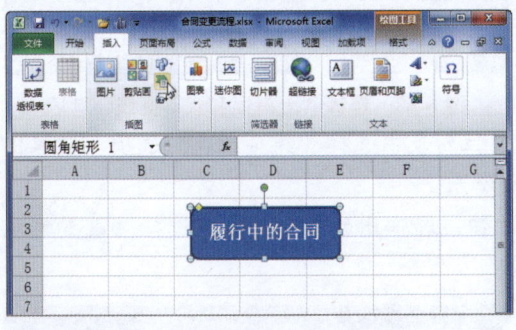

图 6-59　单击 SmartArt 按钮

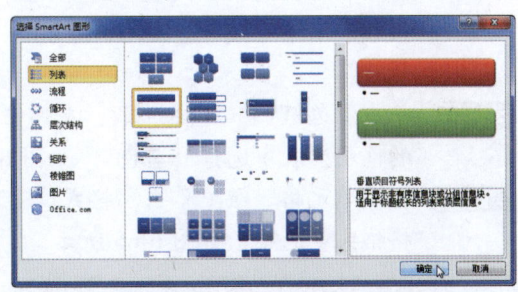

图 6-60　"选择 SmartArt 图形"对话框

Step 03 此时，即可查看插入的 SmartArt 图形效果，如图 6-61 所示。

Step 04 在图形中直接输入对应的文字，效果如图 6-62 所示。

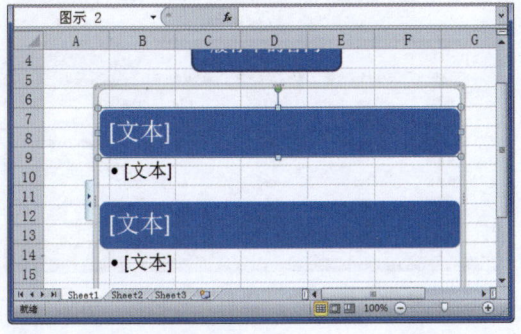

图 6-61　插入 SmartArt 图形

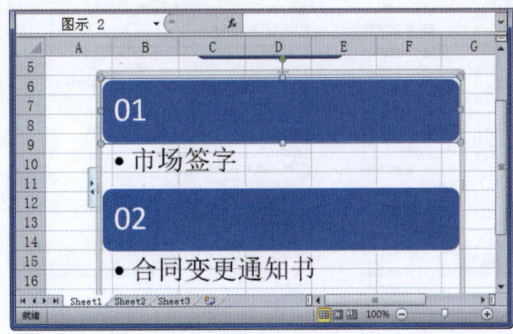

图 6-62　输入文字

6.6 美化表格

当完成了表格数据的输入、图片和形状的插入操作后,接下来就需要对表格进行美化操作,其中主要是对边框和底纹的格式设置。本节将学习如何对表格进行美化。

实例 1 添加表格边框

设置单元格或整个表格边框的操作是一样的,可以通过功能区,也可以通过对话框进行设置,需要注意的是设置只会应用于当前选择的区域。为表格添加边框的具体操作方法如下。

Step 01 打开"素材文件\第 6 章\工资提成表.xlsx",选择 A1 单元格,单击"开始"选项卡下的"边框"下拉按钮,在弹出的下拉列表中选择"上框线和双下框线"选项,如图 6-63 所示。

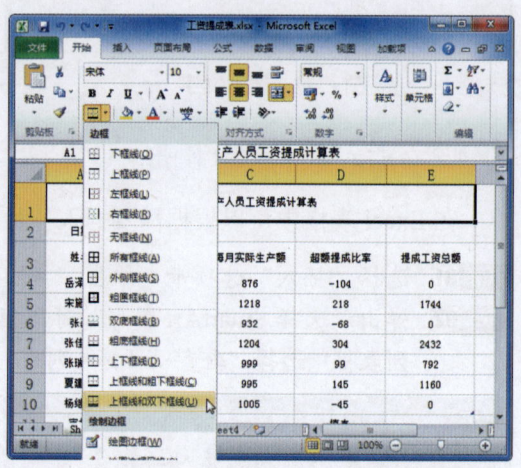

图 6-63 选择"上框线和双下框线"选项

Step 02 单击"边框"下拉按钮,在弹出的下拉列表中选择"线条颜色"选项,在弹出的色块列表中选择"蓝色",如图 6-64 所示。

Step 03 在"单元格"组中单击"格式"下拉按钮,在弹出的下拉列表中选择"设置单元格格式"选项,如图 6-65 所示。

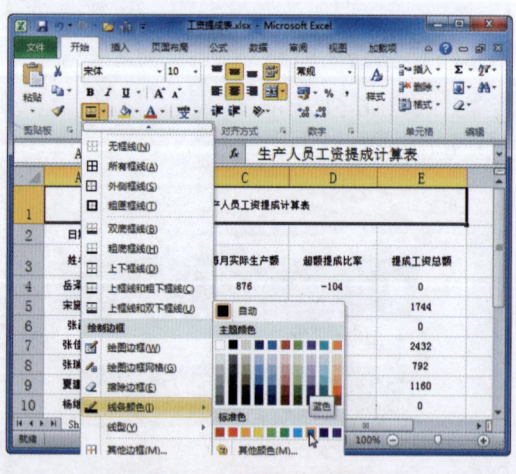

图 6-64 选择线条颜色

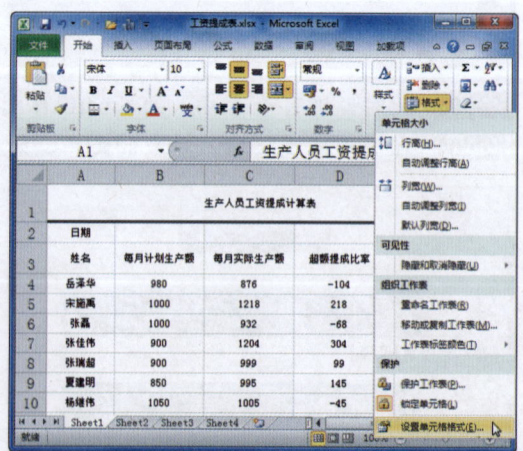

图 6-65 选择"设置单元格格式"选项

Step 04 弹出"设置单元格格式"对话框,选择"边框"选项卡,分别选择线条样式和颜色,在"边框"预览图中单击要应用的边框,单击"确定"按钮,如图 6-66 所示。

Step 05 此时,即可查看设置边框颜色后的效果,如图 6-67 所示。

Excel 2010 表格的编辑与美化　第 6 章

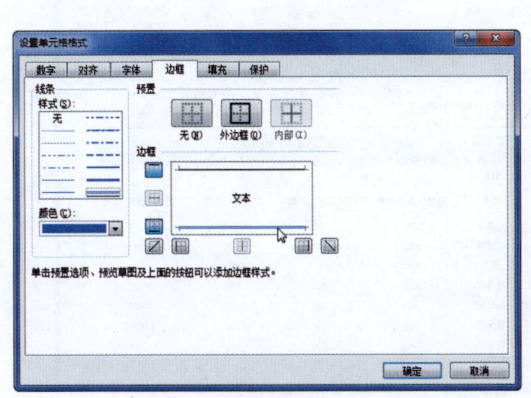

图 6-66 "设置单元格格式"对话框　　　图 6-67 查看设置效果

实例 2　设置填充效果

除了设置边框外，还可以设置填充效果，这也是美化表格的重要手段。设置填充效果的具体操作方法如下。

Step 01 选择 A1 单元格并右击，在弹出的快捷菜单中选择"设置单元格格式"命令，如图 6-68 所示。

Step 02 弹出"设置单元格格式"对话框，选择"填充"选项卡，在"背景色"选项区中单击"填充效果"按钮，如图 6-69 所示。

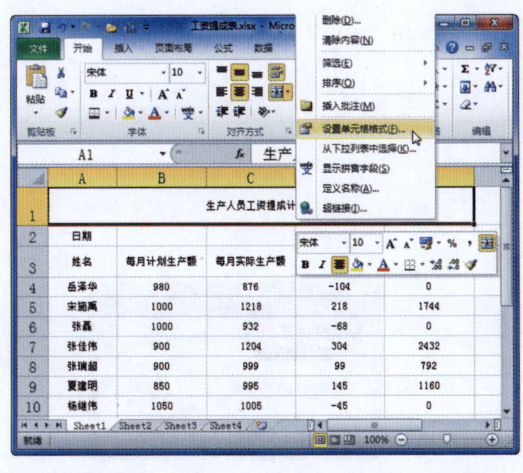
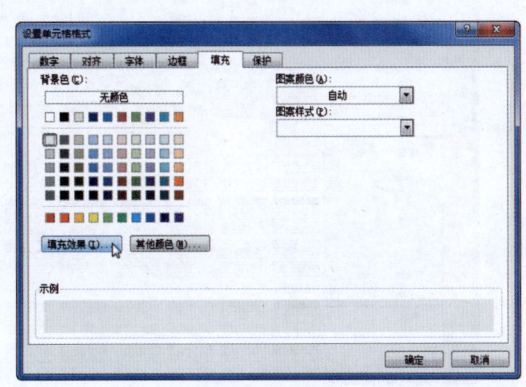

图 6-68 选择"设置单元格格式"选项　　　图 6-69 "设置单元格格式"对话框

Step 03 弹出"填充效果"对话框，采用默认渐变填充设置，单击"确定"按钮，如图 6-70 所示。

Step 04 返回"设置单元格格式"对话框，单击"确定"按钮，此时即可查看为标题行设置填充后的表格效果，如图 6-71 所示。

中文版 Office 2010 办公自动化实例教程

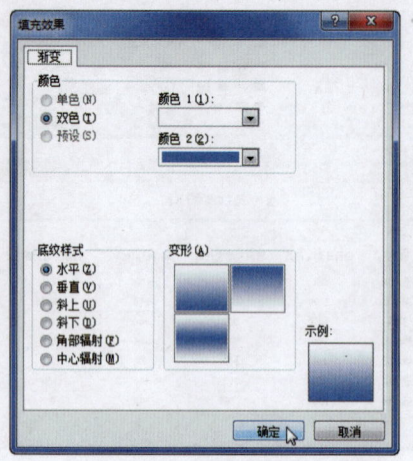

图 6-70 "填充效果"对话框

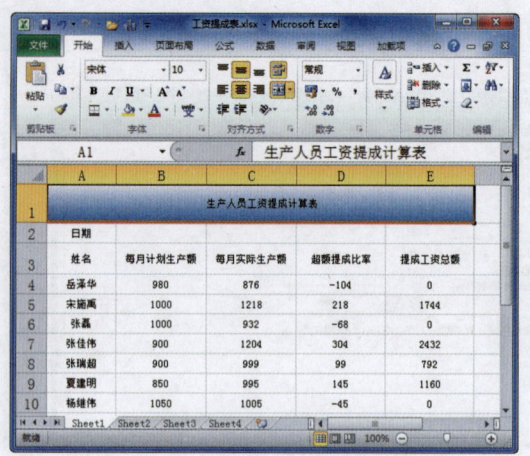

图 6-71 查看填充效果

实例 3 套用表格格式

表格格式是预设的表格样式,其中包含边框与底纹等,能为标题行、首列添加不同的效果,还能为奇偶行分别添加不同的背景等。套用表格格式的具体操作方法如下。

Step 01 选择 A3:E10 单元格区域,单击"样式"下拉按钮,在弹出的下拉列表中单击"套用表格格式"下拉按钮,选择一种表格格式,如图 6-72 所示。

Step 02 弹出"套用表格式"对话框,在"表数据的来源"文本框中使用默认数据区域,然后单击"确定"按钮,如图 6-73 所示。

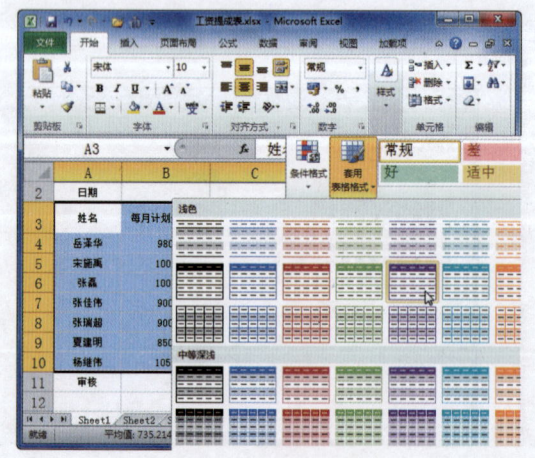

图 6-72 选择表格格式

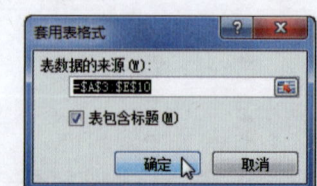

图 6-73 "套用表格式"对话框

Step 03 选择"设计"选项卡,在"表格样式选项"组中选中"第 1 列"复选框,如图 6-74 所示。

Step 04 选择"数据"选项卡,单击"排序和筛选"组中的"筛选"按钮,即可去掉筛选按钮,如图 6-75 所示。

Excel 2010 表格的编辑与美化　第 6 章

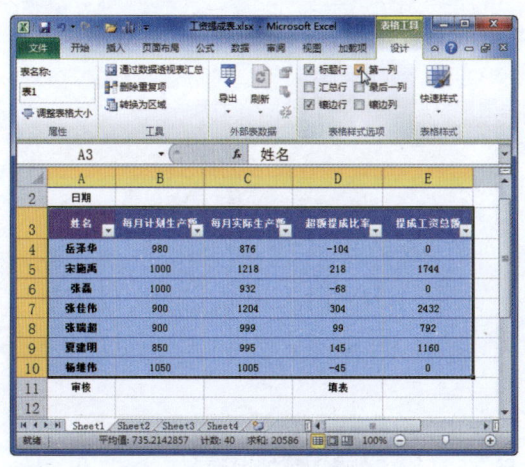
图 6-74　选中"第 1 列"复选框

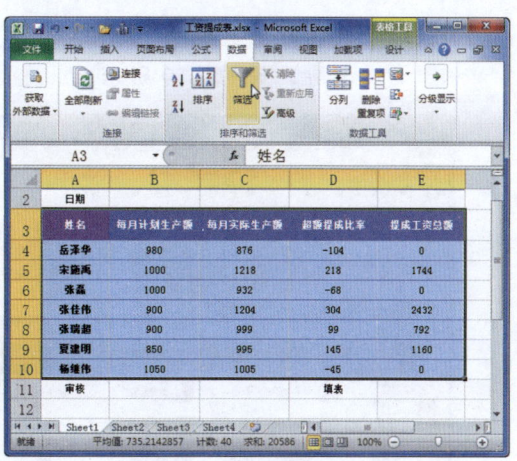
图 6-75　单击"筛选"按钮

实例 4　套用单元格样式

单元格样式也是一种预先定义好的格式，可以应用于单个或多个单元格，适合对美观性没有特别要求，而需要进行快速设置的情况。套用单元格样式的具体操作方法如下。

Step 01　选择 A2 单元格，在"样式"组中的列表框中选择一种样式，如图 6-76 所示。

Step 02　单击"加粗"按钮**B**，即可查看应用单元格样式后的效果，如图 6-77 所示。

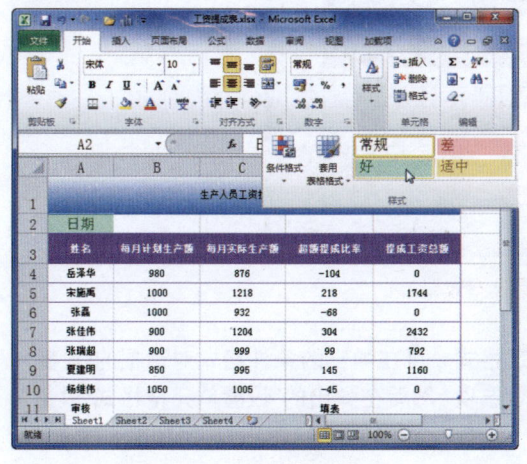
图 6-76　选择单元格样式

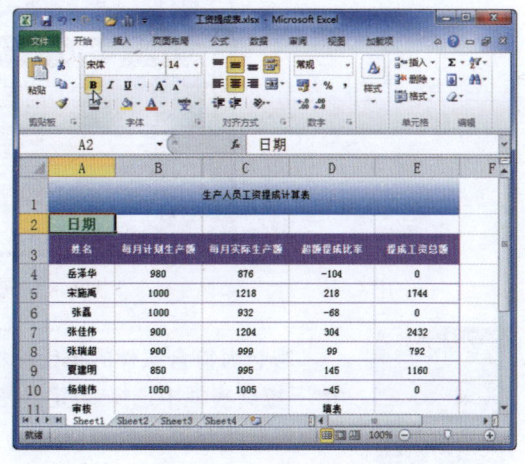
图 6-77　查看设置效果

实例 5　设置条件格式

条件格式是一种动态的格式，当为单元格设置了条件格式之后，单元格的背景等格式会根据数据的内容而发生变化，能够标示出数据的等级和范围等。设置条件格式的具体操作方法如下。

Step 01　选择 C4:C10 区域，在"样式"组中单击"条件格式"下拉按钮，在弹出的下拉列表中选择"项目选取规则"/"值最大的 10 项"选项，如图 6-78 所示。

Step 02 弹出"10个最大的项"对话框,设置其中的条件选项,如数值为3,然后单击"确定"按钮,如图6-79所示。

图6-78 项目选取规则选项

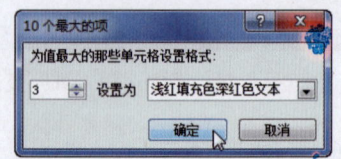

图6-79 "10个最大的项"对话框

Step 03 此时,即可查看设置效果,Excel将最大的前三项填充为浅红色,文本为深红色,如图6-80所示。

图6-80 查看设置效果

 若想为符合条件的单元格指定格式,可在弹出的条件格式对话框的"设置为"下拉列表框中选择"自定义格式"选项,然后在弹出的"设置单元格格式"对话框中进一步设置格式。

实例6 设置工作表标签颜色

用户也可以设置工作表标签颜色,这样既可以增强美观性,还可以用来区别不同的工作表。设置工作表标签颜色的具体操作方法如下。

Step 01 右击工作表标签,在弹出的快捷菜单中选择"工作表标签颜色"命令,在弹出的颜色列表中选择一种颜色,如图6-81所示。

Step 02 此时,即可查看设置效果。当工作表被激活时,标签是渐变填充效果,如图6-82所示。

Excel 2010 表格的编辑与美化　第 6 章

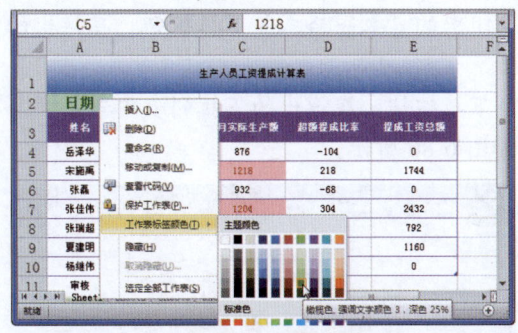

图 6-81　选择标签颜色

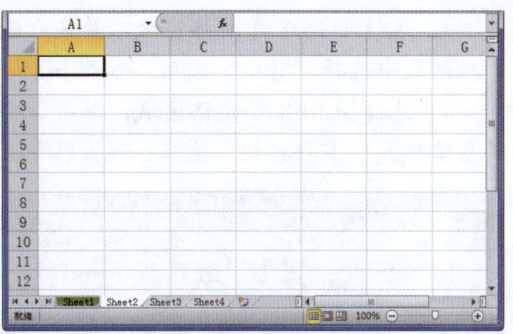

图 6-82　查看设置效果

本章小结

本章主要介绍了输入与编辑表格数据，设置数字格式，在表格中添加图片和形状，以及如何进行表格美化等。通过对本章的学习，读者应重点掌握以下知识：①在工作表中输入数据。②在工作表中移动、复制、查找和清除数据等。③在工作表中设置字体、数字、日期等格式。④在表格中添加图片和形状。⑤对表格进行美化。

本章习题

打开"素材文件\第 6 章\销售业绩表.xlsx"，在工作簿中设置日期格式、货币格式，以及套用表格格式美化表格。

操作提示：

1. 选择 A3:A8 单元格区域，单击"开始"选项卡下"数字"组中的"数字格式"下拉按钮，在弹出的下拉列表中选择"短日期"选项，如图 6-83 所示。

2. 输入日期"2015-3-15"，按【Ctrl+Enter】组合键确认输入操作，如图 6-84 所示。

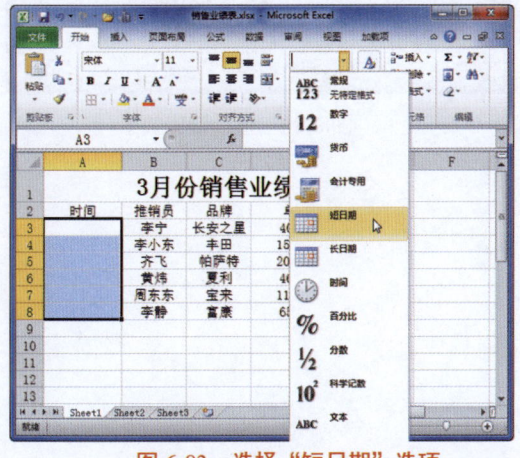

图 6-83　选择"短日期"选项

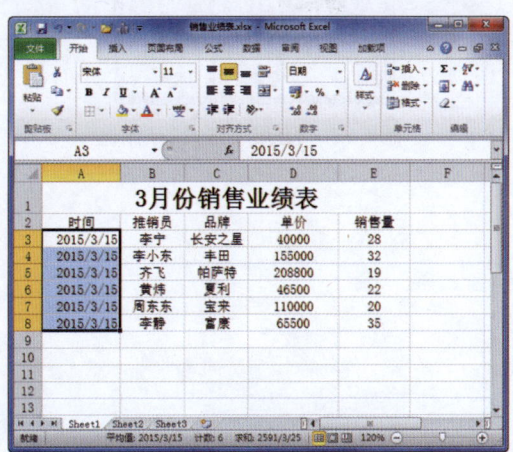

图 6-84　输入日期

3. 选择 D3:D8 单元格区域，单击"数字"组中的"数字格式"下拉按钮，在弹出的下拉列表中选择"货币"选项，如图 6-85 所示。

4. 选择 A2:E8 单元格区域，单击"样式"下拉按钮，在弹出的下拉列表中单击"套用表格格式"下拉按钮，选择一种表格格式，如图 6-86 所示。

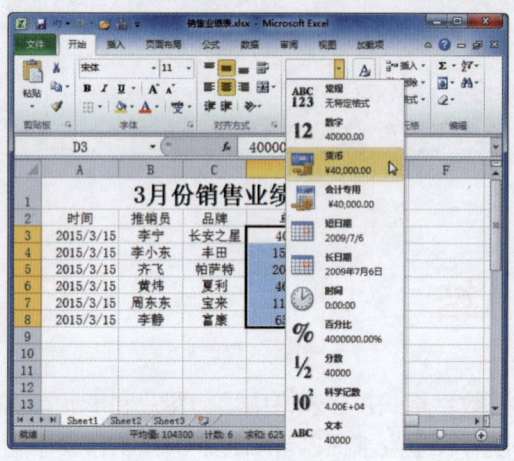
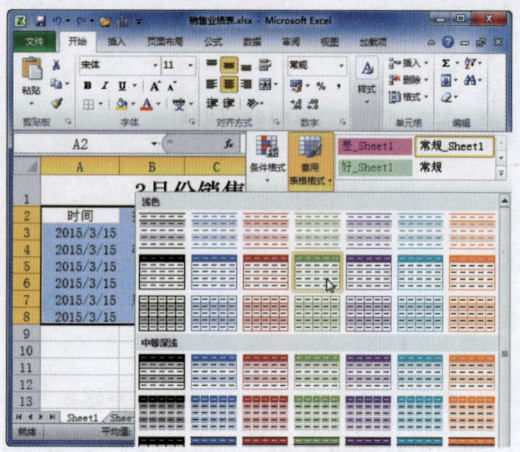

图 6-85　选择"货币"选项　　　　　　　　图 6-86　选择表格格式

5. 弹出"套用表格式"对话框，在"表数据的来源"文本框中使用默认数据区域，然后单击"确定"按钮，如图 6-87 所示。

6. 为表格适当调整行高和列宽，最终效果如图 6-88 所示。

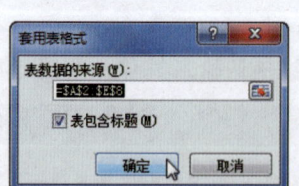
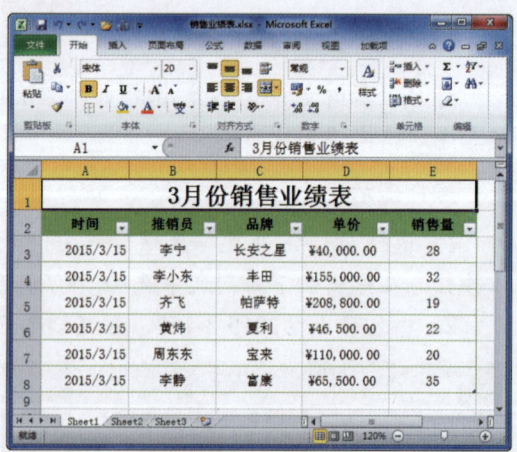

图 6-87　"套用表格式"对话框　　　　　　图 6-88　查看设置效果

第 7 章 使用公式与函数

【本章导读】

与数据的存储相比，Excel 对数据的处理能力更能体现出它的办公效率和强大的功能。本章将详细介绍公式的使用、输入并编辑公式、引用公式、函数的基本操作及常用函数的使用等内容。

【本章目标】

- 能够输入并编辑公式。
- 能够在单元格中引用公式。
- 能够在工作簿中输入函数。
- 能够熟练使用求和、求平均值、求最大值等常见函数。

7.1 公式的基本知识

使用公式的核心和重点是掌握公式的语法规则，主要是公式的结构、元素、运算符和运算优先级别。本节将学习公式的组成、公式中的运算符以及运算符的优先级等知识。

一、公式的组成

公式是处理表格数据的常用方法，要想熟练使用公式，首先要详细了解公式的组成。下面将详细介绍公式中各种元素的作用。

- **函数**：Excel 中的一些函数，如求和（SUM）、求平均值（AVERAGE）、条件函数（IF）等。
- **单元格引用**：可以是当前工作表中的单元格，也可以是其他工作表中的单元格。例如，在公式"=SUM（Sheet3!A3+26）"中，引用的就是 Sheet3 工作表中 A3 单元格的数值。
- **运算符**：公式中进行相应运算的符号，如"+、－、*、/、>、<"等。
- **常量**：公式中输入的数字或文本值，如"＝24－15"。
- **括号**：在公式中可以利用括号调整公式的计算顺序，如"＝15*（25－14）"。

二、公式中的运算符

在 Excel 公式中，可以使用的运算符主要有算术运算符、文字运算符、比较运算符和引用运算符 4 种，每一种又包含数量不等的运算符。

1．算术运算符

算术运算符主要是完成各种数学运算，如最常用的加、减、乘、除等，见表 7-1。

表 7-1

算术运算符	含义	示例
+（加号）	加法	10 + 4
-（减号）	减法	10 - 2
-（负号）	负数	- 4
*（星号）	乘法	2*3
/（正斜号）	除法	10/2
%（百分号）	百分比	12%
^（脱字号）	乘方	2^3

2．文本运算符

可以使用"与"号（&）连接多个文本字符串，以生成一段文本，见表 7-2。

表 7-2

文本运算符	含义	示例
&	连接多个文本	"型号" & "JD012" 结果为 "型号 JD012"

3．比较运算符

比较运算符（见表 7-3）可以比较运算符两侧的单元格中的值的大小，返回一个布尔值作为结果，即 True 或 False。

表 7-3

比较运算符	含义	示例
=（等号）	等于	A1=B1
>（大于号）	大于	A1>B1
<（小于号）	小于	A1<B1
>=（大于等于号）	大于或等于	A1>=B1
<=（小于等于号）	小于或等于	A1<=B1
<>（不等号）	不等于	A1<>B1

4．引用运算符

引用运算符（见表 7-4）是 Excel 中特有的运算符，引用运算符可以引用单元格中的数值，使其参与公式或函数的计算。

表 7-4

引用运算符	含义	示例
:（冒号）	区域运算符，生成一个对两个引用之间所有单元格的引用（包括这两个引用）	B5:B15
,（逗号）	联合运算符，将多个引用合并为一个引用	SUM(B5:B15,D5:D15)

续表

引用运算符	含义	示例
（空格）	交集运算符，生成一个对两个引用之间共有单元格的引用	B7:D7 C6:C8

三、运算符的优先级

当公式或函数比较复杂时，各种运算之间的计算顺序就成了十分重要的问题。由于不同的计算可能导致完全不同的结果，因此需要了解各种运算之间的优先级别。

默认的计算顺序是由左及右，由高及低。在计算同一优先级时，将按由左及右的顺序依次计算。当出现不同级别的计算时，将优先计算级别较高的运算，然后逐级降低，同时按由左及右的顺序计算。表 7-5 列出不同的运算符之间的优先级别。

表 7-5　不同的运算符之间的优先级别

级别	运算符	说明
1	:（冒号）	引用运算符
	（单个空格）	
	,（逗号）	
2	-	负数（如-1）
3	%	百分比
4	^	乘方
5	* 和 /	乘和除
6	+ 和 -	加和减
7	&	连接两个文本字符串（串连）
8	=	比较运算符
	<>	
	<=	
	>=	
	<>	

7.2　输入并编辑公式

当我们面对大量原始数据时，难免需要对这些数据进行数学运算，这就需要用到公式。Excel 2010 提供了强大的公式编辑功能，可以对公式进行输入、复制以及编辑等操作。本节将学习如何输入并编辑公式。

实例 1　输入公式

在输入公式时，可以在单元格中直接输入，也可以通过编辑栏进行输入，下面将分别进行介绍。

方法一：直接输入公式

用户可以像在单元格中输入普通文本或数字那样，直接在单元格中输入公式，具体操作方法如下。

Step 01 打开"素材文件\第7章\周工资卡.xlsx"，选择D20单元格，在单元格中输入公式"=D13+D14+D15+D16+D17+D18+D19"，如图7-1所示。

Step 02 按【Enter】键确认公式输入后即会进行运算，并将结果显示在公式所在的单元格中，如图7-2所示。

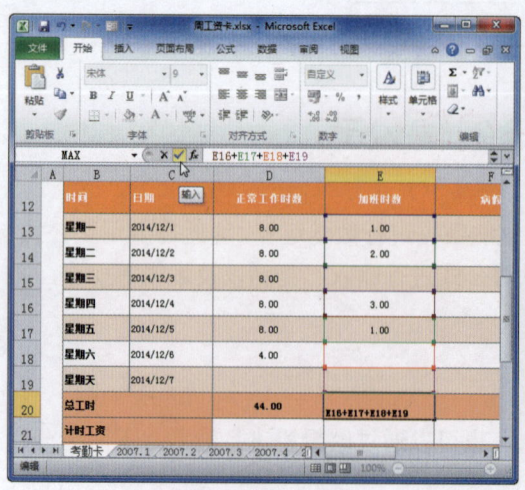

图7-1 输入公式　　　　　　　　　图7-2 查看计算结果

方法二：在编辑栏中输入公式

当输入的公式比较复杂时，可以使用编辑栏来输入公式，具体操作方法如下。

Step 01 选择E20单元格，在编辑栏中直接输入公式"=E13+E14+E15+E16+E17+E18+E19"，然后单击"输入"按钮✓，如图7-3所示。

Step 02 确认公式输入操作后即会进行运算，并将结果显示在所选择的单元格中，如图7-4所示。

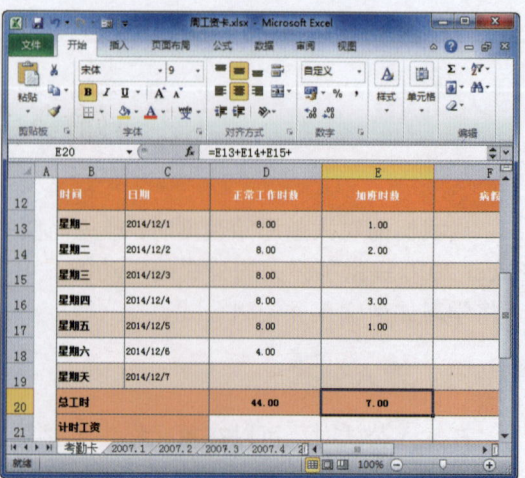

图7-3 输入公式　　　　　　　　　图7-4 查看计算结果

实例 2　复制公式

公式也可以被复制，方法类似于复制其他文本，而主要区别在于粘贴时的选项不同，且公式中的相对引用不会原样粘贴。复制公式的具体操作方法如下。

Step 01 选择 E20 单元格，单击"开始"选项卡下"剪贴板"组中的"复制"按钮，如图 7-5 所示。

Step 02 选择 F20 目标单元格，然后单击"剪贴板"组中的"粘贴"下拉按钮，在弹出的下拉列表中单击"公式"按钮，如图 7-6 所示。

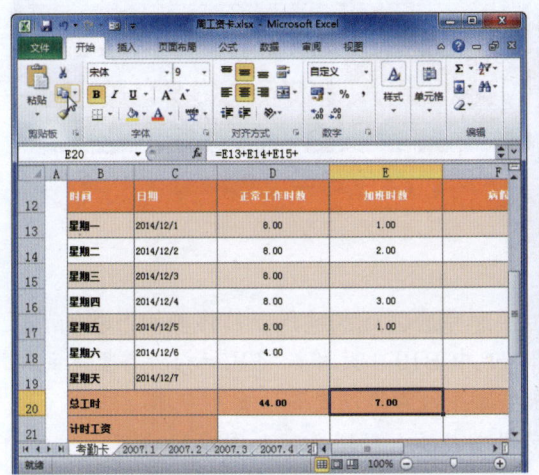

图 7-5　单击"复制"按钮

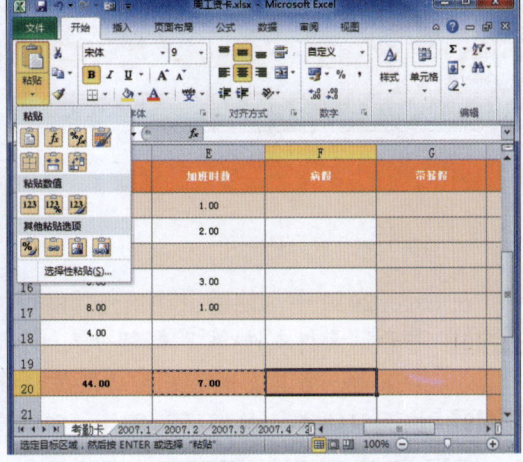

图 7-6　单击"公式"按钮

Step 03 粘贴公式时，并不会原样粘贴公式，而是自动修改引用单元格，如图 7-7 所示。

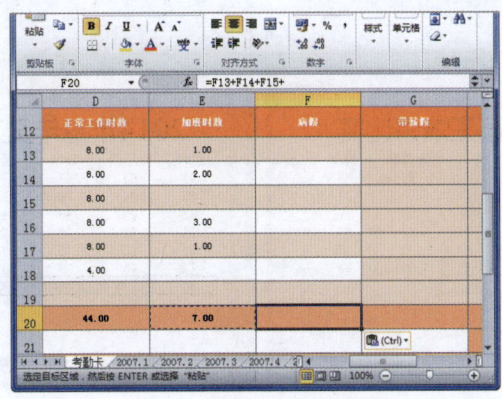

图 7-7　查看复制公式结果

实例 3　编辑与移动公式

单元格中的公式可以像其他数据一样对其进行编辑，如修改公式中的内容，对单元格中的公式进行移动等操作，具体操作方法如下。

Step 01 双击 D20 公式单元格，即可开始进行公式修改，修改完成后按【Enter】键确认，如图 7-8 所示。

Step 02 将鼠标指针移至单元格边框位置，当其变成十字形状后按住鼠标左键并拖至目标位置，即可移动公式，如图 7-9 所示。

中文版 Office 2010 办公自动化实例教程

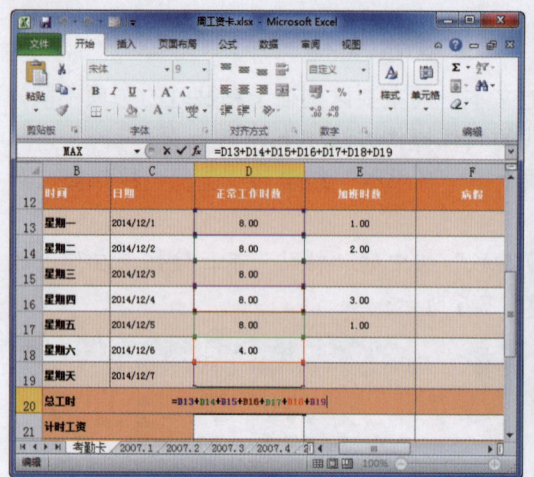

图 7-8　编辑公式

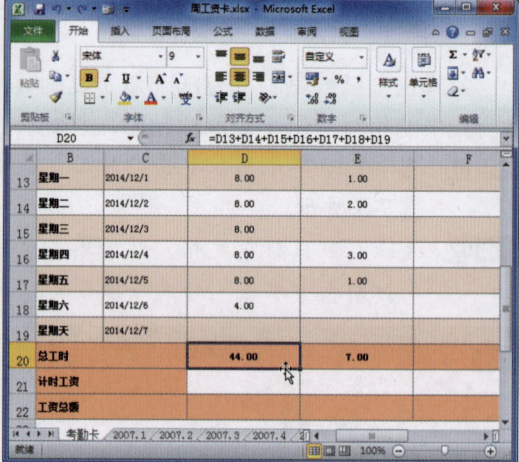

图 7-9　移动公式

实例 4　自动填充公式

在 Excel 2010 中，使用自动填充功能可以快速完成公式的输入，具体操作方法如下。

Step 01 打开"素材文件\第 7 章\评分表.xlsx"，选中 B10 单元格，将鼠标指针移至单元格右下角，当其变成填充柄后按住鼠标左键并向右拖动鼠标，如图 7-10 所示。

Step 02 拖至 H10 单元格后释放鼠标，即可实现公式的自动填充，如图 7-11 所示。

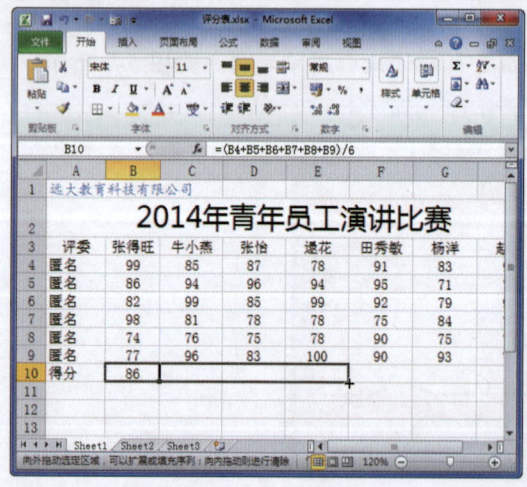

图 7-10　拖动填充柄

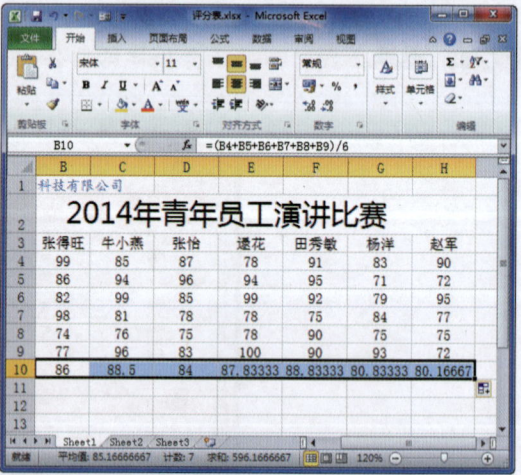

图 7-11　查看填充结果

7.3　单元格引用

公式经常要引用其他单元格中的数据。通过引用可以在公式中使用工作表不同部分的数据，或在多个公式中使用同一单元格中的数值，还可以引用相同工作簿中不同工作表的单元格。

实例1 相对引用单元格

相对引用的单元格会随公式位置的变化而相应变化，在复制或填充公式时特别方便，这是使用公式自动计算时经常用到的引用方法。

1．引用的格式

在 Excel 中，通过列标和行号组合来标示某一单元格，不同的引用见表 7-6。

表 7-6

引用方式	引用含义
A3	列 A 和行 3 交叉处的单元格
A3:A8	A3 至 A8 单元格区域
A2:F9	A2 和 F9 单元格为对角形成的单元格区域
3:3	行 3 中的全部单元格
3:10	行 3 到行 10 之间的全部单元格
E:E	列 E 中的全部单元格
A:E	列 A 到列 E 之间的全部单元格

2．相对引用的特点

在 D5 单元格中输入公式"=B5*C5"，然后填充或复制公式到 D6 单元格，可以看到公式中的引用自动随公式向下变化，变成了"=B6*C6"，如图 7-12 所示。

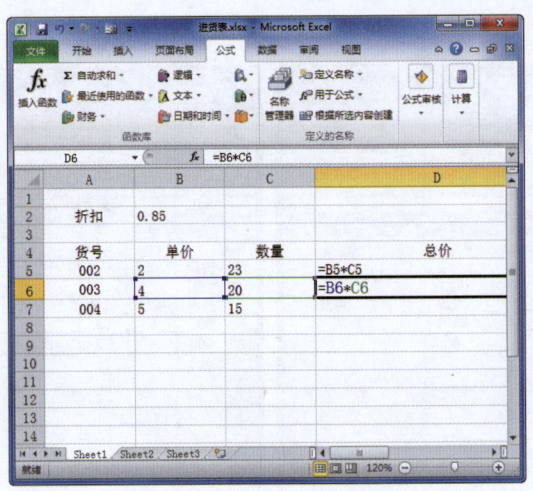

图 7-12 相对引用

实例2 绝对引用单元格

与相对引用不同，绝对引用方式引用的单元格不会随公式位置变化而变化，绝对引用在公式中用得相对较少，但也非常重要。绝对引用单元格的具体操作方法如下。

Step 01 打开"素材文件\第 7 章\进货表.xlsx"，在 E5 单元格中输入"=D5*B2"，B2 是 B2 的绝对引用方式，然后按【Enter】键确认，如图 7-13 所示。

Step 02 向下填充公式，发现与相对引用不同，此时对 B2 单元格的引用并没有发生变化，如图 7-14 所示。

中文版 Office 2010 办公自动化实例教程

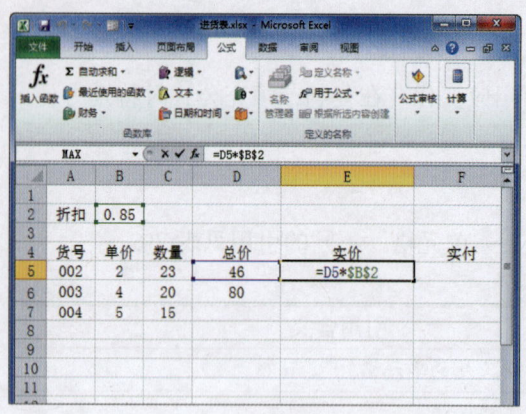

图 7-13　输入绝对引用公式　　　　　　　　图 7-14　填充公式

实例 3　混合引用单元格

混合引用是指公式中参数的行采用相对引用，列采用绝对引用；或行采用绝对引用，列采用相对引用。公式中相对引用部分随公式复制而变化，绝对引用部分不随公式复制而变化。混合引用单元格的具体操作方法如下。

Step 01　在 D5 单元格中输入"=B5*C$5"，只在 C 列的行号 5 前加$，表示对 C 列第 5 行的引用是固定的，如图 7-15 所示。

Step 02　向下填充公式，发现 B5 引用的行号发生了变化，而 C5 引用的行号没有变化，如图 7-16 所示。

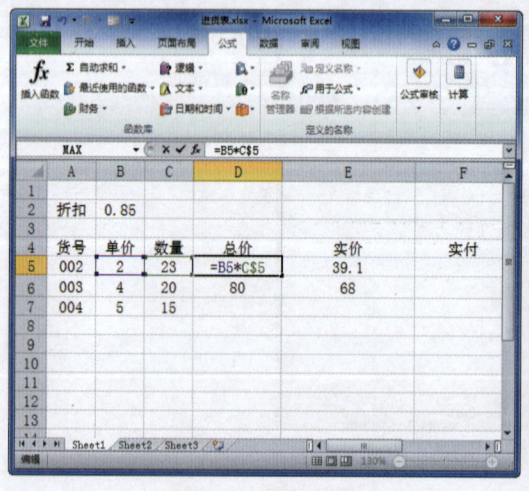

图 7-15　输入混合引用　　　　　　　　图 7-16　填充公式

实例 4　不同工作表的引用

前面无论是相对引用还是绝对引用，都是在同一工作表中的单元格，如果这些引用是从其他工作表中引用的，则引用方法略有不同，具体操作方法如下。

Step 01　在 F5 单元格中输入公式前面部分"=E5－"，单击要引用的工作表标签 Sheet2，如图 7-17 所示。

Step 02 选择要引用的 B4 单元格，然后单击编辑栏中的"输入"按钮✓，如图 7-18 所示。

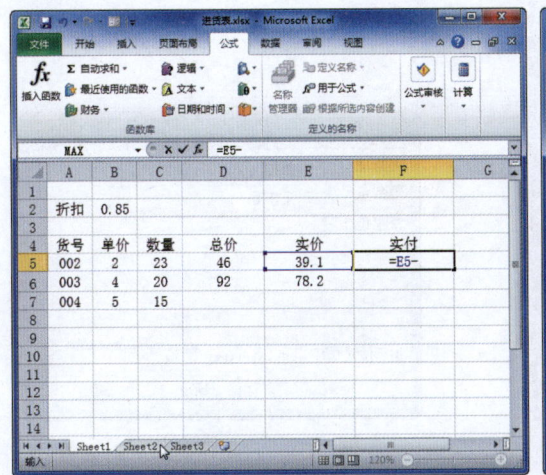

图 7-17 输入公式

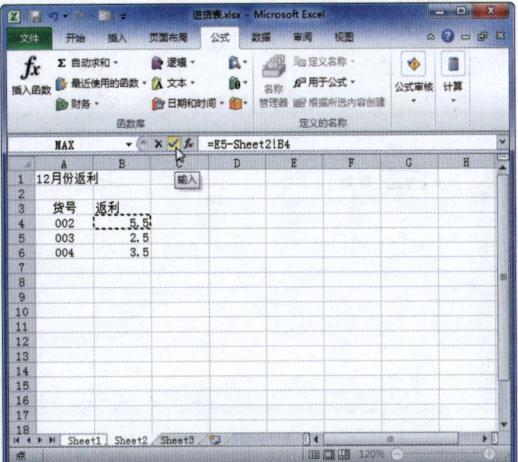

图 7-18 选择引用单元格

Step 03 此时，即可查看引用效果，如图 7-19 所示。对其他工作表单元格的引用方式是 Sheet2!B4，即表名加感叹号。

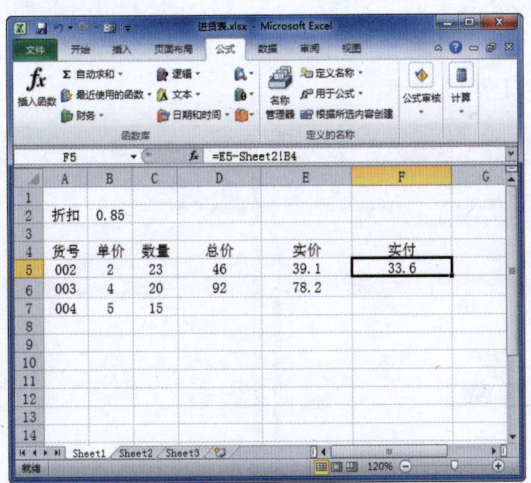

图 7-19 查看引用结果

实例 5　命名单元格

用户可以为经常引用的单元格（或单元格区域）指定一个名称，在公式中直接使用该名称即可。命名后的单元格可以不再使用 A1、B2 这样的方式来引用，而使用新名称来引用。为单元格命名的具体操作方法如下。

Step 01 选择需要命名公式的 B2 单元格，单击"公式"选项卡下"定义的名称"组中的"定义名称"按钮，如图 7-20 所示。

Step 02 弹出"新建名称"对话框，在"名称"文本框中输入新名称，如"折扣"，在"范围"下拉列表框中选择"工作簿"选项，然后单击"确定"按钮，如图 7-21 所示。

中文版 Office 2010 办公自动化实例教程

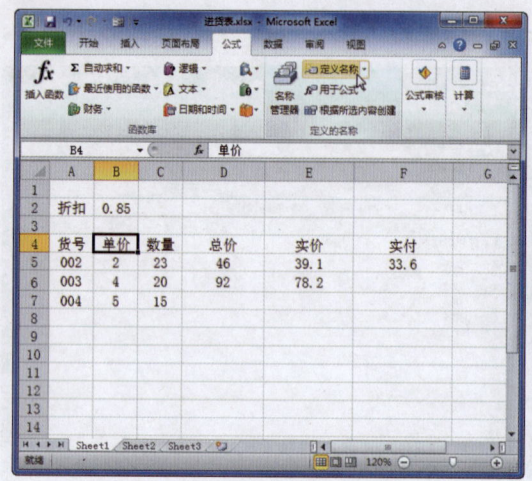

图 7-20 单击"定义名称"按钮

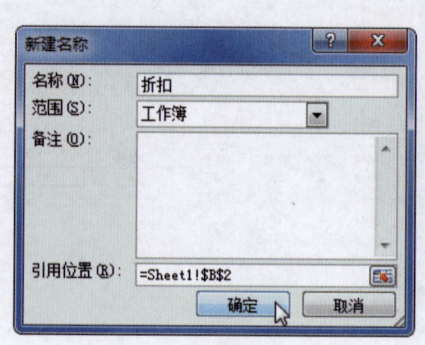

图 7-21 "新建名称"对话框

实例 6 通过名称引用单元格

对单元格进行命名后，可以通过名称来选择单元格，具体操作方法如下。

Step 01 选择 E6 单元格公式中的 "B2"，按【Delete】键将其删除，如图 7-22 所示。

Step 02 在"定义的名称"组中单击"用于公式"下拉按钮，在弹出的下拉列表中选择"折扣"选项，如图 7-23 所示。

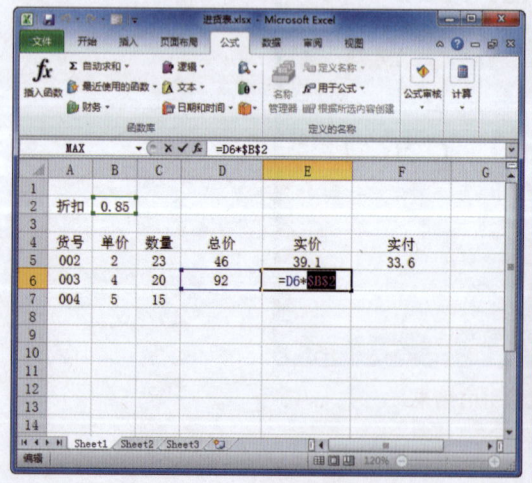

图 7-22 删除公式引用　　　　　　　　图 7-23 选择引用名称

Step 03 此时，即可在公式中插入名称，如图 7-24 所示。

Step 04 按【Enter】键确认输入操作后即可显示结果，与原来的引用结果是一样的，如图 7-25 所示。

使用公式与函数　第 7 章

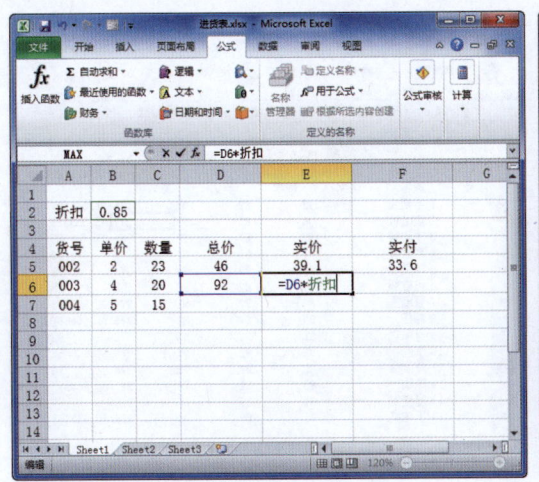

图 7-24　插入名称

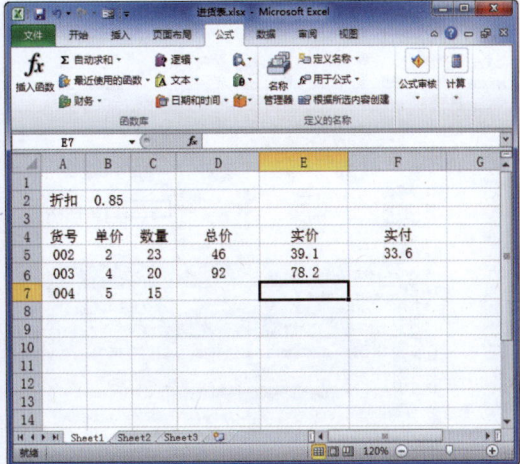

图 7-25　查看引用结果

实例 7　审核与更正公式

在处理表格数据时，有时会因为公式设置或人为原因造成单元格出现错误值，此时利用 Excel 的公式审核与更正功能即可快速查找出出错的问题及所在位置，具体操作方法如下。

Step 01　打开"素材文件\第 7 章\审核与更正公式.xlsx"，选择"公式"选项卡，在"公式审核"组中单击"错误检查"下拉按钮，在弹出的下拉列表中选择"错误检查"选项，如图 7-26 所示。

Step 02　弹出"错误检查"对话框，在其中会显示出错的位置及其原因，单击"从上部复制公式"按钮，如图 7-27 所示。

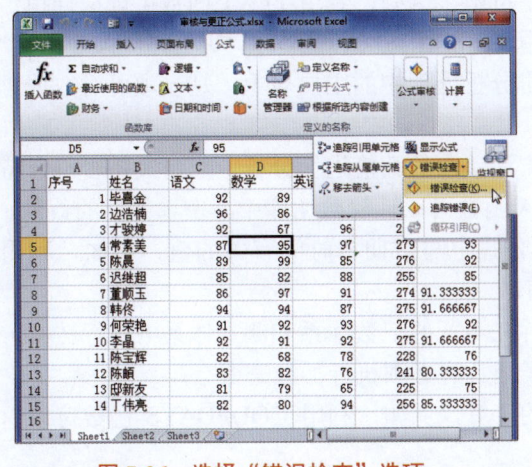

图 7-26　选择"错误检查"选项

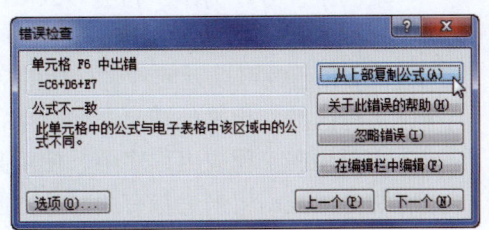

图 7-27　"错误检查"对话框

Step 03　继续对表格中的公式进行检查，参照上述方法处理完错误的公式后，将弹出提示信息框，提示用户已经完成对整个工作表的错误检查，单击"确定"按钮，如图 7-28 所示。

Step 04　此时，即可在出错的单元格中显示出更正后的结果，如图 7-29 所示。

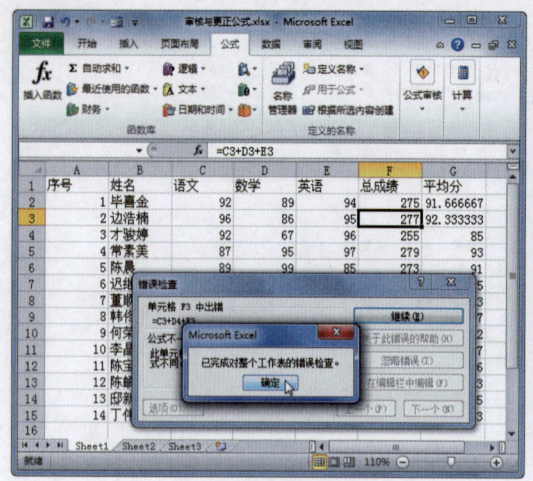
图 7-28　完成错误检查

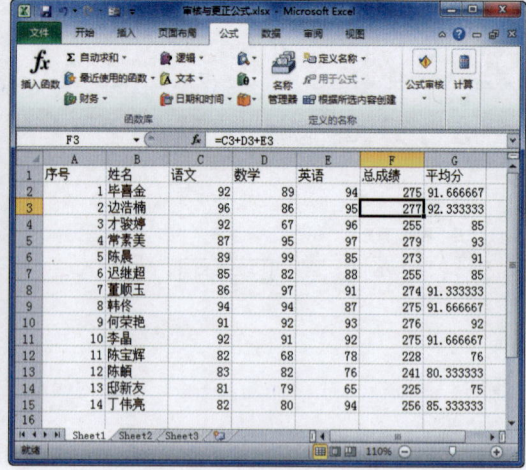
图 7-29　查看更正结果

7.4　函数的基本操作

函数是预先定义好的公式，它利用一些称为参数的特定数据值按特定的顺序或结构进行计算，运用函数进行计算可以简化公式的输入过程。本节将学习函数的几种类型，如何手动输入函数，如何利用向导输入函数，以及如何使用嵌套函数等知识。

在 Excel 2010 中，系统内置了大量的函数，使用这些函数可以轻松完成相关的数据运算。根据函数的功能可以将其分为以下几种类型。

- ➤ **文本函数**：用来处理公式中的文本字符串，例如，利用 TEXT 函数可以根据指定的数值格式将数字转换为文本，利用 TRIM 函数可以删除文本中的空格。
- ➤ **多维数据集函数**：多维数据集是联机分析处理中的主要对象，是一项可对数据进行快速访问的技术。
- ➤ **数据库函数**：主要用来对存储在数据清单中的数值进行分析，判断其是否符合特定的条件等。例如，利用 DCOUNTA 函数可以计算数据库中非空单元格的数量。
- ➤ **日期和时间函数**：用来分析或操作公式中与日期和时间有关的值，例如，利用 DATE 函数可以返回特定日期的数值。
- ➤ **工程函数**：用来处理复杂的数字，并在不同的记数体系和测量体系中进行转换，主要用在工程应用程序中。使用此类函数时必须执行加载宏命令。
- ➤ **财务函数**：用来进行有关财务方面的计算，例如，利用 COUPDAYS 函数可以返回包含成交日的付息期天数。
- ➤ **信息函数**：使用信息函数可以确定存储在单元格中的数据类型。
- ➤ **逻辑函数**：用来测试是否满足某个条件，并判断其逻辑值。
- ➤ **查找和引用函数**：用来查找列表或表格中的指定值。
- ➤ **数学和三角函数**：通过数学和三角函数可以处理简单的计算，其中三角函数采用弧度作为角的单位。
- ➤ **统计函数**：用来对一定范围内的数据进行统计分析，例如，利用 AVERAGE 函数

使用公式与函数　第 7 章

可以返回平均值。

专家指导
Expert guidance

　　有些函数仅需要一个参数，有些函数则需要或允许多个参数。在手动输入函数时，需要牢记函数规则、参数，否则容易出错，返回错误代码的提示。

实例 1　手动输入函数

　　如果用户能够记住函数的名称、参数和作用，可以直接在单元格中手工输入函数，这是最快捷的方法。手工输入函数的具体操作方法如下。

Step 01 打开"素材文件\第 7 章\学生成绩表.xlsx"，选中 F2 单元格，并在该单元格中输入函数"=SUM(C2:E2)"，如图 7-30 所示。

Step 02 函数输入完毕后，直接按【Enter】键确认即可得出求和函数的结果，如图 7-31 所示。

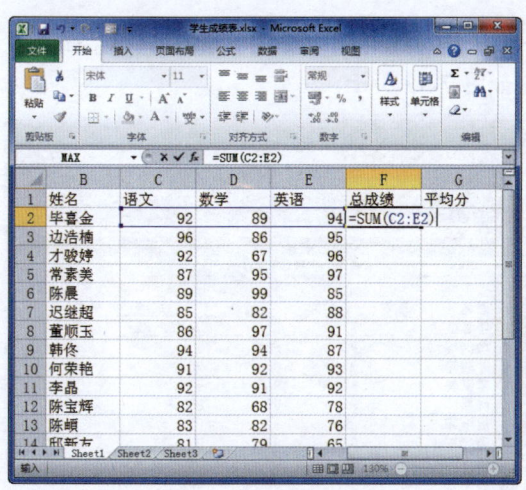
图 7-30　输入求和函数

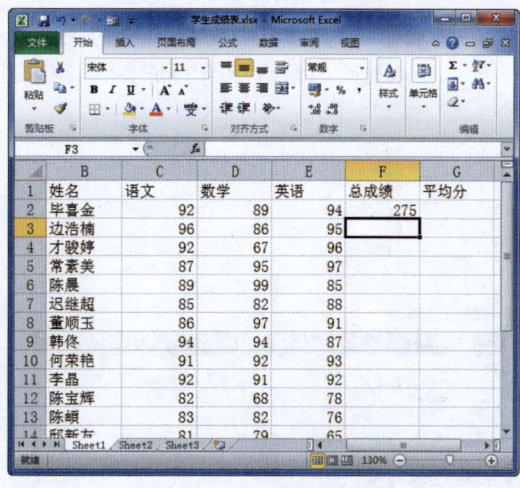
图 7-31　查看求和结果

实例 2　利用向导输入函数

　　如果不能确定函数的具体写法或相关参数，还可以利用函数向导进行输入，具体操作方法如下。

Step 01 打开"素材文件\第 7 章\学生成绩表.xlsx"，选中 F2 单元格，然后单击"公式"选项卡下"函数库"组中的"插入函数"按钮 *fx*，如图 7-32 所示。

Step 02 弹出"插入函数"对话框，在"或选择类别"下拉列表框中选择"常用函数"选项，在"选择函数"列表框中选择 SUM 选项，然后单击"确定"按钮，如图 7-33 所示。

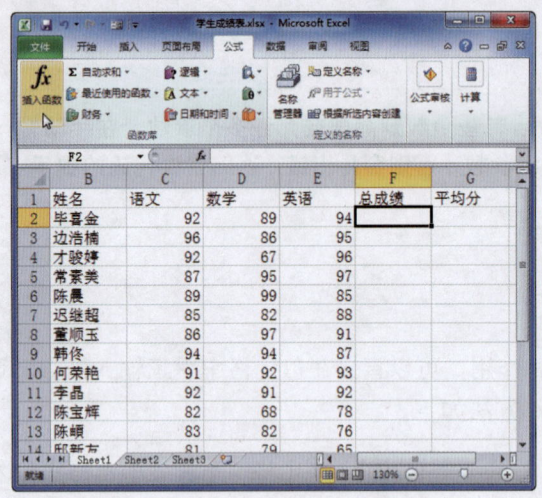

图 7-32 单击"插入函数"按钮

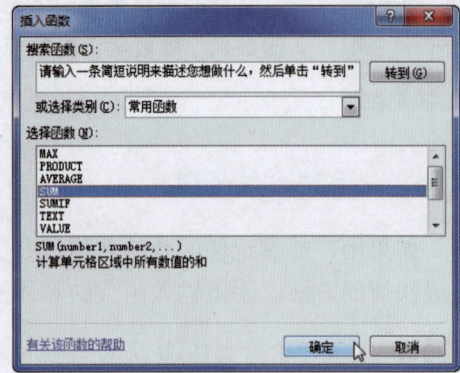

图 7-33 "插入函数"对话框

Step 03 此时,将弹出"函数参数"对话框,单击 Number1 文本框右侧的"折叠"按钮,如图 7-34 所示。

Step 04 此时"函数参数"对话框切换至最小化状态,选择 C2:E2 单元格区域,单击函数参数文本框右侧的"折叠"按钮,如图 7-35 所示。

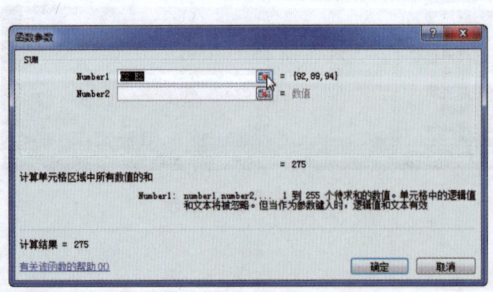

图 7-34 "函数参数"对话框

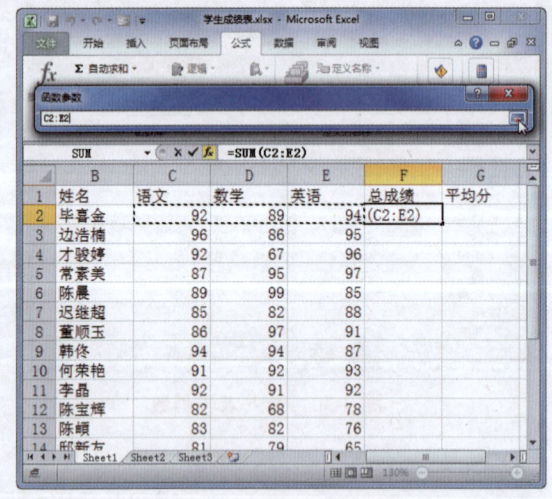

图 7-35 选择单元格区域

Step 05 返回"函数参数"对话框,即可看到 Number1 文本框右侧显示 C2:E2 单元格区域中的数据,单击"确定"按钮,如图 7-36 所示。

Step 06 此时,即可看到利用函数向导求出的求和结果,如图 7-37 所示。

使用公式与函数　第 7 章

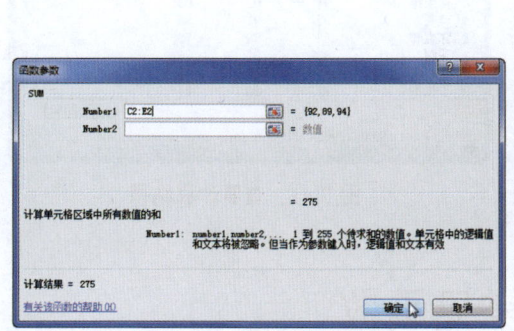

图 7-36　显示数据

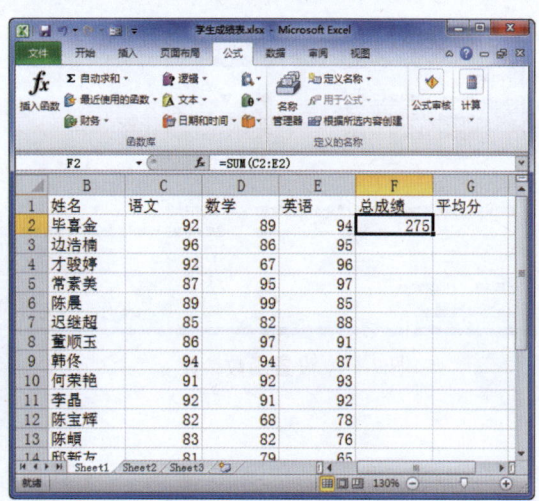

图 7-37　查看求和结果

实例 3　使用嵌套函数

在使用函数计算数据的过程中，有时需要将某个公式或函数的返回值作为另一个函数的参数来使用，此类函数被称为嵌套函数。使用嵌套函数计算数据的具体操作方法如下。

Step 01　打开"素材文件\第 7 章\学生成绩表.xlsx"，选中 G16 单元格，然后单击"公式"选项卡下"函数库"组中的"插入函数"按钮 fx，如图 7-38 所示。

Step 02　弹出"插入函数"对话框，在"或选择类别"下拉列表框中选择"常用函数"选项，在"选择函数"列表框中选择 AVERAGE 函数，然后单击"确定"按钮，如图 7-39 所示。

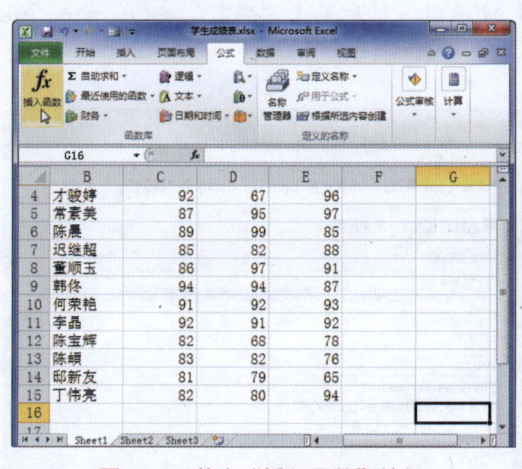

图 7-38　单击"插入函数"按钮

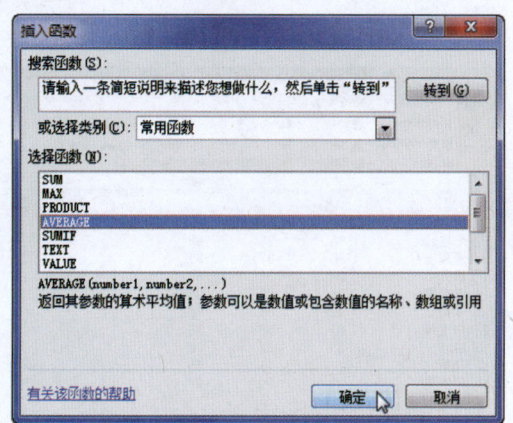

图 7-39　"插入函数"对话框

Step 03　弹出"函数参数"对话框，在 Number1、Number2 和 Number3 文本框中依次输入 AVERAGE(C2:C15)、AVERAGE(D2:D15)、AVERAGE(E2:E15)，然后单击"确定"按钮，如图 7-40 所示。

Step 04　返回工作表编辑区域，即可看到 G16 单元格中显示嵌套函数计算出的结果，如图 7-41 所示。

中文版 Office 2010 办公自动化实例教程

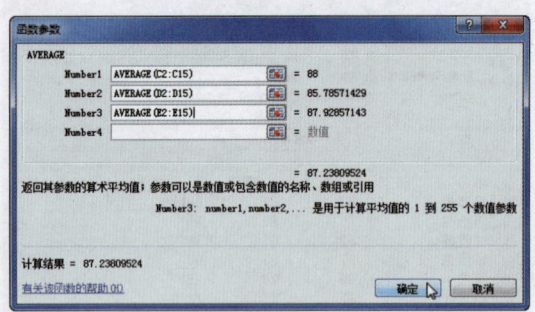

图 7-40　设置函数参数

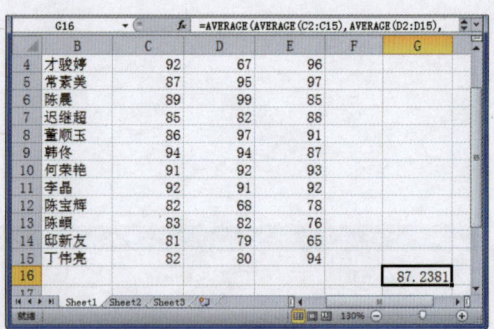

图 7-41　查看计算结果

7.5　使用常见函数

在日常生活中，函数应用非常广泛，涉及了众多领域，使用这些函数可以轻松地完成相关的数据运算。本节将详细介绍在 Excel 2010 中如何使用常见的函数。

实例 1　使用 SUM 函数求和

SUM 函数是一个求和汇总函数，可以计算在任何一个单元格区域中的所有数字之和。使用求和函数计算数据的具体操作方法如下。

Step 01 打开"素材文件\第 7 章\学生成绩表.xlsx"，选中 C16 单元格，选择"公式"选项卡，然后单击"函数库"组中的"插入函数"按钮 fx，如图 7-42 所示。

Step 02 弹出"插入函数"对话框，在"或选择类别"下拉列表框中选择"常用函数"选项，在"选择函数"列表框中选择 SUM 函数，然后单击"确定"按钮，如图 7-43 所示。

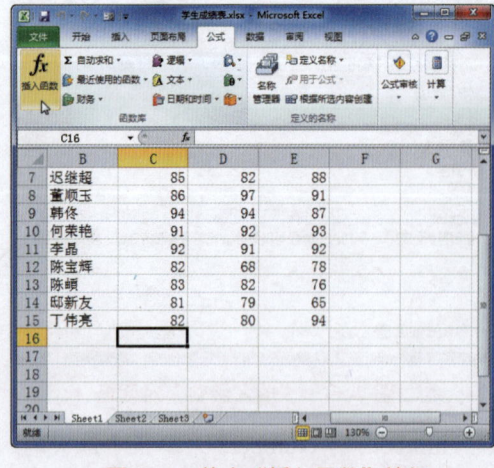

图 7-42　单击"插入函数"按钮

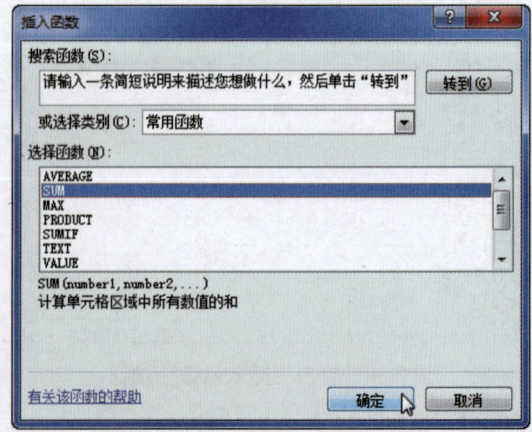

图 7-43　"插入函数"对话框

Step 03 弹出"函数参数"对话框，然后单击 Number1 右侧的"折叠"按钮，如图 7-44 所示。

Step 04 返回工作表窗口，选择 C2:C15 单元格区域，再次单击"折叠"按钮，如图 7-45 所示。

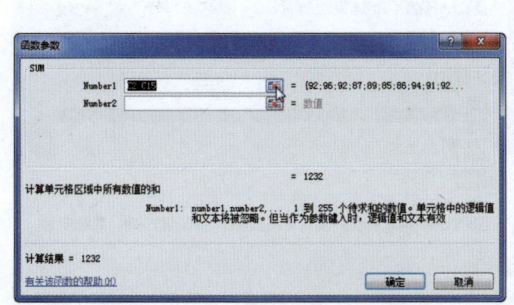

图 7-44 "函数参数"对话框　　　　　　图 7-45 选择单元格区域

Step 05 返回"函数参数"对话框，单击"确定"按钮，即可得出求和结果，如图 7-46 所示。

Step 06 选中计算结果所在的单元格，利用自动填充功能计算其他项目的结果，如图 7-47 所示。

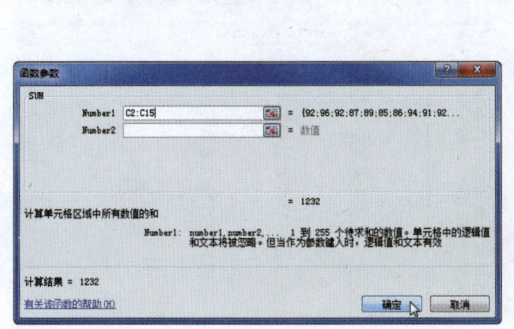
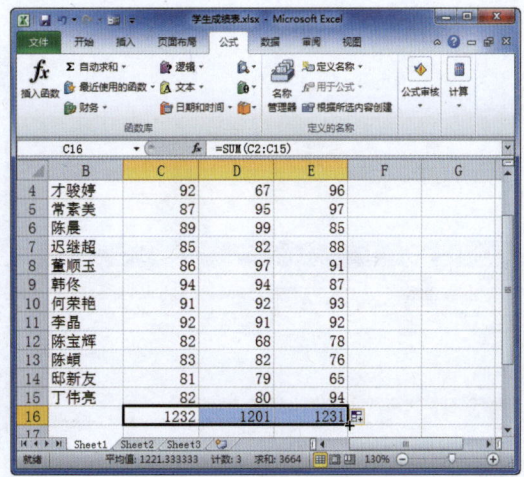

图 7-46 "函数参数"对话框　　　　　　图 7-47 计算其他项目结果

实例 2　使用 AVERAGE 函数求平均值

在 Excel 2010 中，用 AVERAGE 函数来计算一串数值的平均值，其语法为：AVERAGE（数值 1，数值 2，…），其中"数值 1，数值 2"是指计算平均值的单元格或单元格区域参数。使用 AVERAGE 函数求平均值的具体操作方法如下。

Step 01 打开"素材文件\第 7 章\学生成绩表.xlsx"，选中 C16 单元格，选择"公式"选项卡，然后单击"函数库"组中的"插入函数"按钮，如图 7-48 所示。

Step 02 弹出"插入函数"对话框,在"或选择类别"下拉列表框中选择"常用函数"选项,在"选择函数"列表框中选择 AVERAGE 函数,然后单击"确定"按钮,如图 7-49 所示。

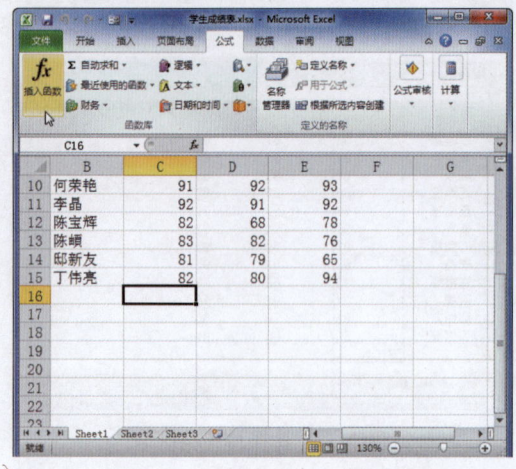
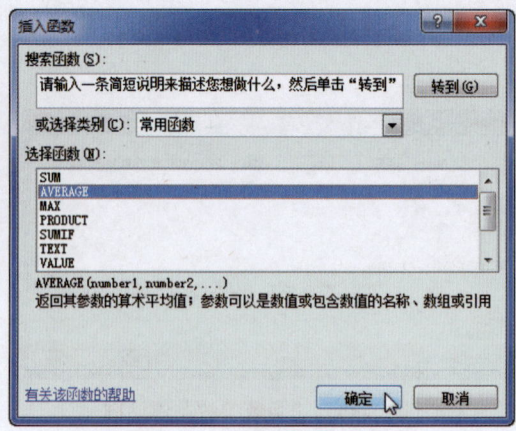

图 7-48 单击"插入函数"按钮　　　　图 7-49 "插入函数"对话框

Step 03 弹出"函数参数"对话框,单击 Number1 右侧的"折叠"按钮,如图 7-50 所示。

Step 04 返回工作表窗口,选择要计算的单元格,并再次单击"折叠"按钮,如图 7-51 所示。

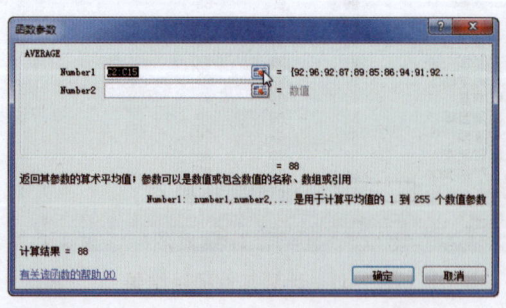
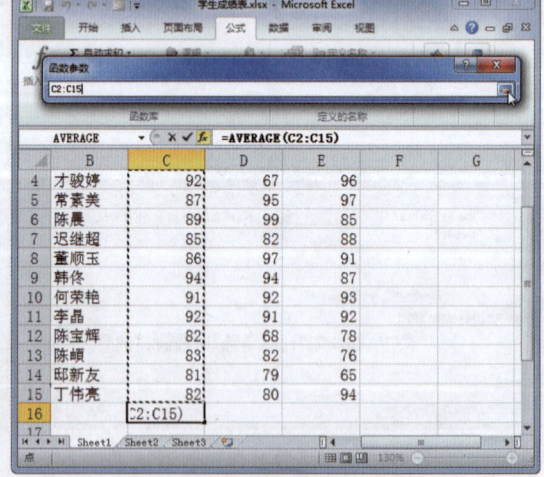

图 7-50 "函数参数"对话框　　　　图 7-51 选择单元格区域

Step 05 返回"函数参数"对话框,单击"确定"按钮,即可得出求平均值的结果,如图 7-52 所示。

Step 06 选中计算结果所在的单元格,利用自动填充功能计算其他项目的结果,如图 7-53 所示。

使用公式与函数 第 7 章

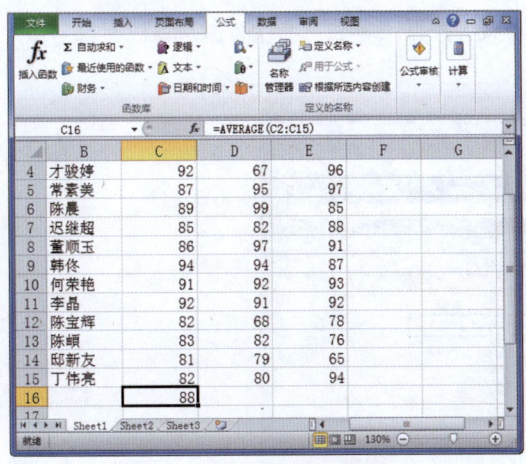

图 7-52 得出求平均值结果

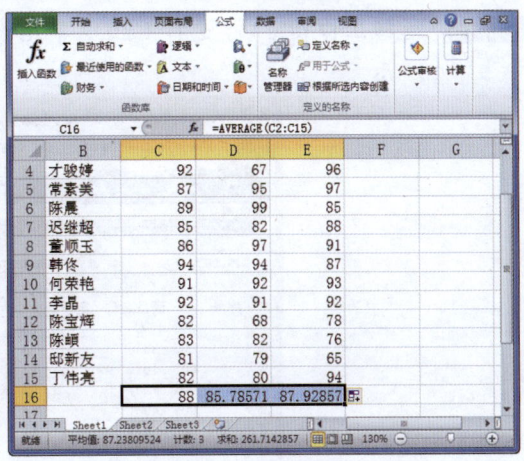

图 7-53 计算其他项目结果

实例 3　使用 PRODUCT 函数求积

利用相乘函数可以得出所有参数的乘积，具体使用方法如下。

Step 01 打开"素材文件\第 7 章\公司进货清单表.xlsx"，选中 E2 单元格，在"函数库"组中单击"插入函数"按钮 f_x，如图 7-54 所示。

Step 02 弹出"插入函数"对话框，在"或选择类别"下拉列表框中选择"数学与三角函数"选项，在"选择函数"列表框中选择 PRODUCT 函数，然后单击"确定"按钮，如图 7-55 所示。

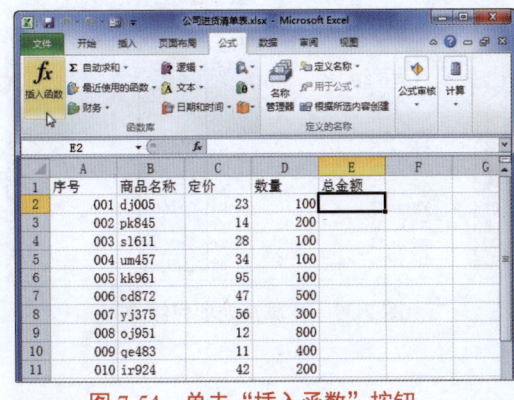

图 7-54 单击"插入函数"按钮

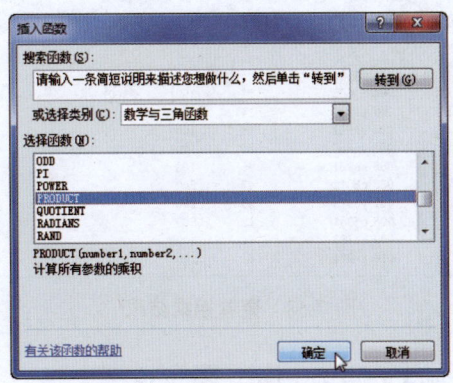

图 7-55 "插入函数"对话框

Step 03 弹出"函数参数"对话框，单击 Number1 右侧的"折叠"按钮，如图 7-56 所示。

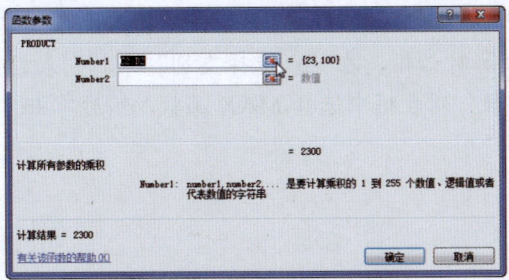

图 7-56 "函数参数"对话框

157

中文版 Office 2010 办公自动化实例教程

Step 04 返回工作表窗口，选择C2:D2单元格区域，并再次单击"折叠"按钮，如图7-57所示。

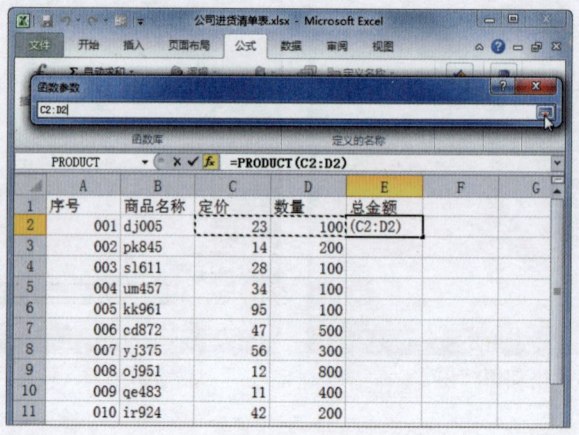

图7-57 选择单元格区域

Step 05 返回"函数参数"对话框，单击"确定"按钮，得出参数相乘后的结果，如图7-58所示。

Step 06 选中计算结果所在的单元格，利用自动填充功能计算其他项目的结果，如图7-59所示。

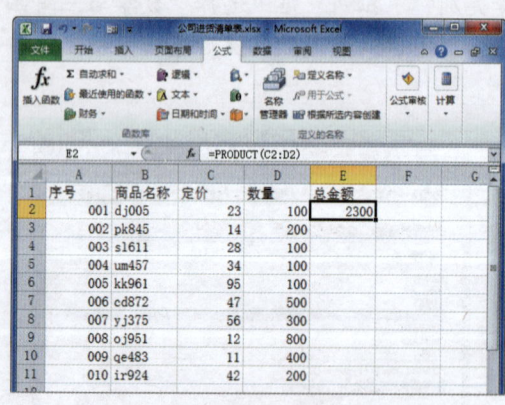

图7-58 查看相乘结果

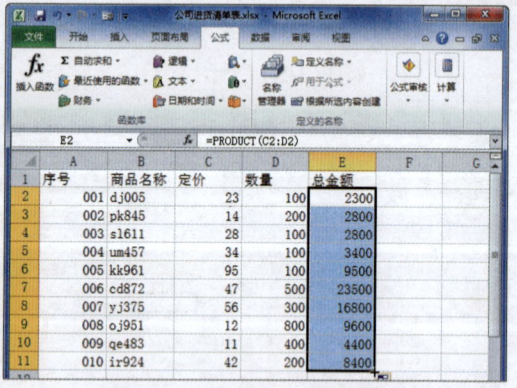

图7-59 计算其他项目结果

实例4 使用MAX函数求最大值

利用最大值函数可以求出所选单元格区域中的最大值，具体使用方法如下。

Step 01 选中F2单元格，并在"函数库"组中单击"插入函数"按钮，如图7-60所示。

Step 02 弹出"插入函数"对话框，在"或选择类别"下拉列表框中选择"常用函数"选项，在"选择函数"列表框中选择MAX函数，然后单击"确定"按钮，如图7-61所示。

使用公式与函数 第 7 章

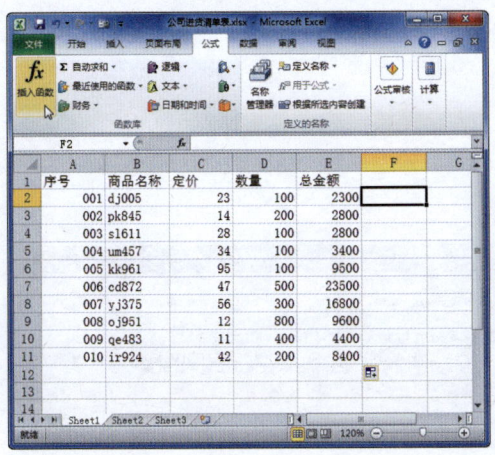

图 7-60　单击"插入函数"按钮

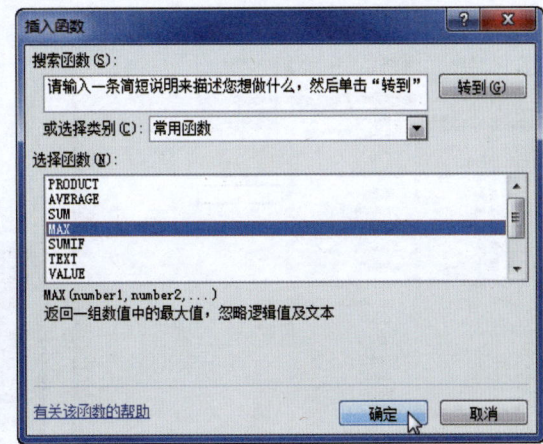

图 7-61　"插入函数"对话框

Step 03　弹出"函数参数"对话框，设置参数范围为 E2:E11，然后单击"确定"按钮，如图 7-62 所示。

Step 04　此时，即可获得所选单元格区域中的最大值，如图 7-63 所示。

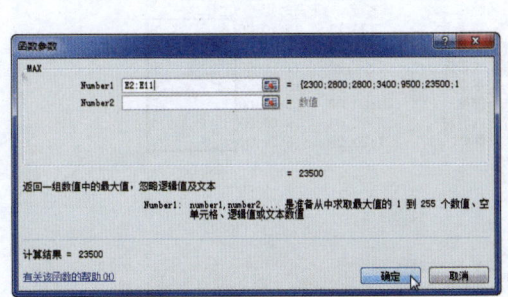

图 7-62　"函数参数"对话框

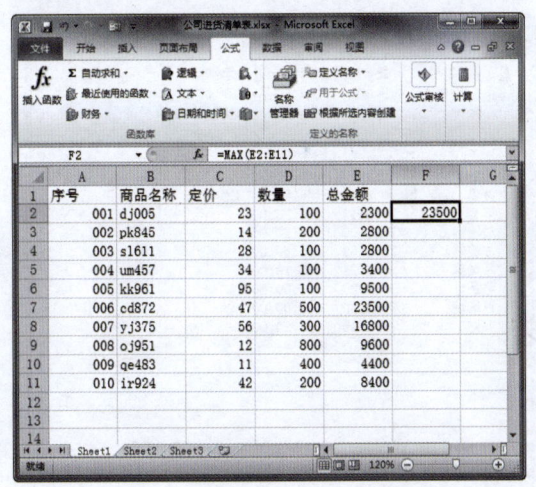

图 7-63　获取最大值

实例 5　使用日期和时间函数

日期和时间函数主要用于分析和处理日期值和时间值，系统内部的日期和时间函数包括 DATE、DATEVALUE、DAY、HOUR、TODAY 及 YEAR 等。下面以利用 HOUR 函数计算员工工作时间为例，介绍日期与时间函数的使用方法。

Step 01　打开"素材文件\第 7 章\员工考勤统计表.xlsx"，选中 D2 单元格，在"函数库"组中单击"日期和时间"下拉按钮，在弹出的下拉列表中选择 HOUR 选项，如图 7-64 所示。

Step 02　弹出"函数参数"对话框，在 Serial_number 文本框中输入公式"C2-B2"，然后单击"确定"按钮，如图 7-65 所示。

159

中文版 Office 2010 办公自动化实例教程

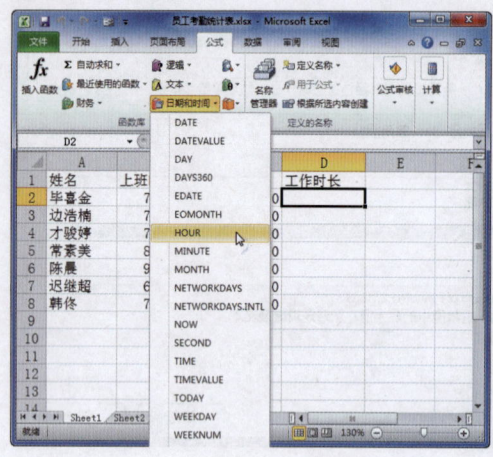

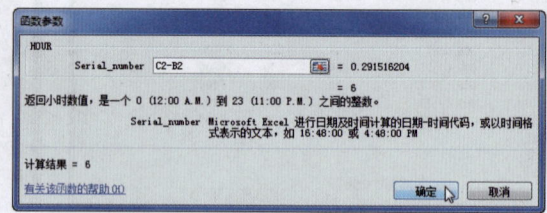

图 7-64 选择 HOUR 选项　　　　　　　　　图 7-65 "函数参数"对话框

Step 03 此时，即可得出 HOUR 函数返回的结果，如图 7-66 所示。

Step 04 选中计算结果所在的单元格，利用自动填充功能计算其他项目的结果，如图 7-67 所示。

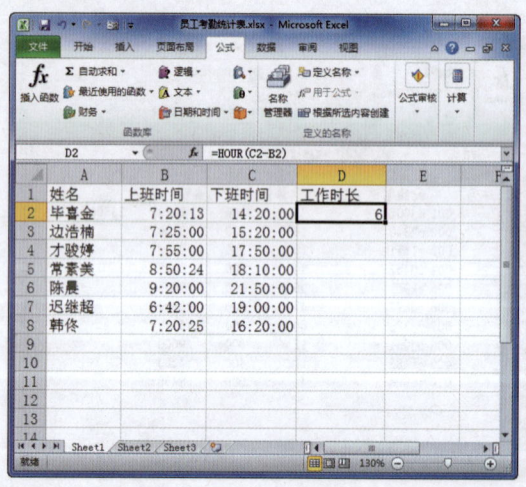

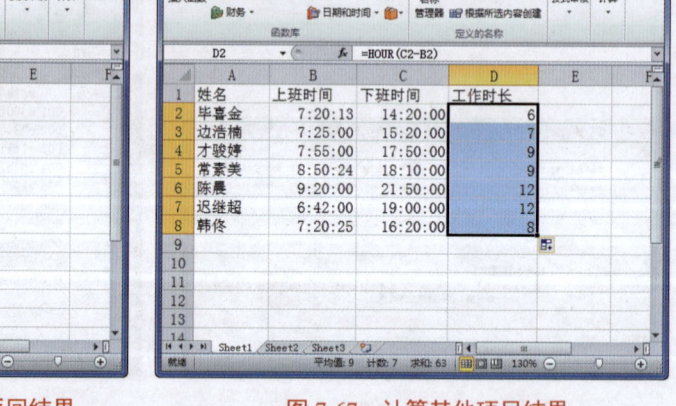

图 7-66 查看 HOUR 函数返回结果　　　　　图 7-67 计算其他项目结果

本章小结

　　本章主要介绍了公式的使用、输入并编辑公式、引用公式、函数的基本操作及常用函数的使用等。通过对本章的学习，读者应重点掌握以下知识：①在工作表中输入并编辑公式。②在单元格中引用公式。③在工作簿中输入函数。④熟练使用求和、求平均值、求最大值等常见函数。

本章习题

打开"素材文件\第7章\员工工资表.xlsx",在工作簿中使用公式分别计算出薪资总额、个人所得税和应发工资数据。

操作提示:

1. 在 F3 单元格中输入公式"=B3+C3－D3+E3",然后按【Enter】键确认,求出薪资总额,如图 7-68 所示。

2. 将鼠标指针移至 F3 单元格的右下角,按住鼠标左键并向下拖动鼠标,即可得出其他员工的薪资总额,如图 7-69 所示。

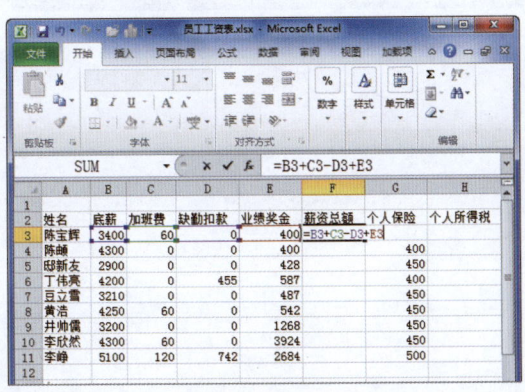

图 7-68 输入公式

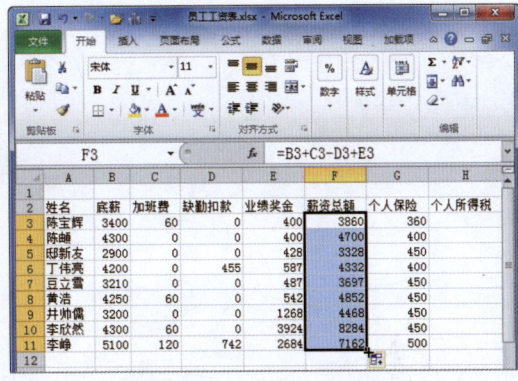

图 7-69 复制公式

3. 在 H3 单元格中输入公式"=IF((F3－G3－2000)<=2000,(F3－G3－2000)*10%－25,IF((F3－G3－2000)<=5000,(F3－G3－2000)*15%－125,(F3－G3－2000)*20%－375))",如图 7-70 所示。

4. 按【Enter】键确认,得出个人所得税的值,按住鼠标左键并拖动鼠标向下复制公式,如图 7-71 所示。

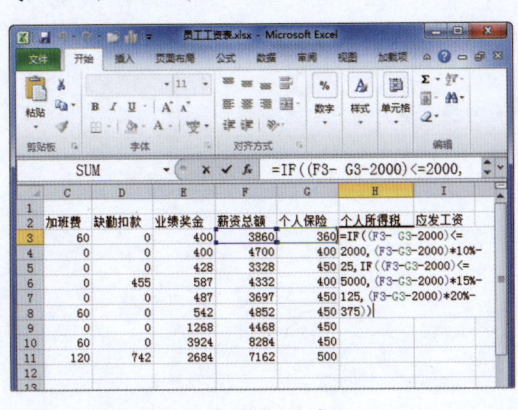

图 7-70 输入公式

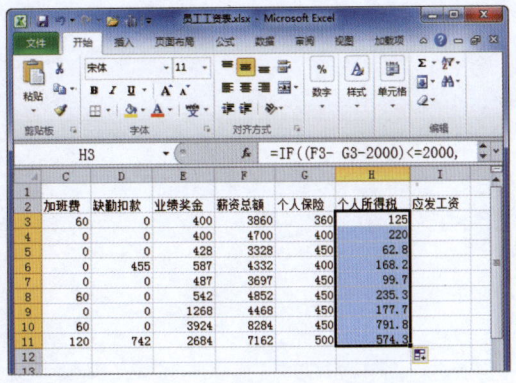

图 7-71 求出个人所得税

5. 在 I3 单元格中输入公式"=F3－G3－H3",按【Enter】键确认,如图 7-72 所示。

6. 此时即可求出应发工资,并向下复制公式,最终结果如图 7-73 所示。

中文版 Office 2010 办公自动化实例教程

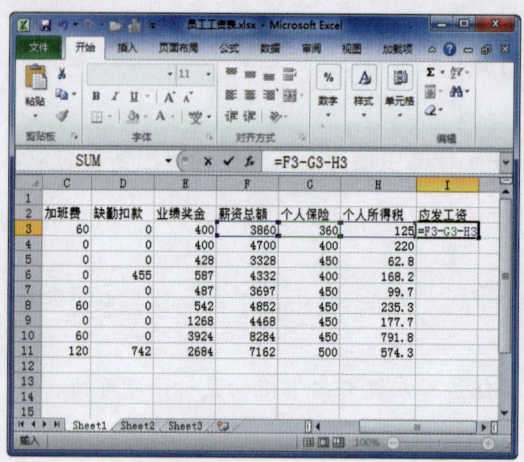 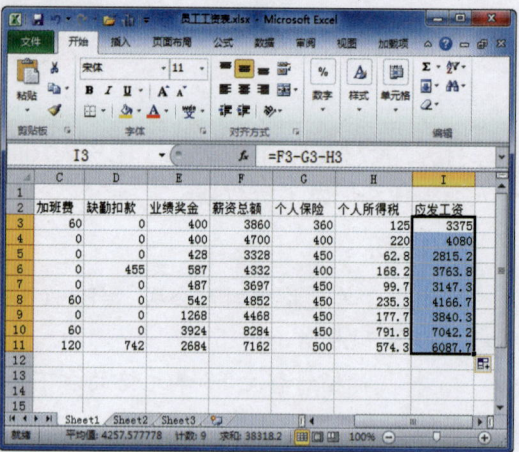

图 7-72　输入公式　　　　　　　　　　图 7-73　求出应发工资

第 8 章　数据的排序、筛选与分析

【本章导读】

Excel 2010 为用户提供了强大的数据管理与分析功能，可以简化管理与分析复杂数据的繁琐性，从而提高工作效率。本章主要学习对数据进行分析与处理，包括数据的排序和筛选、数据的分类汇总、图表的应用、创建数据透视表与数据透视图等，以帮助读者更好地掌握数据处理技巧。

【本章目标】

- ➢ 能够对数据进行简单、复杂和自定义排序。
- ➢ 能够对项目、数值、文本等数据进行筛选。
- ➢ 能够创建、嵌套以及删除分类汇总。
- ➢ 能够创建并编辑图表。
- ➢ 能够应用数据透视表和数据透视图。

8.1　数据的排序

在实际制表过程中，工作表中的数据是按照数据的输入顺序进行排列的，这样的数据有时缺乏条理性，不利于用户的管理。因此，为了更加方便地管理工作表中的数据，可以对其进行排序。

排序是对工作表中的数据进行重新组织安排的一种方式。在 Excel 2010 中可以对一列或多列数据按文本、数字以及日期和时间进行排序。排序分为简单排序和多关键字排序两种方式。简单排序是指对数据表中的单列数据按照 Excel 2010 默认的升序或降序的方式排列。单击要进行排序的列中的任一单元格，再单击"数据"选项卡上"排序和筛选"组中"升序"按钮 或"降序"按钮 ，所选列即按升序或降序方式进行排序。

实例 1　对数据快速排序

最简单的排序莫过于升序和降序排序，这种单一标准的排序是最简单、最常用的排序。对数据快速排序的两种方法如下。

方法 1：使用功能按钮排序

Step 01　打开"素材文件\第 8 章\各地区业务汇报表.xlsx"，选择 B3 单元格，选择"数据"选项卡，在"排序和筛选"组中单击"降序"按钮 ，如图 8-1 所示。

Step 02　此时，即可查看根据"总量"列值进行降序排序后的结果，如图 8-2 所示。

中文版 Office 2010 办公自动化实例教程

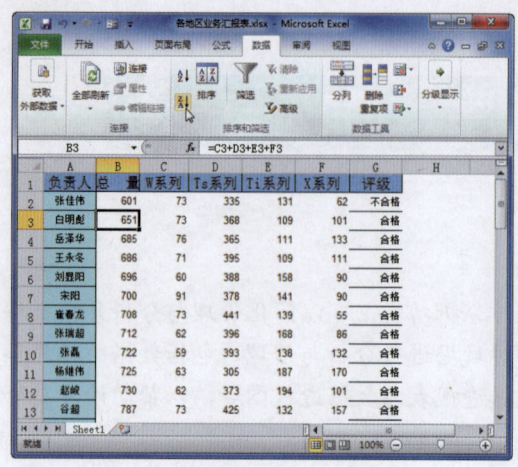

图 8-1　单击"降序"按钮

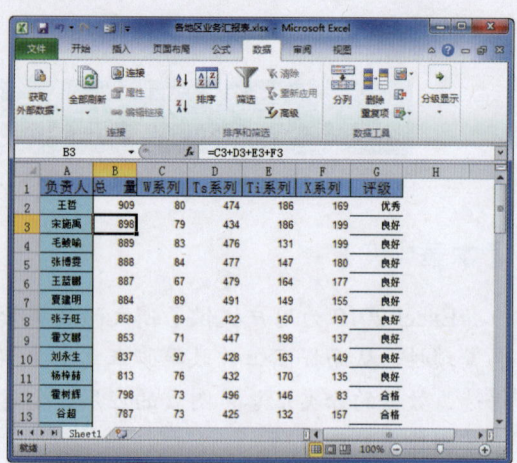

图 8-2　查看排序结果

方法 2：使用快捷菜单排序

Step 01 用鼠标右键单击 C4 单元格，在弹出的快捷菜单中选择"排序"/"升序"命令，如图 8-3 所示。

Step 02 此时，即可查看升序排序结果，如图 8-4 所示。这种方便快捷的排序适合对单一的列按照 Excel 的默认排序标准排序。

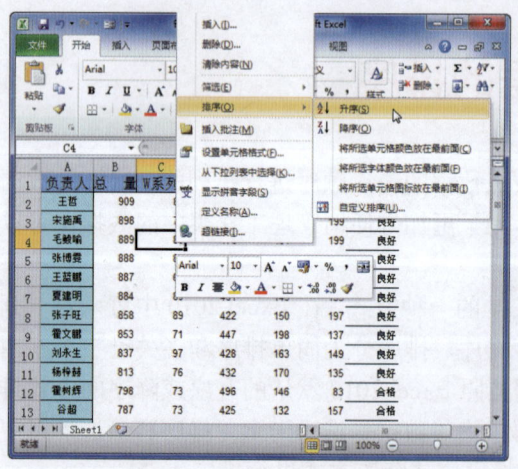

图 8-3　选择"升序"命令

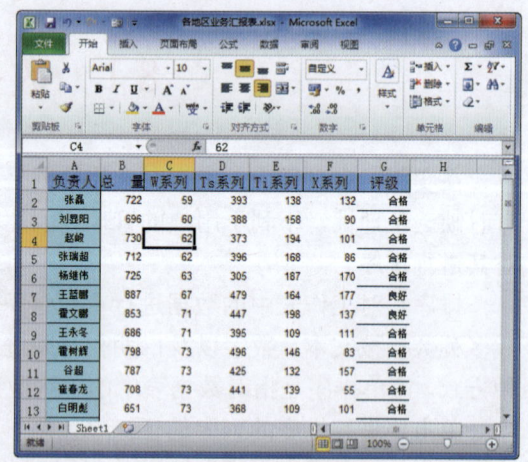

图 8-4　查看排序结果

实例 2　复杂排序

如果需要首先按某一字段进行排序，当该字段中有相同的数值时再按另一字段进行排序，就需要使用多列排序。进行多列复杂排序的具体操作方法如下。

Step 01 选择"数据"选项卡，单击"排序和筛选"组中的"排序"按钮，如图 8-5 所示。

Step 02 弹出"排序"对话框，设置"主要关键字"为"总量"，"排序依据"为"数值"，"次序"为"升序"，然后单击"添加条件"按钮，如图 8-6 所示。

数据的排序、筛选与分析　第 8 章

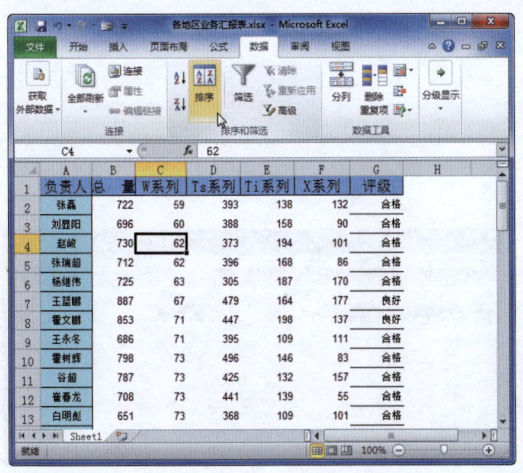

图 8-5　单击"排序"按钮

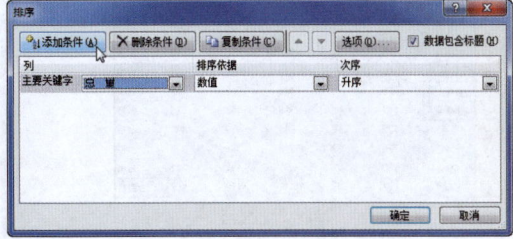

图 8-6　"排序"对话框

Step 03 设置"次要关键字"为"W 系列","排序依据"为"数值","次序"为"升序",然后单击"确定"按钮,如图 8-7 所示。

Step 04 此时,即可查看多列排序结果。当某些记录的"总量"存在相同数值时,就会比较次要列中的数值,如图 8-8 所示。

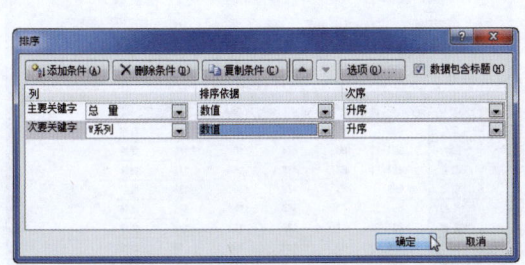

图 8-7　设置次要排序条件

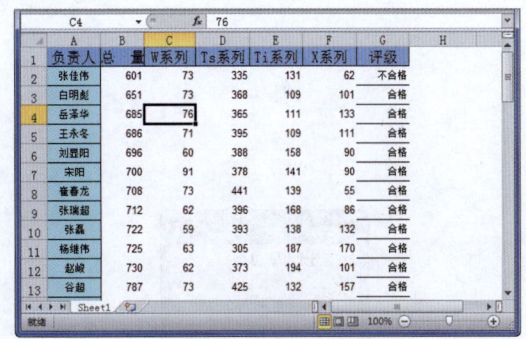

图 8-8　查看多列排序结果

实例 3　设置排序选项

通常对数字是按数值的大小进行排序,对文本则按字母先后顺序进行排序。在多列排序时,可能要使用不同的排序方法,可以修改排序的相关选项,具体操作方法如下。

Step 01 选择 A1:G24 单元格区域,选择"数据"选项卡,单击"排序和筛选"组中的"排序"按钮,如图 8-9 所示。

Step 02 弹出"排序"对话框,在"主要关键字"下拉列表框中选择"负责人"选项,然后单击"选项"按钮,如图 8-10 所示。

中文版 Office 2010 办公自动化实例教程

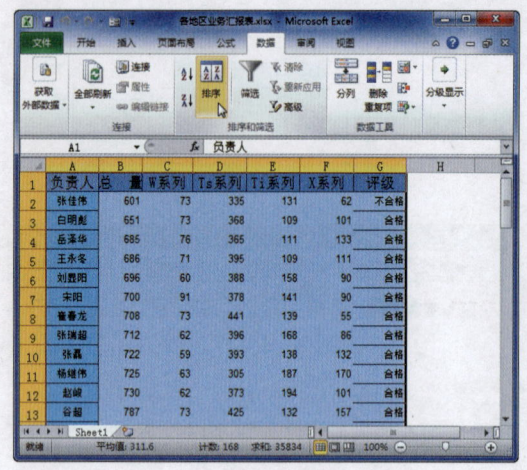

图8-9 单击"排序"按钮

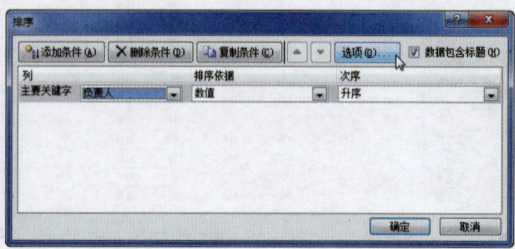

图8-10 "排序"对话框

Step 03 弹出"排序选项"对话框,选中"笔划排序"单选按钮,然后单击"确定"按钮,如图8-11所示。

Step 04 返回"排序"对话框,单击"确定"按钮,此时即可查看按照姓氏笔画排序后的结果,如图8-12所示。

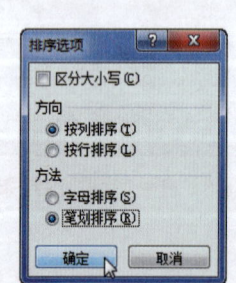

图8-11 "排序选项"对话框

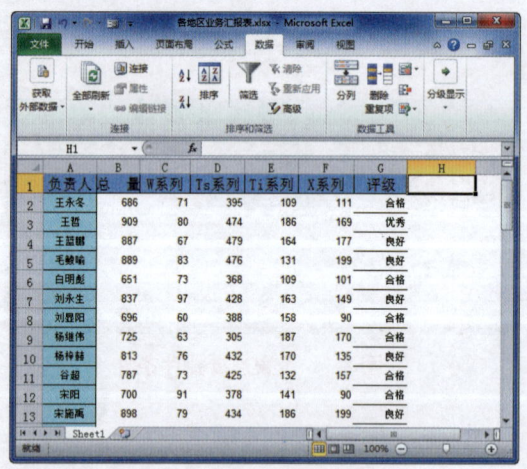

图8-12 查看排序结果

实例4 自定义排序

Excel 2010 允许用户对数据进行自定义排序,可以对排序的依据进行自定义设置,具体操作方法如下。

Step 01 选择数据列表中的 G1 单元格,在"开始"选项卡下"编辑"组中单击"排序和筛选"下拉按钮,在弹出的下拉列表中选择"自定义排序"选项,如图8-13所示。

Step 02 弹出"排序"对话框,在"主要关键字"下拉列表框中选择"评级"选项,在"次序"下拉列表框中选择"自定义序列"选项,如图8-14所示。

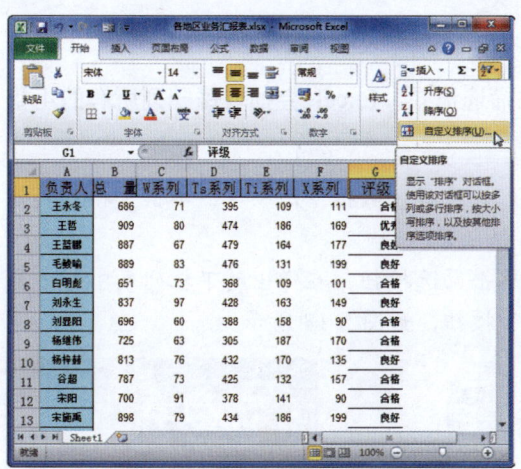

图 8-13 选择"自定义排序"选项

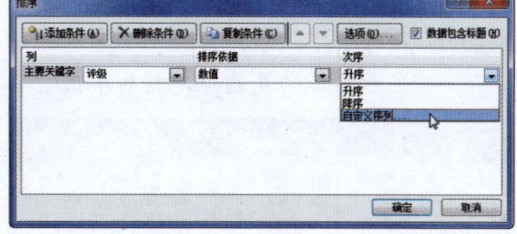

图 8-14 "排序"对话框

Step 03 弹出"自定义序列"对话框，在"输入序列"列表框中输入序列，以回车符分隔，单击"添加"按钮，然后单击"确定"按钮，如图 8-15 所示。

Step 04 返回"排序"对话框，单击"确定"按钮，即可按照自定义的序列进行排序，结果如图 8-16 所示。

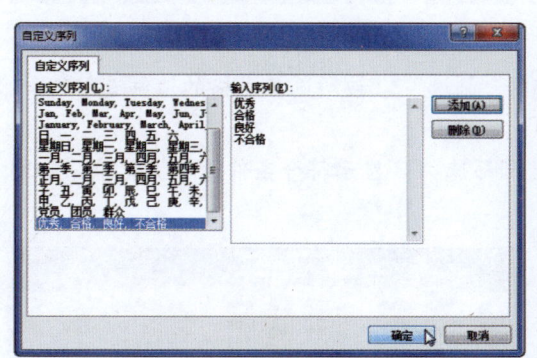

图 8-15 "自定义序列"对话框

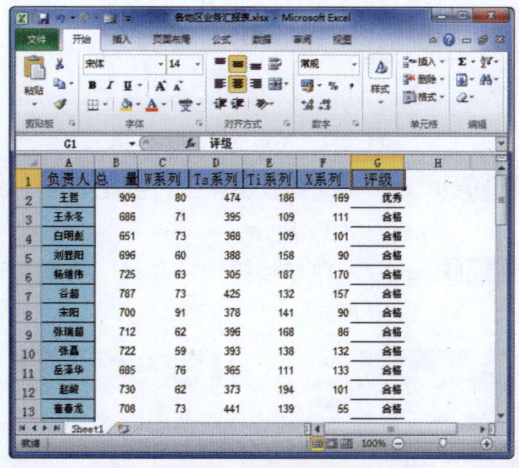

图 8-16 查看排序结果

8.2 数据的筛选

　　筛选是在多个数据中选择并显示出符合指定条件的数据，而不满足指定条件的数据将被隐藏起来。通过数据筛选功能可以快速地在数据列表中查找所需的数据，从而对相关数据进行观察和分析。本节将学习如何对表格中的数据进行项目筛选、数值筛选、文本筛选以及高级筛选等。

实例 1　项目筛选

用户可以按照列中某个或某些字段的值来筛选记录，Excel 会抽取每一列所有的不重复数据项目供用户筛选，具体操作方法如下。

Step 01　打开"素材文件\第 8 章\竞赛成绩.xlsx"，选择"数据"选项卡，单击"排序和筛选"组中的"筛选"按钮，如图 8-17 所示。

Step 02　在每个字段右侧出现一个筛选按钮，单击筛选按钮，在弹出的下拉列表中选中要显示项目的复选框，然后单击"确定"按钮，如图 8-18 所示。

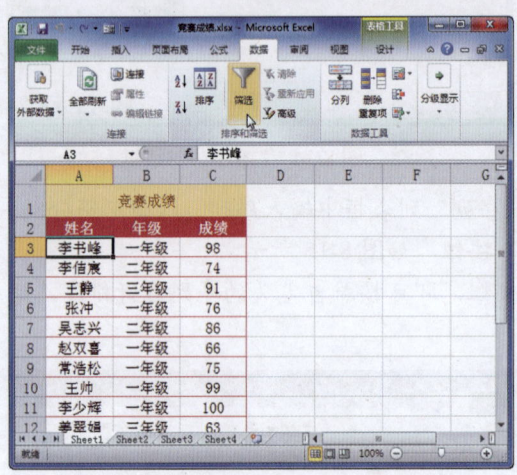

图 8-17　单击"筛选"按钮

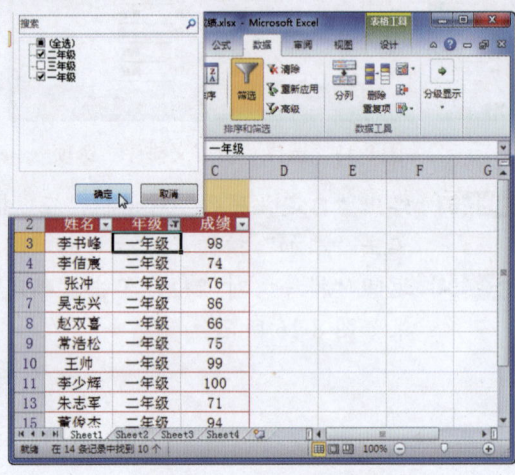

图 8-18　选择显示项目

Step 01　右击筛选列，在弹出的快捷菜单中选择"筛选"/"按所选单元格的值筛选"命令，如图 8-19 所示。

Step 02　此时，即可按照"一年级"项目来进行筛选，只显示符合条件的数据记录，如图 8-20 所示。

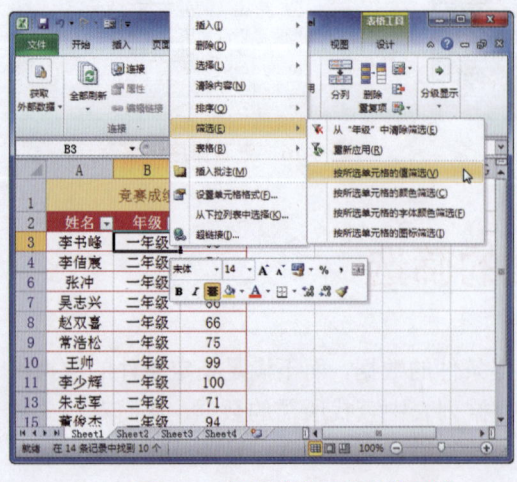

图 8-19　按所选单元格的值筛选

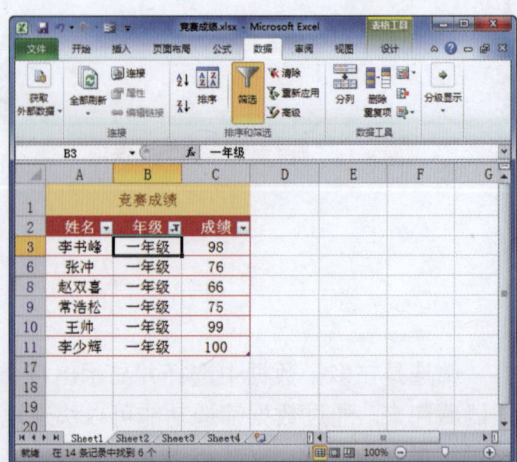

图 8-20　查看筛选结果

实例 2　数值筛选

当要筛选的数据记录在某一数值范围之间时，可以进行数值筛选，具体操作方法如下。

Step 01 单击"成绩"列右侧筛选按钮，在弹出的下拉列表中选择"数字筛选"/"大于"选项，如图 8-21 所示。

Step 02 弹出"自定义自动筛选方式"对话框，在"大于"条件右侧的下拉列表框中输入 70，然后单击"确定"按钮，如图 8-22 所示。

Step 03 此时，表格中只会显示成绩大于 70 分的学生竞赛成绩记录，如图 8-23 所示。

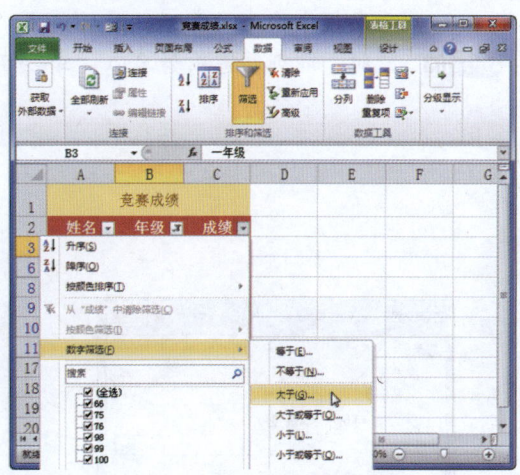

图 8-21　选择筛选条件

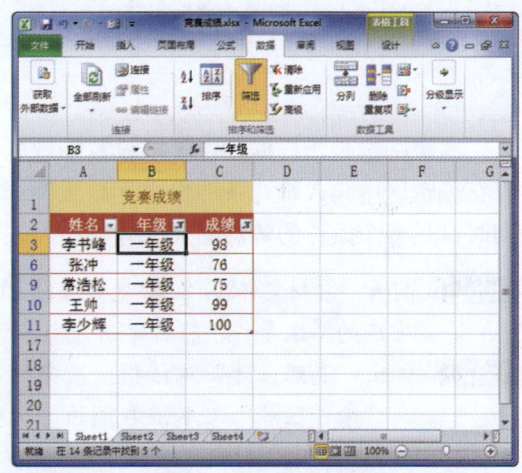

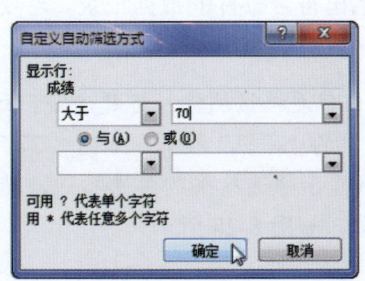

图 8-22　"自定义自动筛选方式"对话框　　　图 8-23　查看筛选结果

实例 3　文本筛选

如果要筛选的项目是文本，则可以进行文本筛选。用户可以指定筛选匹配特定格式的内容，如姓氏等，具体操作方法如下。

Step 01 单击"姓名"列右侧的筛选按钮，在弹出的下拉列表中选择"文本筛选"|"开头是"选项，如图 8-24 所示。

Step 02 弹出"自定义自动筛选方式"对话框，在"开头是"条件右侧的下拉

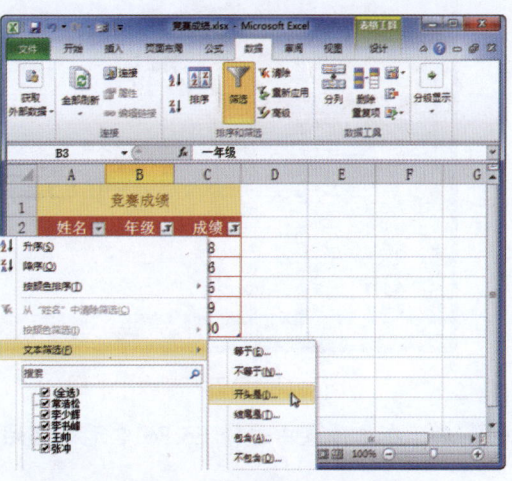

图 8-24　选择筛选条件

列表框中输入"李*",然后单击"确定"按钮,如图 8-25 所示。

Step 03 此时,即可筛选出姓名以"李"字开头的学生竞赛成绩记录,如图 8-26 所示。

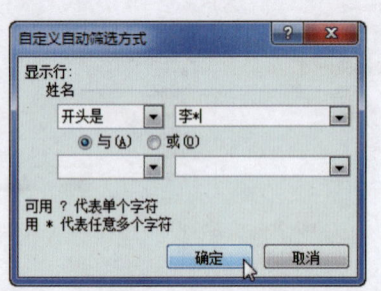

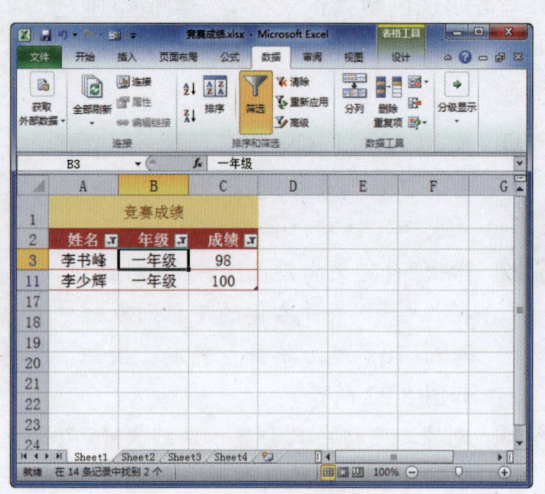

图 8-25 "自定义自动筛选方式"对话框　　　　图 8-26 查看筛选结果

实例 4　高级筛选

高级筛选是指根据条件区域设置筛选条件而进行的筛选操作。使用高级筛选时,需要先在编辑区中输入筛选条件再进行高级筛选,从而显示出符合条件的数据记录。若要筛选同时满足多个条件的数据结果,即"与"关系的筛选,具体操作方法如下。

Step 01 打开"素材文件\第 8 章\竞赛成绩.xlsx",在空白单元格区域输入标题,在下面输入对应的筛选条件,然后单击"排序和筛选"组中的"高级"按钮,如图 8-27 所示。

Step 02 弹出"高级筛选"对话框,选中"在原有区域显示筛选结果"单选按钮,然后单击"条件区域"文本框右侧的"折叠"按钮,如图 8-28 所示。

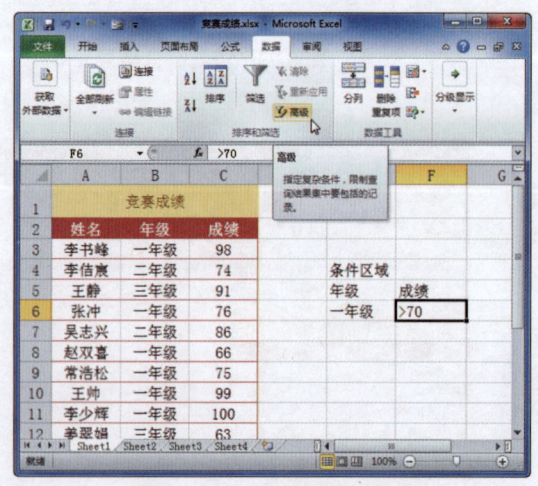

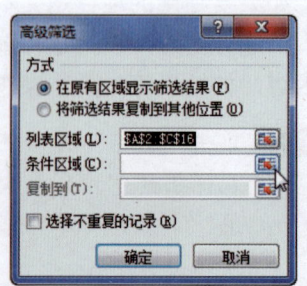

图 8-27 单击"高级"按钮　　　　图 8-28 "高级筛选"对话框

Step 03 在工作表中选择 E5:F6 单元格区域,然后单击折叠按钮,如图 8-29 所示。

Step 04 返回"高级筛选"对话框,单击"确定"按钮,即可查看学员中是"一年级"并且成绩大于70分的筛选结果,如图8-30所示。

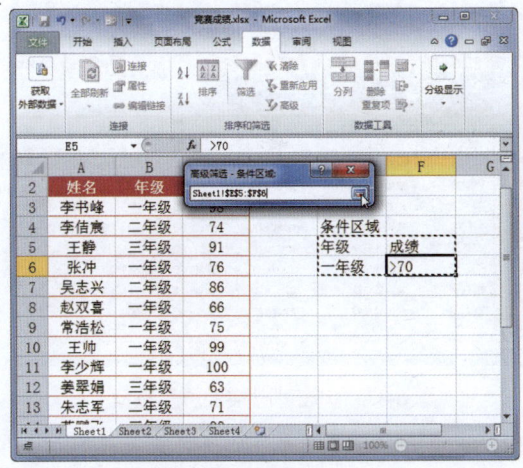

图8-29 选择条件区域

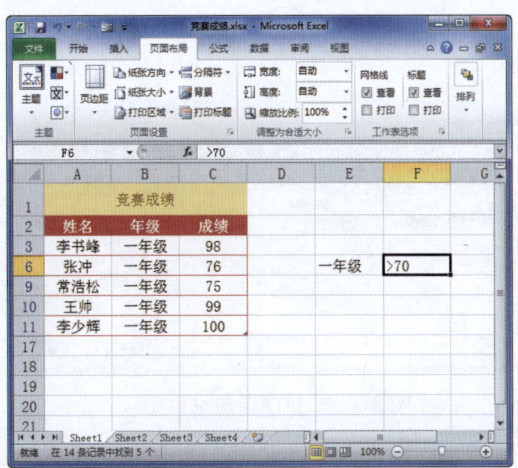

图8-30 查看筛选结果

8.3 数据的分类汇总

分类汇总是指根据指定的类别将数据以指定的方式进行统计,这样可以快速地对大型表格中的数据进行汇总与分析,以获得想要的统计数据。本节将学习分类汇总的创建、嵌套与删除的方法。

实例1 创建分类汇总

在创建分类汇总之前必须对分类的列进行排序操作,这种排序可以是升序或降序。最常用的分类汇总是求和和计数汇总。下面以创建求和分类汇总为例进行详细介绍,具体操作方法如下。

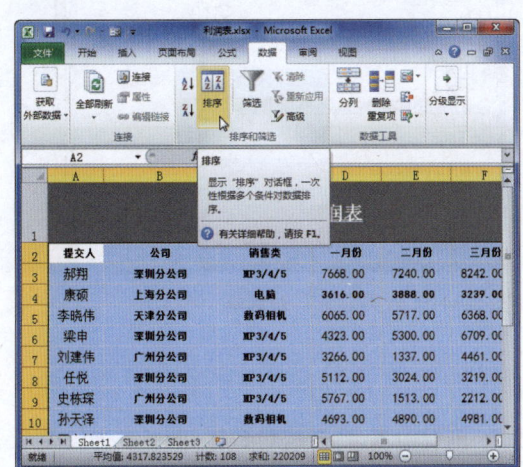

图8-31 单击"排序"按钮

Step 01 打开"素材文件\第8章\利润表.xlsx",选择A2:F19单元格区域,选择"数据"选项卡,单击"排序"按钮,如图8-31所示。

Step 02 弹出"排序"对话框,设置"主要关键字"为"销售类","排序依据"为"数值","次序"为"升序",然后单击"确定"按钮,如图8-32所示。

Step 03 选择"数据"选项卡,单击"分级显示"组中的"分类汇总"按钮,如图8-33所示。

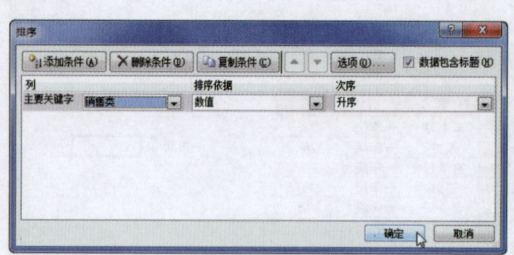

图 8-32 "排序"对话框

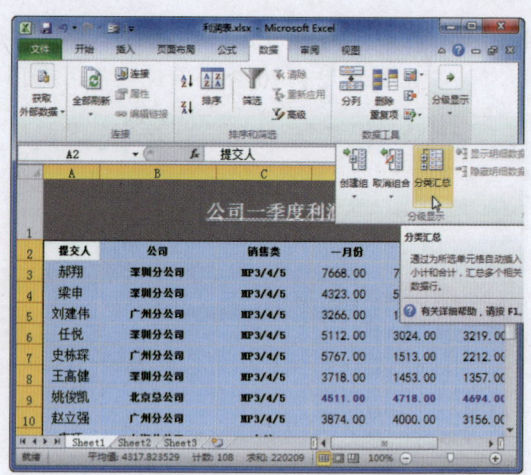

图 8-33 单击"分类汇总"按钮

Step 04 弹出"分类汇总"对话框,设置"分类字段"为"销售类",在"汇总方式"下拉列表框中选择"求和"函数,在"选定汇总项"列表框中选中汇总项,然后单击"确定"按钮,如图 8-34 所示。

Step 05 此时,即可按分类项对指定的汇总项进行汇总,查看汇总结果,如图 8-35 所示。

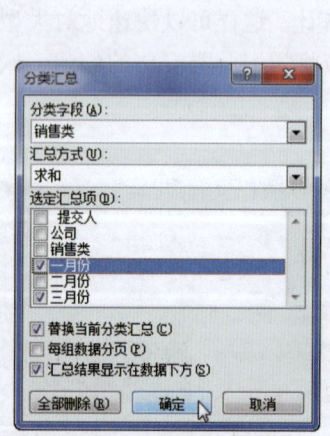

图 8-34 "分类汇总"对话框

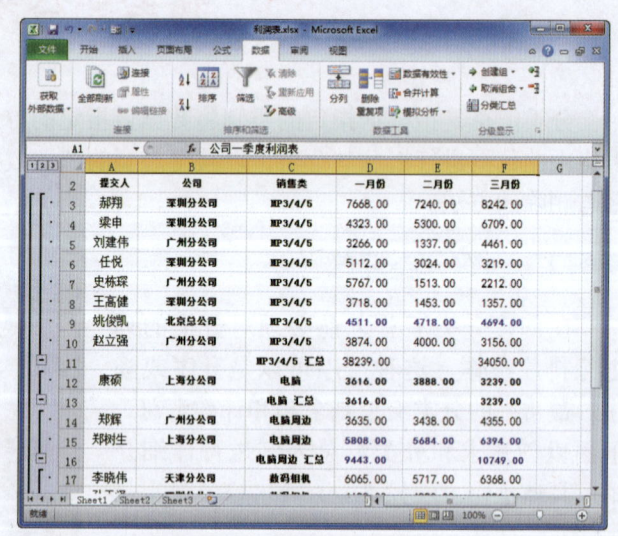

图 8-35 查看汇总结果

实例 2　嵌套分类汇总

嵌套分类汇总是对数据进行二次分类汇总,或者说对数据按两个项目进行分类。同样,嵌套分类汇总前需要进行多列排序,具体操作方法如下。

Step 01 打开"素材文件\第 8 章\利润表.xlsx",选择数据区域,选择"数据"选项卡,单击"排序"按钮,如图 8-36 所示。

Step 02 弹出"排序"对话框,设置主要关键字为"销售类","次序"为"升序",单击"添加条件"按钮,设置"次要关键字"为"公司","次序"为"降序",然后单击"确定"按钮,如图 8-37 所示。

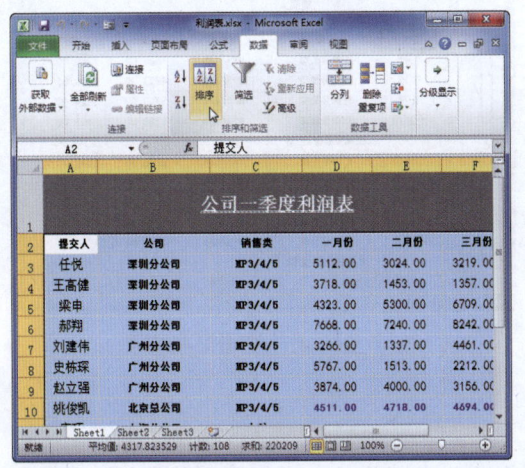

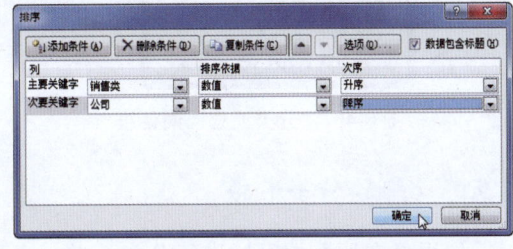

图 8-36 单击"排序"按钮　　　　　　　　图 8-37 "排序"对话框

Step 03 对数据进行排序后,单击"分级显示"组中的"分类汇总"按钮,如图 8-38 所示。

Step 04 弹出"分类汇总"对话框,设置"分类字段"为"销售类","汇总方式"为"求和","选定汇总项"为"一月份""二月份""三月份",取消选择"替换当前分类汇总"复选框,然后单击"确定"按钮,如图 8-39 所示。

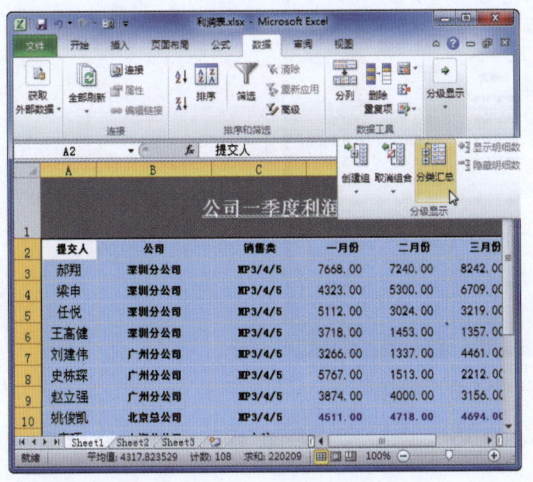

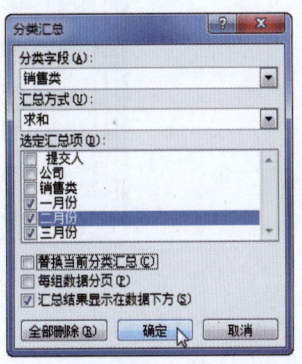

图 8-38 单击"分类汇总"按钮　　　　　　图 8-39 "分类汇总"对话框

Step 05 再次单击"分类汇总"按钮,弹出"分类汇总"对话框,设置"分类字段"为"公司","汇总方式"为"求和",选定汇总项为"一月份""二月份""三月份",然后单击"确定"按钮,如图 8-40 所示。

Step 06 此时首先对销售类进行了汇总,在同一销售类中又对不同的公司进行了汇总,汇总结果如图 8-41 所示。

中文版 Office 2010 办公自动化实例教程

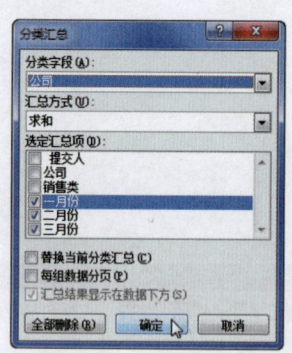

图 8-40 "分类汇总"对话框

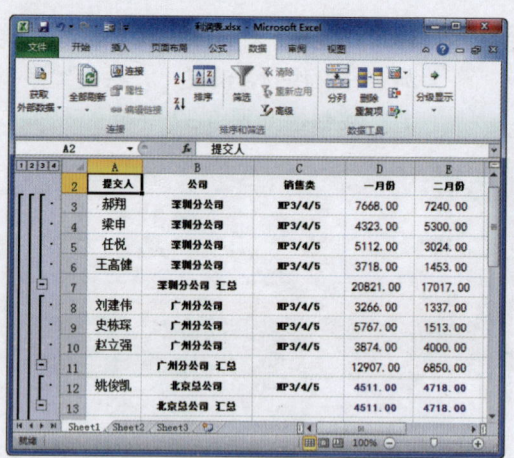

图 8-41 查看汇总结果

实例 3 删除分类汇总

如果是在原数据区域进行分类汇总，当不需要分类汇总时一般都要删除分类汇总，以便进行其他操作和分析数据。删除分类汇总的具体操作方法如下。

Step 01 选择"数据"选项卡，单击"分级显示"组中的"分类汇总"按钮，如图 8-42 所示。

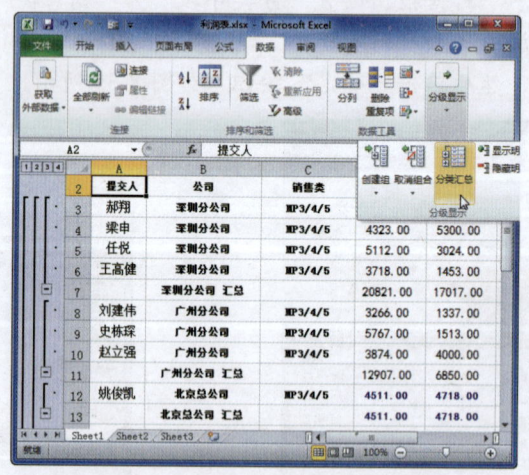

图 8-42 单击"分类汇总"按钮

Step 02 弹出"分类汇总"对话框，单击"全部删除"按钮，然后单击"确定"按钮，如图 8-43 所示。

Step 03 此时，即可查看删除分类汇总后的结果，如图 8-44 所示。

在删除分类汇总时，可以删除汇总保留原数据，但不能只保留汇总而删除原数据。

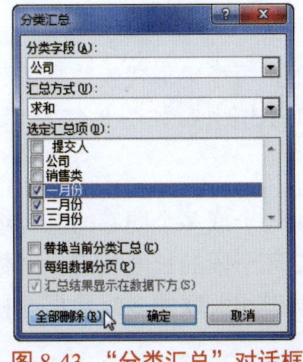

图 8-43 "分类汇总"对话框   图 8-44 查看删除分类汇总的结果

8.4 图表的应用

图表是数值的可视化表示，它作为一种非常形象、直观的表达方式，不仅可以表示各种数据数量的多少，还可以表示数量增减变化的情况，以及部分数量与总数之间的关系等信息。通过图表可以更加容易地理解枯燥的数据，更利于发现容易被忽视的趋势和模式。本节将学习如何应用图表。

一、了解图表类型

Excel 2010 提供了多种类型的图表，如柱形图、折线图、饼图、条形图、面积图、XY 散点图、股价图、曲面图、圆环图和气泡图等。基于不同的目的选用什么样的工作表，用户可以根据需要来选择合适的图表。下面将简要介绍几种常用的图表类型。

1. 柱形图

柱形图是 Excel 默认的图表类型，也是用户使用较多的一类图表。它以垂直的柱状图形来表示数据点，柱形的高度则代表数值的大小，如图 8-45 所示。

2. 折线图

折线图是用来表示数据随时间推移而变化的一类图表，其以点状图形为数据点，由左向右用直线将各点连接成折线形状，折线的起伏可以反映出数据的变化趋势，如图 8-46 所示。

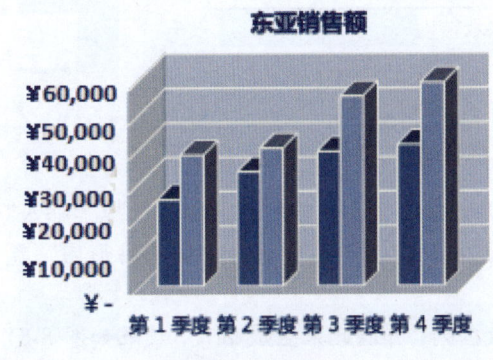

图 8-45 柱形图

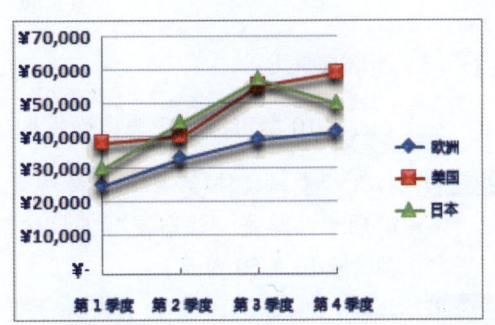

图 8-46 折线图

3. 饼图

饼图通常只有一个数据系列，它将一个圆划分为若干个扇形，每个扇形代表数据系列中的一项数据值，扇形的大小表示相应数据项占该数据系列总和的比例值，如图8-47所示。

4. 圆环图

圆环图与饼图类似，也用来描述构成比例的信息。圆环图由一个或多个同心的圆环组成，每个圆环表示一个数据系列，并划分为若干个环形段，每个环形段的长度代表一个数据值在相应数据系列中所占的比例。环形图常用来比较不同性质但相关联的多组数据的构成比例关系，如图8-48所示。

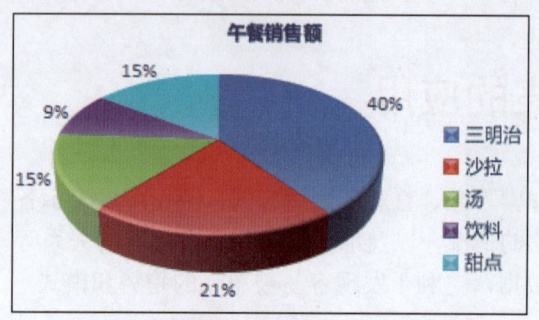

图8-47　饼图

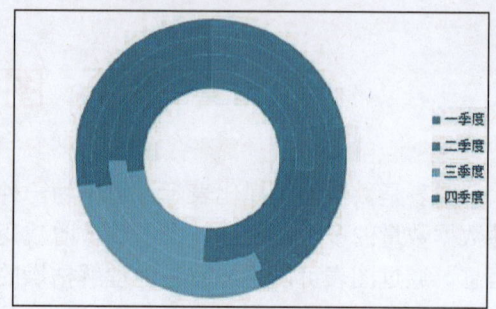

图8-48　圆环图

二、图表的基本结构

在一般情况下，图表主要包括图表区、绘图区、图例、背景、图表标题、分类轴、分类轴标题、数轴区、数轴标题区和图例标志等基本元素，如图8-49所示。

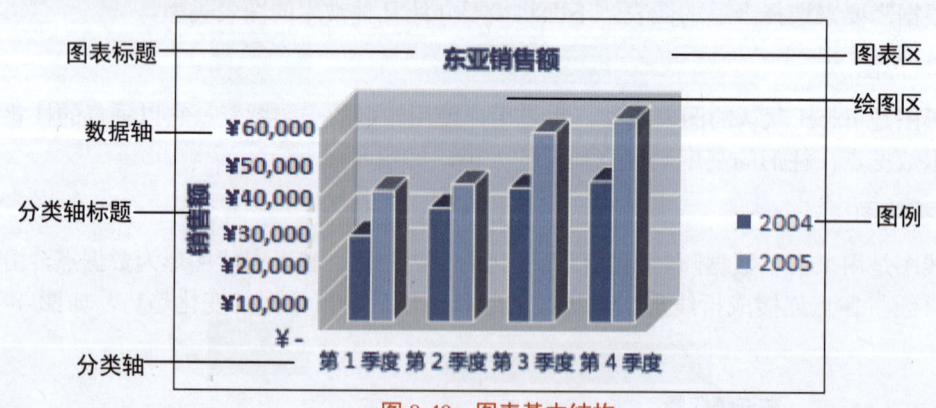

图8-49　图表基本结构

实例1　创建图表

在Excel 2010中可以基于表格数据快速地生成图表，具体操作方法如下：

Step 01 打开"素材文件\第8章\成绩统计.xlsx"，选择A2:D16单元格区域，选择"插入"选项卡，单击"柱形图"下拉按钮，在弹出的下拉列表中选择"簇状柱形图"类型，如图8-50所示。

Step 02 此时，Excel 2010会自动查找标题行和数据列，并以此来生成图表，效果如图8-51所示。

数据的排序、筛选与分析　第 8 章

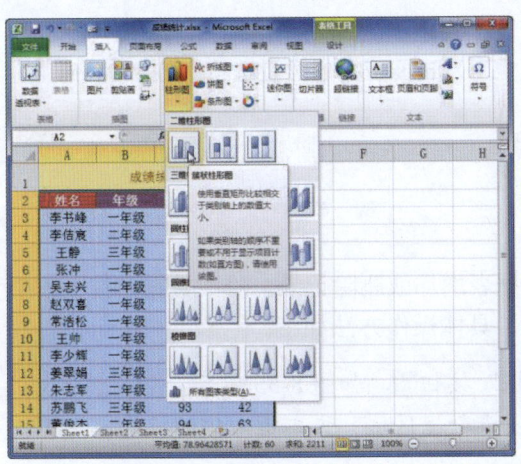

图 8-50　选择"簇状柱形图"类型

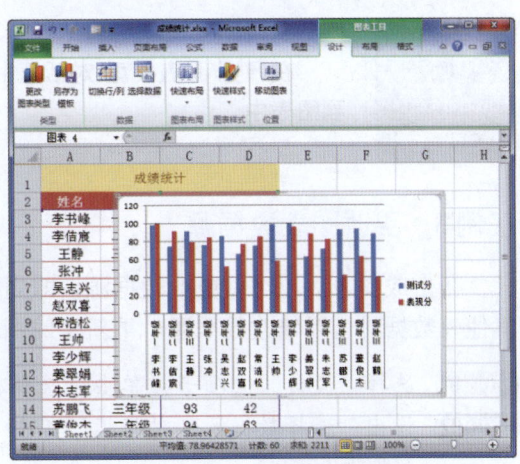

图 8-51　查看创建效果

实例 2　修改图表类型

由于不同的图表类型所能显示的信息是不同的，当需要从不同的方面来分析数据时，可以修改图表类型，以进行对比分析，具体操作方法如下。

Step 01　在图例中选择"测试分"项，选择"设计"选项卡，单击"更改图表类型"按钮，如图 8-52 所示。

Step 02　弹出"更改图表类型"对话框，在左侧列表中选择"折线图"选项，在右侧列表框中选择具体的图表类型，然后单击"确定"按钮，如图 8-53 所示。

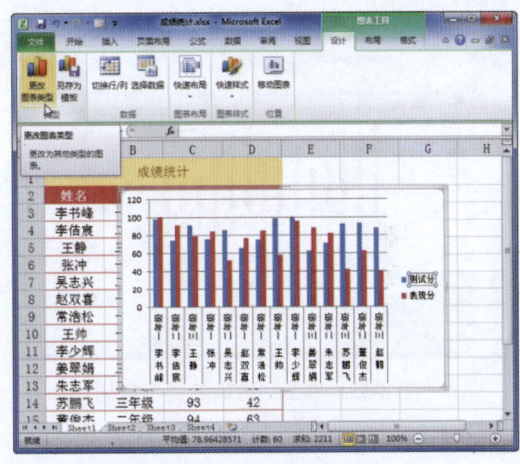

图 8-52　单击"更改图表类型"按钮

Step 03　此时，即可查看修改后的图表效果，其变成了折线图，效果如图 8-54 所示。

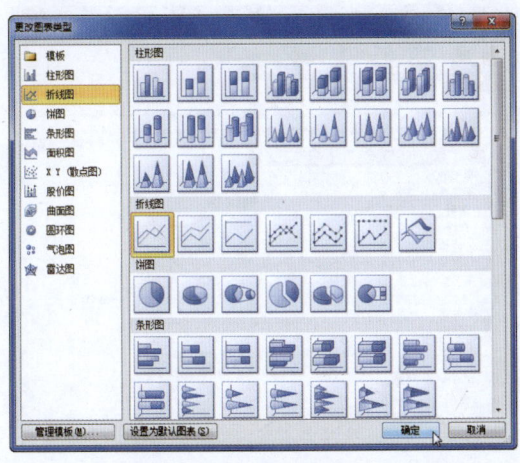

图 8-53　"更改图表类型"对话框

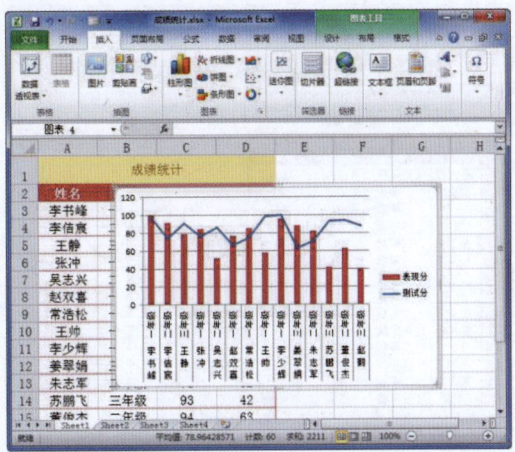

图 8-54　查看修改效果

177

在"更改图表类型"对话框中，也可双击要应用的类型选项，直接将其应用到图表中。

实例 3　更改图表数据源

在生成图表后还可以更改数据源，即当数据表增加或删除记录，修改数据，甚至改用其他表数据时可以修改数据源，重新生成图表，具体操作方法如下。

Step 01 选择"设计"选项卡，单击"选择数据"按钮，如图 8-55 所示。

Step 02 弹出"选择数据源"对话框，单击"图表数据区域"文本框右侧的折叠按钮，如图 8-56 所示。

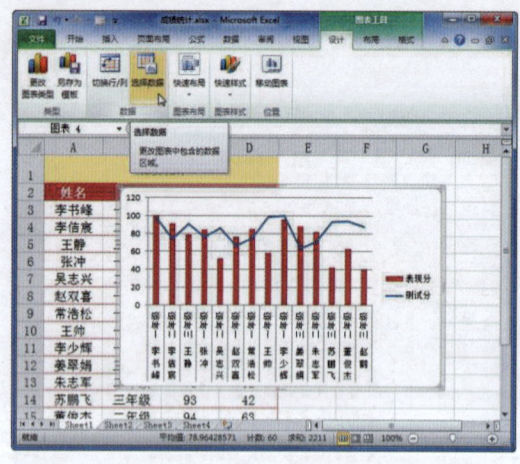

图 8-55　单击"选择数据"按钮

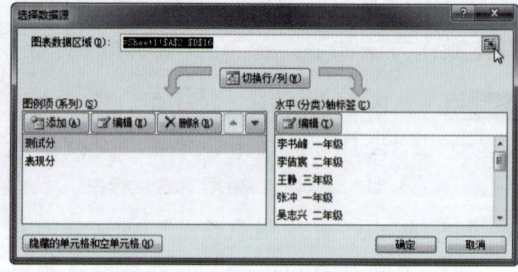

图 8-56　"选择数据源"对话框

Step 03 返回工作表，选择 A2:C10 单元格区域，再次单击折叠按钮，如图 8-57 所示。

Step 04 返回"选择数据源"对话框，单击"确定"按钮。此时，Excel 将根据新选择的数据源重新生成图表，效果如图 8-58 所示。

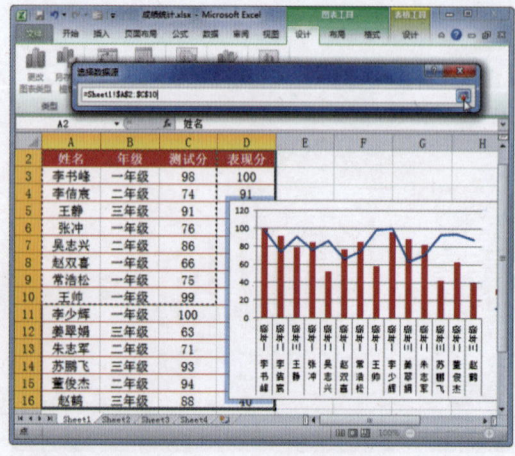

图 8-57　重新选择数据源

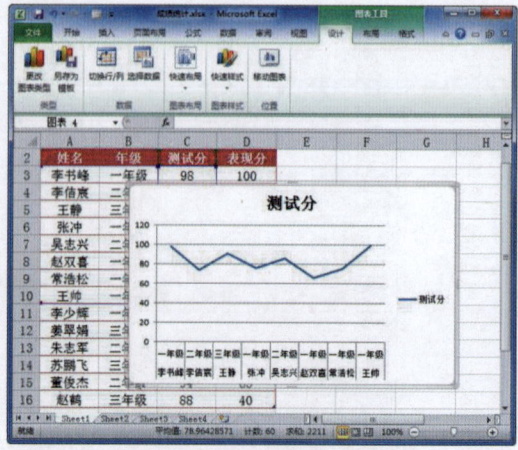

图 8-58　重新生成图表

实例 4　修改图表布局

图表布局主要包括图表中的各个元素是否显示、显示位置以及其他显示属性。修改图表布局不会影响数据图表的显示方式，只影响显示布局。修改图表布局的具体操作方法如下。

Step 01　选择"布局"选项卡，单击"标签"组中的"图例"下拉按钮，在弹出的下拉列表中选择"在底部显示图例"选项，如图8-59所示。

Step 02　此时，即可将图例的位置由图表右侧调整到图表横坐标的下方，如图8-60所示。

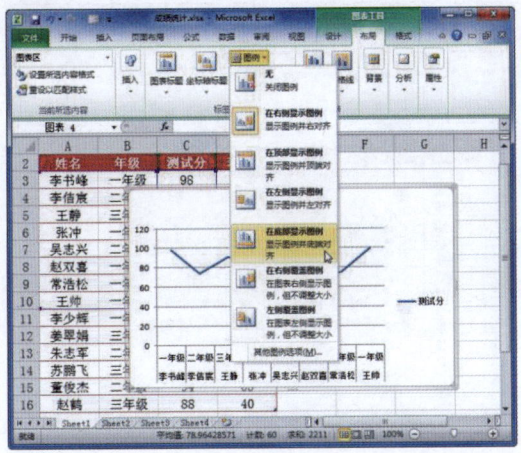

图 8-59　选择"在底部显示图例"选项　　　图 8-60　查看调整效果

Step 03　单击"坐标轴标题"下拉按钮，在弹出的下拉列表中选择"主要横坐标轴标题"｜"坐标轴下方标题"选项，如图8-61所示。

Step 04　此时，即可在横坐标轴下出现标题文本框，在其中输入新标题"年级和姓名"即可，如图8-62所示。

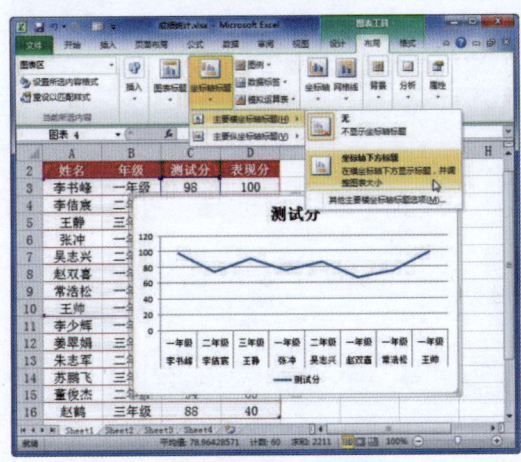
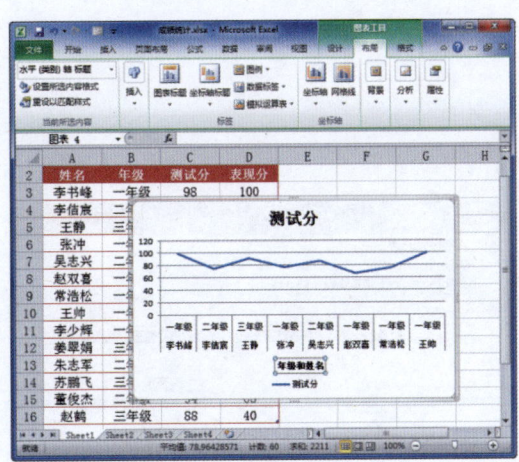

图 8-61　修改坐标轴标题　　　图 8-62　查看修改效果

实例 5　移动图表位置

在默认情况下，图表是在同一工作表内生成的。生成图表后也可以移动图表的位置，将其移至其他已有工作表或新建工作表中，具体操作方法如下。

Step 01　与其他形状相同，图表也是浮动的。拖动图表到其他位置后释放鼠标，即可移动图表位置，如图 8-63 所示。

Step 02　若要移动图表到其他工作表中，则选择"设计"选项卡，单击"移动图表"按钮，如图 8-64 所示。

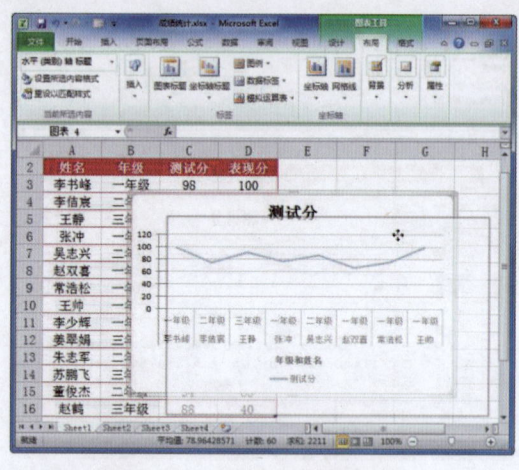

图 8-63　在工作表内移动图表　　　　图 8-64　单击"移动图表"按钮

Step 03　弹出"移动图表"对话框，选中"对象位于"单选按钮，在右侧下拉列表中选择目标工作表，然后单击"确定"按钮，如图 8-65 所示。

Step 04　此时，可以将图表移至指定的工作表中，效果如图 8-66 所示。

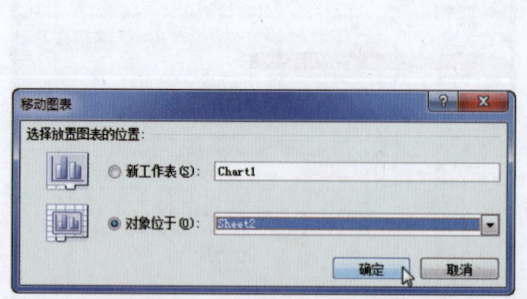

图 8-65　"移动图表"对话框

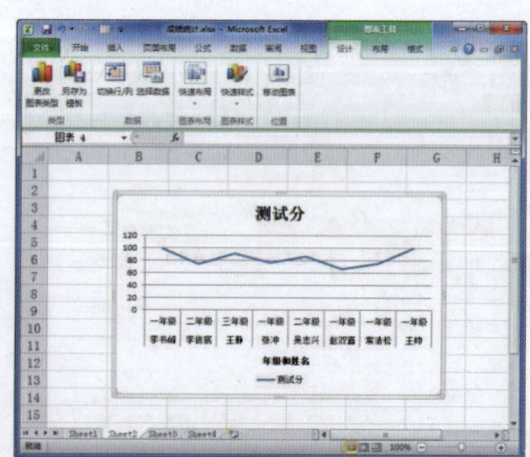

图 8-66　查看移动图表效果

实例 6　使用样式美化图表

在 Excel 2010 中自带了很多图表样式，用户可以在图表中应用这些样式，以达到美化图表的效果，具体操作方法如下。

Step 01 选择"格式"选项卡，在"当前所选内容"下拉列表中选择"图表区"选项，如图 8-67 所示。

Step 02 在"形状样式"组中的"形状样式"列表中选择一种样式，如图 8-68 所示。

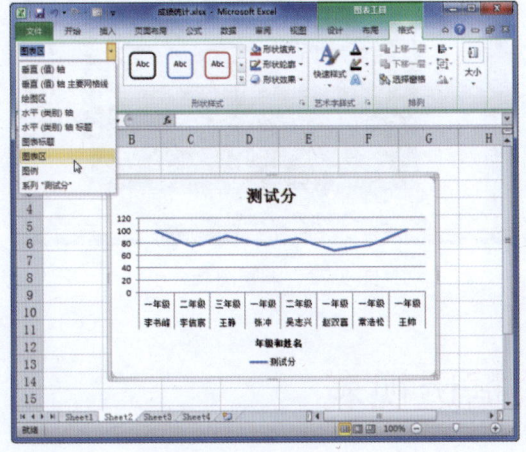

图 8-67　选择"图表区"选项　　　　图 8-68　选择形状样式

Step 03 选择图表标题，单击"快速样式"下拉按钮，在弹出的下拉列表中选择一种艺术字样式，如图 8-69 所示。

Step 04 选择绘图区，单击"形状样式"组中的"形状填充"下拉按钮，在弹出的下拉列表中选择填充颜色，如图 8-70 所示。

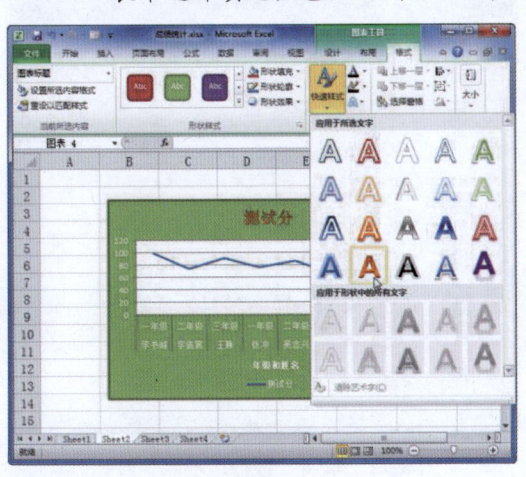 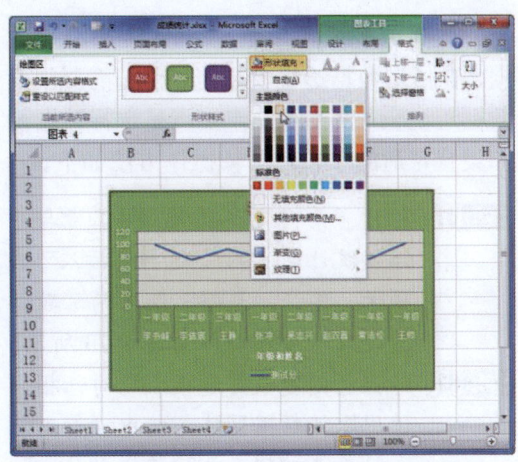

图 8-69　选择艺术字样式　　　　图 8-70　选择填充颜色

Step 05 选择图表内容，单击"形状样式"组中的"形状效果"下拉按钮，在弹出的下拉列表中选择"发光"选项，选择一种发光效果，如图 8-71 所示。

Step 06 选择图表，选择"格式"选项卡，在"大小"组中可以调整图表的高度与宽度，如图 8-72 所示。

中文版 Office 2010 办公自动化实例教程

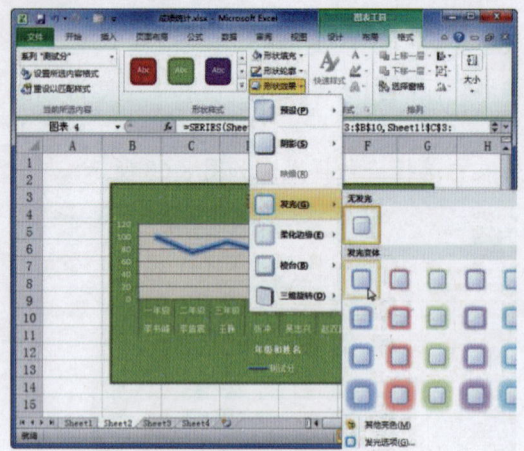

图 8-71 选择发光效果

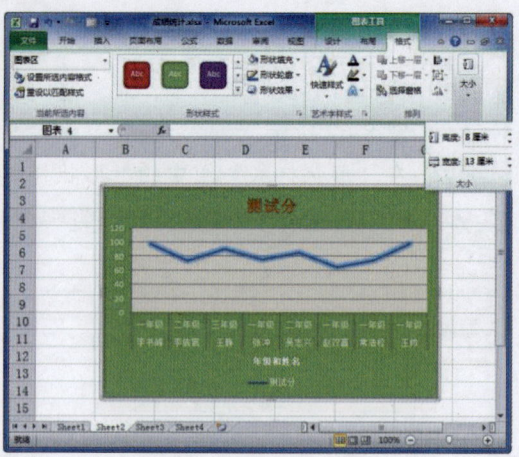

图 8-72 调整图表大小

8.5 应用数据透视表

数据透视表是一种交互式的表格，可以进行某些计算，如求和与计数等，所进行的计算与数据在数据透视表中的排列有关。通过数据透视表可以清晰地显示出数据的汇总情况，对数据的分析起到辅助的作用。本节将学习如何创建、修改与美化数据透视表。

实例 1 创建数据透视表

数据透视表可以汇总、分析和浏览数据，在使用数据透视表之前，首先需要创建数据透视表，主要的操作要点是选择数据源和设置合适的字段，具体操作方法如下。

Step 01 打开"素材文件\第 8 章\工资与年终奖统计表.xlsx"，选择"插入"选项卡，单击"表格"组中的"数据透视表"按钮，如图 8-73 所示。

Step 02 弹出"创建数据透视表"对话框，使用默认数据区域，选中"新工作表"单选按钮，然后单击"确定"按钮，如图 8-74 所示。

Step 03 弹出"数据透视表字段列表"窗格，拖动"部门"复选框到"行标签"列表框中，如图 8-75 所示。

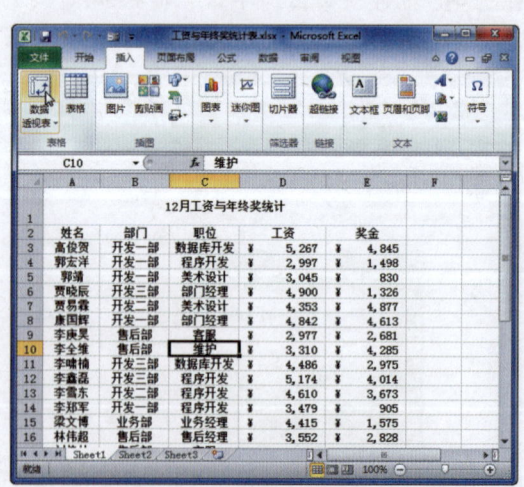

图 8-73 单击"数据透视表"按钮

数据的排序、筛选与分析　第 8 章

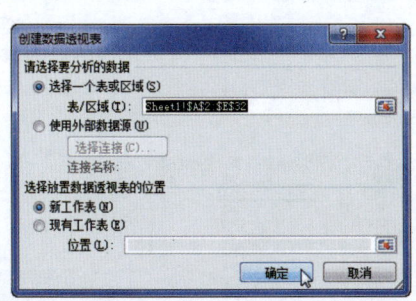

图 8-74 "创建数据透视表"对话框

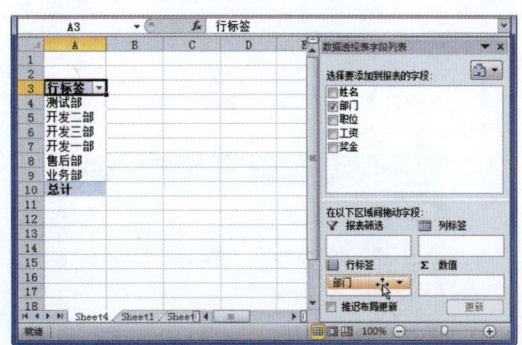

图 8-75 设置"字段"

Step 04 选中"工资"复选框,会自动添加到"数值"列表框中,同时自动生成数据透视表,如图 8-76 所示。

实例 2 修改数据透视表字段

在数据透视表中可以继续添加字段,以形成更加复杂的数据透视表,便于更好地分析数据,具体操作方法如下。

Step 01 在"数据透视表字段列表"窗格中

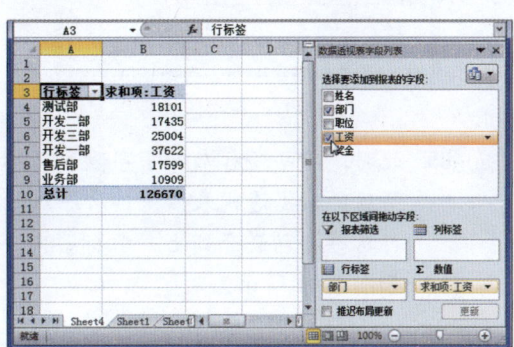

图 8-76 添加数值

右击"奖金"选项,在弹出的快捷菜单中选择"添加到值"命令,如图 8-77 所示。

Step 02 选择"选项"选项卡,单击"活动字段"组中的"字段设置"按钮,如图 8-78 所示。

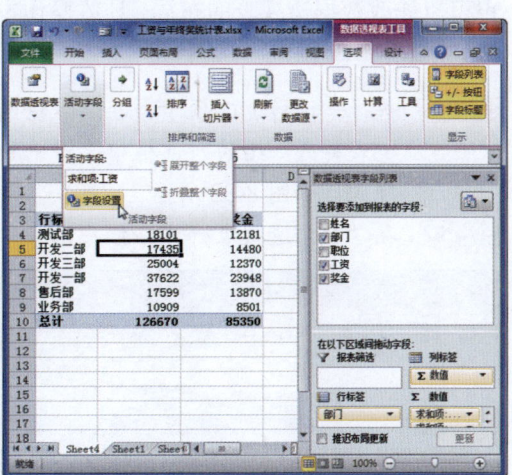

图 8-77 选择"添加到值"命令　　　　　图 8-78 单击"字段设置"按钮

Step 03 弹出"值字段设置"对话框,选择"值汇总方式"选项卡,在列表框中选择"平均值"选项,然后单击"确定"按钮,如图 8-79 所示。

Step 04 在"选择要添加到报表的字段"列表框中选中"职位"复选框,如图 8-80 所示。

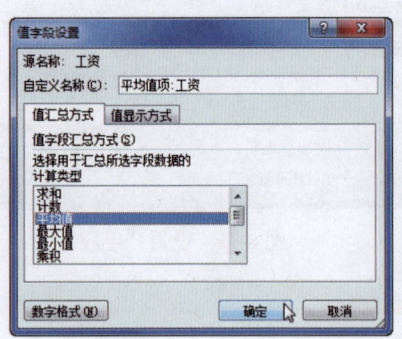

图 8-79 "值字段设置"对话框

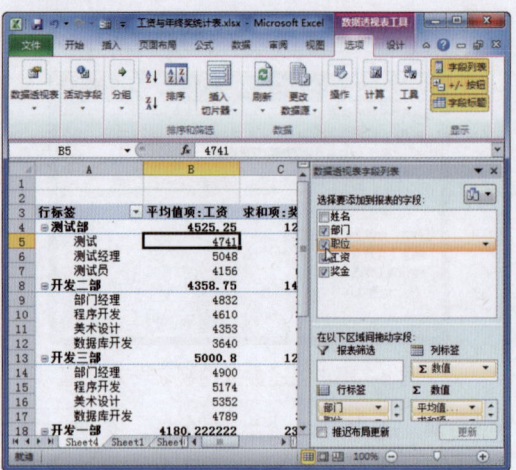

图 8-80 选中"职位"复选框

Step 05 此时，即可查看添加了字段和行标签后的数据透视表效果，后添加的行标签自动嵌套到上一级标签内，如图 8-81 所示。

实例 3　美化数据透视表

数据透视表也是一种表格，因此同样可以对其应用表格样式，添加各种效果，同样也可以修改数据透视表的布局，具体操作方法如下。

Step 01 选择"设计"选项卡，在"数据透视表样式"组的列表框中选择一种样式，如图 8-82 所示。

Step 02 在"数据透视表样式"组中选中"镶边列"复选框，如图 8-83 所示。

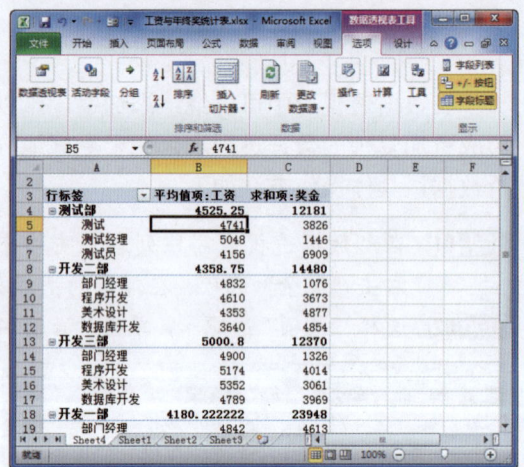

图 8-81 查看添加字段和行标签效果

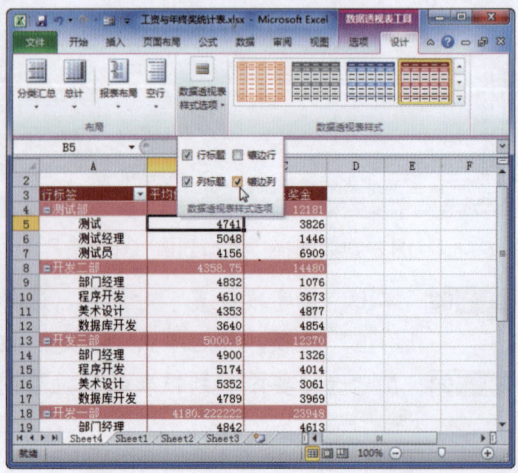

图 8-82 选择数据透视表样式　　　　图 8-83 选中"镶边列"复选框

数据的排序、筛选与分析　第 8 章

Step 03　单击"分类汇总"下拉按钮,在弹出的下拉列表中选择"在组的顶部显示所有分类汇总"选项,如图 8-84 所示。

Step 04　此时,即可查看添加了表格样式,并修改了布局的数据透视表效果,汇总项在组的上面,如图 8-85 所示。

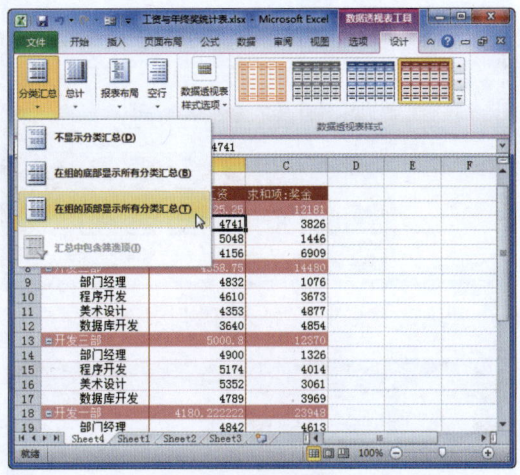

图 8-84　修改布局

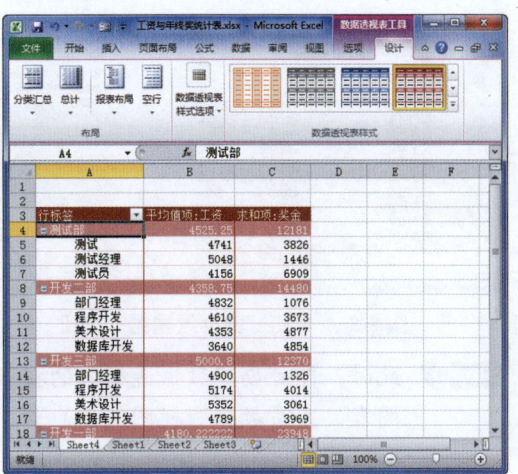

图 8-85　查看美化效果

8.6　应用数据透视图

数据透视图是以图形的形式显示数据透视表中的数据。和数据透视表一样,用户也可以更改数据透视图中的布局和数据,更改完成后相关联的数据和布局将立即在数据透视图中反映出来。本节将学习如何创建与编辑数据透视图。

实例 1　创建数据透视图

创建数据透视图的方法与创建普通图表的方法相似,不同之处在于它是在数据透视表的基础上生成的,数据透视图的图表类型与普通图表的类型相同。

创建数据透视图的具体操作方法如下。

Step 01　选择数据透视表中的任意一个单元格,选择"选项"选项卡,单击"工具"组中的"数据透视图"按钮,如图 8-86 所示。

Step 02　弹出"插入图表"对话框,选择"簇状柱形图"类型,然后单击"确定"按钮,如图 8-87 所示。

中文版 Office 2010 办公自动化实例教程

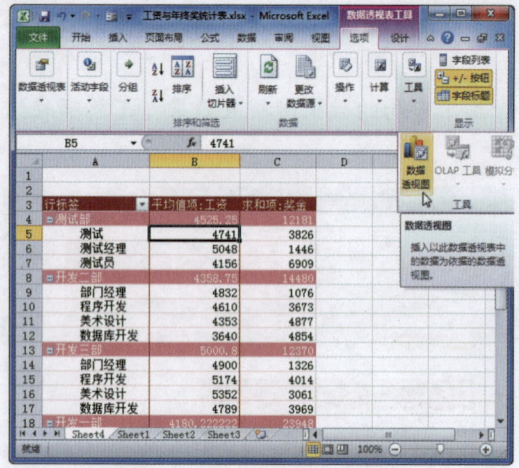

图 8-86 单击"数据透视图"按钮

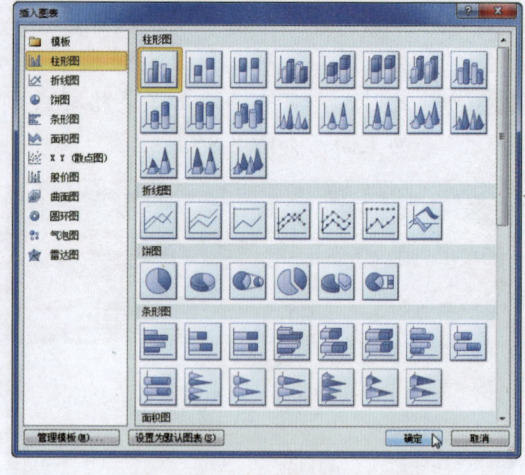

图 8-87 "插入图表"对话框

Step 03 此时，即可创建数据透视表的柱状图表，查看数据透视图效果，如图 8-88 所示。

实例 2 编辑数据透视图

创建数据透视图后，还可以对其进行编辑操作。编辑数据透视图与编辑一般图表相似，具体操作方法如下。

Step 01 选择"分析"选项卡，单击"显示/隐藏"组中的"字段列表"按钮，在弹出的窗格中取消选择"职位"复选框，如图 8-89 所示。

Step 02 选择"格式"选项卡，在"形状样式"组中的列表框中选择一种新样式，如图 8-90 所示。

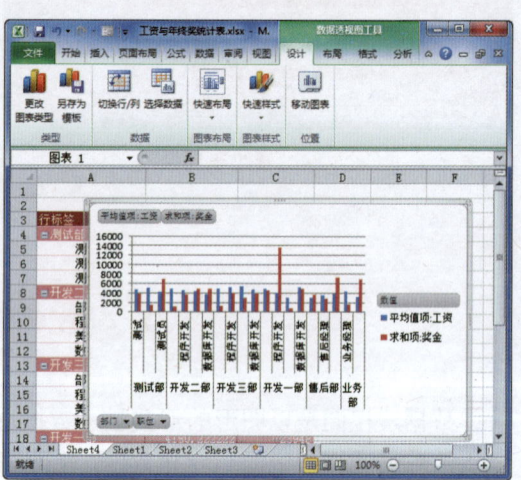

图 8-88 查看数据透视图效果

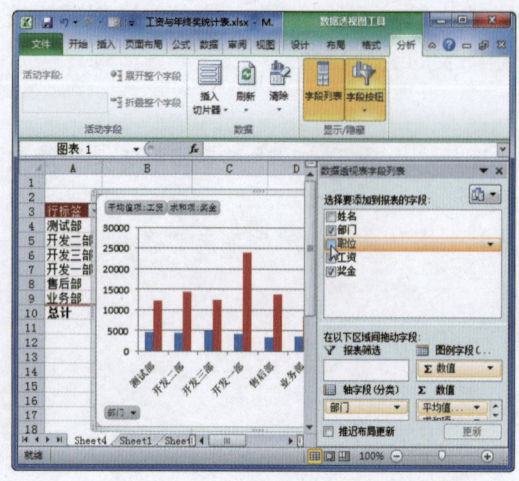

图 8-89 取消选择"职位"复选框

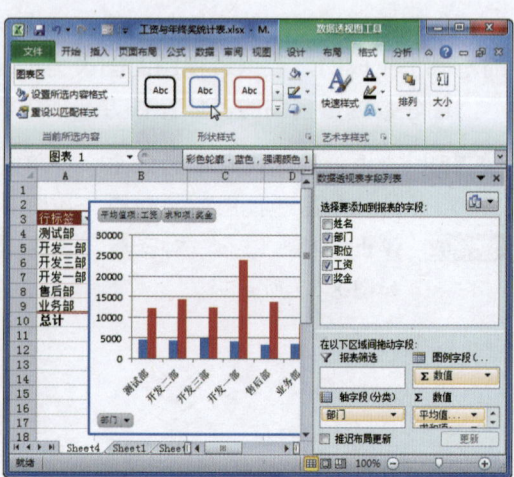

图 8-90 选择新样式

Step 03 选择"分析"选项卡，单击"字段按钮"下拉按钮，在弹出的下拉列表中取消选择"显示值字段按钮"复选框，如图8-91所示。

Step 04 选择"设计"选项卡，单击"位置"组中的"移动图表"按钮，如图8-92所示。

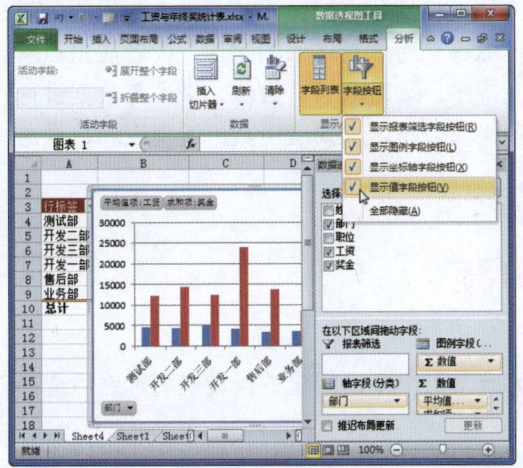
图 8-91 取消选择"显示值字段按钮"复选框

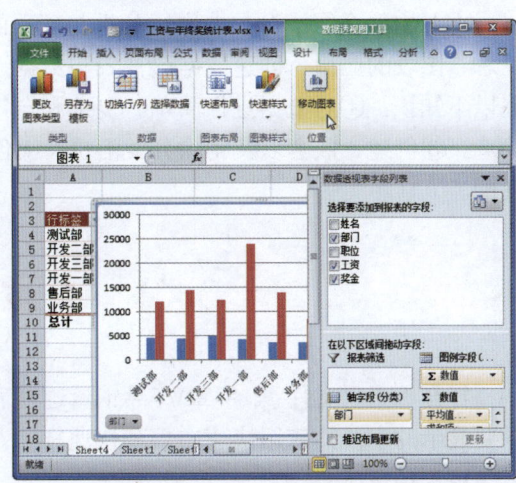
图 8-92 单击"移动图表"按钮

Step 05 弹出"移动图表"对话框，选中"对象位于"单选按钮，在右侧的下拉列表框中选择目标工作表，然后单击"确定"按钮，如图8-93所示。

Step 06 此时，即可查看对数据透视图进行各项编辑操作之后的效果，如图8-94所示。

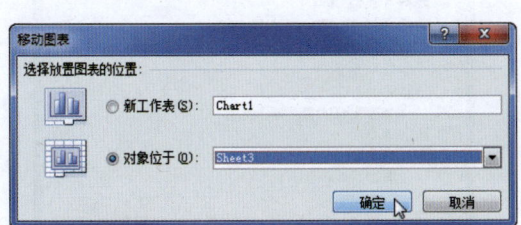
图 8-93 "移动图表"对话框

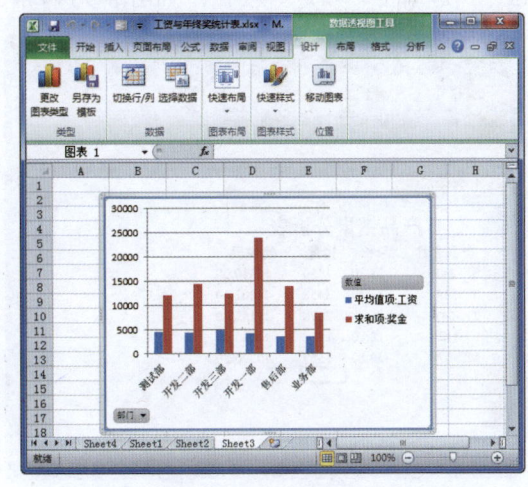
图 8-94 查看设置效果

专家指导
Expert guidance

选中数据透视图，在"分析"选项卡下的"显示/隐藏"组中单击"字段按钮"按钮即可去掉数据透视图上的字段按钮。

中文版 Office 2010 办公自动化实例教程

本章小结

本章主要介绍了对数据进行分析与处理的方法,包括数据的排序和筛选、数据的分类汇总、图表的应用、创建数据透视表与数据透视图等。通过对本章的学习,读者应重点掌握以下知识:①对数据进行简单、复杂和自定义排序。②对项目、数值、文本等数据进行筛选。③创建、嵌套以及删除分类汇总。④创建并编辑图表。⑤应用数据透视表和数据透视图。

本章习题

打开"素材文件\第 8 章\产品销量透视表.xlsx"工作簿,创建数据透视图,然后选择需要显示的字段,应用快速布局和快速样式。

操作提示:

1. 选择"插入"选项卡,在"表格"组中单击"数据透视表"下拉按钮,在弹出的下拉列表中选择"数据透视图"选项,如图 8-95 所示。

2. 弹出"创建数据透视表"对话框,选择源数据区域,并选中"新工作表"单选按钮,然后单击"确定"按钮,如图 8-96 所示。

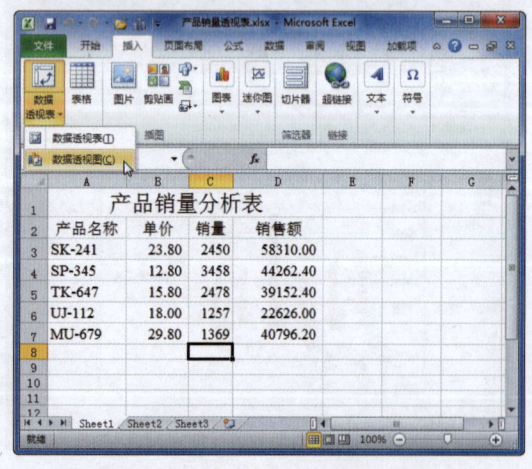
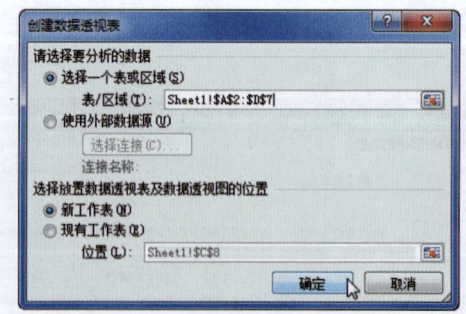

图 8-95 选择"数据透视图"选项　　　　　图 8-96 "创建数据透视表"对话框

3. 在"数据透视表及字段列表"面板中选中"产品名称""销售额"复选框,在透视图框架中即可显示相应的内容,如图 8-97 所示。

4. 选择"设计"选项卡,在"图表布局"组中单击"快速布局"下拉按钮,在弹出的下拉列表中选择"布局 10"选项,如图 8-98 所示。

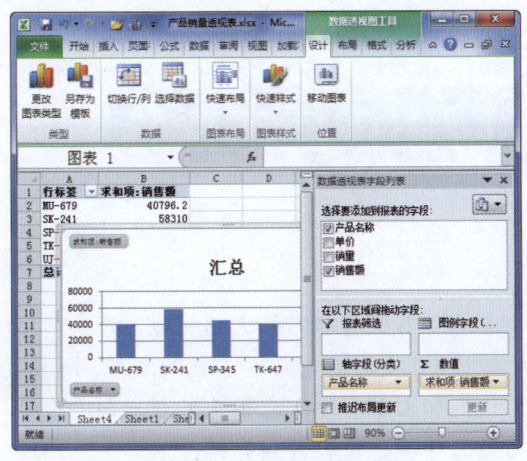

图 8-97 选择显示字段

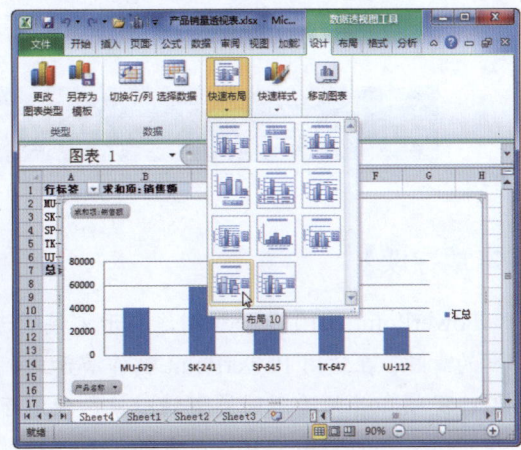

图 8-98 选择快速布局

5. 选择"设计"选项卡,在"图表样式"组中单击"快速样式"下拉按钮,在弹出的下拉面板中选择"样式 46"选项,如图 8-99 所示。

6. 此时,即可应用快速样式,数据透视图效果如图 8-100 所示。

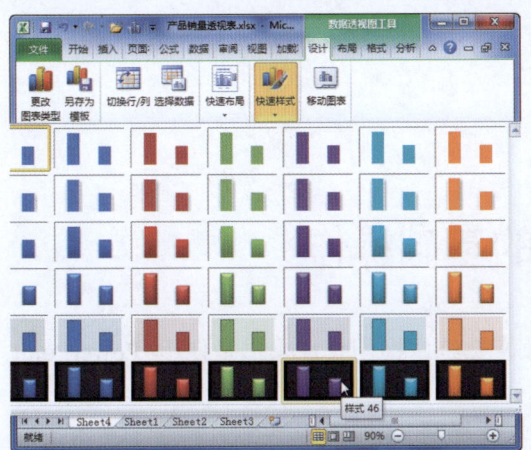

图 8-99 选择快速样式

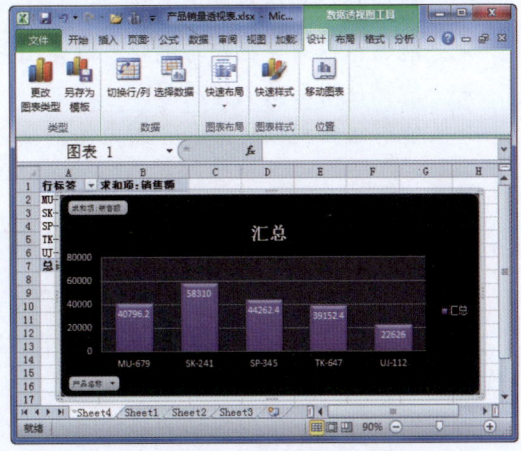

图 8-100 查看应用样式的效果

第 9 章　PowerPoint 2010 基本操作

【本章导读】

　　PowerPoint 2010 是一款制作演示文稿的专业软件，其拥有非常强大的功能，深受广大用户的青睐。在使用 PowerPoint 制作演示文稿的过程中，支持在幻灯片中插入文本、图片、图形、视频和音频等不同类型的对象，使演示文稿更加生动有趣，富有吸引力。本章将对制作演示文稿时常用幻灯片对象的插入、编辑与删除等操作进行详细介绍。

【本章目标】

- 能够新建、移动、复制和删除幻灯片。
- 能够在幻灯片中添加文字。
- 能够插入和编辑数据表格。
- 能够根据需要插入与编辑多媒体图片。
- 能够使用形状制作图形。
- 能够编辑视频文件和音频文件。

9.1　幻灯片的基础操作

　　幻灯片是制作演示文稿时的基本操作对象，熟练掌握幻灯片操作是使用 PowerPoint 制作演示文稿的重要前提。

　　每张幻灯片一般至少包括两部分内容：幻灯片标题（用来表明主题）和若干文本条目（用来论述主题）。另外，还可以包括图形、表格等其他对于论述主题有帮助的内容。在利用 PowerPoint 2010 创建的演示文稿中，为了方便使用者，还为每张幻灯片配备了备注栏，在其中可以添加备注信息，在演示文稿播放过程中对使用者起提示作用。PowerPoint 还可以将演示文稿中每张幻灯片中的主要文字说明自动组成演示文稿的大纲，以方便使用者查看和修改。常见的演示文稿类型有以下 3 种。

- **制作报告**：利用 PowerPoint 制作报告，可以使与会者集中精力听介绍者解说。
- **制作课件**：老师可以使用 PowerPoint 将要在课堂上讲述的知识点制作成演示文稿。一部带有动画、音乐等多媒体元素的幻灯片能够激发学生的兴趣，从而提高学习效率。
- **各种介绍说明**：作为一个销售人员或者售前工程师，在为客户介绍公司背景和产品时，使用这种集介绍性文字、公司图片和产品图片于一体的演示文稿，可以加深客户对公司产品的认识，从而提高公司的可信度。

实例 1　新建幻灯片

默认新建的演示文稿只带有默认版式的几张幻灯片，往往不能满足实际制作演示文稿的需要。新建幻灯片可以选择不同的版式和效果，具体操作方法如下。

Step 01　选择"开始"选项卡，单击"新建幻灯片"下拉按钮，在弹出的下拉列表中选择"两栏内容"选项，如图 9-1 所示。

Step 02　此时，即可使用当前模板样式创建一张空白版式的幻灯片，如图 9-2 所示。

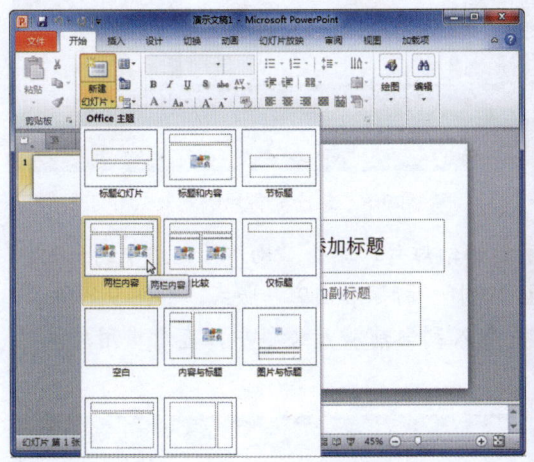
图 9-1　选择"两栏内容"选项

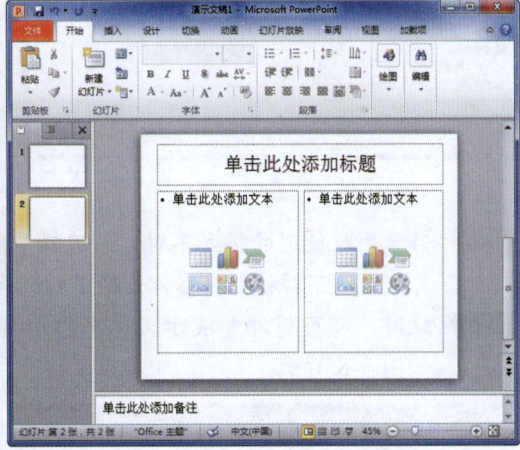
图 9-2　查看新建幻灯片效果

Step 03　也可将外部幻灯片作为新幻灯片进行导入。单击"新建幻灯片"下拉按钮，在弹出的下拉列表中选择"重用幻灯片"选项，如图 9-3 所示。

Step 04　弹出"重用幻灯片"窗格，单击"浏览"下拉按钮，在弹出的下拉列表中选择"浏览文件"选项，如图 9-4 所示。

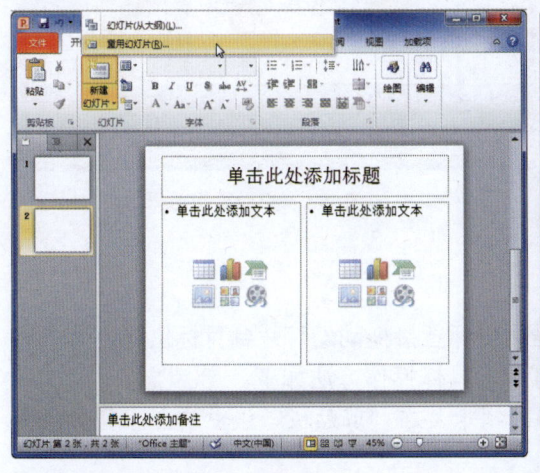
图 9-3　选择"重用幻灯片"选项

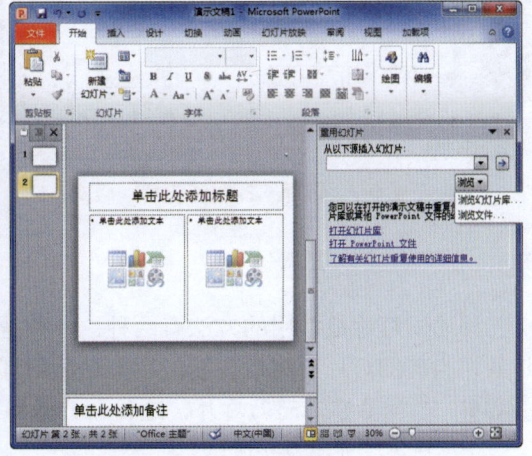
图 9-4　选择"浏览文件"选项

Step 05　弹出"浏览"对话框，查找并选择幻灯片文件，然后单击"打开"按钮，如图 9-5 所示。

Step 06　此时，在"重用幻灯片"窗格中即可预览幻灯片，单击要重用的幻灯片，如"幻灯片 1"，如图 9-6 所示。

中文版 Office 2010 办公自动化实例教程

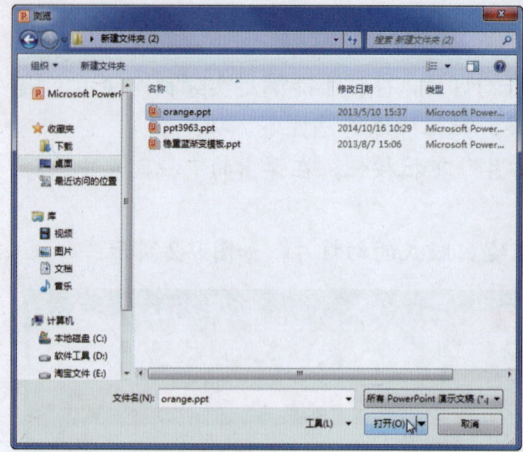

图 9-5 "浏览"对话框

图 9-6 单击要重用的幻灯片

Step 07 若重用时使用的版式不对，则选择重用后的幻灯片，单击"幻灯片"组中的"幻灯片版式"下拉按钮，在弹出的下拉列表中选择"标题和内容"版式，如图 9-7 所示。

Step 08 此时，即可将外部演示文稿中的幻灯片导入到当前演示文稿中，查看重用效果，如图 9-8 所示。

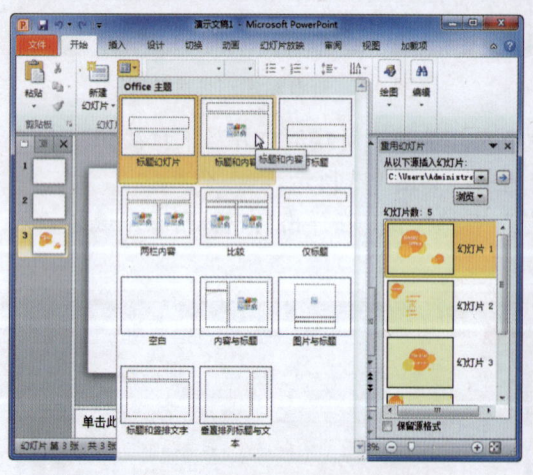

图 9-7 选择"标题和内容"版式

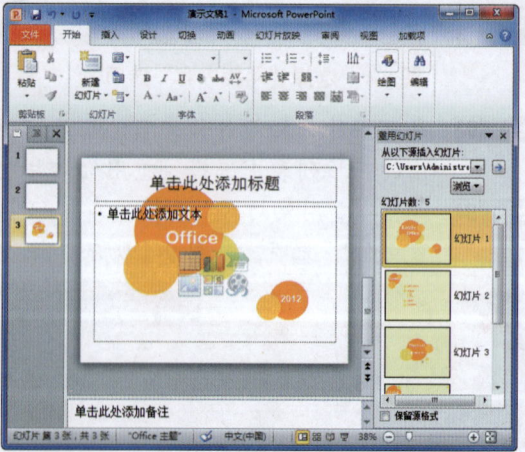

图 9-8 查看重用效果

实例 2 移动幻灯片

移动幻灯片最常用的方法有两种：一种是用鼠标直接拖动幻灯片到目标位置，另一种是剪切当前幻灯片，然后在新位置上粘贴幻灯片，具体操作方法如下。

Step 01 选择要移动的幻灯片，选择"开始"选项卡，在"剪贴板"组中单击"剪切"按钮，如图 9-9 所示。

Step 02 选择一张幻灯片，单击"粘贴"下拉按钮，在弹出的下拉列表中单击"保留源格式"按钮，即可移动幻灯片，如图 9-10 所示。

PowerPoint 2010 基本操作　第 9 章

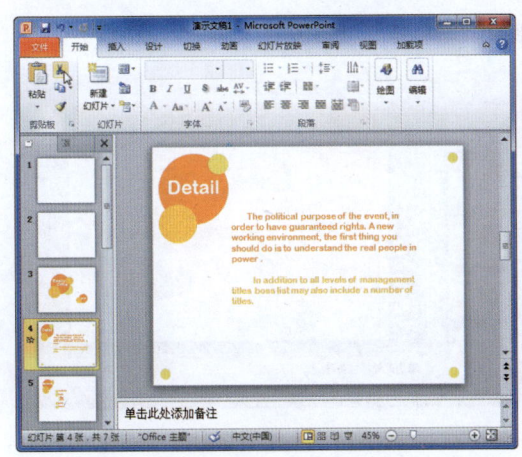

图 9-9　单击"剪切"按钮

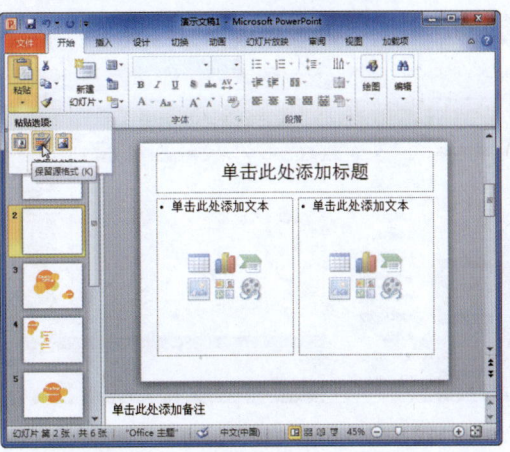

图 9-10　单击"保留源格式"按钮

实例 3　复制幻灯片

在制作演示文稿的过程中，可能有几张幻灯片的版式和背景等都是相同的，只是其中的部分文本不同而已。这时只需复制幻灯片，然后对复制后的幻灯片进行修改即可。复制幻灯片的具体操作方法如下。

Step 01　右击要复制的幻灯片，在弹出的快捷菜单中选择"复制幻灯片"命令，如图 9-11 所示。

Step 02　此时，即可复制一张幻灯片。这种复制方法会在当前幻灯片的后面粘贴所复制的幻灯片，如图 9-12 所示。

图 9-11　选择"复制幻灯片"命令

图 9-12　查看复制幻灯片效果

实例 4　删除幻灯片

当不再需要某些幻灯片时，可以将其删除。首先选择要删除的幻灯片，然后可以通过不同的方法实现删除操作，具体操作方法如下。

Step 01　右击要删除的幻灯片，在弹出的快捷菜单中选择"删除幻灯片"命令，如图 9-13 所示。

中文版 Office 2010 办公自动化实例教程

Step 02 此时，即可将选中的幻灯片删除，如图 9-14 所示。

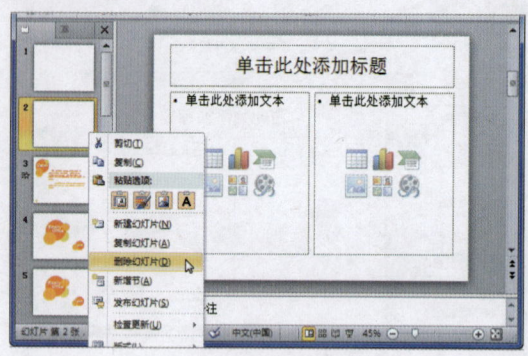

图 9-13 选择"删除幻灯片"命令

图 9-14 查看删除幻灯片效果

9.2 添加幻灯片文字

文字是幻灯片中最常用、最重要的内容。在幻灯片中不能直接输入文字，而必须将其放在一个容器中，如文本框、占位符、形状或 SmartArt 形状中。本节将学习如何在幻灯片中添加文字。

实例 1 使用文本框添加文字

使用文本框在幻灯片中添加文字的具体操作方法如下。

Step 01 打开"素材文件\第 9 章\产品与企业.pptx"，选择第 4 张幻灯片，选择"插入"选项卡，单击"文本框"下拉按钮，在弹出的下拉列表中选择"横排文本框"选项，如图 9-15 所示。

Step 02 在幻灯片编辑窗口中拖动鼠标，即可绘制一个文本框，如图 9-16 所示。

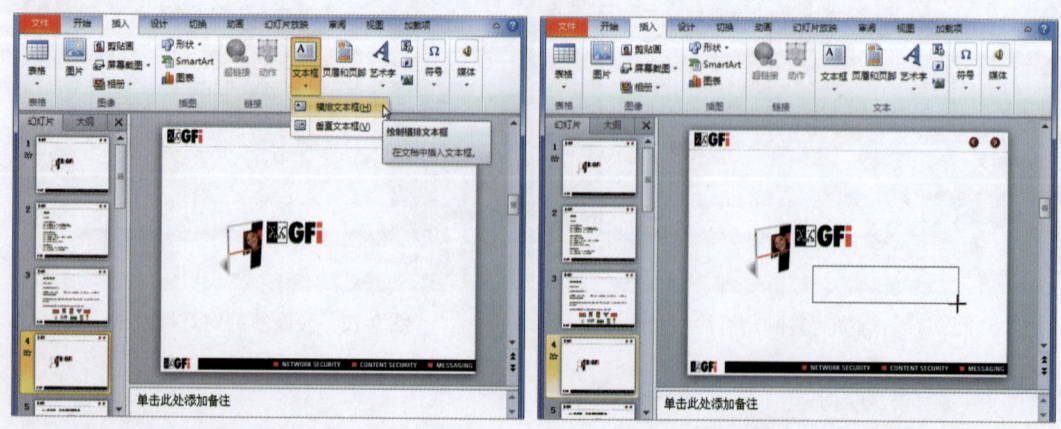

图 9-15 选择"横排文本框"选项　　　　图 9-16 绘制文本框

Step 03 在文本框中输入文字，如"内容完全解决方案"，选择"开始"选项卡，在"字体"组中设置字体格式，如图 9-17 所示。

Step 04 将鼠标指针移至文本框边框位置,当其变成形状后拖动鼠标,即可移动文本框的位置,如图 9-18 所示。

图 9-17　编辑文字　　　　　　　　　图 9-18　移动文本框

Step 05 选择文本框,选择"格式"选项卡,在"形状样式"列表中选择一种样式,如图 9-19 所示。

Step 06 将鼠标指针移至文本框的边框上,当其变为双向箭头后拖动鼠标,即可调整文本框的大小,如图 9-20 所示。

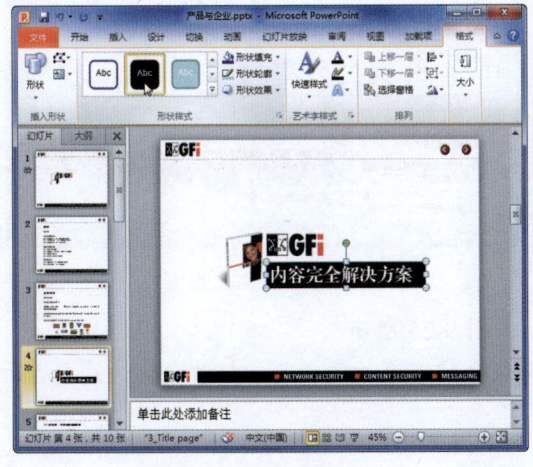

图 9-19　使用形状样式　　　　　　　图 9-20　调整文本框大小

实例 2　通过大纲窗格添加文字

大纲窗格是针对幻灯片中的文本编辑而设计的,通过大纲窗格可以方便地添加或删除幻灯片中的文本,特别是进行各级文本的调整时非常方便。通过大纲窗格添加文字的具体操作方法如下。

Step 01 选择"大纲"列表,在新幻灯片后面直接输入标题"主要功能特性",如图 9-21 所示。

Step 02 按【Ctrl+Enter】组合键，跳转到副标题或次级项目列表，继续输入内容，按【Enter】键确认，创建下一条目，如图 9-22 所示。

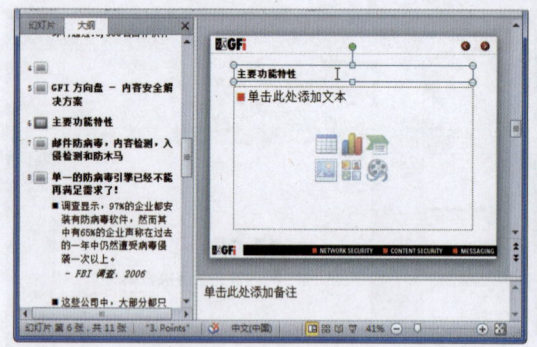

图 9-21　输入标题

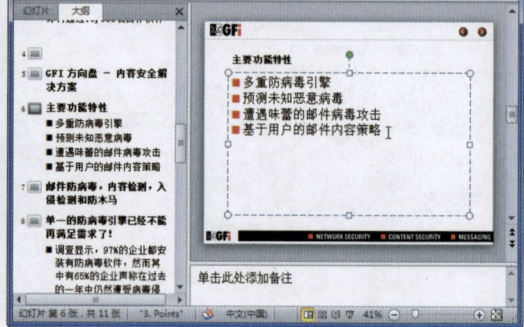

图 9-22　添加内容

Step 03 选中条目并右击，在弹出的快捷菜单中选择"降级"命令，即可调整层级，如图 9-23 所示。

Step 04 选中条目并右击，在弹出的快捷菜单中选择"下移"命令，如图 9-24 所示。

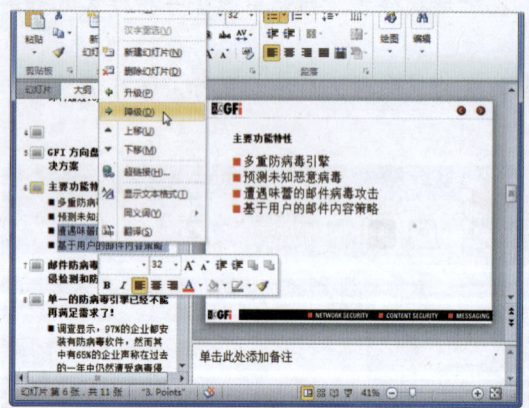

图 9-23　调整条目层级

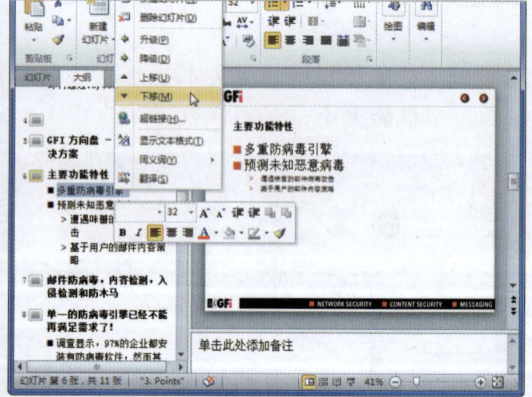

图 9-24　调整条目位置

Step 05 此时，即可查看移动条目后的效果，如图 9-25 所示。

Step 06 当光标在条目后时，按【Ctrl+Enter】组合键即可结束当前幻灯片编辑，并在后面创建新的幻灯片，如图 9-26 所示。

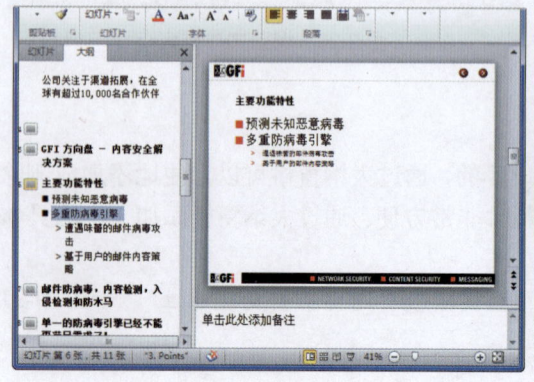

图 9-25　查看移动条目效果

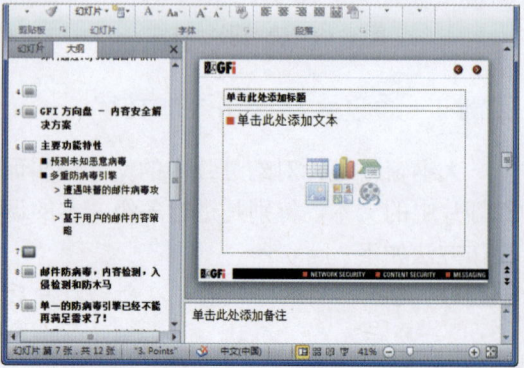

图 9-26　创建新幻灯片

PowerPoint 2010 基本操作　第 9 章

Step 07 右击标题，在弹出的快捷菜单中选择"展开"|"展开"命令，如图 9-27 所示。
Step 08 此时，即可在大纲窗格中显示幻灯片的全部文本内容，如图 9-28 所示。

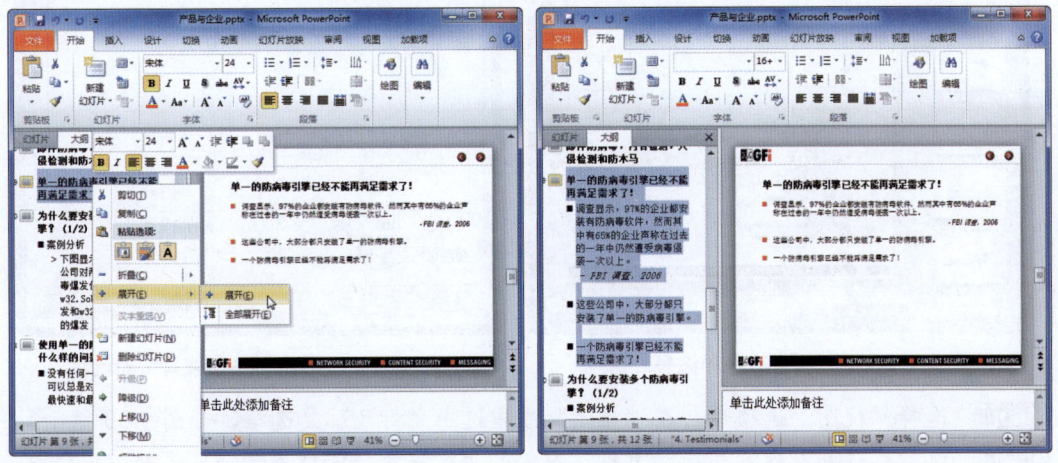

图 9-27　选择"展开"命令　　　　　　图 9-28　查看展开效果

实例 3　使用编号编辑列表

由于幻灯片主要展示核心标题和要点信息，因此使用编号列表是编辑幻灯片中最常用的操作，具体操作方法如下。

Step 01 选择第 2 张幻灯片，选择一级编号内容，选择"开始"选项卡，单击"编号"下拉按钮，在弹出的下拉列表中选择一种编号样式，如图 9-29 所示。
Step 02 选择二级编号内容，再次选择一种新的编号样式，如图 9-30 所示。

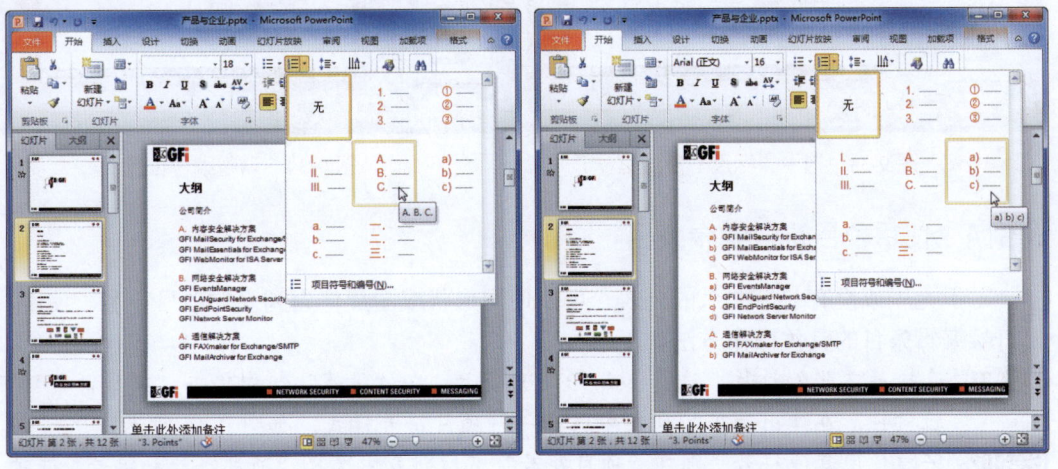

图 9-29　选择编号样式　　　　　　图 9-30　选择二级编号样式

Step 03 在"编号"下拉列表中选择"项目符号和编号"选项，如图 9-31 所示。
Step 04 弹出"项目符号和编号"对话框，选择"编号"选项卡，在"编号"列表中可以选择编号样式，修改大小、起始编号和颜色，单击"确定"按钮，如图 9-32 所示。

中文版 Office 2010 办公自动化实例教程

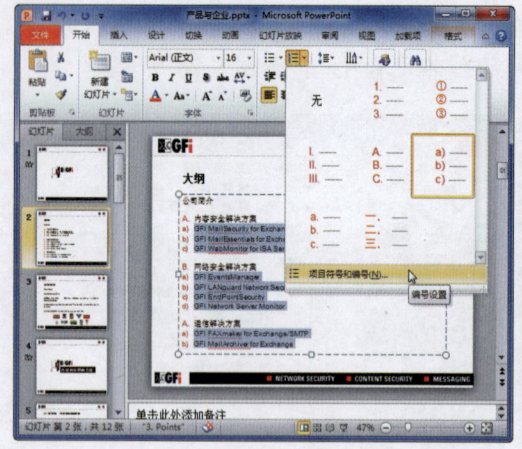

图 9-31　选择"项目符号和编号"选项

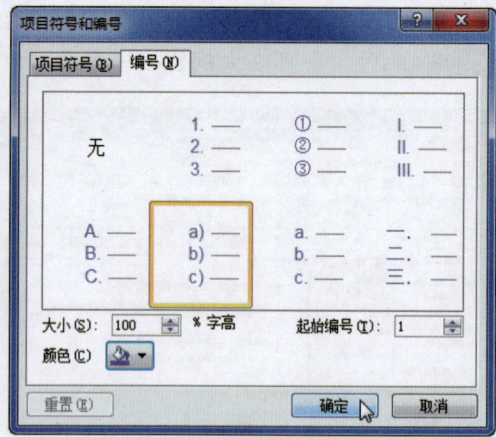

图 9-32　"项目符号和编号"对话框

Step 05　选择"视图"选项卡,在"显示"组中选中"标尺"复选框,如图 9-33 所示。

Step 06　选择二级列表内容,拖动上标尺左侧的上滑块至合适位置,即可调整缩进位置,如图 9-34 所示。

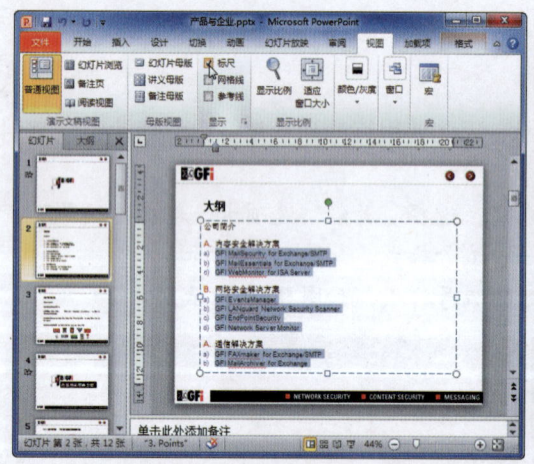

图 9-33　选中"标尺"复选框　　　　　　　图 9-34　调整编号位置

实例 4　使用项目符号编辑条目

对于无序或没有前后关系的列表,可以使用形状或图片作为列表的项目符号。使用项目符号编辑条目的具体操作方法如下。

Step 01　选择第 3 张幻灯片,选择"开始"选项卡,在"段落"组中单击"项目符号"下拉按钮,在弹出的下拉列表中选择一种项目符号样式,如图 9-35 所示。

Step 02　若要使用其他符号,则在"项目符号"下拉列表中选择"项目符号和编号"选项,如图 9-36 所示。

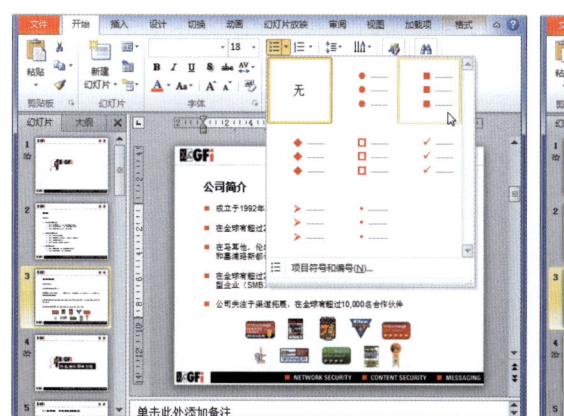

图 9-35 选择项目符号样式

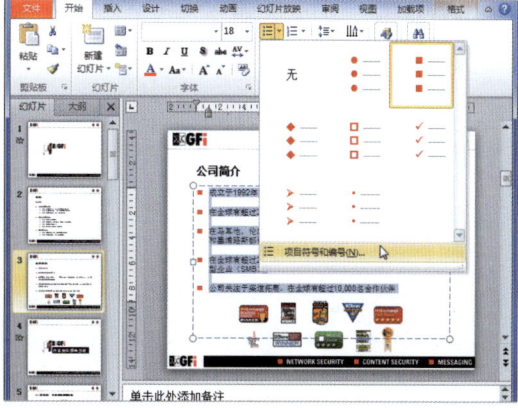

图 9-36 选择"项目符号和编号"选项

Step 03 弹出"项目符号和编号"对话框，在其中单击"图片"按钮，如图 9-37 所示。

Step 04 弹出"图片项目符号"对话框，单击"导入"按钮，如图 9-38 所示。

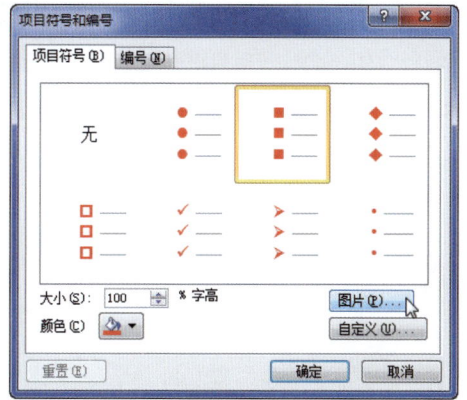

图 9-37 "项目符号和编号"对话框

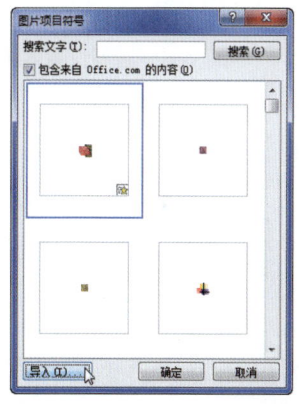

图 9-38 "图片项目符号"对话框

Step 05 弹出"将剪辑添加到管理器"对话框，选择要添加的图片，然后单击"添加"按钮，如图 9-39 所示。

Step 06 返回"图片项目符号"对话框，此时图片已经添加完成，单击"确定"按钮，如图 9-40 所示。

图 9-39 "将剪辑添加到管理器"对话框

图 9-40 "图片项目符号"对话框

Step 07 此时，即可查看使用图片项目符号编辑条目后的幻灯片效果，如图 9-41 所示。

Step 08 若要使用其他字符符号，则在"项目符号和编号"对话框中单击"自定义"按钮，如图 9-42 所示。

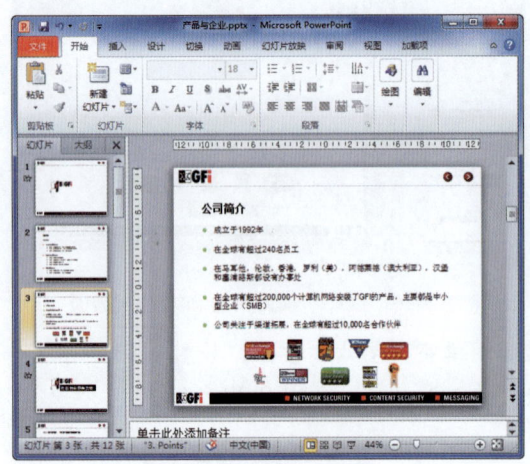

图 9-41　查看设置效果

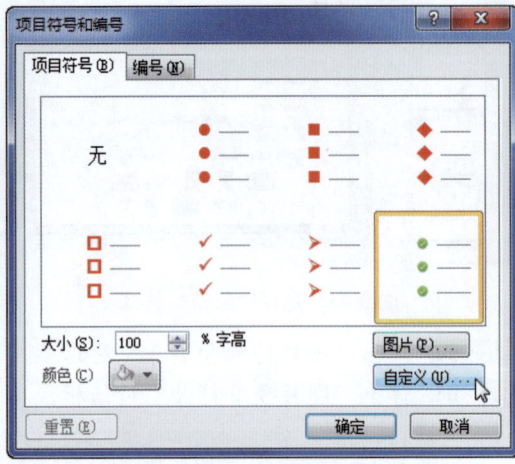

图 9-42　"项目符号和编号"对话框

Step 10 弹出"符号"对话框，选择要使用的符号，然后单击"确定"按钮，如图 9-43 所示。

Step 11 返回"项目符号和编号"对话框，单击"确定"按钮。此时，即可查看使用项目符号编辑条目后的幻灯片效果，如图 9-44 所示。

图 9-43　"符号"对话框

图 9-44　查看设置效果

9.3　插入与编辑数据表格

如果需要在演示文稿中添加有规律的数据，可以通过插入表格来完成。本节将详细介绍如何在幻灯片中插入与编辑数据表格。

实例 1　插入表格

在幻灯片中可以直接插入表格，具体操作方法如下。

Step 01　打开"素材文件\第 9 章\年终会议.pptx"，选择第 4 张幻灯片，选择"插入"选项卡，单击"表格"下拉按钮，拖动鼠标选择插入表格的行列数，如 5×5 的表格。释放鼠标，即可插入表格，如图 9-45 所示。

Step 02　将光标置于单元格内，选择"布局"选项卡，单击"行和列"组中的"在下方插入"按钮，即可插入行，如图 9-46 所示。

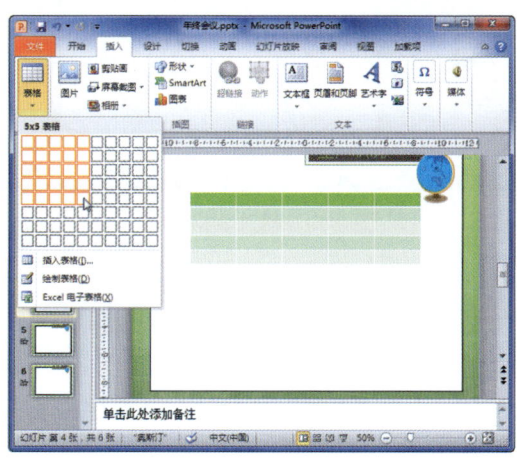
图 9-45　插入表格

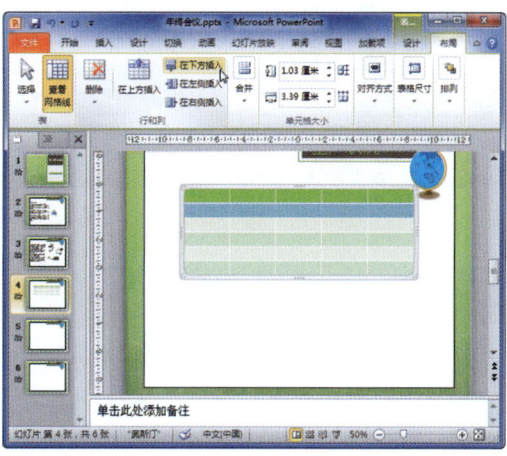
图 9-46　插入行

实例 2　编辑表格

在幻灯片中插入表格后，还可以对其进行各种编辑操作，具体操作方法如下。

Step 01　选择"布局"选项卡，单击"表"组中的"选择"下拉按钮，在弹出的下拉列表中选择"选择表格"选项，如图 9-47 所示。

Step 02　在"单元格大小"组中可调整数值框中的数值，设置行高为 1.5 厘米，如图 9-48 所示。

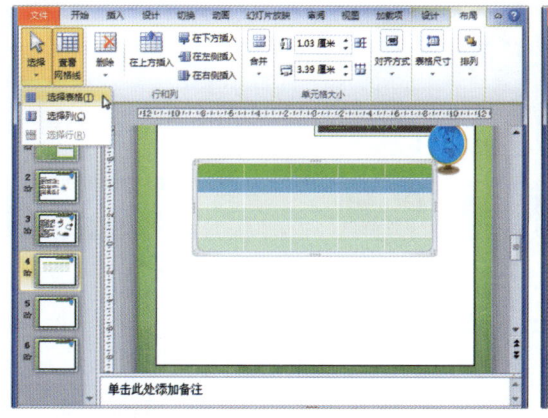
图 9-47　选择"选择表格"选项

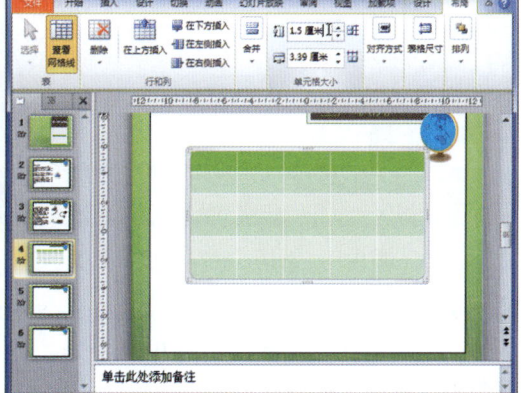
图 9-48　设置表格行高

Step 03　将鼠标指针移至表格边框位置，当其变成✥形状后按住鼠标左键并拖动鼠标，即可移动表格，如图 9-49 所示。

中文版 Office 2010 办公自动化实例教程

Step 04 选择"设计"选项卡,在"表格样式"组中可以改换样式,如图 9-50 所示。

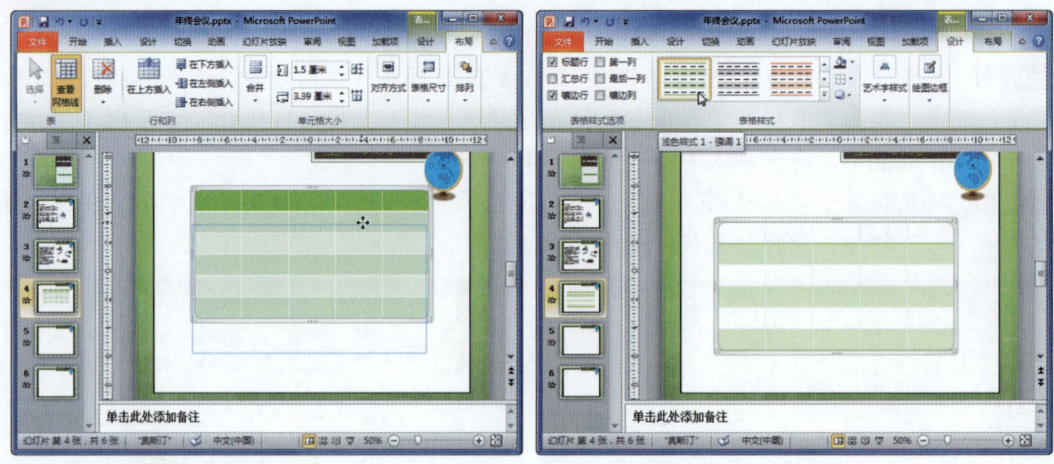

图 9-49　移动表格　　　　　　　　　图 9-50　修改表格样式

实例 3　绘制表格

PowerPoint 2010 还提供了绘制表格的功能,具体操作方法如下。

Step 01 选择第 5 张幻灯片,选择"插入"选项卡,单击"表格"下拉按钮,在弹出的下拉列表中选择"绘制表格"选项,如图 9-51 所示。

Step 02 在幻灯片中拖动鼠标,绘制出大小合适的表格边框,然后释放鼠标即可,如图 9-52 所示。

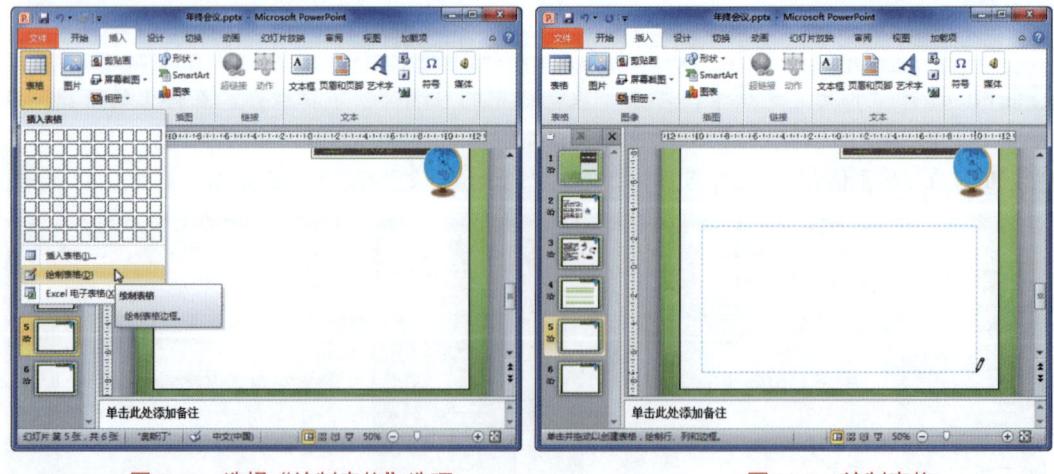

图 9-51　选择"绘制表格"选项　　　　　图 9-52　绘制表格

Step 03 选择"布局"选项卡,单击"合并"下拉按钮,在弹出的下拉列表中单击"拆分单元格"按钮,如图 9-53 所示。

Step 04 弹出"拆分单元格"对话框,在"列数""行数"数值框中设置数值,然后单击"确定"按钮,如图 9-54 所示。

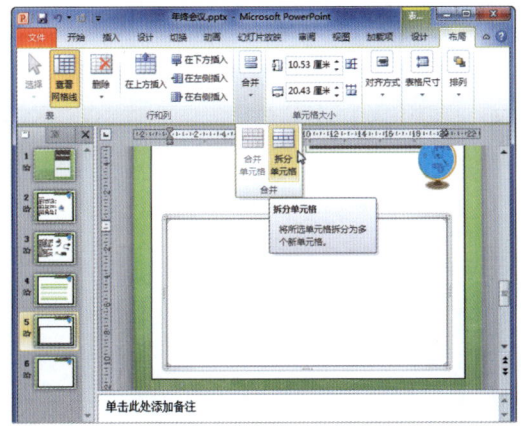

图 9-53 单击"拆分单元格"按钮

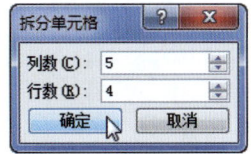

图 9-54 "拆分单元格"对话框

Step 05 此时,即可查看拆分单元格后的表格效果,如图 9-55 所示。

Step 06 选择"设计"选项卡,在"表格样式"列表框中选择一种样式,效果如图 9-56 所示。

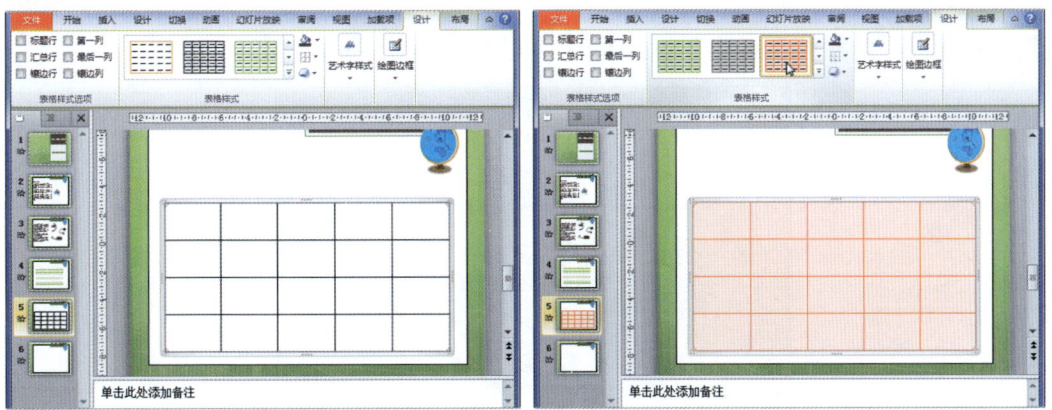

图 9-55 查看拆分效果　　　　　　　　　图 9-56 选择表格样式

9.4 插入与编辑多媒体图片

图片也是演示文稿中的重要组成元素,经常用于展示产品、讲解内容,或用于美化幻灯片等。在 PowerPoint 2010 中,能够方便地在幻灯片中插入与编辑图片,本节将进行详细介绍。

实例 1 插入图片

在幻灯片中插入图片的方法很多,除了使用功能命令外,还可以直接拖动图片到当前幻灯片中,而且 PowerPoint 2010 提供了截图功能来获取所有可显示的图片。通过功能区插入图片的具体操作方法如下。

Step 01 打开"素材文件\第 9 章\建筑制图培训系列之一.pptx",选择第 3 张幻灯片,选择"插入"选项卡,单击"图像"组中的"图片"按钮,如图 9-57 所示。

Step 02 弹出"插入图片"对话框,选择要插入的图片,然后单击"插入"按钮,如图 9-58 所示。

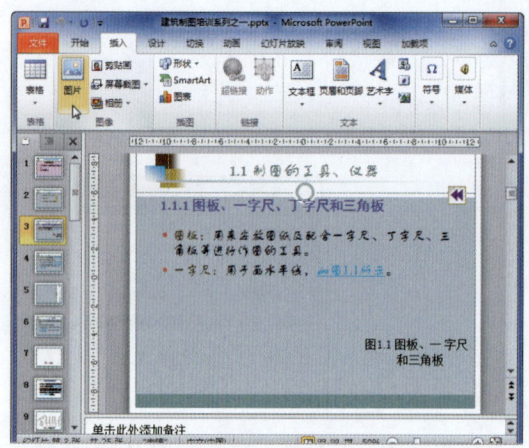

图 9-57 单击"图片"按钮

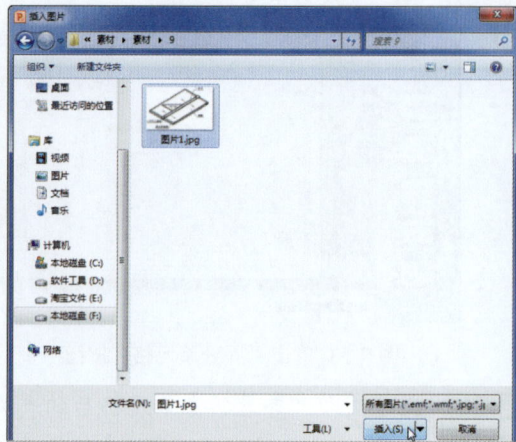

图 9-58 "插入图片"对话框

Step 03 此时,即可查看插入图片后的幻灯片效果,如图 9-59 所示。

图 9-59 查看添加图片效果

实例 2 编辑图片

插入后的图片往往不能满足幻灯片设计的需要,还需要对其进行编辑操作,如调整图片大小和位置,修改图片颜色,添加艺术效果等,具体操作方法如下。

Step 01 直接拖动图片,即可调整其位置,拖动图片四周的控制柄,即可调整图片的大小,如图 9-60 所示。

Step 02 选择"格式"选项卡,单击"调整"组中的"颜色"下拉按钮,在弹出的下拉列表中选择"褐色"选项,即可修改图片颜色,如图 9-61 所示。

PowerPoint 2010 基本操作　第 9 章

图 9-60　调整图片位置和大小

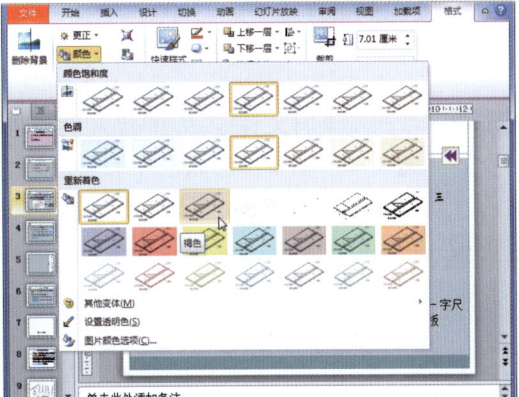

图 9-61　修改图片颜色

Step 03　单击"图片样式"组中的"图片效果"下拉按钮，在弹出的下拉列表中选择"阴影"/"外部"下的"左下斜偏移"选项，如图 9-62 所示。

Step 04　此时，即可查看编辑图片后的最终效果，如图 9-63 所示。

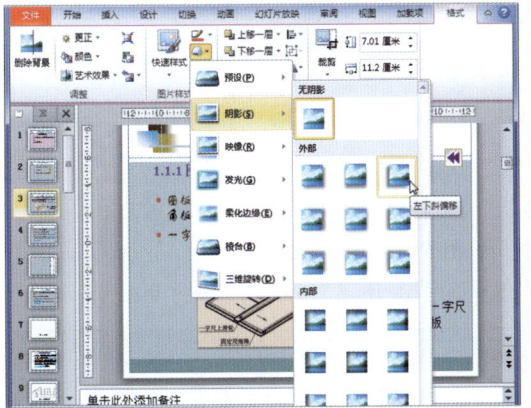

图 9-62　选择"左下斜偏移"选项

图 9-63　查看编辑图片效果

> **专家指导**
> Expert guidance
>
> 在计算机中复制图片，然后切换到 PPT 程序中，按【Ctrl+V】组合键即可将图片插入到幻灯片中。在"格式"选项卡的"调整"组中单击"重设图片"下拉按钮，选择"重设图片和大小"选项可恢复图片原来样式。

9.5　使用形状制作图形

　　除了使用文字和图像来传达信息外，一些抽象的信息需要通过抽象的图形来表达。在使用 PowerPoint 制作演示文稿的过程中，图形的使用就显得格外重要。本节将学习如何在幻灯片中使用形状制作图形。

实例 1　使用形状图形

在幻灯片中使用形状图形的具体操作方法如下。

Step 01 打开"素材文件\第 9 章\建筑制图培训.pptx",选择第 6 张幻灯片,选择"插入"选项卡,单击"形状"下拉按钮,在弹出的下拉列表中选择"矩形"形状,如图 9-64 所示。

Step 02 在幻灯片编辑窗口中拖动鼠标,即可绘制出一个矩形形状,如图 9-65 所示。

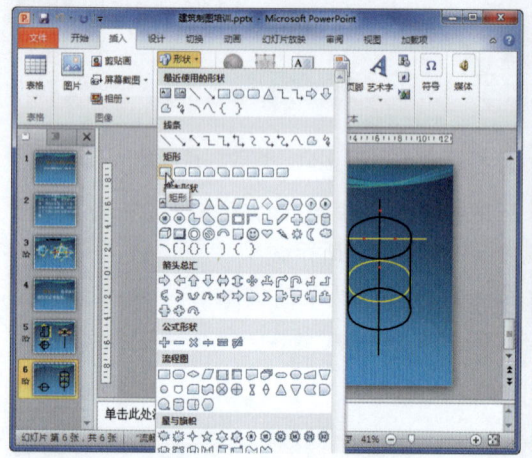
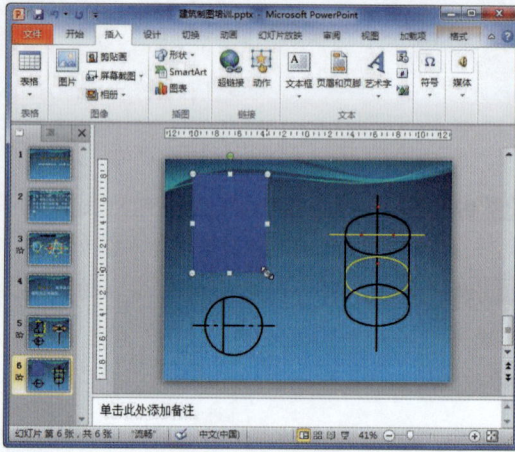

图 9-64　选择形状　　　　　　　　图 9-65　绘制形状

Step 03 选择"格式"选项卡,单击"插入形状"组中的"编辑形状"下拉按钮,在弹出的下拉列表中选择"编辑顶点"选项,如图 9-66 所示。

Step 04 右击形状边框,在弹出的快捷菜单中选择"添加顶点"命令,如图 9-67 所示。

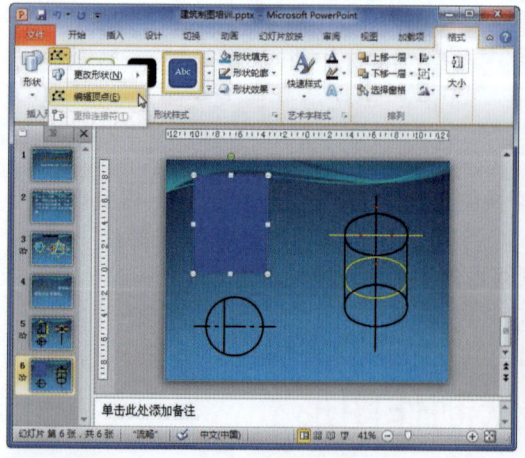
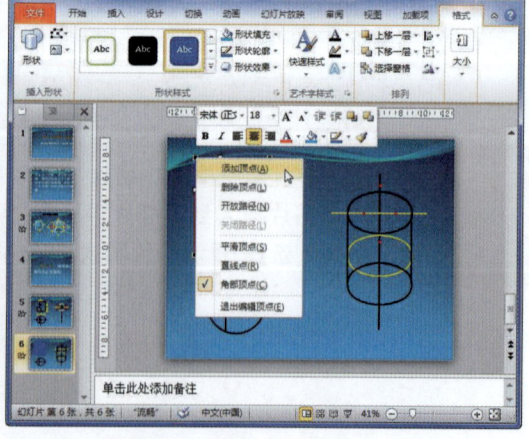

图 9-66　选择"编辑顶点"选项　　　　图 9-67　选择"添加顶点"命令

Step 05 添加两个顶点,其位置决定形状,所以拖动顶点到目标位置即可改变形状,如图 9-68 所示。

Step 06 在"形状样式"组的列表框中选择一种样式选项,如图 9-69 所示。

PowerPoint 2010 基本操作　第 9 章

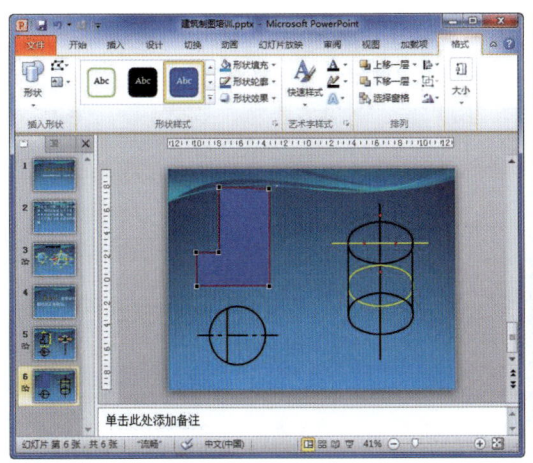
图 9-68　编辑形状

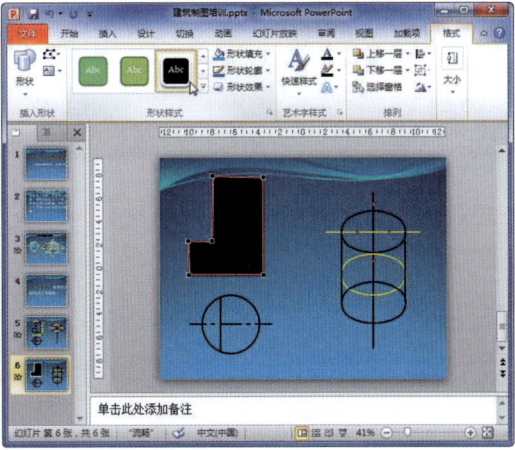
图 9-69　选择形状样式

Step 07　单击"形状填充"下拉按钮，在弹出的下拉列表中选择"无填充颜色"选项，即可设置形状填充，如图 9-70 所示。

Step 08　此时，即可查看使用形状制作图形的最终效果，如图 9-71 所示。

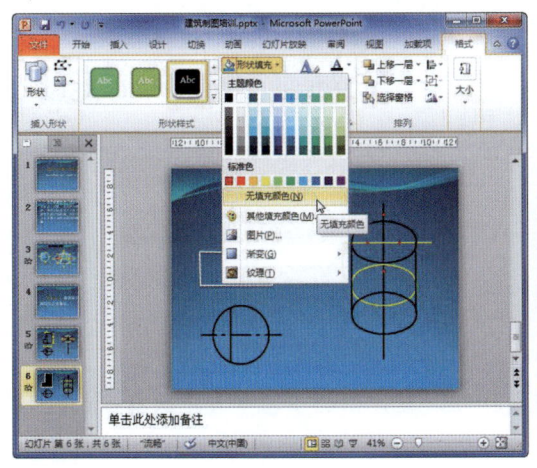
图 9-70　选择"无填充颜色"选项

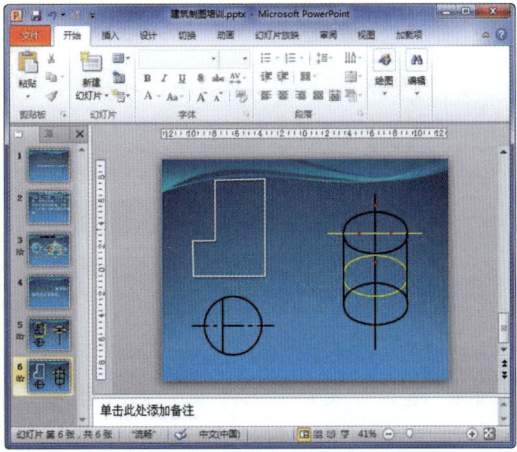
图 9-71　查看图形效果

实例 2　使用 SmartArt 图形

在幻灯片中可以插入 SmartArt 图形，其中包括组织结构图、列表、循环图、射线图、棱锥图、维恩图和目标图等。插入 SmartArt 图形的具体操作方法如下。

Step 01　打开"素材文件\第 9 章\会议演示文稿制作.pptx"，选择第 2 张幻灯片，选择"插入"选项卡，单击"插图"组中的 SmartArt 按钮，如图 9-72 所示。

Step 02　弹出"选择 SmartArt 图形"对话框，选择"垂直曲形列表"图形类型，然后单击"确定"按钮，如图 9-73 所示。

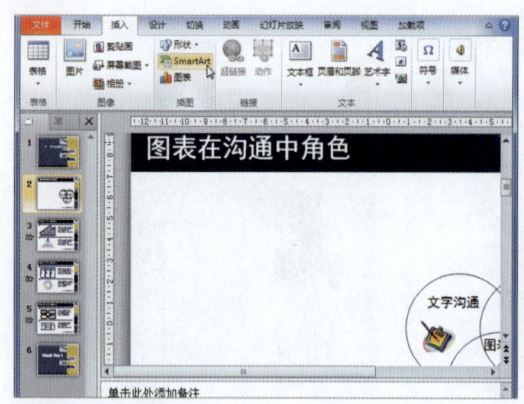

图 9-72　单击 SmartArt 按钮

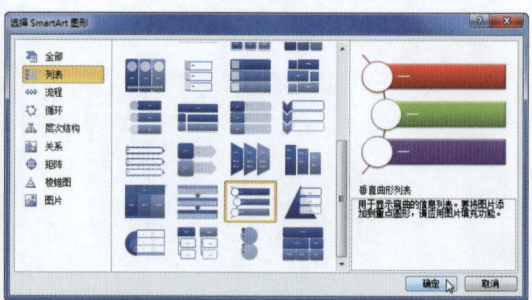

图 9-73　"选择 SmartArt 图形"对话框

Step 03　选择"设计"选项卡，单击"创建图形"组中的"从右到左"按钮，如图 9-74 所示。

Step 04　选择图形中的某一个分支，单击"添加形状"下拉按钮，在弹出的下拉列表中选择"在后面添加形状"选项，如图 9-75 所示。

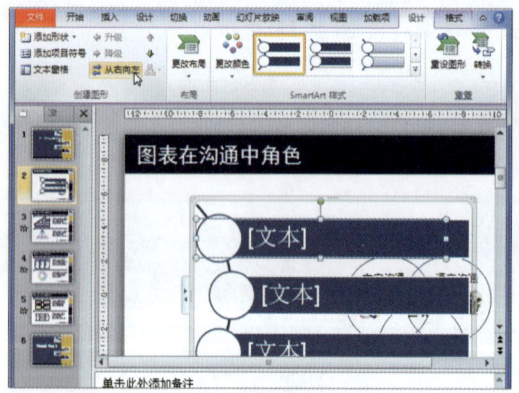

图 9-74　单击"从右到左"按钮　　　　　　图 9-75　选择"在后面添加形状"选项

Step 05　选择分支形状，单击"更改形状"下拉按钮，在弹出的下拉列表中选择新的形状样式，如图 9-76 所示。

Step 06　选择整个形状，选择"设计"选项卡，单击"更改颜色"下拉按钮，在弹出的下拉列表中选择主题颜色，如图 9-77 所示。

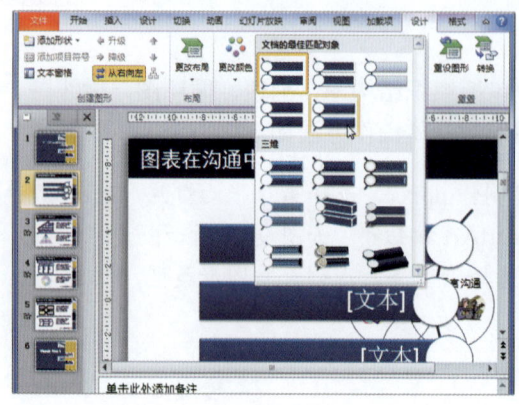

图 9-76　应用形状样式

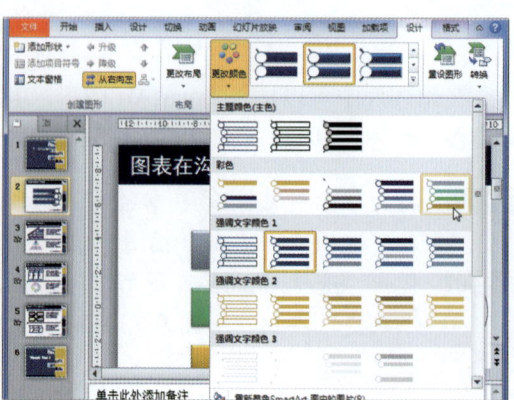

图 9-77　更改主题颜色

PowerPoint 2010 基本操作 第 9 章

Step 07 选择分支形状，单击"形状"组中的"减小"按钮，即可调整其大小，如图 9-78 所示。

Step 08 用上述方法对其他分支形状的大小进行调整，然后调整整个 SmartArt 图形的大小和位置，效果如图 9-79 所示。

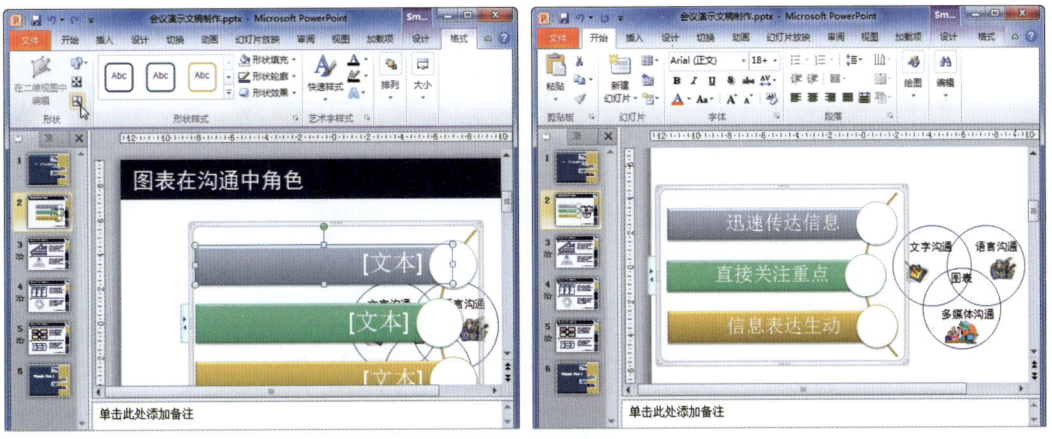

图 9-78　调整分支形状大小　　　　　　　图 9-79　查看调整效果

实例 3　插入图表

在幻灯片中可以插入图表，并且此图表可以由 Excel 生成和编辑，最终显示在幻灯片中，因此它在功能上与 Excel 中的图表一样。在幻灯片中插入图表的具体操作方法如下。

Step 01 打开"素材文件\第 9 章\年度总结报告.pptx"，选择第 4 张幻灯片，选择"插入"选项卡，单击"插图"组中的"图表"按钮，如图 9-80 所示。

Step 02 弹出"插入图表"对话框，选择"簇状柱形图"图表类型，然后单击"确定"按钮，如图 9-81 所示。

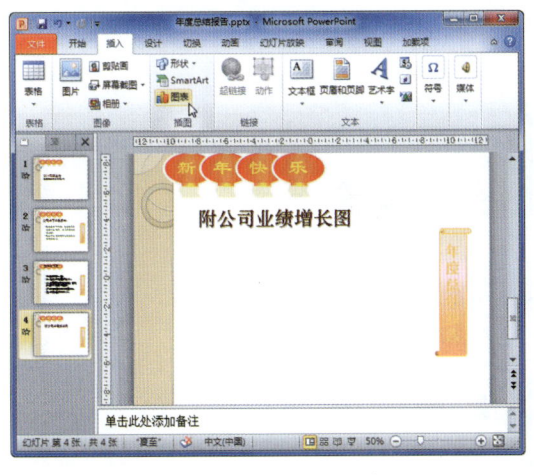

图 9-80　单击"图表"按钮　　　　　　　图 9-81　"插入图表"对话框

Step 03 打开 Excel 窗口，编辑数据，根据提示拖动数据区域右下角的符号，如图 9-82 所示。

中文版 Office 2010 办公自动化实例教程

Step 04 完成数据编辑后，关闭 Excel 程序，返回幻灯片，即可查看生成的图表，效果如图 9-83 所示。

图 9-82　编辑并选择数据

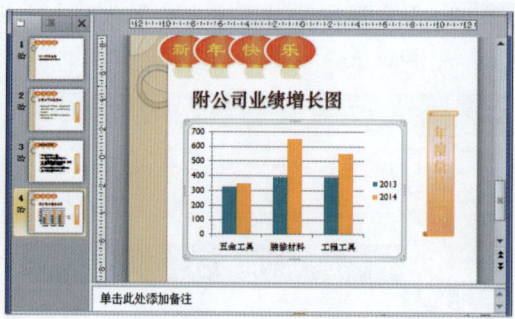

图 9-83　查看图表效果

9.6　添加与编辑视频文件

在幻灯片中添加视频可以为演示文稿增加活力。视频不但展示的信息量更大，而且某些行业必须使用视频才能更好地展示出演示效果。本节将详细介绍如何在幻灯片中添加与编辑视频文件。

实例 1　添加指定视频

用户可以将指定的视频插入到幻灯片中，具体操作方法如下。

Step 01 打开"素材文件\第 9 章\创业与选择.pptx"，选择"插入"选项卡，单击"媒体"组中的"视频"下拉按钮，在弹出的下拉列表中选择"文件中的视频"选项，如图 9-84 所示。

Step 02 弹出"插入视频文件"对话框，选择视频文件，然后单击"插入"按钮，如图 9-85 所示。

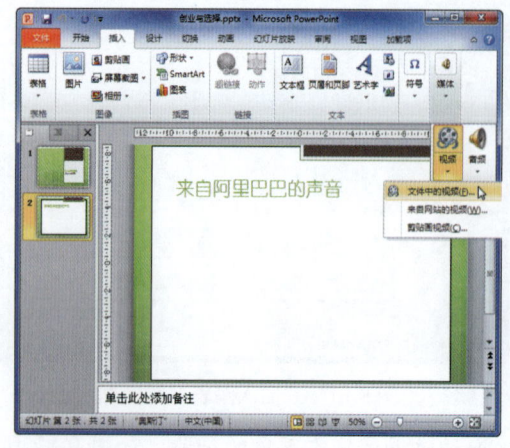

图 9-84　选择"文件中的视频"选项

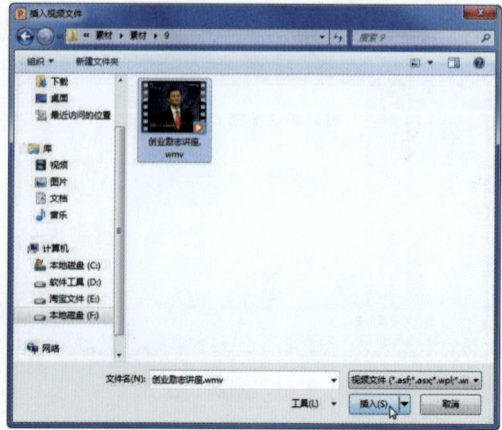

图 9-85　"插入视频文件"对话框

PowerPoint 2010 基本操作 第 9 章

Step 03 插入视频后下面会出现控制条，选择"格式"选项卡，单击"大小"组中的扩展按钮，如图 9-86 所示。

Step 04 弹出"设置视频格式"对话框，在"缩放比例"选项区中设置视频的高度和宽度比例均为 180%，然后单击"关闭"按钮，如图 9-87 所示。

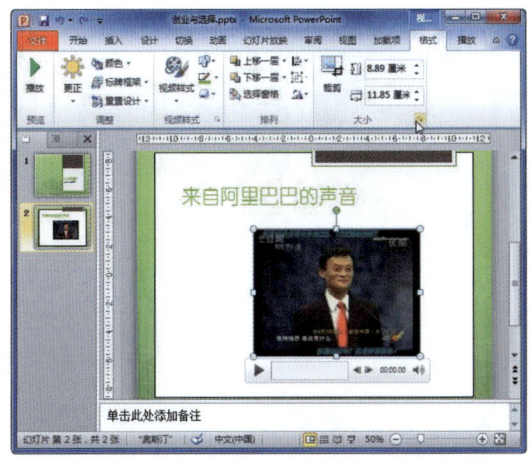

图 9-86　单击扩展按钮

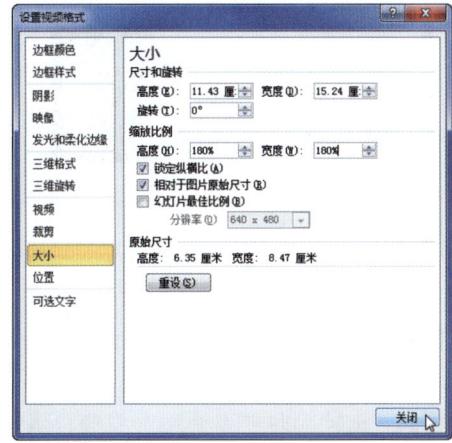

图 9-87　"设置视频格式"对话框

Step 05 选择"格式"选项卡，单击"大小"组中的"裁剪"按钮，拖动视频四周的裁剪线，如图 9-88 所示。

Step 06 再次单击"裁剪"按钮，即可完成视频画面裁剪，效果如图 9-89 所示。

图 9-88　裁剪视频

图 9-89　查看裁剪效果

实例 2　编辑视频样式

在 PowerPoint 2010 中可以控制视频显示外观，编辑视频样式，具体操作方法如下。

Step 01 选择"格式"选项卡，单击"调整"组中的"更正"下拉按钮，在弹出的下拉列表中选择亮度与对比度选项，即可调整显示效果，如图 9-90 所示。

Step 02 在"调整"组中单击"颜色"下拉按钮，在弹出的下拉列表中选择新的颜色风格，如图 9-91 所示。

中文版 Office 2010 办公自动化实例教程

图 9-90　调整显示效果

图 9-91　选择颜色风格

Step 03 单击"视频样式"的"其他变体"按钮,在弹出的下拉列表中选择一种视频样式,如图 9-92 所示。

Step 04 此时,即可查看添加视频样式后的效果,如图 9-93 所示。

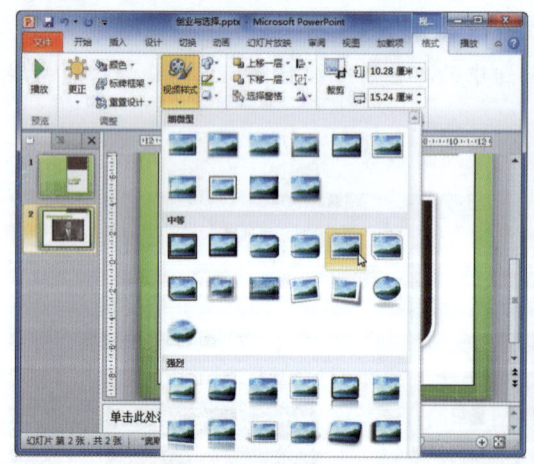

图 9-92　选择视频样式

图 9-93　查看设置效果

9.7　添加与编辑音频文件

在演示文稿中添加声音能够吸引观众的注意力,并能增强新鲜感。但声音不要使用得过多,否则会显得喧宾夺主。在幻灯片中添加的音频文件主要来自自备的音频文件,PowerPoint 2010 支持的音频格式主要有 MP3、MP4、MIDI、WAV、WMA 等。本节将学习如何在幻灯片中添加与编辑音频文件。

实例 1　添加音频文件

用户可以将指定的音频插入到幻灯片中,具体操作方法如下。

PowerPoint 2010 基本操作　第 9 章

Step 01 打开"素材文件\第 9 章\推荐景区欣赏.pptx",选择"插入"选项卡,单击"媒体"组中的"音频"下拉按钮,在弹出的下拉列表中选择"文件中的音频"选项,如图 9-94 所示。

Step 02 弹出"插入音频"对话框,选择音频文件,然后单击"插入"按钮,如图 9-95 所示。

 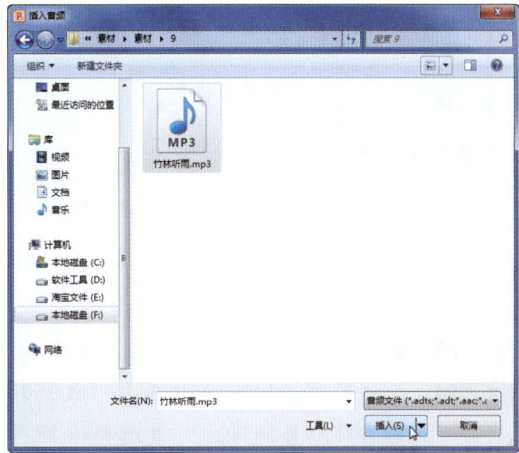

图 9-94　选择"文件中的音频"选项　　　　　图 9-95　"插入音频"对话框

Step 03 此时可以在幻灯片上看见一个小喇叭图标,在其下方有播放控制台。拖动小喇叭图标到目标位置,单击"播放"按钮,测试声音是否正常,如图 9-96 所示。

图 9-96　测试音频

实例 2　编辑音频

插入音频文件后未必能够完全符合播放要求,在 PowerPoint 2010 中可以剪裁音频、设置音量大小和播放次数等,具体操作方法如下。

Step 01 选择"播放"选项卡,单击"编辑"组中的"剪裁音频"按钮,如图 9-97 所示。

Step 02 弹出"剪裁音频"对话框,拖动音频滑块可以调整播放时间,然后单击"确定"按钮,如图 9-98 所示。

中文版 Office 2010 办公自动化实例教程

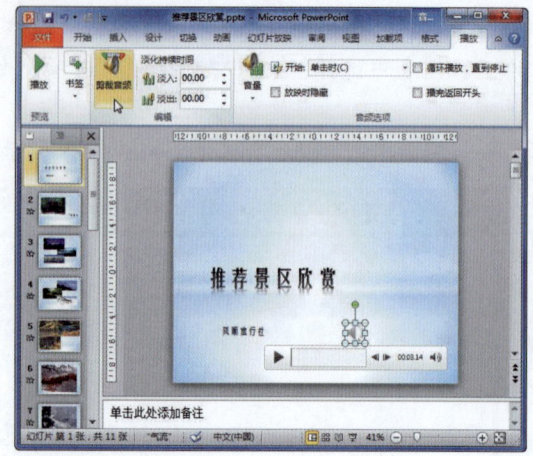

图 9-97　单击"剪裁音频"按钮　　　　图 9-98　"剪裁音频"对话框

Step 03 单击"音量"下拉按钮,在弹出的下拉列表中选中"高"复选框,如图 9-99 所示。

Step 04 在"音频选项"组中选中"放映时隐藏"复选框,可以隐藏音频图标。选中"循环播放,直到停止"复选框,即可重复播放,如图 9-100 所示。

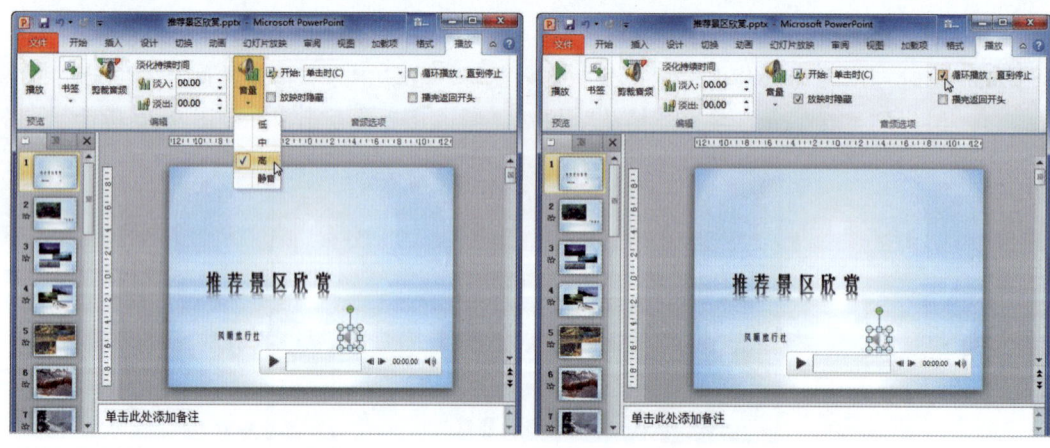

图 9-99　选中"高"复选框　　　　图 9-100　设置其他音频选项

本章小结

本章主要介绍了 PowerPoint 2010 的基本操作知识,其中包括幻灯片的基础操作、添加幻灯片文字、插入数据表格、插入图片、使用形状、添加视频文件和音频文件等。通过对本章的学习,读者应重点掌握以下知识:①新建、移动、复制和删除幻灯片。②在幻灯片中添加文字。③在幻灯片中插入和编辑数据表格。④根据需要插入与编辑多媒体图片。⑤在幻灯片中使用形状制作图形。⑥在幻灯片中添加与编辑视频文件和音频文件。

本章习题

打开"素材文件\第 9 章\学生素描作品赏析.pptx"演示文稿,在其中输入艺术字,设置文字格式,插入图片素材,并为图片应用样式。

操作提示:

1. 选择"插入"选项卡,在"文本"组中单击"艺术字"下拉按钮,在弹出的下拉列表中选择一种艺术字样式,如图 9-101 所示。

2. 在出现的文本框中输入标题文字,然后在"开始"选项卡下设置艺术字的字体和字号,效果如图 9-102 所示。

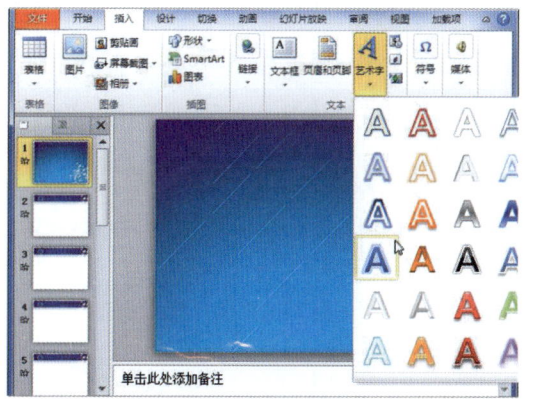
图 9-101 选择艺术字样式

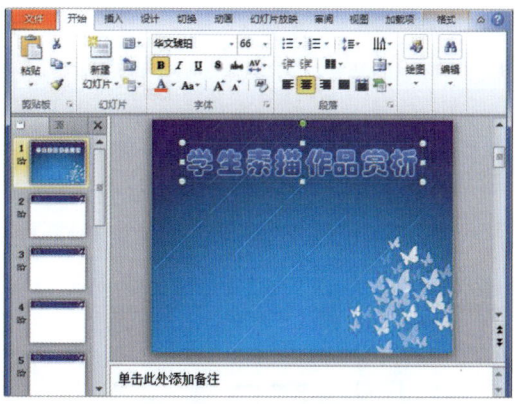
图 9-102 输入并设置文字

3. 选择"插入"选项卡,在"文本"组中单击"文本框"下拉按钮,在弹出的下拉列表中选择"横排文本框"选项,如图 9-103 所示。

4. 在艺术字下方绘制一个横排文本框,并在其中输入副标题文字,然后在"开始"选项卡下设置字体和字号,效果如图 9-104 所示。

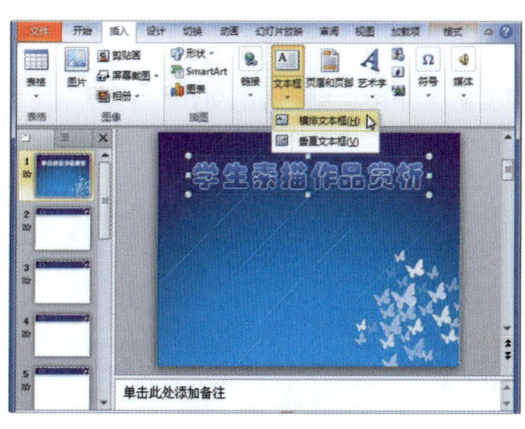
图 9-103 选择"横排文本框"选项

图 9-104 输入并设置文字

5. 在"插入"面板下的"图像"组中单击"图片"按钮,在弹出的"插入图片"对话框中选择要插入的图像,然后单击"插入"按钮,如图 9-105 所示。

6. 此时，即可在幻灯片中插入图片，并相应调整其大小和位置，效果如图 9-106 所示。

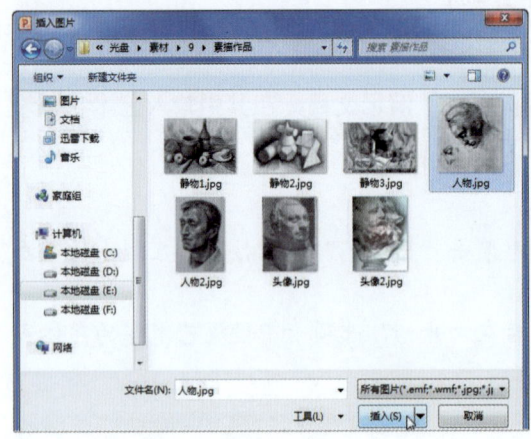

图 9-105   "插入图片" 对话框

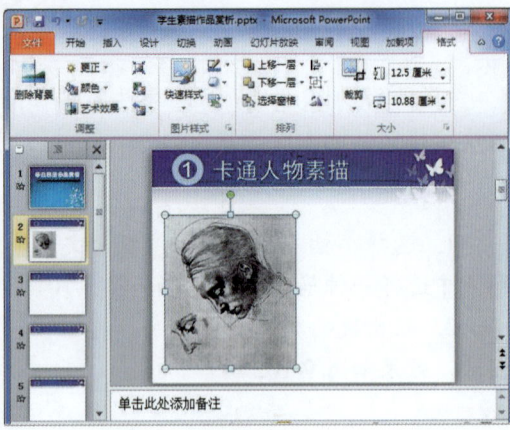

图 9-106   调整图片大小和位置

7. 选择 "格式" 选项卡，在 "图片样式" 组中单击 "快速样式" 下拉按钮，在弹出的下拉列表中选择一种样式，如图 9-107 所示。

8. 此时，即可为图片添加白色的边框，效果如图 9-108 所示。

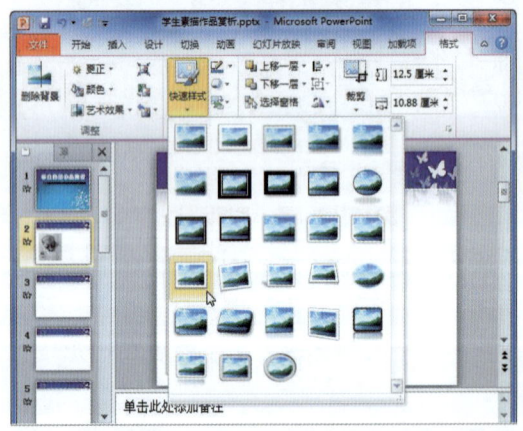

图 9-107   选择图片样式   图 9-108   查看应用样式效果

9. 参照上述方法添加其他图片，并为其设置快速样式，效果如图 9-109 所示。

10. 选中最后一张幻灯片，在该幻灯片中插入艺术字，并输入结束语，效果如图 9-110 所示。

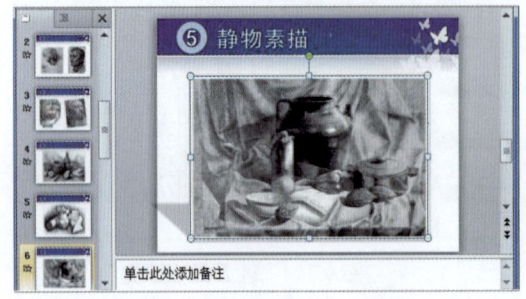

图 9-109   添加其他图片   

图 9-110   插入结束语

第 10 章　演示文稿风格统一与美化

【本章导读】

若要制作一个完美的演示文稿作品，除了需要有杰出的创意和优秀的素材外，提供具有专业效果的演示文稿外观同样重要。一个出色的演示文稿，应该具有一致的外观风格。本章将详细介绍如何对演示文稿进行风格统一与美化，使演示文稿更具专业水准。

【本章目标】

- ➢ 能够创建演示文稿模板。
- ➢ 能够自定义模板。
- ➢ 能够设置幻灯片的背景。
- ➢ 能够应用与编辑主题。
- ➢ 能够设计、修改和创建幻灯片母版。

10.1　创建与使用模板

模板是带有风格设计的演示文稿，用户可以使用软件自带的模板，快速制作具有统一风格的演示文稿，也可以根据需要自己设计模板。

PowerPoint 2010 模板是用户保存的"模板"类型的演示文稿，它可以是一张幻灯片或一组幻灯片的图案或蓝图。模板中可以包含版式、主题颜色、主题字体、主题效果和背景样式等，甚至还可以包含内容。模板所提供的具体设置和内容有所不同，但可能包括一些示例幻灯片、背景图片、自定义颜色和字体主题，以及对象占位符的自定义定位。选择模板时，可从以下类别中进行选择：

- ➢ **已安装的模板**：Microsoft 提供的模板，随 PowerPoint 预安装。
- ➢ **我的模板**：已经创建并保存的模板，以及曾经从 Microsoft Office Online 下载的模板。
- ➢ **Microsoft Office Online 模板**：Microsoft 提供的模板，可按照自己的需求从 Microsoft 的网站上下载。

实例 1　创建演示文稿模板

当系统自带的模板不能满足制作要求，或经常制作相同风格的演示文稿时，可以自行设计并保存模板，在制作新的演示文稿时可以直接从该模板中进行创建，具体操作方法如下。

中文版 Office 2010 办公自动化实例教程

Step 01 新建并保存演示文稿，选择"插入"选项卡，单击"图片"按钮，如图 10-1 所示。

Step 02 弹出"插入图片"对话框，选择需要插入的图片，然后单击"插入"按钮，如图 10-2 所示。

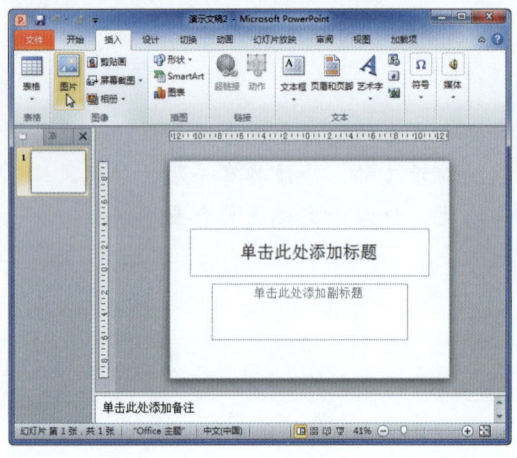
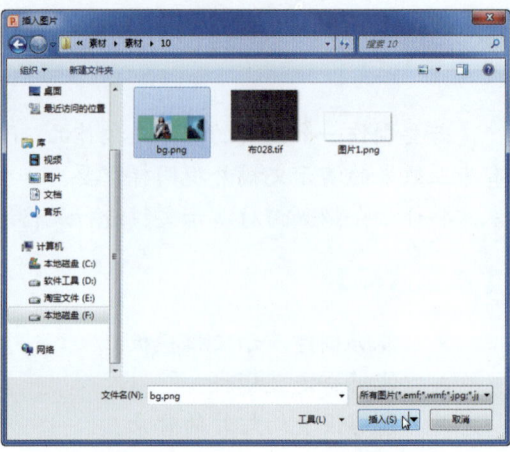

图 10-1　单击"图片"按钮　　　　　　　　图 10-2　"插入图片"对话框

Step 03 调整图片位置，选择"插入"选项卡，单击"文本框"下拉按钮，在弹出的下拉列表中选择"横排文本框"选项，如图 10-3 所示。

Step 04 调整文本框的大小和位置，根据需要设置文本框中文本的格式，如图 10-4 所示。

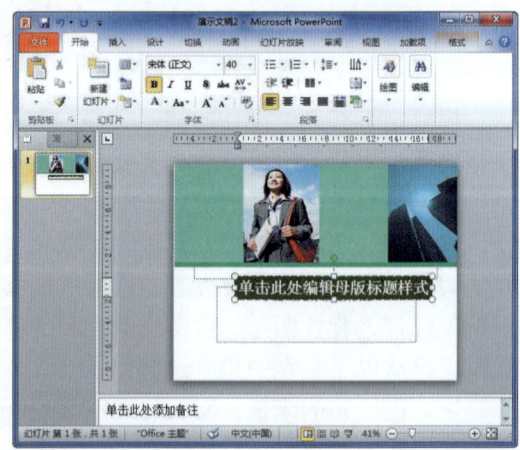

图 10-3　选择"横排文本框"选项　　　　　图 10-4　设置文本格式

Step 05 新建正文版式幻灯片，插入图片，作为上部边框。选择"格式"选项卡，单击"下移一层"下拉按钮，在弹出的下拉列表中选择"置于底层"选项，如图 10-5 所示。

Step 06 选择"开始"选项卡，单击"幻灯片"组中的"新建幻灯片"下拉按钮，在弹出的下拉列表中选择"节标题"选项，如图 10-6 所示。

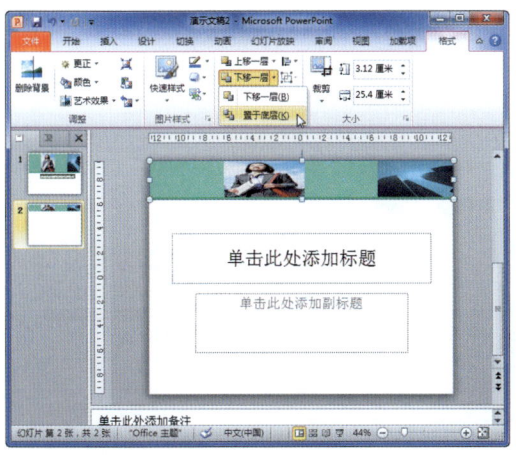
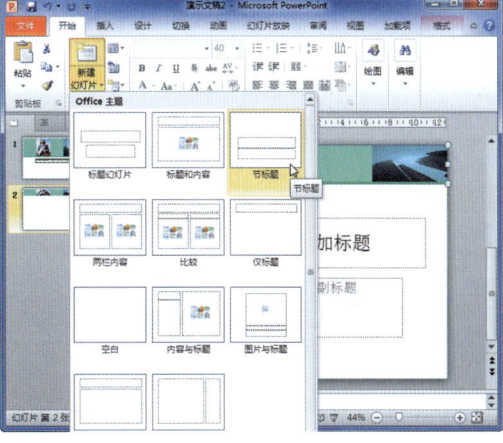

图 10-5　选择"置于底层"选项　　　　　图 10-6　选择"节标题"选项

Step 07 单击"文件"按钮,在左侧选择"另存为"选项,弹出"另存为"对话框。选择保存位置,在"保存类型"下拉列表框中选择"PowerPoint 模板(*.potx)"选项,然后单击"保存"按钮,如图 10-7 所示。

Step 08 此时,即可查看保存后的幻灯片效果,如图 10-8 所示。

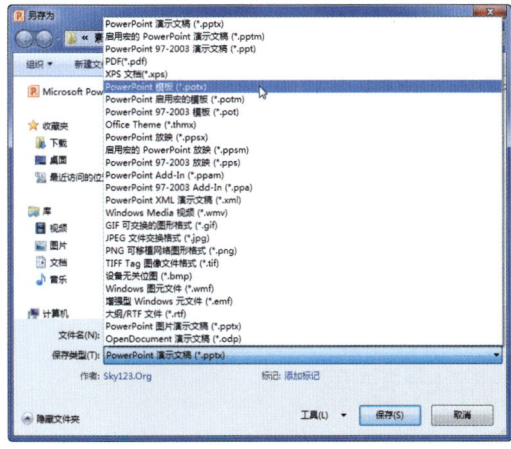
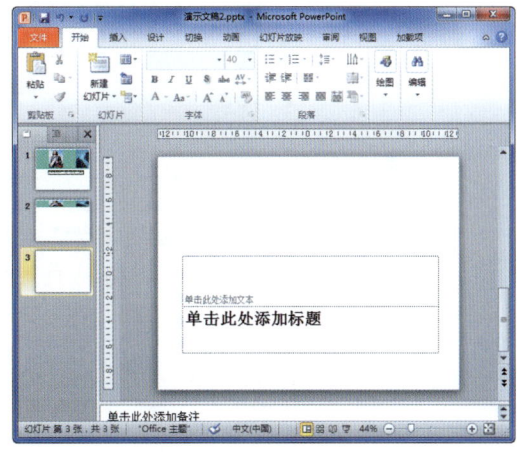

图 10-7　"另存为"对话框　　　　　　　图 10-8　查看保存效果

实例 2　使用自定义模板

用户可以使用自己设计的演示文稿模板创建新的演示文稿,具体操作方法如下。

Step 01 单击"文件"按钮,在左侧选择"新建"选项,在"可用的模板和主题"列表框中选择"我的模板"选项,如图 10-9 所示。

Step 02 弹出"新建演示文稿"对话框,在"个人模板"选项卡下选择模板文件,然后单击"确定"按钮,如图 10-10 所示。

中文版 Office 2010 办公自动化实例教程

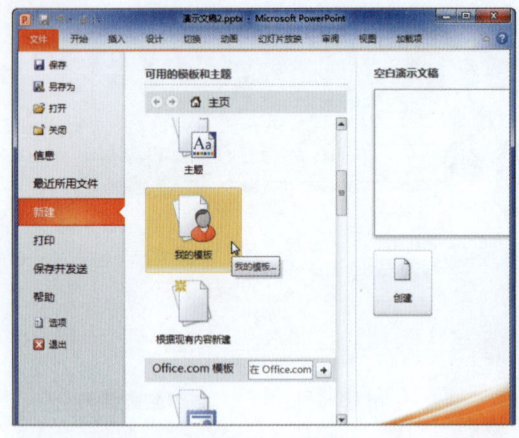

图 10-9 选择"我的模板"选项

图 10-10 "新建演示文稿"对话框

Step 03 使用模板创建的新演示文稿可以不用设计风格,只需添加内容即可,如图 10-11 所示。

图 10-11 使用自定义模板

10.2 设置幻灯片背景

幻灯片背景也是设计演示文稿风格的重要元素之一,在 PowerPoint 2010 中可以非常方便地设置幻灯片背景。本节将学习如何设置幻灯片背景。

实例 1 修改单一幻灯片背景

通常在模板中使用相同的背景设计,也可以在演示文稿中把某一张幻灯片或部分幻灯片的背景修改为其他样式,具体操作方法如下。

Step 01 打开"素材文件\第 10 章\职业学校调查报告.pptx",选择第 2 张幻灯片,右击幻灯片编辑窗口中的空白位置,在弹出的快捷菜单中选择"设置背景格式"命令,如图 10-12 所示。

演示文稿风格统一与美化　第 10 章

Step 02　弹出"设置背景格式"对话框,在左侧选择"填充"选项,在右侧选中"纯色填充"单选按钮,单击"颜色"下拉按钮,选择填充颜色,然后单击"关闭"按钮,如图 10-13 所示。

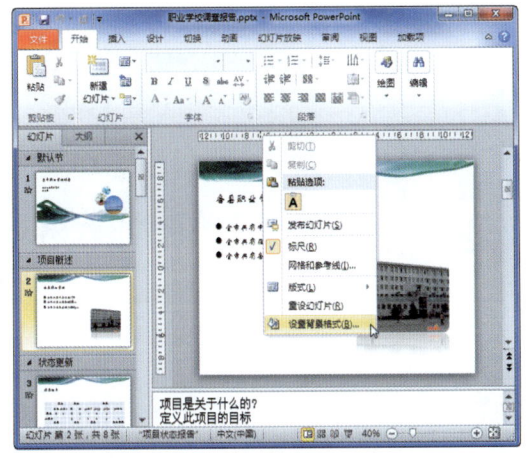

图 10-12　选择"设置背景格式"命令

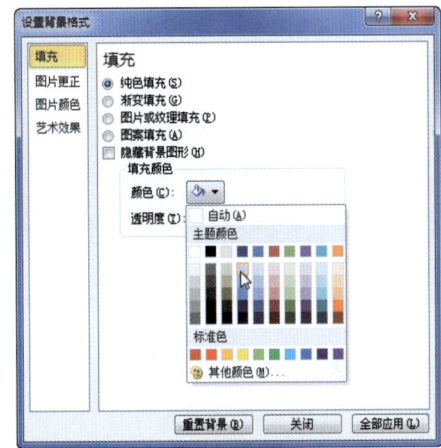

图 10-13　"设置背景格式"对话框

Step 03　设置后将只修改所选幻灯片的背景颜色,而其他幻灯片的背景颜色不变,效果如图 10-14 所示。

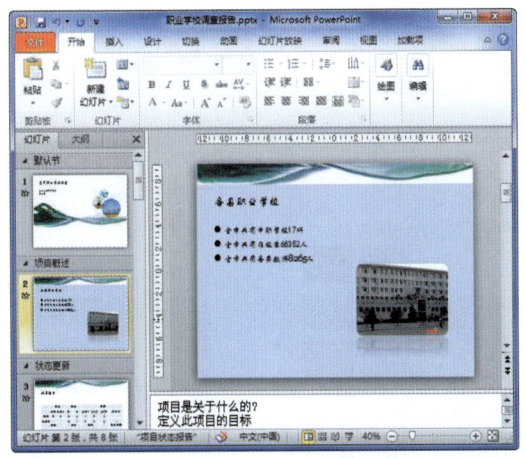

图 10-14　查看设置效果

实例 2　应用背景样式

背景是影响演示文稿整体外观风格的重要因素,应用背景样式可以将预设的背景应用于所有幻灯片中。快速应用幻灯片背景样式的具体操作方法如下。

Step 01　选择"设计"选项卡,单击"背景"组中的"背景样式"下拉按钮,在弹出的下拉列表中选择一种背景样式,如图 10-15 所示。

Step 02　此时,所有的幻灯片将统一使用所选的预设背景样式效果,如图 10-16 所示。

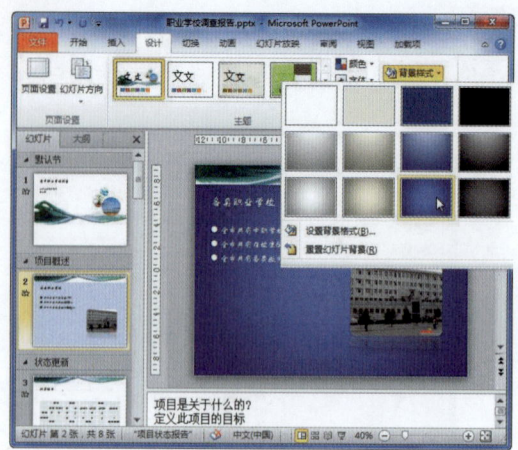

图 10-15　选择背景样式

图 10-16　查看设置背景效果

实例 3　自定义背景样式

如果预设的背景样式不能完全满足需求,还可以自定义背景样式,其中包括纯色填充、渐变填充等,具体操作方法如下。

Step 01 选择"设计"选项卡,在"背景"组中单击"背景样式"下拉按钮,在弹出的下拉列表中选择"设置背景格式"选项,如图 10-17 所示。

Step 02 弹出"设置背景格式"对话框,选择"填充"选项,选中"渐变填充"单选按钮,在"渐变光圈"选项区中选择渐变条上的某个滑块,在下方滑块或数值框中设置该滑块的颜色参数,然后单击"全部应用"按钮,如图 10-18 所示。

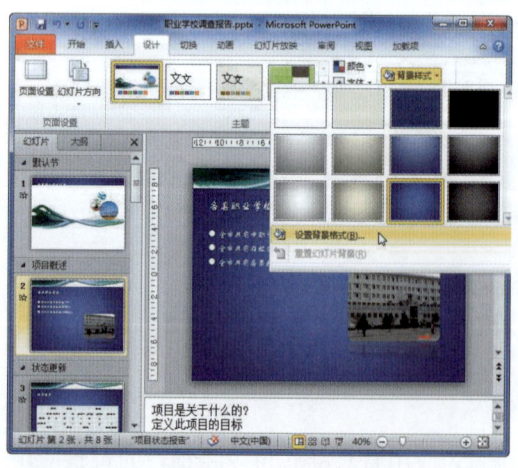

图 10-17　选择"设置背景格式"选项

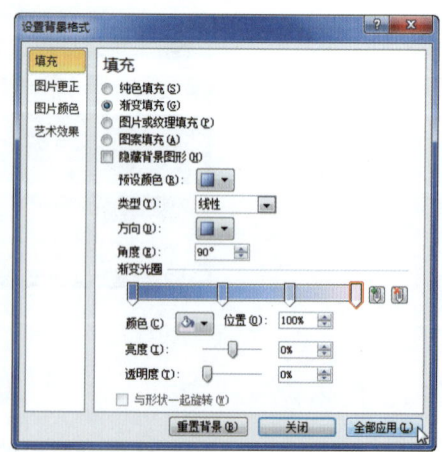

图 10-18　"设置背景格式"对话框

Step 03 此时,即可查看设置自定义背景样式后的效果,如图 10-19 所示。

Step 04 选择"设计"选项卡,在"背景"组中选中"隐藏背景图形"复选框,隐藏背景图形,如图 10-20 所示。

演示文稿风格统一与美化　第 10 章

图 10-19　查看设置效果

图 10-20　隐藏背景图形

实例 4　使用图片背景

使用纯色或渐变填充背景的可选范围是有限的，更多的专业演示文稿通常使用背景图片来进行设计，效果更加专业，具体操作方法如下。

Step 01 打开"设置背景格式"对话框，在左侧选择"填充"选项，在右侧选中"图片或纹理填充"单选按钮，然后单击"文件"按钮，如图 10-21 所示。

Step 02 弹出"插入图片"对话框，选择要插入的图片文件，然后单击"插入"按钮，如图 10-22 所示。

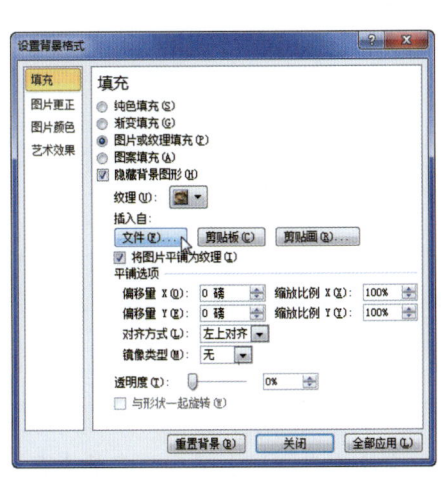

图 10-21　"设置背景格式"对话框

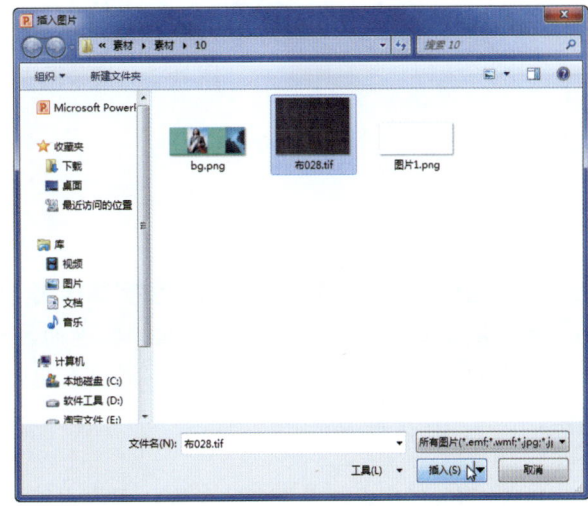

图 10-22　"插入图片"对话框

Step 03 选择"图片更正"选项，在"亮度和对比度"选项区中单击"预设"下拉按钮，在弹出的下拉列表中可以选择一种亮度和对比度预设，如图 10-23 所示。

Step 04 选择"图片颜色"选项，单击"重新着色"选项区中的"预设"下拉按钮，在弹出的下拉列表中选择一种预设颜色，如图 10-24 所示。

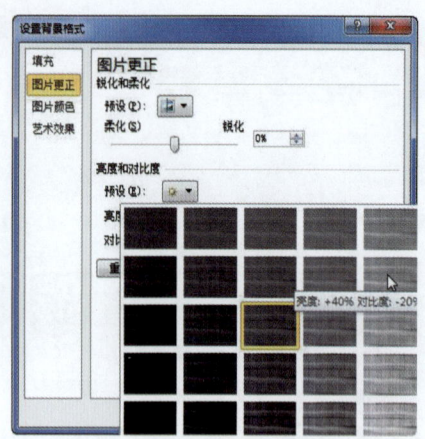
图 10-23　选择亮度和对比度预设

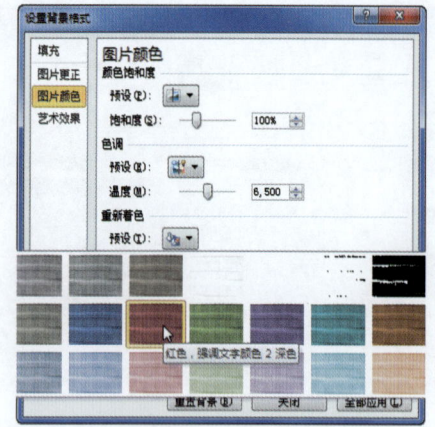
图 10-24　修改图片颜色

Step 05　设置完成后，单击"全部应用"按钮，即可将图片背景应用在所有的幻灯片中，如图 10-25 所示。

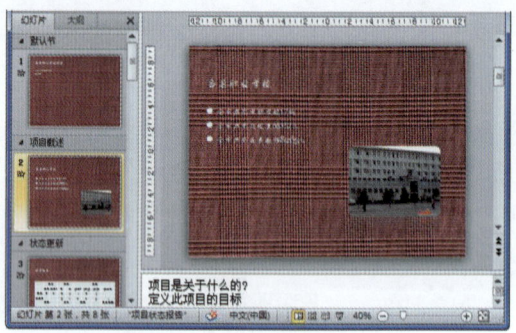
图 10-25　查看图片背景效果

10.3　应用主题

主题包括一组主体颜色、一组主题字体样式（包括标题和正文）和一组主题效果（包括线条和填充效果）。通过应用主题可以快速而轻松地设置整个文档的版式，使其具有专业而时尚的外观。本节将详细介绍如何通过主题美化演示文稿。

实例 1　应用自带主题

PowerPoint 2010 自带了多种主题，用户也可通过网络从官方网站上下载更多的主题。应用自带主题的操作非常简单，具体操作方法如下。

Step 01　打开"素材文件\第 10 章\就业手续.pptx"，选择"设计"选项卡，在"主题"组中的列表框中选择一种主题，如图 10-26 所示。

Step 02　此时，即可查看应用主题的效果。应用主题后，将自动区分标题幻灯片和其他幻灯片，如图 10-27 所示。

演示文稿风格统一与美化　第 10 章

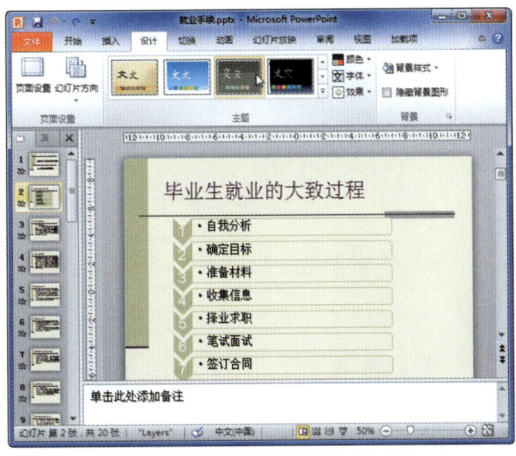

图 10-26　选择主题

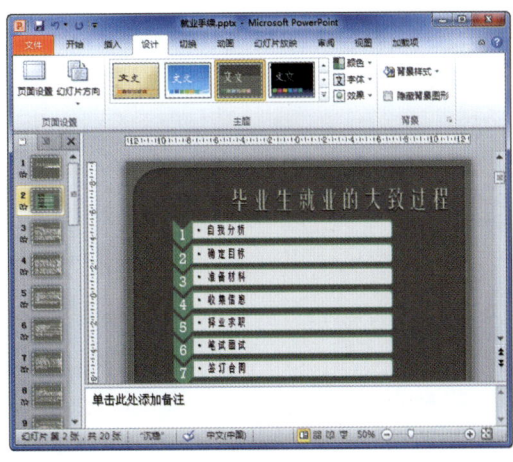

图 10-27　查看应用主题效果

实例 2　修改主题

在应用主题时，还可以修改主题的颜色搭配、字体格式等，具体操作方法如下。

Step 01　在"主题"组中单击"颜色"下拉按钮，在弹出的下拉列表中选择"华丽"选项，如图 10-28 所示。

Step 02　在"主题"组中单击"字体"下拉按钮，在弹出的下拉列表中选择"隶书"选项，如图 10-29 所示。

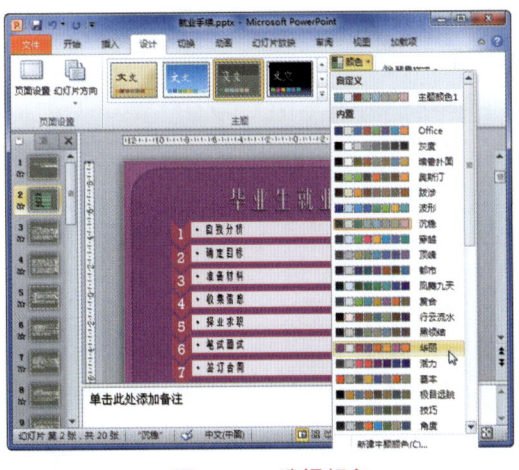

图 10-28　选择颜色

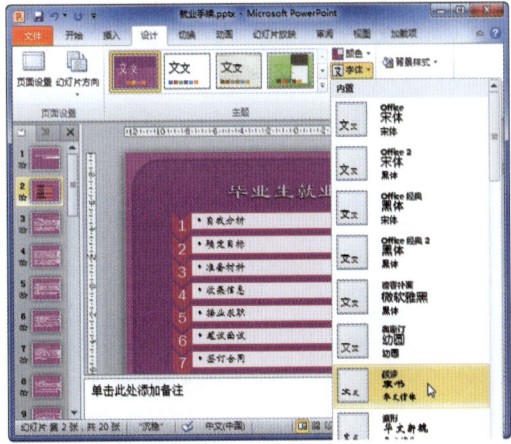

图 10-29　选择字体

Step 03　在"主题"组中单击"效果"下拉按钮，在弹出的下拉列表中选择"都市"选项，如图 10-30 所示。

Step 04　在修改颜色、字体和效果后，已经应用的主题又发生了相应的变化，如图 10-31 所示。

225

中文版 Office 2010 办公自动化实例教程

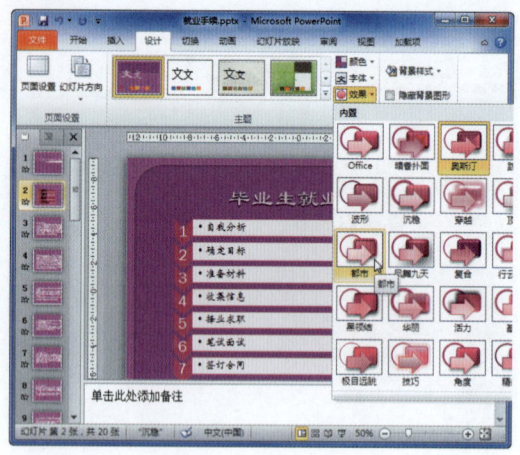

图 10-30　选择效果

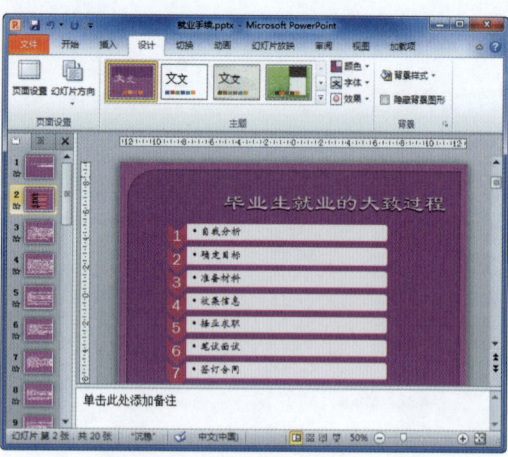

图 10-31　查看设置效果

实例 3　自定义主题

在制作演示文稿的过程中，使用主题可以节省大量的时间和精力。如果经常使用某种风格的界面设计，则可以将其保存为自定义主题，具体操作方法如下。

Step 01　选择"设计"选项卡，在"主题"组中单击"颜色"下拉按钮，在弹出的下拉列表中选择"新建主题颜色"选项，如图 10-32 所示。

Step 02　弹出"编辑主题颜色"对话框，单击"文字/背景-深色 1"下拉按钮，在弹出的下拉列表中选择一种颜色。同样，设置其他选项，在"名称"文本框中输入名称，然后单击"保存"按钮，如图 10-33 所示。

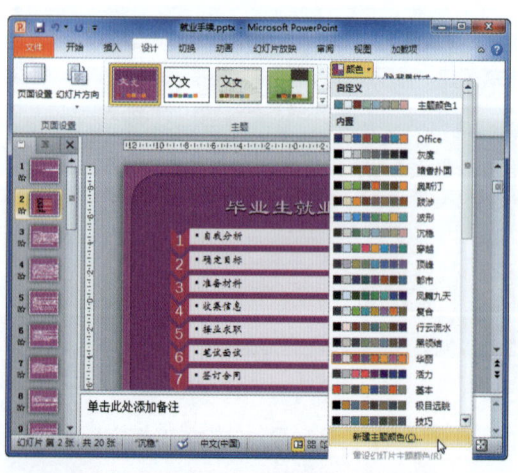

图 10-32　选择"新建主题颜色"选项

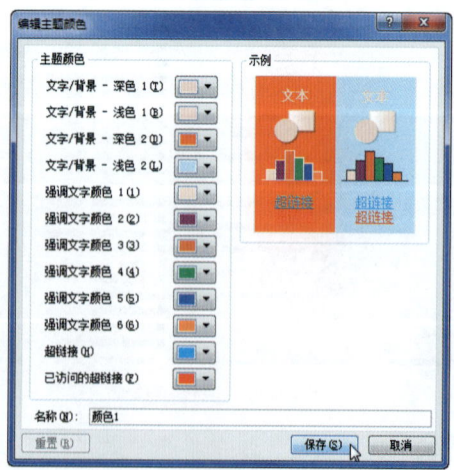

图 10-33　"编辑主题颜色"对话框

Step 03　在"主题"组中单击"字体"下拉按钮，在弹出的下拉列表中选择"新建主题字体"选项，如图 10-34 所示。

Step 04　弹出"新建主题字体"对话框，设置主题字体格式，然后单击"保存"按钮，如图 10-35 所示。

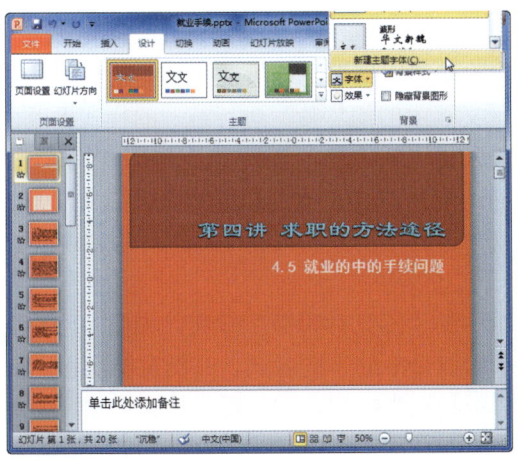
图 10-34　选择"新建主题字体"选项

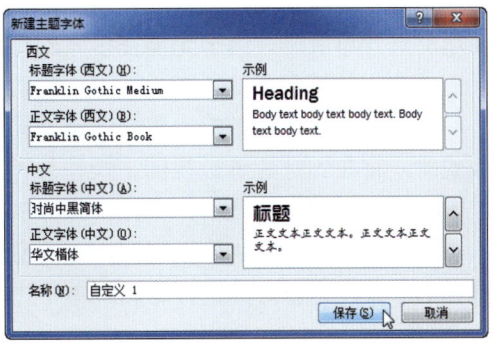
图 10-35　"新建主题字体"对话框

Step 05　单击"主题"列表框中的"其他"按钮,在弹出的下拉列表中选择"保存当前主题"选项,如图 10-36 所示。

Step 06　弹出"保存当前主题"对话框,选择保存位置,在"文件名"下拉列表中输入名称,然后单击"保存"按钮即可,如图 10-37 所示。

图 10-36　选择"保存当前主题"选项

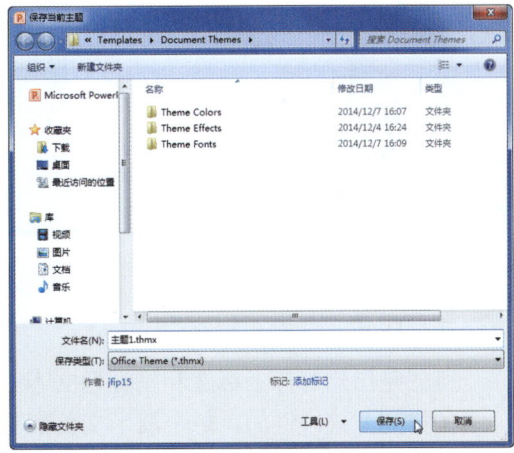
图 10-37　"保存当前主题"对话框

10.4　使用幻灯片母版

一般创建的一组幻灯片都有一些共同的元素,如共同的企业标志,共同的图案与页眉、页脚等,此时可以通过使用母版进行设计。本节将详细介绍如何在演示文稿中使用幻灯片母版。演示文稿中包含母版与版式,这是批量或快速制作演示文稿的重要内容。通常母版与版式的概念容易发生混淆,下面将对其进行简要介绍。

一、母版

幻灯片母版是幻灯片层次结构中的顶层幻灯片,用于存储有关演示文稿的主题和幻灯片版式的信息,包括背景、颜色、字体、效果、占位符大小和位置等。

每个演示文稿至少包含一个幻灯片母版。修改和使用幻灯片母版的主要优点是可以对演示文稿中的每张幻灯片(包括以后添加到演示文稿中的幻灯片)进行统一的样式更改。使用幻灯片母版时,由于无需在多张幻灯片上输入相同的信息,因此节省了制作时间。如果需要制作的演示文稿非常长,其中包含大量的幻灯片,这时使用幻灯片母版特别方便。

由于幻灯片母版影响着整个演示文稿的外观,因此在创建和编辑幻灯片母版或相应的版式时,将在幻灯片母版视图下操作。

选择"视图"选项卡,单击"母版视图"组中的"幻灯片母版"按钮,如图10-38所示,即可切换到幻灯片母版视图。左侧窗格显示当前母版的不同版式,右侧窗格显示当前选择的版式,可以对其进行编辑。单击"关闭母版视图"按钮,即可退出母版视图,如图10-39所示。

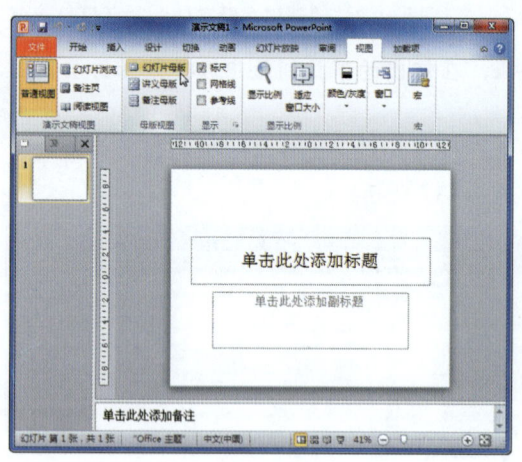

图10-38 单击"幻灯片母版"按钮

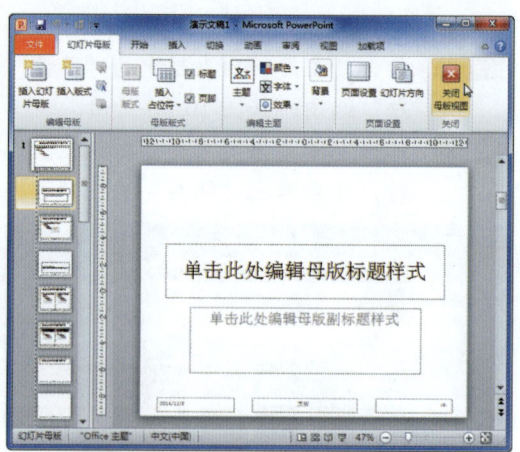

图10-39 单击"关闭母版视图"按钮

二、版式

版式是指幻灯片上标题和副标题文本、列表、图片、表格、图表、自选图形和视频等元素的排列方式。例如,每个演示文稿都要有一个"封面"幻灯片,即标题幻灯片,这个幻灯片主要显示标题、作者等,可以使用不同的版式。

三、版式与母版的关系

一个母版有多个版式,应用母版到幻灯片时要指定应用母版中的哪个版式。在默认情况下,PowerPoint 2010 提供了多种自带的版式,右图(如图10-40所示)列表中显示了这些版式。

图10-40 查看母版版式

实例 1　设计母版内容

PowerPoint 2010 将幻灯片母版放在单独的视图下进行编辑，在默认情况下带有一个母版，只需对其进行编辑即可，具体操作方法如下。

Step 01　新建演示文稿，切换到幻灯片母版视图，单击"主题"下拉按钮，在弹出的下拉列表中选择"流畅"选项，如图 10-41 所示。

Step 02　单击"字体"下拉按钮，在弹出的下拉列表中选择"宋体"选项，如图 10-42 所示。

　　　　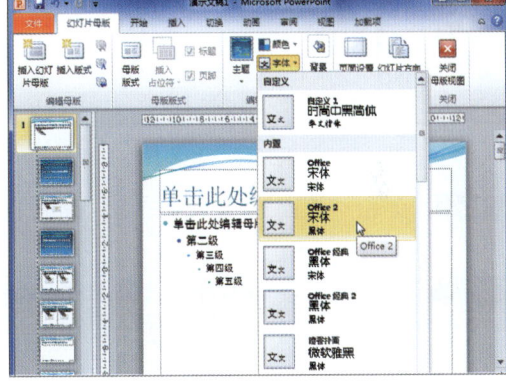

图 10-41　选择主题　　　　　　　　图 10-42　设置字体格式

Step 03　单击"颜色"下拉按钮，在弹出的下拉列表中选择"活力"选项，如图 10-43 所示。

Step 04　单击"背景"组中的"背景样式"下拉按钮，在弹出的下拉列表中选择"样式 9"选项，如图 10-44 所示。

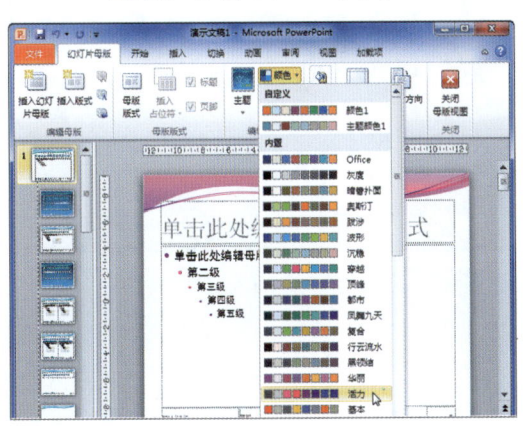　　　　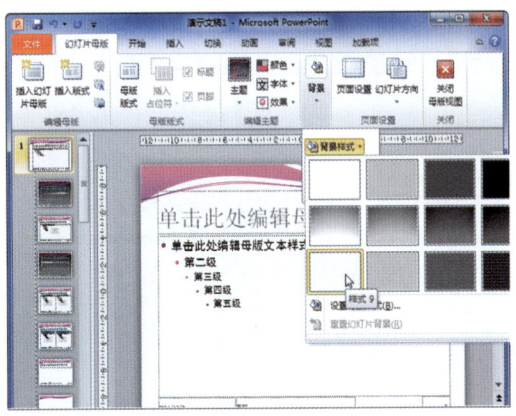

图 10-43　选择颜色配色　　　　　　图 10-44　选择背景样式

Step 05　单击"幻灯片方向"下拉按钮，在弹出的下拉列表中选择所需的选项，如"纵向"，如图 10-45 所示。

Step 06　在"页面设置"组中单击"页面设置"按钮，如图 10-46 所示。

中文版 Office 2010 办公自动化实例教程

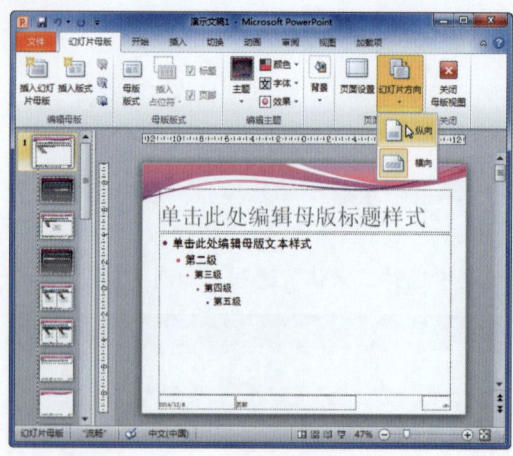

图 10-45　调整幻灯片方向　　　　　图 10-46　单击"页面设置"按钮

Step 07 弹出"页面设置"对话框，设置具体的页面选项，然后单击"确定"按钮，如图 10-47 所示。

Step 08 如果还需要添加母版，则单击"插入幻灯片母版"按钮，将新建一个母版，并添加默认的版式，如图 10-48 所示。

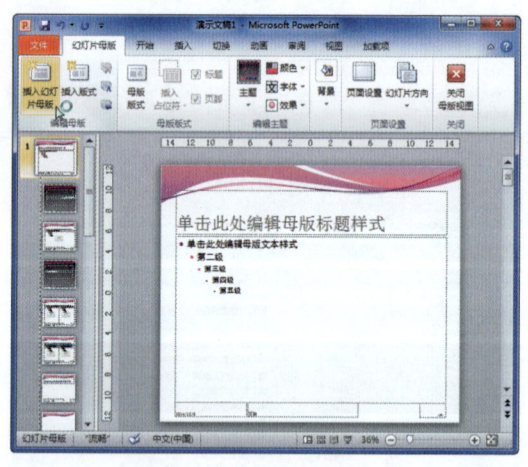

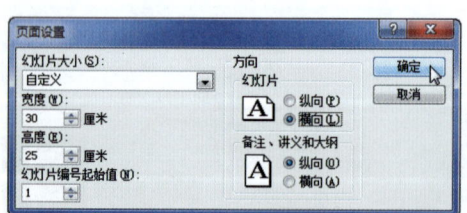

图 10-47　"页面设置"对话框　　　　　图 10-48　插入幻灯片母版

实例 2　修改母版版式

用户还可以对母版版式进行修改，具体操作方法如下。

Step 01 设置了母版后所有的版式均会显示与母版相同的元素，但标题页经常与正文版式不同，因此需要显示或隐藏背景图形。选择标题版式幻灯片，选中"隐藏背景图形"复选框，如图 10-49 所示。

Step 02 选择要编辑的版式幻灯片，选择占位符、文本和形状等，采用与普通视图下相同的操作进行编辑操作即可，如图 10-50 所示。

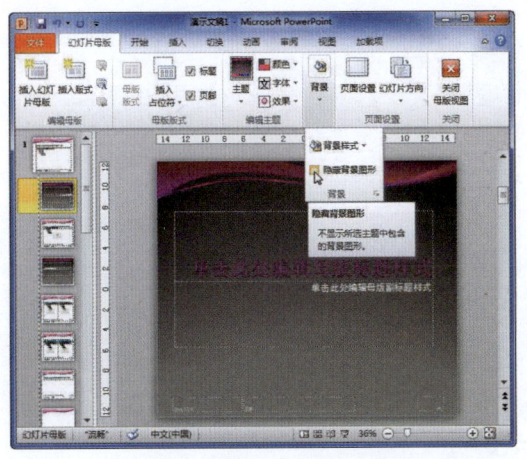
图 10-49　选中"隐藏背景图形"复选框

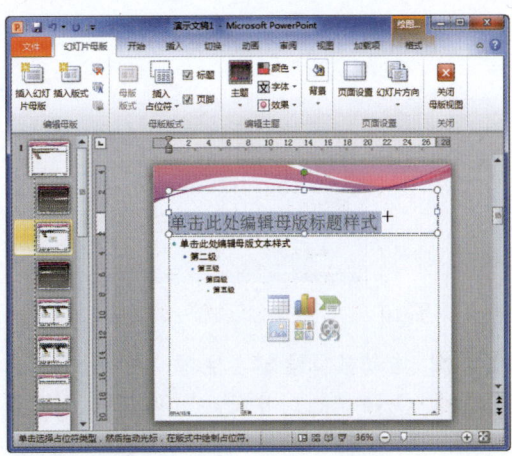
图 10-50　编辑版式

实例 3　创建自定义版式

在默认情况下，PowerPoint 2010 自带的版式基本能够满足日常制作幻灯片的需要。若有特殊要求，则可以自定义版式，这样就可以在以后直接进行应用，具体操作方法如下。

Step 01 切换到幻灯片母版视图，在"编辑母版"组中单击"插入版式"按钮，如图 10-51 所示。

Step 02 右击新建的版式，在弹出的快捷菜单中选择"重命名版式"命令，如图 10-52 所示。

图 10-51　单击"插入版式"按钮

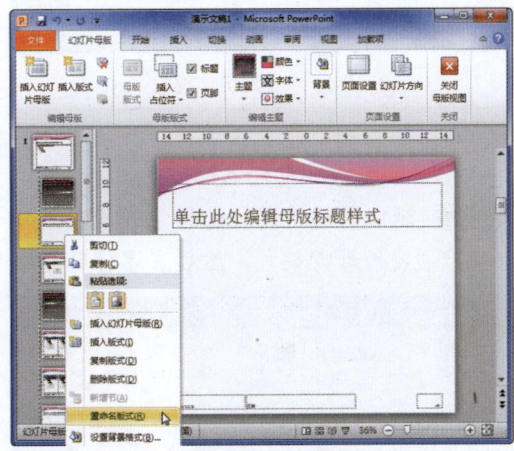
图 10-52　选择"重命名版式"命令

Step 03 弹出"重命名版式"对话框，在"版式名称"文本框中输入"竖排图文"，然后单击"重命名"按钮，如图 10-53 所示。

Step 04 单击"插入占位符"下拉按钮，在弹出的下拉列表中选择"文字（竖排）"选项，如图 10-54 所示。

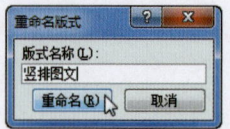

图 10-53 "重命名版式"对话框

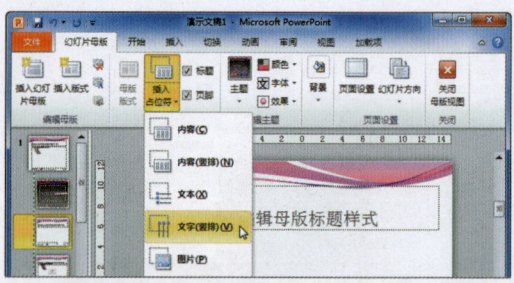

图 10-54 选择"文字（竖排）"选项

Step 05 拖动鼠标绘制占位符，在"开始"选项卡下设置文本的字体格式，如图 10-55 所示。

Step 06 选择"幻灯片母版"选项卡，单击"插入占位符"下拉按钮，在弹出的下拉列表中选择"图片"选项，如图 10-56 所示。

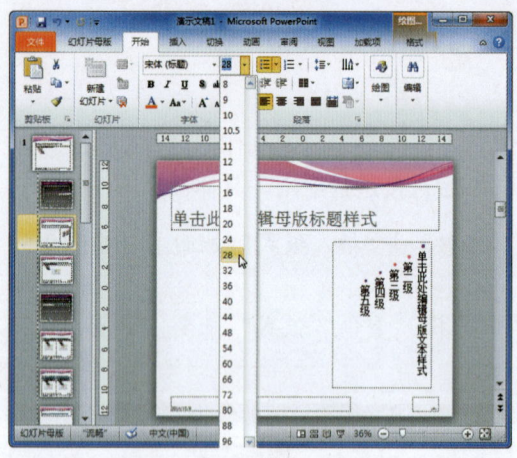

图 10-55 设置字体格式

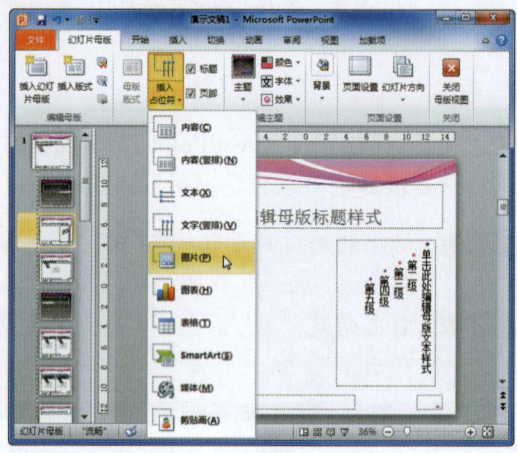

图 10-56 选择"图片"选项

Step 07 插入一个图片占位符，拖动占位符控制柄即可进行缩放，拖动图片占位符到目标位置，如图 10-57 所示。

Step 08 返回普通视图，选择"开始"选项卡，单击"新建幻灯片"下拉按钮，选择自定义的母版版式，然后在占位符中输入文本，插入元素即可，如图 10-58 所示。

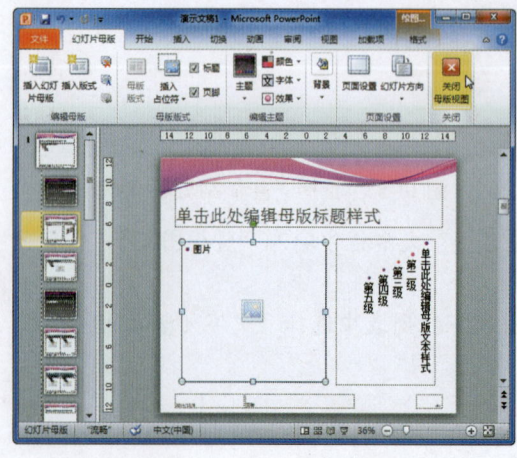

图 10-57 插入图片占位符

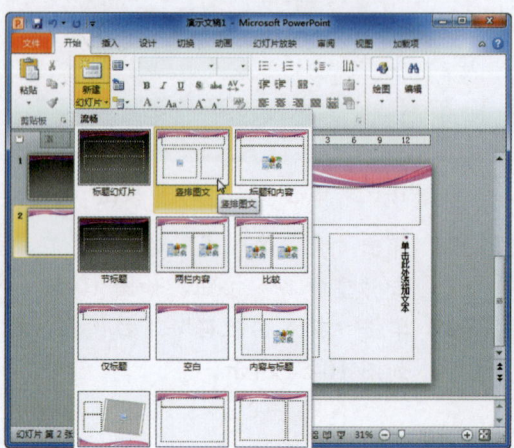

图 10-58 应用自定义版式

本章小结

本章主要介绍了如何在 PowerPoint 2010 中创建与使用模板、设置幻灯片的背景、应用主题和使用幻灯片母版等。通过对本章的学习，读者应重点掌握以下知识：①创建演示文稿模板和使用自定义模板。②在演示文稿中设置幻灯片的背景。③在演示文稿中应用与编辑主题。④设计、修改和创建幻灯片母版。

本章习题

打开"素材文件\第 10 章\品牌服装宣传广告.pptx"演示文稿，为幻灯片设置图片背景和应用自带主题，并修改字体。

操作提示：

1．选择"设计"选项卡，在"背景"组中单击"背景样式"下拉按钮，在弹出的下拉列表中选择"设置背景格式"选项，如图 10-59 所示。

2．弹出"设置背景格式"对话框，选择"填充"选项，选中"图片或纹理填充"单选按钮，然后单击"文件"按钮，如图 10-60 所示。

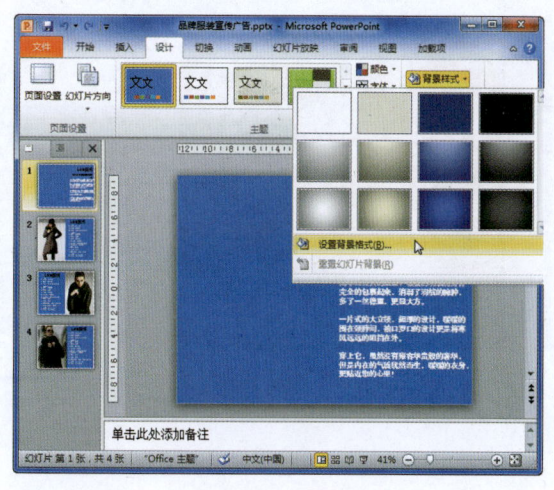
图 10-59 选择"设置背景格式"选项

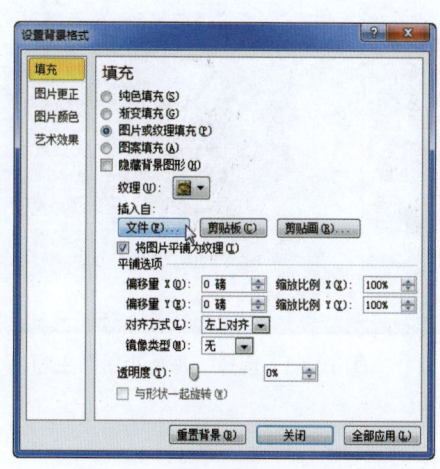
图 10-60 "设置背景格式"对话框

3．弹出"插入图片"对话框，选择图片文件，然后单击"插入"按钮，如图 10-61 所示。

4．返回"设置背景格式"对话框，单击"关闭"按钮。此时，即可查看使用图片背景后的效果，如图 10-62 所示。

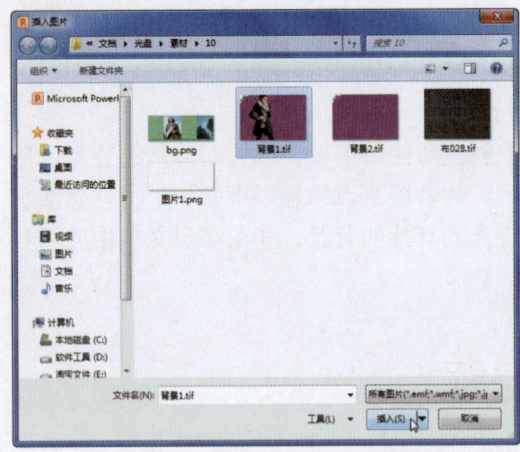

图 10-61 "插入图片"对话框

图 10-62 查看设置效果

5. 使用上述方法对其他幻灯片进行设计,在"主题"组中的列表框中选择"暗香扑面"主题,如图 10-63 所示。

6. 在"主题"组中单击"字体"下拉按钮,在弹出的下拉列表中选择"方正姚体"选项,最终效果如图 10-64 所示。

图 10-63 选择"暗香扑面"主题

图 10-64 选择"方正姚体"选项

第 11 章　演示文稿动画设置与放映

【本章导读】

在幻灯片中不但可以添加丰富的多媒体对象，还可以添加各种动画效果，让演示文稿变得更加生动、有趣。本章将详细介绍如何为幻灯片中的对象添加进入和退出效果；如何进行动画设置；如何为幻灯片添加切换效果；如何为幻灯片添加交互按钮，实现人机交互；如何添加超链接，以及幻灯片放映设置等知识。

【本章目标】

- ➢ 能够添加和设置动画效果。
- ➢ 能够添加和设置交互按钮。
- ➢ 能够在演示文稿中添加超链接。
- ➢ 能够设置放映、打包与发布幻灯片。

11.1　由静态向动态转变

动画是演示文稿的重要表现手段之一，在制作演示文稿时可以为幻灯片添加动画，使原本静态的幻灯片动起来。用户不仅可以将动画效果应用到切换幻灯片上，还可以将其应用到幻灯片中的文本、图片、图形和图表等对象上。

从一张幻灯片突然跳转至另一张幻灯片，会使观众觉得很唐突。此时，可以为幻灯片添加切换效果，使其播放起来变得很流畅。幻灯片切换效果是在"幻灯片放映"中从一张幻灯片移到下一张幻灯片时出现的类似动画的效果。用户可以控制每个幻灯片切换效果的速度，还可以添加声音。

为幻灯片添加动画效果，可以让原本静止的演示文稿变得更加生动。PowerPoint 2010 提供了丰富的动画效果，而且操作起来也很简便。本节将详细介绍如何使幻灯片由静态向动态转变，制作基本的动画效果。

实例 1　添加进入动画效果

幻灯片动画包括进入动画、强调动画、退出动画和路径动画 4 种。下面为幻灯片中的某一对象添加进入效果，具体操作方法如下。

Step 01 打开"素材文件\第 11 章\职业兴趣.pptx"，选择第 2 张幻灯片，选择对象，选择"动画"选项卡，单击"添加动画"下拉按钮，在弹出的下拉列表中选择"飞入"效果，如图 11-1 所示。

中文版 Office 2010 办公自动化实例教程

Step 02 单击"效果选项"下拉按钮,在弹出的下拉列表中选择"自右侧"选项,如图 11-2 所示。

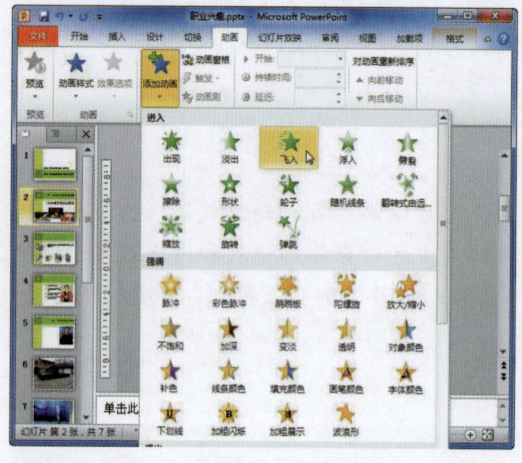

图 11-1 选择"飞入"效果

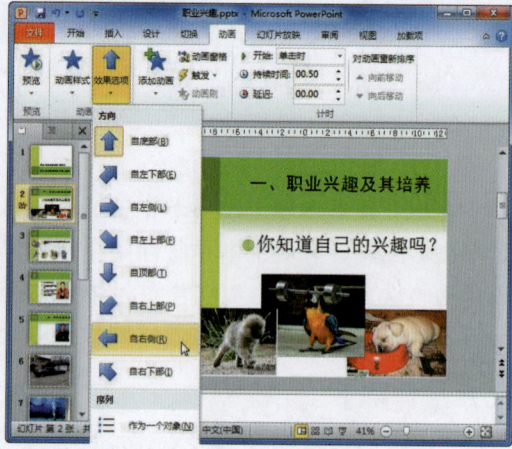

图 11-2 选择"自右侧"选项

Step 03 选择动画对象,单击"高级动画"组中的"动画刷"按钮,如图 11-3 所示。

Step 04 在"幻灯片"窗格中选择要粘贴动画的幻灯片,在编辑区中单击幻灯片中的对象,即可粘贴动画,如图 11-4 所示。

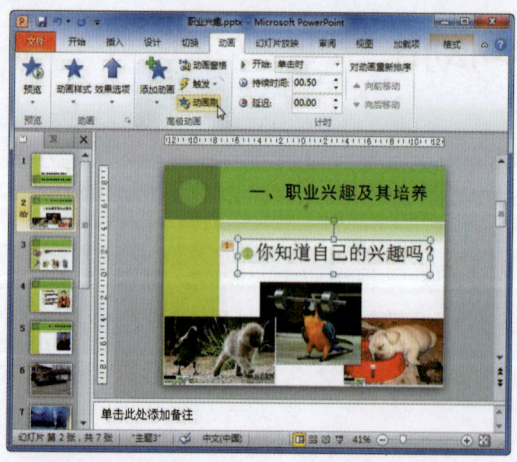

图 11-3 单击"动画刷"按钮

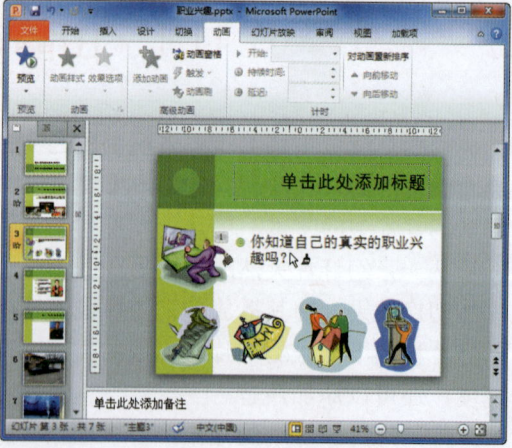

图 11-4 粘贴动画

当某一对象应用了动画效果时,选择该对象,在其左上角会有一个数字标号,表示该对象包含了动画。

实例 2 添加退出动画效果

用户不但可以为幻灯片中的对象添加进入动画效果,还可以为对象添加退出效果,且可以为同一对象同时添加这两种效果。添加退出动画效果的具体操作方法如下。

Step 01 选择对象,选择"动画"选项卡,单击"添加动画"下拉按钮,在弹出的下拉列表中选择一种退出效果,如"飞出",如图 11-5 所示。

Step 02 单击"效果选项"下拉按钮,在弹出的下拉列表中选择退出的方向,如"到左侧",如图 11-6 所示。

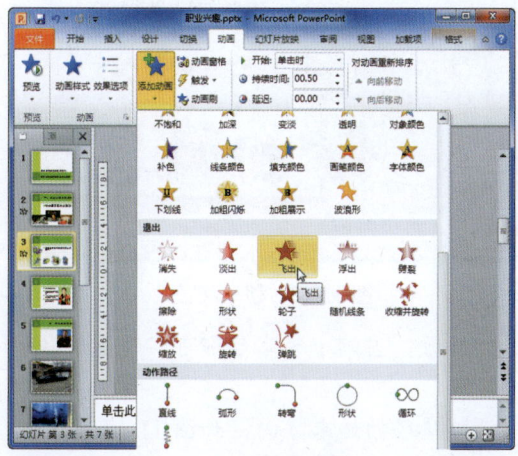
图 11-5 选择退出效果

图 11-6 选择退出方向

Step 03 单击"预览"下拉按钮,在弹出的下拉列表中选择"预览"选项,如图 11-7 所示。

Step 04 此时,即可预览动画效果,如图 11-8 所示。

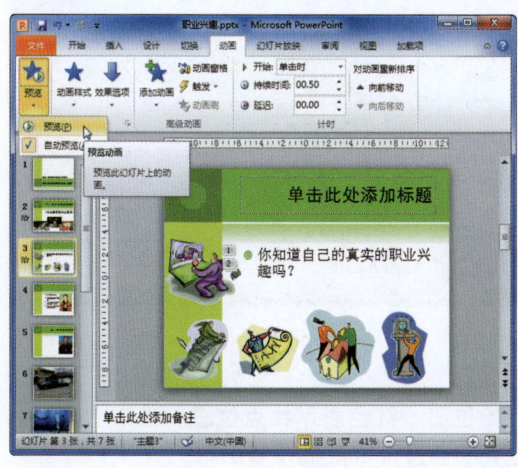
图 11-7 选择"预览"选项

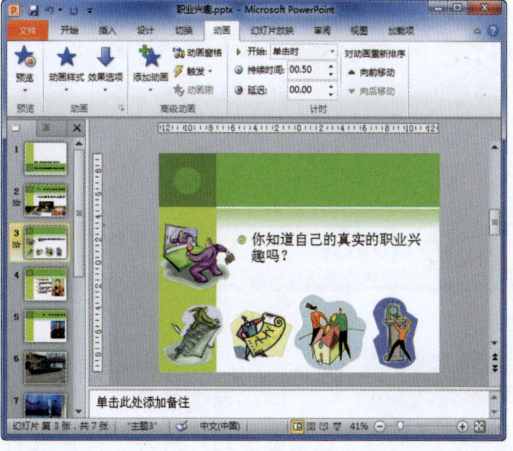
图 11-8 预览动画效果

实例 3　设置动画路径

如果对 PowerPoint 演示文稿中内置的动画路径不满意,可以自定义动画路径,具体操作方法如下。

Step 01 选择对象,选择"动画"选项卡,单击"添加动画"下拉按钮,在弹出的下拉列表中的"动作路径"选项区中选择一种路径,如"弧形",如图 11-9 所示。

Step 02 将鼠标指针移至路径上,当其变成十字形状后拖动鼠标,即可移动路径,如图 11-10 所示。

中文版 Office 2010 办公自动化实例教程

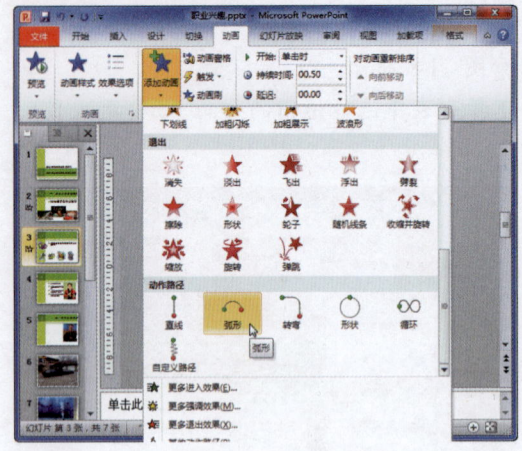

图 11-9　选择路径

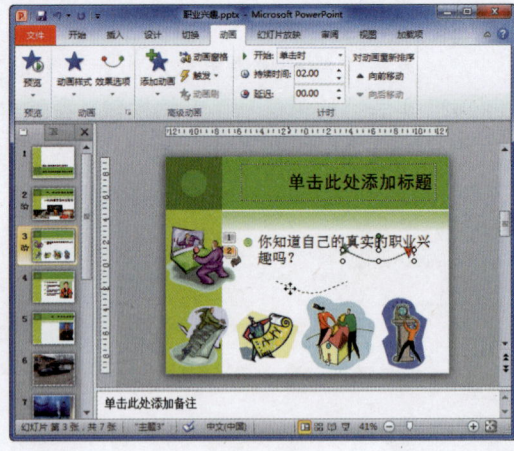

图 11-10　移动路径

Step 03　拖动路径四周的控制柄，即可对路径进行缩放，当缩小为零后即可实现反转，如图 11-11 所示。

Step 04　通过拖动路径左右两侧的控制柄，可以调整路径的始末方向，如图 11-12 所示。

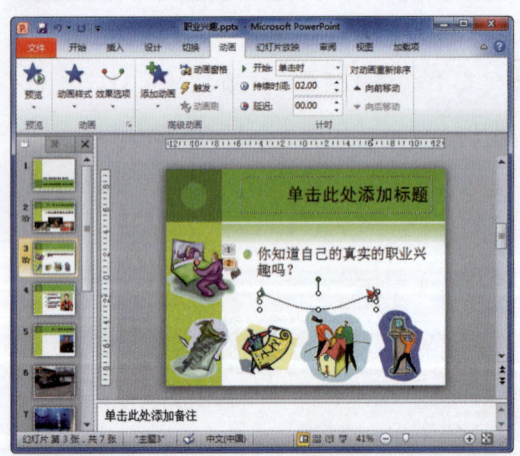

图 11-11　缩放路径　　　　　　　　　　图 11-12　调整路径始末方向

路径两端的箭头，绿色表示起始位置，红色表示终点位置。通常把起始位置置于幻灯片外，终点在目标位置，通过预览微调位置即可。

实例 4　删除动画效果

当动画效果不合适或不再需要动画时，可以删除动画效果。既可以在动画窗格中删除动画，也可将动画样式设置为"无"，具体操作方法如下。

Step 01　选择"动画"选项卡，单击"高级动画"组中的"动画窗格"按钮，如图 11-13 所示。

Step 02　弹出"动画窗格"对话框，单击列表框中动画选项右侧的下拉按钮，在弹出的下拉列表中选择"删除"选项，即可删除动画，如图 11-14 所示。

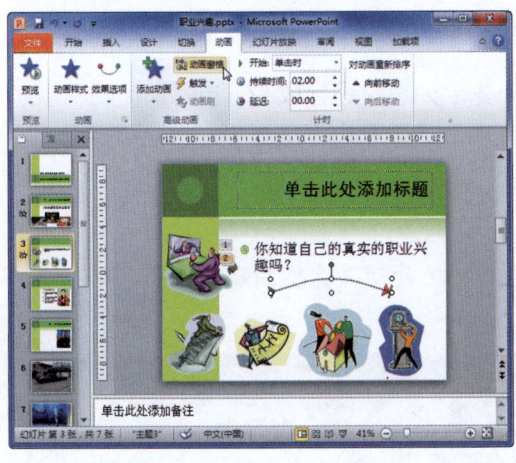
图 11-13　单击"动画窗格"按钮

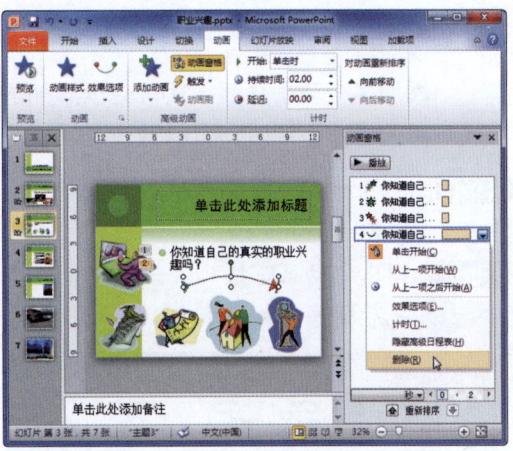
图 11-14　删除动画

11.2　制作更为复杂的动画

如果一个对象需要使用多种动画，或一张幻灯片中使用了多种动画效果，则处理复杂的动画和相互关系就显得很重要。本节将学习如何在幻灯片中制作更为复杂的动画。

实例 1　重复添加动画

对文本、图片或形状添加动画效果后，并不影响继续对其添加动画，也就是说一个对象可以使用多种动画，具体操作方法如下。

Step 01　选择对象，单击"添加动画"下拉按钮，在弹出的下拉列表中选择其他动画类型，如"跷跷板"，如图 11-15 所示。

Step 02　此时，该对象就应用了两种动画效果，选择它时左侧会出现两个动画编号，如图 11-16 所示。

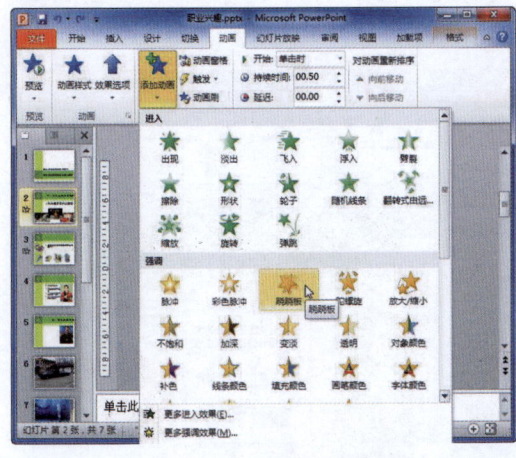
图 11-15　选择动画类型

图 11-16　添加动画

239

实例 2　调整动画先后顺序

当添加多个动画之后，默认会以添加的时间先后为顺序进行放映。当添加动画的顺序与放映时的顺序不同时，可以改变动画的先后顺序，具体操作方法如下。

Step 01　选择对象，选择"动画"选项卡，单击"高级动画"组中的"动画窗格"按钮，如图 11-17 所示。

Step 02　弹出"动画窗格"对话框，直接在列表框中拖动动画选项到目标位置，即可调整先后顺序，如图 11-18 所示。

图 11-17　单击"动画窗格"按钮

图 11-18　调整动画先后顺序

实例 3　设置动画选项

如果是为文本列表添加动画，则动画将应用于整个文本框还是应用于每一列表项，需要通过动画选项来设置，具体操作方法如下。

Step 01　选择对象，单击"动画"组中的"效果选项"下拉按钮，在弹出的下拉列表中选择"作为一个对象"选项，如图 11-19 所示。

Step 02　此时，项目列表项将不再一一出现，而是将文本框作为一个对象出现，如图 11-20 所示。

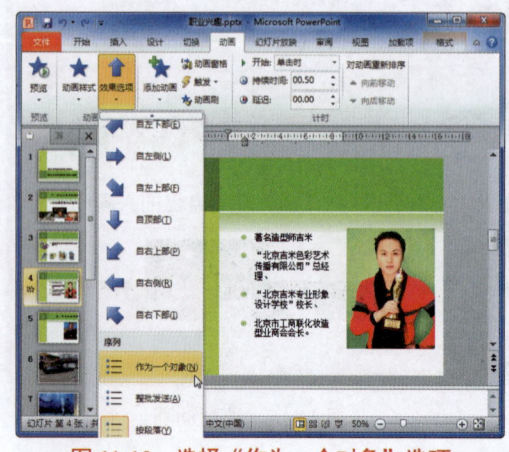

图 11-19　选择"作为一个对象"选项

图 11-20　查看设置效果

实例 4　设置动画触发器

无论添加多少动画，都需要有一个触发动画开始的事件，默认是单击鼠标左键。也可在幻灯片中通过触发器来设置具体触发动画的选项，方法如下。

方法 1：选择触发对象

单击"高级动画"组中的"触发"下拉按钮，在弹出的下拉列表中选择触发事件，如"单击"，并选择触发对象，如图 11-21 所示。

方法 2：自动触发动画

单击"动画窗格"中某动画选项的下拉按钮，在弹出的下拉列表中选择"从上一项开始"选项，即可自动触发动画，如图 11-22 所示

图 11-21　选择触发对象

图 11-22　选择"从上一项开始"选项

实例 5　设置动画播放时间

当触发动画后，是否立刻开始播放，以及播放的时间有多长，这些都需要通过设置动画的播放时间来进行修改，具体操作方法如下。

Step 01 单击"动画窗格"中某动画选项的下拉按钮，在弹出的下拉列表中选择"计时"选项，如图 11-23 所示。

Step 02 弹出"飞出"对话框，在"开始"下拉列表框和"延迟"数值框中分别进行设置，然后单击"确定"按钮，如图 11-24 所示。

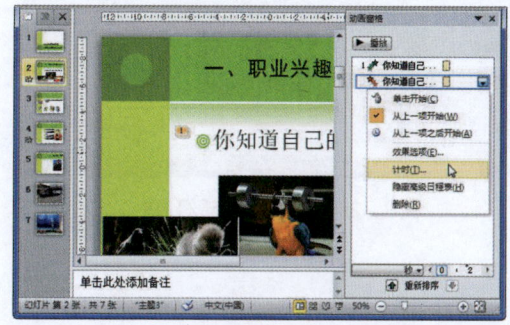
图 11-23　选择"计时"选项

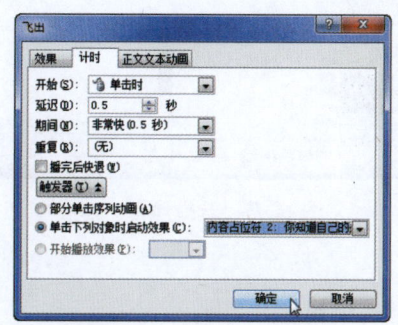
图 11-24　"飞出"对话框

中文版 Office 2010 办公自动化实例教程

实例 6　为幻灯片添加切换效果

动画是对幻灯片内部对象添加的动态效果,而对于幻灯片本身则可以添加切换效果,具体操作方法如下。

Step 01　选择"切换"选项卡,在"切换到此幻灯片"组的列表框中选择一种切换效果,如"推进",如图 11-25 所示。

Step 02　单击"效果选项"下拉按钮,在弹出的下拉列表中选择切换选项,如"自右侧",如图 11-26 所示。

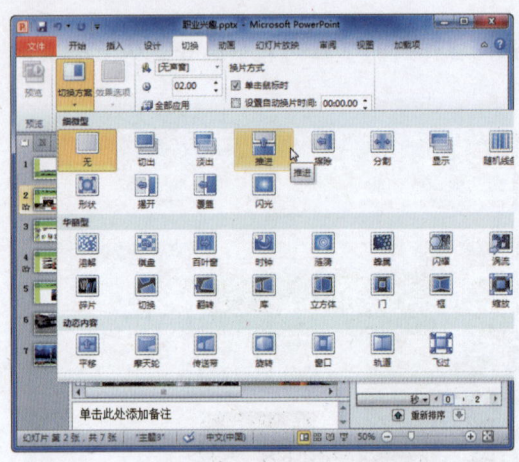

图 11-25　选择切换效果　　　　　图 11-26　选择切换选项

Step 03　单击"计时"组中的"声音"下拉按钮,在弹出的下拉列表中选择一种声音,如"风铃",如图 11-27 所示。

Step 04　此时,即可应用声音效果,但只对当前选择的幻灯片有效。单击"计时"组中的"全部应用"按钮,即可应用于全部幻灯片,如图 11-28 所示。

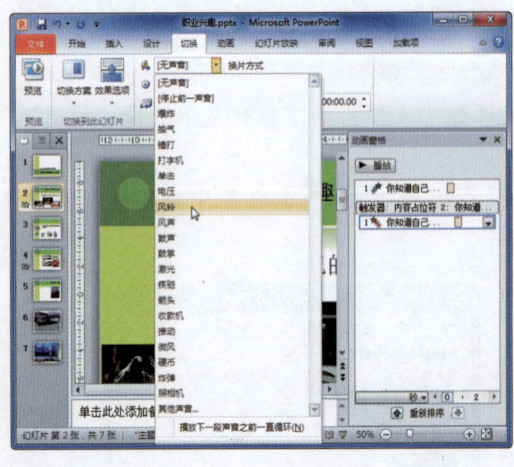 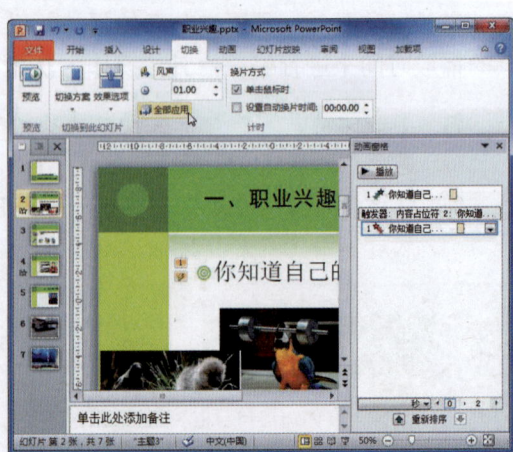

图 11-27　选择声音　　　　　　　图 11-28　应用于全部幻灯片

11.3 设置交互按钮

如果想在幻灯片中实现事件响应，可以添加交互功能。通过交互功能可以实现单击或按键操作跳转到任意一张幻灯片或打开特定程序等。

实例 1　添加动作按钮

动作按钮是使用形状作为界面对象，再指定动作事件，是一种常用的交互设置。PowerPoint 2010 提供了一组动作按钮，可以应用于一些常见的动作交互功能。在幻灯片中添加动作按钮的具体操作方法如下：

Step 01 打开"素材文件\第 11 章\职业礼仪.pptx"，选择第 3 张幻灯片，选择"插入"选项卡，单击"形状"下拉按钮，在弹出的下拉列表中单击"前进或下一项"按钮，如图 11-29 所示。

Step 02 在幻灯片编辑窗口中拖动鼠标，绘制出一个按钮的形状，如图 11-30 所示。

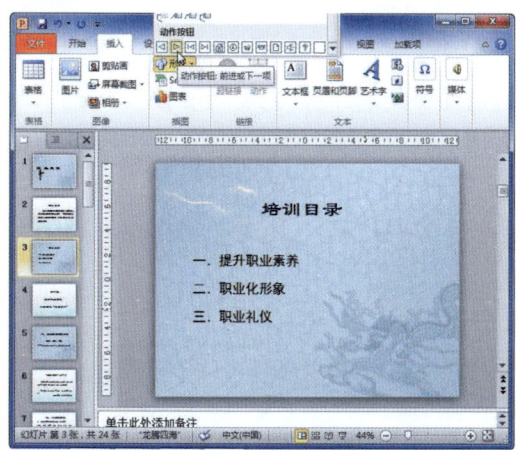
图 11-29　单击"前进或下一项"按钮

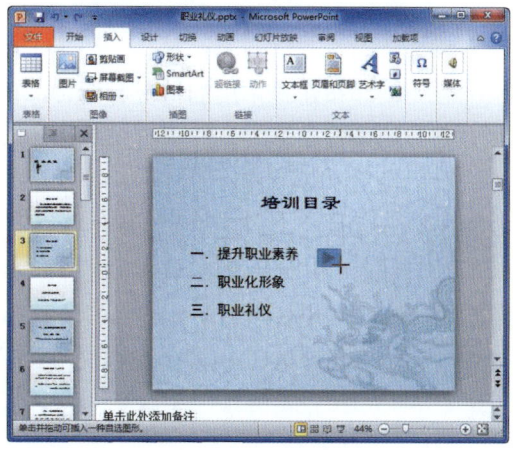
图 11-30　绘制按钮形状

Step 03 弹出"动作设置"对话框，选中"超链接到"单选按钮，然后选择链接类型，如"幻灯片"，如图 11-31 所示。

Step 04 弹出"超链接到幻灯片"对话框，在"幻灯片标题"列表框中选择幻灯片选项，然后单击"确定"按钮，如图 11-32 所示。

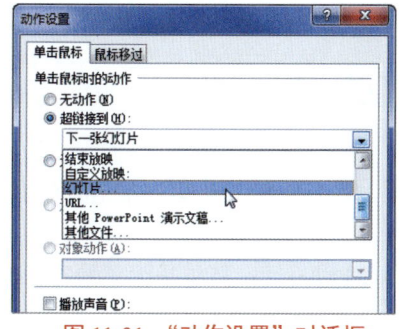
图 11-31　"动作设置"对话框

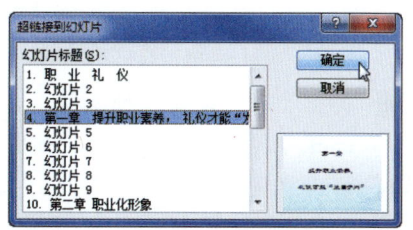
图 11-32　"超链接到幻灯片"对话框

中文版 Office 2010 办公自动化实例教程

Step 05 返回"动作设置"对话框,选中"播放声音"复选框,选择一种声音,如"打字机",然后单击"确定"按钮,如图11-33所示。

Step 06 此时,即可查看添加动作按钮后的效果,如图11-34所示。

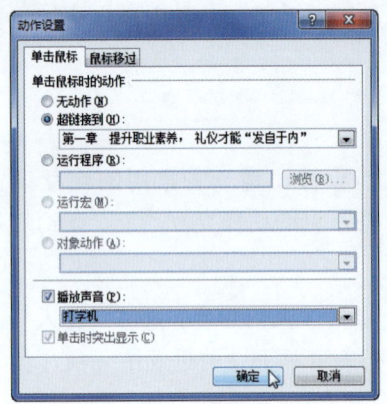

图 11-33 "动作设置"对话框

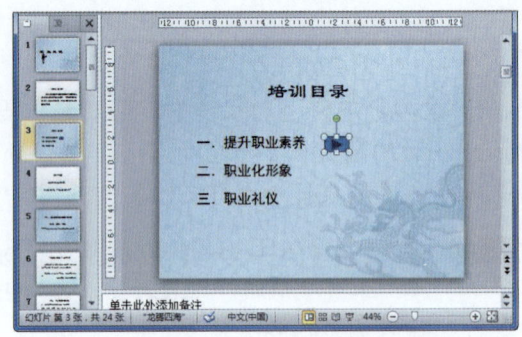

图 11-34 查看添加按钮效果

实例 2 打开交互文件

使用动作按钮最常用的情况有两种,一种是前面介绍的超链接到其他幻灯片,另一种是打开其他文件。打开文件要求设置正确的链接地址和有正确的关联程序,具体操作方法如下。

Step 01 选择最后一个幻灯片,选择"插入"选项卡,单击"形状"下拉按钮,在"形状"下拉列表中选择一种动作按钮,如图11-35所示。

Step 02 在幻灯片中绘制动作按钮形状,如图11-36所示。

图 11-35 选择动作按钮

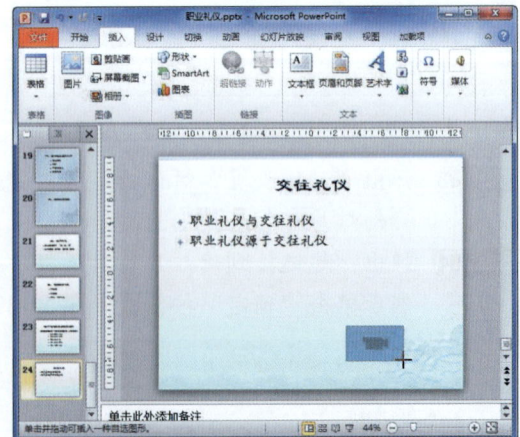

图 11-36 绘制动作按钮形状

Step 03 弹出"动作设置"对话框,选中"超链接到"单选按钮,并在下方下拉列表框中选择"其他文件"选项,如图11-37所示。

Step 04 弹出"超链接到其他文件"对话框,选择要链接的文件,然后单击"确定"按钮,如图11-38所示。

演示文稿动画设置与放映　第 11 章

图 11-37 "动作设置"对话框

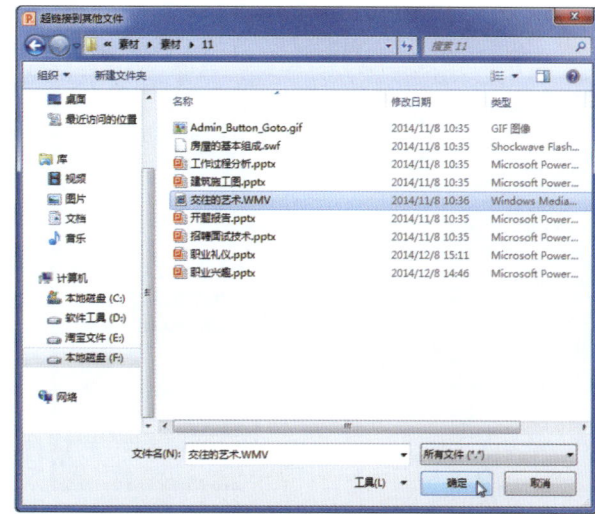

图 11-38 "超链接到其他文件"对话框

Step 05　按【F5】键开始放映幻灯片，单击添加的动作按钮，如图 11-39 所示。

Step 06　此时，即可在不结束放映或切换程序的状态下打开目标文件，如图 11-40 所示。

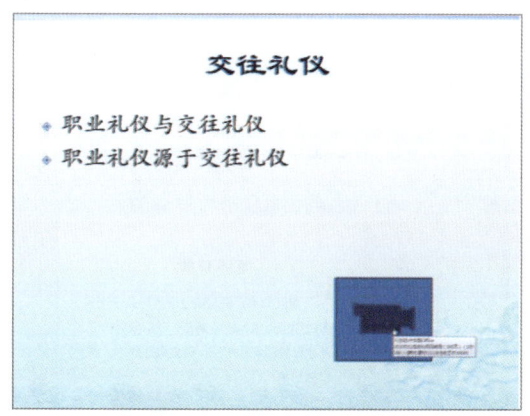

图 11-39 单击动作按钮

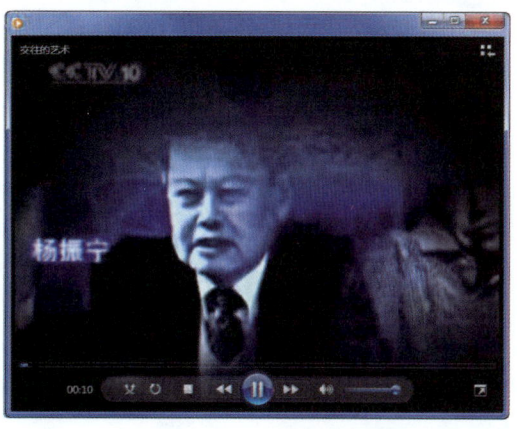

图 11-40 打开视频文件

实例 3　制作文本按钮

在表现形式上，通常会用到两种形式的动作按钮，一种是文本形式，另一种是图片形式。制作文本按钮的具体操作方法如下。

Step 01　选择第 2 张幻灯片，在"插入"选项卡下单击"形状"下拉按钮，在"形状"下拉列表中单击"自定义"按钮，如图 11-41 所示。

Step 02　在幻灯片中绘制形状，弹出"动作设置"对话框，设置动作为超链接到"下一张幻灯片"，然后单击"确定"按钮，如图 11-42 所示。

中文版 Office 2010 办公自动化实例教程

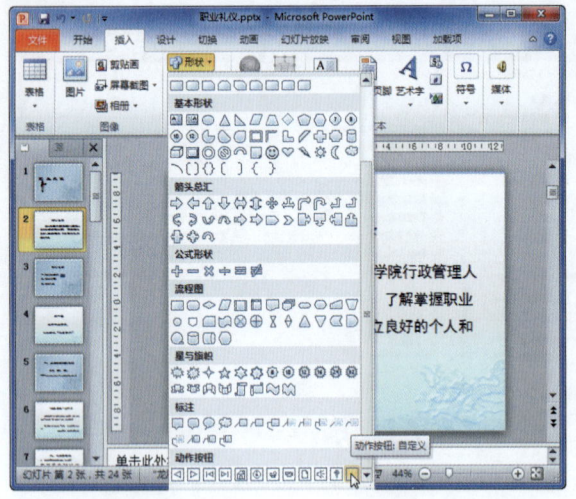

图 11-41　单击"自定义"按钮

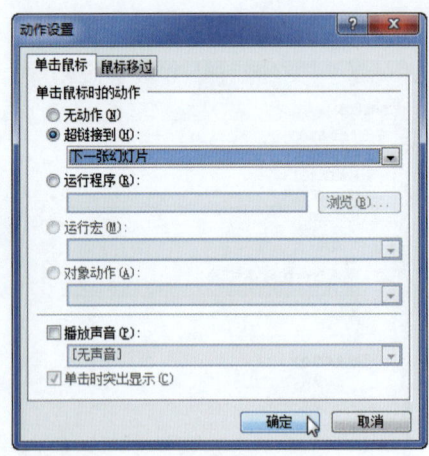

图 11-42　"动作设置"对话框

Step 03　右击添加的按钮，在弹出的快捷菜单中选择"编辑文字"命令，在按钮上输入文字"开始"，并设置字体格式，如图 11-43 所示。

Step 04　此时，在幻灯片中成功添加一个文本按钮。在幻灯片播放过程中，单击此按钮即可播放下一张幻灯片，如图 11-44 所示。

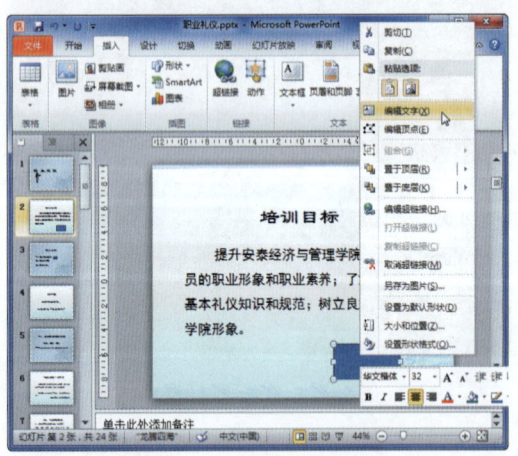

图 11-43　添加并编辑文字

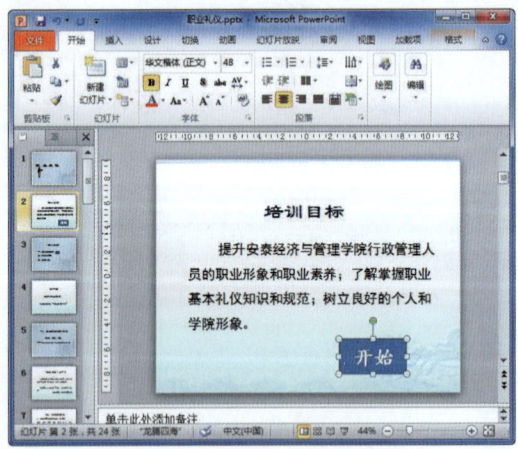

图 11-44　查看添加按钮效果

专家指导
Expert guidance

　　在将动作设置为运行程序后，在放映时触发动作会弹出提示信息框，确认打开该程序是否安全。单击"启用"按钮，只执行当前动作。启用一次后，PowerPoint 会记忆选择，下次触发该动作将不再提示。

实例 4　制作图片按钮

　　图片按钮是使用图像为背景，可以满足美术设计方面的需求，制作出更加美观的幻灯片。制作图片按钮的具体操作方法如下。

演示文稿动画设置与放映 第 11 章

Step 01 选择第 5 张幻灯片，在"插入"选项卡下单击"形状"下拉按钮，在"形状"下拉列表中单击"动作按钮：自定义"按钮，如图 11-45 所示。

Step 02 在幻灯片中绘制形状，弹出"动作设置"对话框，设置动作为超链接到"下一张幻灯片"，然后单击"确定"按钮，如图 11-46 所示。

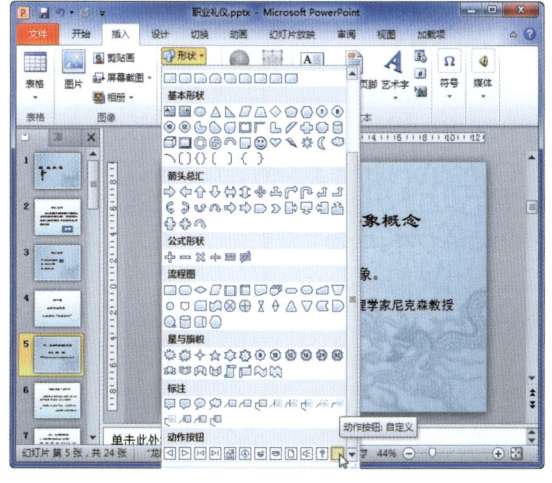
图 11-45 单击"动作按钮：自定义"按钮

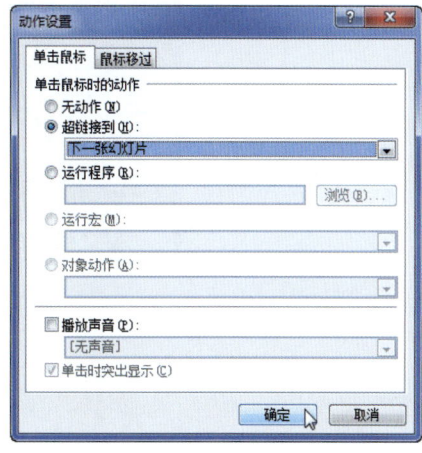
图 11-46 "动作设置"对话框

Step 03 选择"格式"选项卡，单击"形状填充"下拉按钮，在弹出的下拉列表中选择"图片"选项，如图 11-47 所示。

Step 04 弹出"插入图片"对话框，选择要插入的图片，然后单击"插入"按钮，如图 11-48 所示。

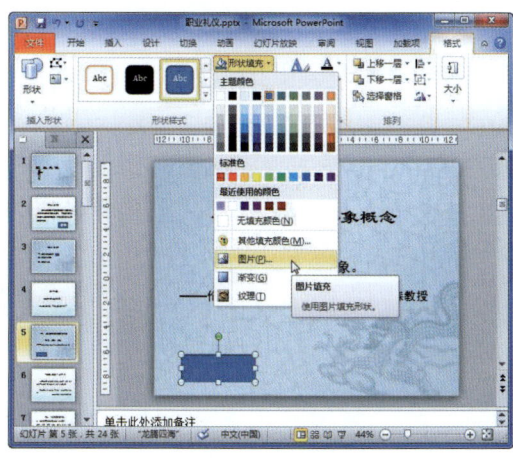
图 11-47 选择"图片"选项

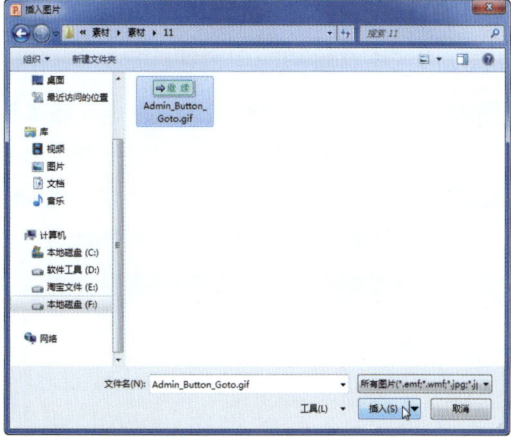
图 11-48 "插入图片"对话框

Step 05 此时，就在幻灯片中成功添加了一个图片按钮。在幻灯片播放过程中，单击此按钮即可播放下一张幻灯片，如图 11-49 所示。

中文版 Office 2010 办公自动化实例教程

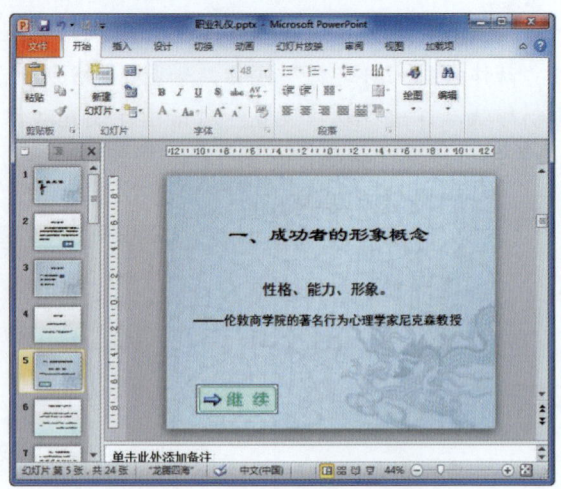

图 11-49　查看添加按钮效果

11.4　设置超链接跳转

超链接是指从一个网页指向一个目标的连接关系，该目标可以是另一个网页。在 PowerPoint 2010 中，用户可以通过在幻灯片中插入超链接来实现跳转到其他幻灯片、其他文档或网页中。本节将详细介绍如何在幻灯片中设置超链接跳转。

实例 1　添加超链接

用户可以在幻灯片中为多种对象，如文本、文本框、形状和图像等添加超链接，添加超链接的文本会自动添加字体颜色，并自动添加下划线，具体操作方法如下。

Step 01　打开"素材文件\第 11 章\建筑施工图.pptx"，选择文本对象，选择"插入"选项卡，单击"链接"组中的"超链接"按钮，如图 11-50 所示。

Step 02　弹出"插入超链接"对话框，选择"本文档中的位置"选项，在"请选择文档中的位置"列表框中选择链接位置，然后单击"确定"按钮，如图 11-51 所示。

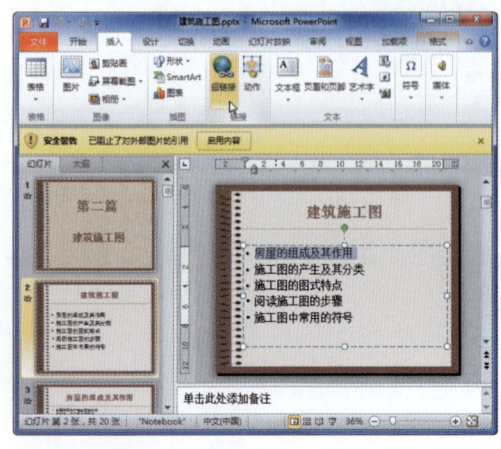

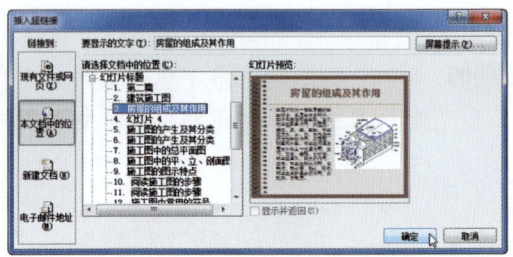

图 11-50　单击"超链接"按钮　　　　　　图 11-51　"插入超链接"对话框

Step 03 此时，就成功添加了超链接，文本颜色发生变化，并自动添加下划线，单击它即可打开链接对象，如图 11-52 所示。

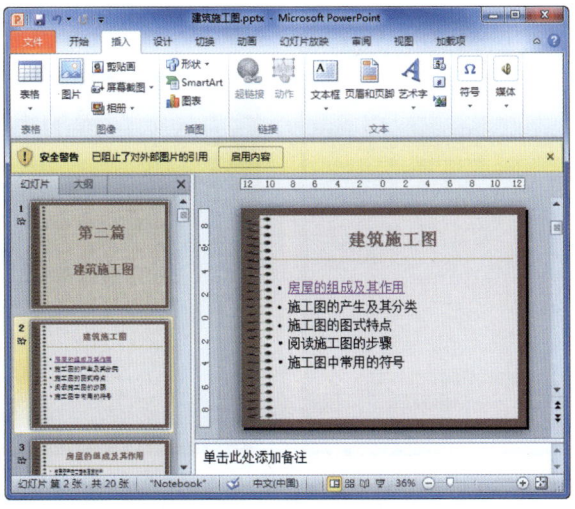

图 11-52　查看添加超链接效果

实例 2　添加动作超链接

使用超链接不仅可以在演示文稿中进行定位跳转，还可以实现文件打开功能，这一功能与交互动作按钮的作用相同，具体操作方法如下。

Step 01 选择幻灯片中的图片对象，在"插入"选项卡下"链接"组中单击"动作"按钮，如图 11-53 所示。

Step 02 弹出"动作设置"对话框，选中"超链接到"单选按钮，并在下方的下拉列表框中选择"其他文件"选项，如图 11-54 所示。

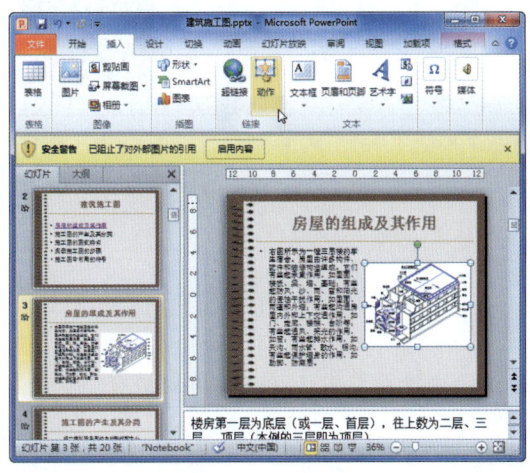

图 11-53　单击"动作"按钮

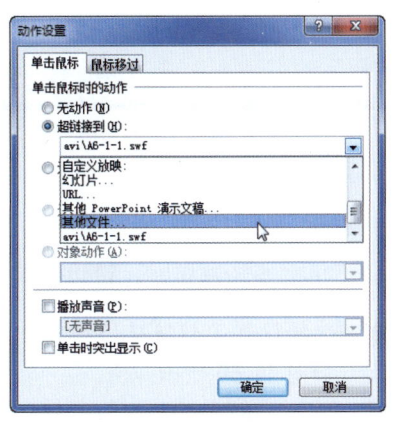

图 11-54　"动作设置"对话框

Step 03 弹出"超链接到其他文件"对话框，选择要链接的文件，然后单击"确定"按钮，如图 11-55 所示。

Step 04 返回"动作设置"对话框,单击"确定"按钮。放映幻灯片,单击设置超链接的图片对象,如图11-56所示。

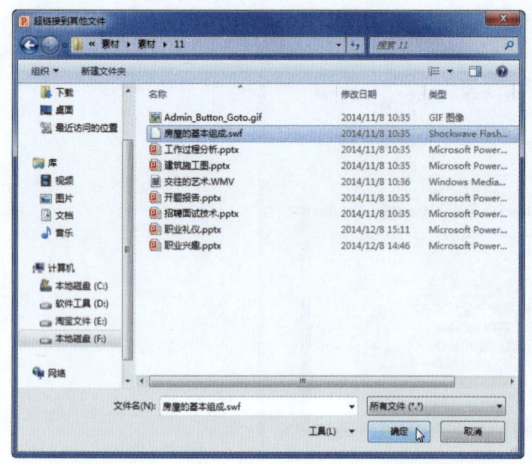

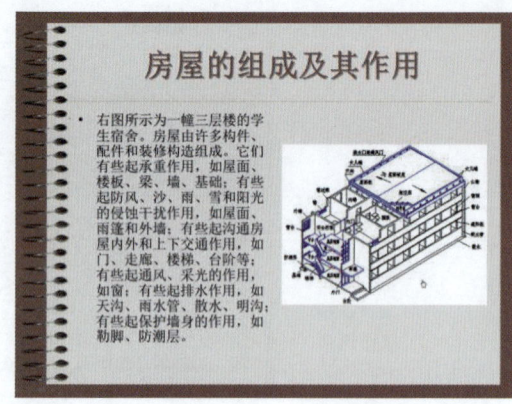

图11-55 "超链接到其他文件"对话框　　　　图11-56 单击图片对象

Step 05 此时,弹出提示信息框,单击"确定"确认操作按钮,如图11-57所示。
Step 06 如果对应的文件关联到正确的程序,即可打开文件并播放或显示,如图11-58所示。

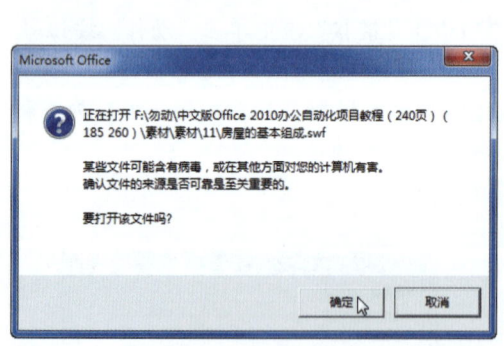

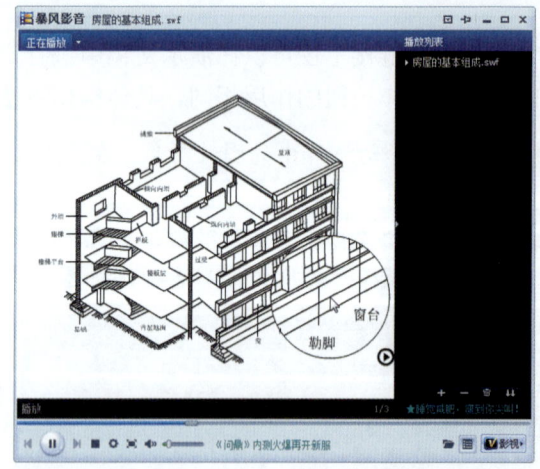

图11-57 确认操作　　　　图11-58 播放文件

实例3　删除超链接

当不再需要超链接时,可以将其删除,具体操作方法如下。

Step 01 选择设置了超链接的对象并右击,在弹出的快捷菜单中选择"编辑超链接"命令,如图11-59所示。
Step 02 弹出"编辑超链接"对话框,单击"删除链接"按钮,即可删除超链接,如图11-60所示。

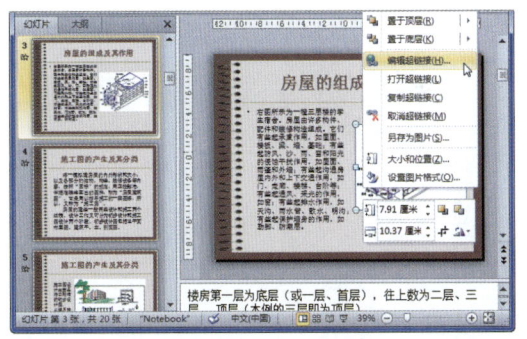
图 11-59 选择"编辑超链接"命令

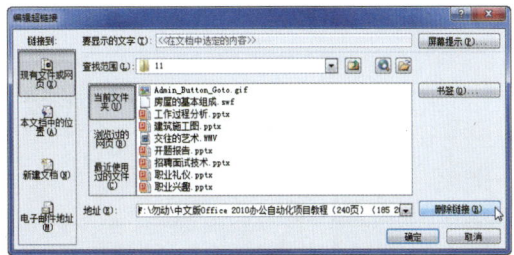
图 11-60 "编辑超链接"对话框

11.5 幻灯片放映设置

制作好幻灯片后,用户可以通过放映幻灯片来查看其演示效果。PowerPoint 2010 提供了多种放映方式和控制幻灯片放映的方法。本节将详细介绍如何对幻灯片进行放映设置。

实例 1 设置放映方式

在使用 PowerPoint 演示幻灯片时,通常可以使用多种方式进行放映。设置幻灯片放映方式的具体操作方法如下。

Step 01 打开"素材文件\第 11 章\建筑施工图.pptx",选择"幻灯片放映"选项卡,单击"开始放映幻灯片"组中的"从头开始"按钮,如图 11-61 所示。

Step 02 执行操作后,即可开始从头放映幻灯片,如图 11-62 所示。

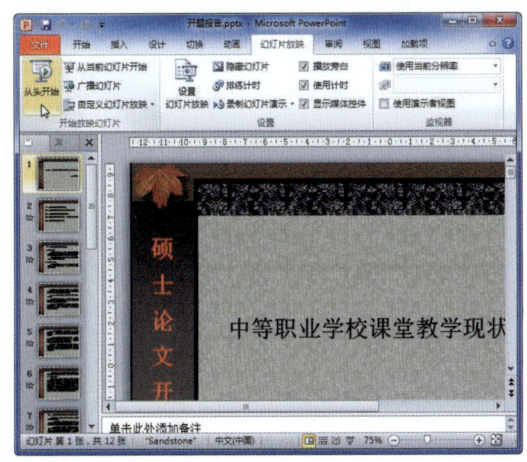
图 11-61 单击"从头开始"按钮

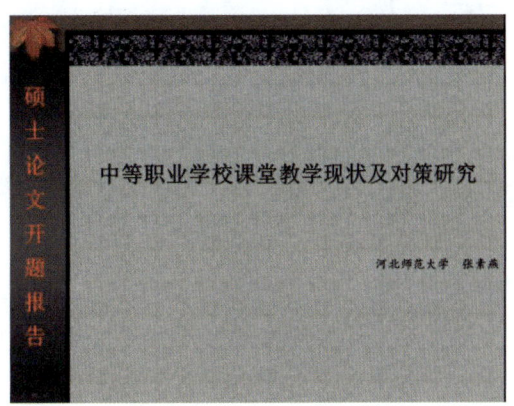
图 11-62 放映幻灯片

Step 03 在"开始放映幻灯片"组中单击"从当前幻灯片开始"按钮,如图 11-63 所示。

Step 04 执行操作后,即可从当前选中的幻灯片开始进行放映,如图 11-64 所示。

中文版 Office 2010 办公自动化实例教程

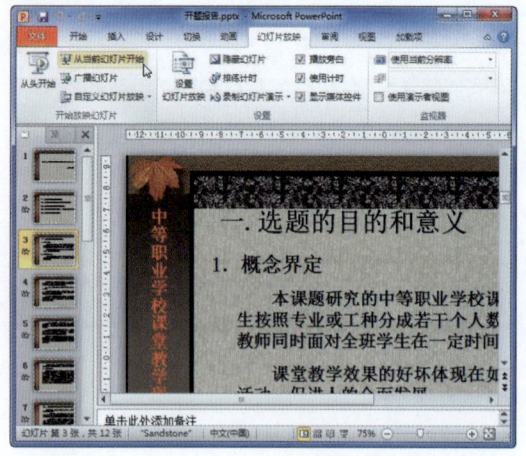

图 11-63　单击"从当前幻灯片开始"按钮　　　　图 11-64　放映幻灯片

Step 05　在"设置"组中单击"设置幻灯片放映"按钮，如图 11-65 所示。

Step 06　弹出"设置放映方式"对话框，可以设置放映类型、放映选项及换片方式等选项，然后单击"确定"按钮，如图 11-66 所示。

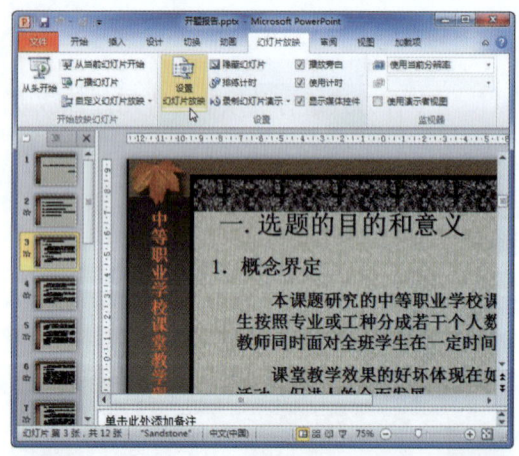

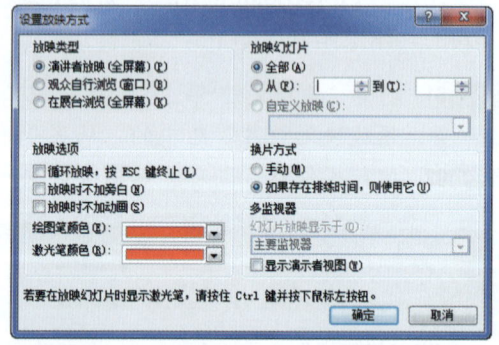

图 11-65　单击"设置幻灯片放映"按钮　　　　图 11-66　"设置放映方式"对话框

在"放映类型"选项区中包含 3 种放映方式：演讲者放映、观众自行浏览和在展台浏览。在演讲者放映方式下可以全屏显示幻灯片，在播放时可以采用人工或自动方式放映；在观众自行浏览方式下，将在标准窗口中放映幻灯片，通过底部的"上一张"或"下一张"控制按钮进行切换；在展台浏览方式下可以全屏放映幻灯片，并且循环放映。

实例 2　设置排练计时

运用"排练计时"功能可以对幻灯片的放映时间进行设置，精确控制幻灯片的播放速度。设置排练计时的具体操作方法如下。

Step 01　选择"幻灯片放映"选项卡，在"设置"组中单击"排练计时"按钮，如图 11-67 所示。

Step 02 此时将切换到幻灯片放映状态,在幻灯片放映窗口的左上角将显示"预演"对话框,如图 11-68 所示。

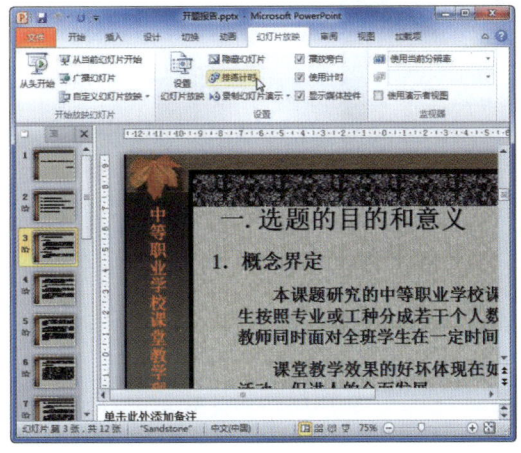

图 11-67 单击"排练计时"按钮

图 11-68 开始排练

Step 03 根据自己的需要依次切换演示对象,放映完毕后将弹出提示信息框,单击"是"按钮,保存排练时间,如图 11-69 所示。

Step 04 在"设置"组中选中"使用计时"复选框,即可使用排练时的速度放映幻灯片,效果如图 11-70 所示。

图 11-69 保留排练时间

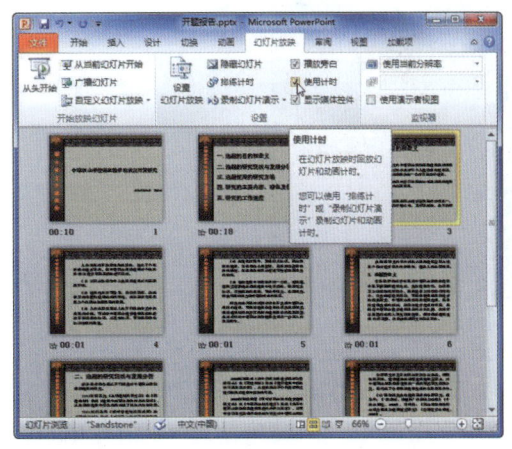

图 11-70 选中"使用计时"复选框

实例 3 设置放映顺序

如果没有设置自动换页,在幻灯片放映过程中还可以控制幻灯片放映顺序,具体操作方法如下。

Step 01 选择"幻灯片放映"选项卡,在"开始放映幻灯片"组中单击"从头开始"按钮,如图 11-71 所示。

Step 02 此时开始从头放映幻灯片,单击幻灯片演示窗口左下角的"下一张"按钮,即可切换到下一张幻灯片,如图 11-72 所示。

中文版 Office 2010 办公自动化实例教程

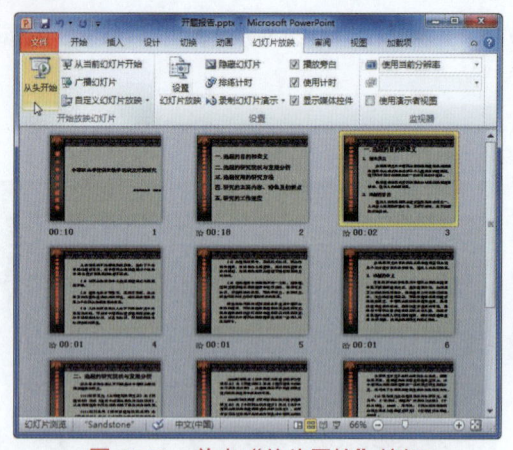

图 11-71　单击"从头开始"按钮　　　　　图 11-72　单击"下一张"按钮

Step 03 单击幻灯片演示窗口左下角的"上一张"按钮，即可切换到上一张幻灯片，如图 11-73 所示。

Step 04 右击幻灯片，在弹出的快捷菜单中选择"定位至幻灯片"命令，可以选择要切换到的幻灯片，如图 11-74 所示。

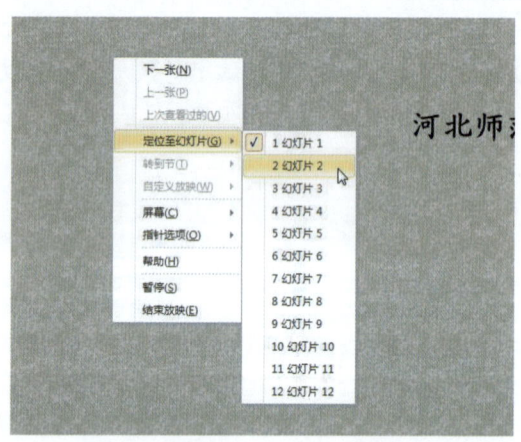

图 11-73　单击"上一张"按钮　　　　　　图 11-74　定位至幻灯片

11.6　打包与发布幻灯片

　　PowerPoint 2010 提供了多种输出幻灯片的方法，用户可以将制作出来的演示文稿打包成 CD，或直接发布到幻灯片库中。本节将详细介绍如何对幻灯片进行打包与发布。

实例 1　打包幻灯片

　　用户可以将演示文稿打包成 CD，并刻录成光盘，这样将光盘放到其他计算机上就可以直接进行演示。打包幻灯片的具体操作方法如下。

Step 01 单击"文件"按钮，选择"保存并发送"选项，在中间窗格中选择"将演示文稿打包成 CD"选项，然后单击右窗格中的"打包成 CD"按钮，如图 11-75 所示。

Step 02 弹出"打包成 CD"对话框，为 CD 重新命名，并选择要复制的演示文稿，然后单击"复制到 CD"按钮，如图 11-76 所示。

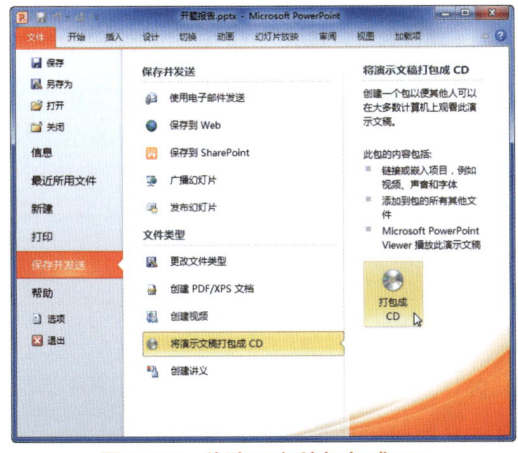

图 11-75 将演示文稿打包成 CD

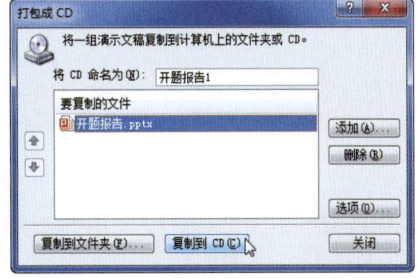

图 11-76 "打包成 CD"对话框

Step 03 在弹出的信息提示框中单击"是"按钮，即可打包幻灯片，如图 11-77 所示。

图 11-77 确认打包操作

实例 2 发布幻灯片

用户还可以将幻灯片发布到 Office Share Point Viewer 2010 服务器上的幻灯片库中，这样以后可以共享并重复使用这些幻灯片。发布幻灯片的具体操作方法如下。

Step 01 在"文件"选项卡的左窗格中选择"保存并发送"选项，在中间窗格中选择"发布幻灯片"选项，然后在右窗格中单击"发布幻灯片"按钮，如图 11-78 所示。

Step 02 弹出"发布幻灯片"对话框，单击"全选"按钮，并选择幻灯片的保存位置，然后单击"发布"按钮，即可将所选的幻灯片发布到幻灯片库中，如图 11-79 所示。

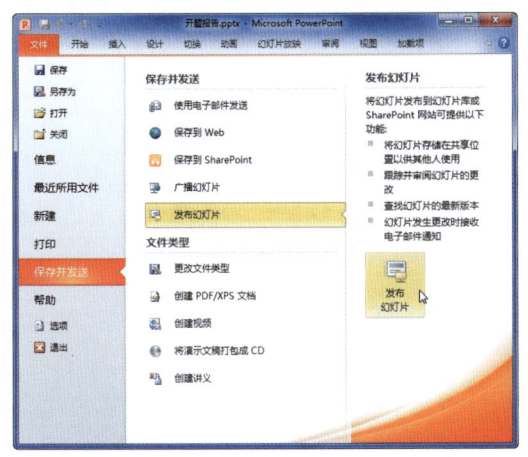

图 11-78 单击"发布幻灯片"按钮

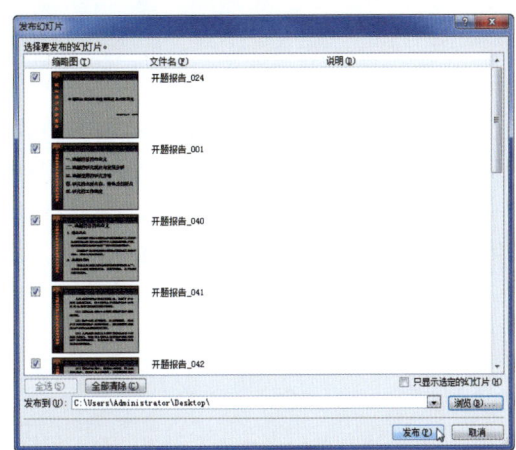

图 11-79 "发布幻灯片"对话框

本章小结

本章主要介绍了制作简单和复杂动画效果、设置交互按钮、设置超链接跳转、幻灯片的放映设置和打包与发布等内容。通过对本章的学习，读者应重点掌握以下知识：①在演示文稿中添加和设置动画效果。②在演示文稿中添加和设置交互按钮。③在演示文稿中添加超链接。④根据需要设置幻灯片放映方式、打包与发布幻灯片。

本章习题

打开"素材文件\第 11 章\花卉品种演示.pptx"演示文稿，首先为标题和图片添加进入动画效果，然后添加切换效果和声音，最后设置放映持续时间。

操作提示：

1. 选择第 1 张幻灯片，选中标题文本框，选择"动画"选项卡，在"动画"组中单击"动画样式"下拉按钮，在弹出的下拉列表中选择"缩放"选项，如图 11-80 所示。

2. 选择花卉图片，在"高级动画"组中单击"添加动画"下拉按钮，在弹出的下拉列表中选择"更多进入效果"选项，如图 11-81 所示。

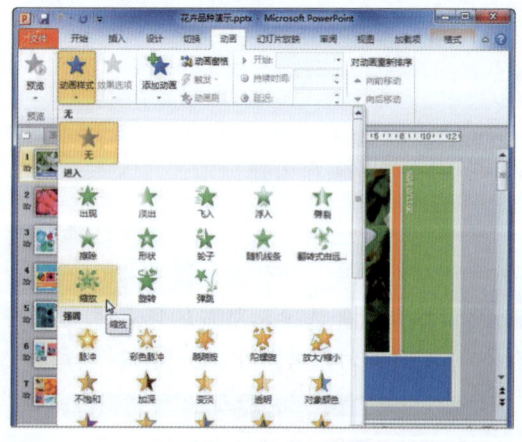 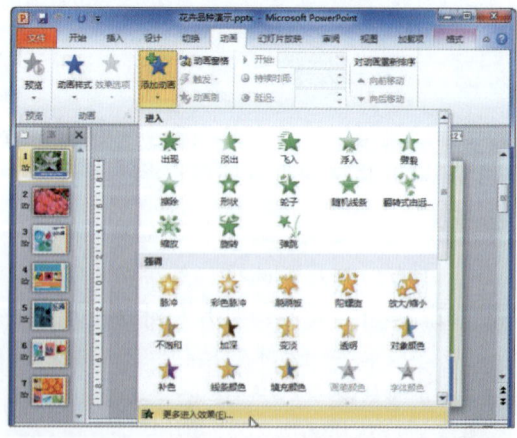

图 11-80　选择"缩放"选项　　　　　　图 11-81　选择"更多进入效果"选项

3. 弹出"添加进入效果"对话框，在"基本型"选项区中选择"菱形"选项，然后单击"确定"按钮，为所选对象添加动画效果，如图 11-82 所示。

4. 选择花卉图片，在"动画"组中单击"效果选项"下拉按钮，在弹出的下拉列表中选择"方框"选项，如图 11-83 所示。

演示文稿动画设置与放映　第 11 章

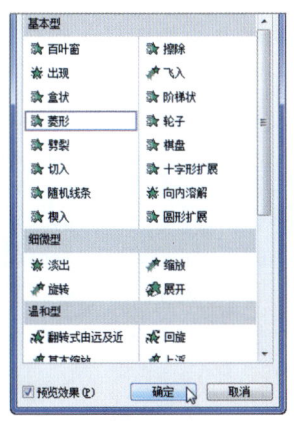

图 11-82　"添加进入效果"对话框

图 11-83　选择"方框"选项

5. 参照上述方法，为各幻灯片中的其他对象添加动画效果，如图 11-84 所示。

6. 选择第 1 张幻灯片，选择"切换"选项卡，单击"切换方案"下拉按钮，在弹出的下拉列表中选择"涟漪"选项，如图 11-85 所示。

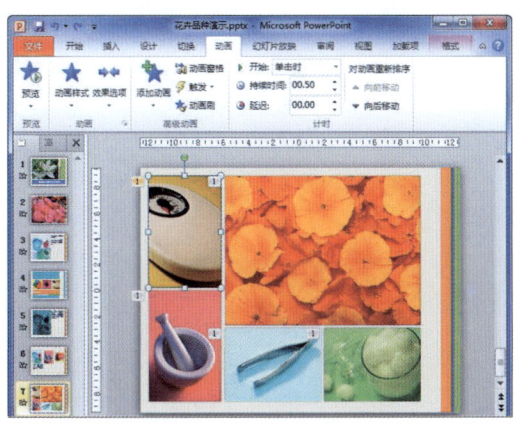

图 11-84　为其他幻灯片添加动画效果

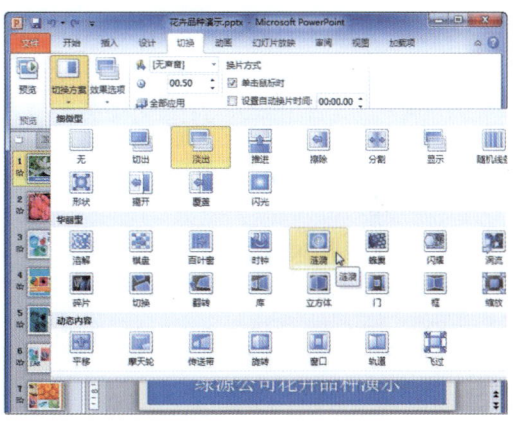

图 11-85　选择"涟漪"选项

7. 单击"效果选项"下拉按钮，在弹出的下拉列表中选择"从左下部"选项，如图 11-86 所示。

8. 在"计时"组中单击"声音"下拉按钮，在弹出的下拉列表中选择"微风"选项，即可设置切换幻灯片时的声音，如图 11-87 所示。

图 11-86　选择"从左下部"选项

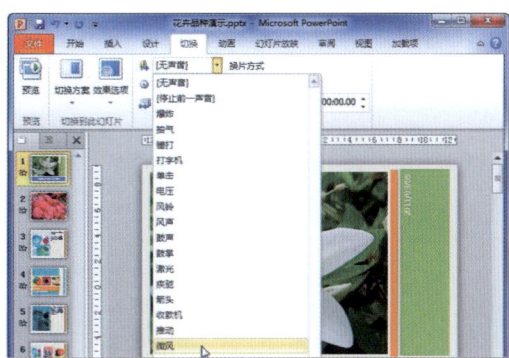

图 11-87　选择"微风"选项

257

9. 在"计时"组中设置"持续时间"为 02.00，继续设置其他幻灯片的切换方式和持续时间，如图 11-88 所示。

10. 此时即可完成整个案例的制作，按【F5】键预览演示文稿，效果如图 11-89 所示。

图 11-88　设置持续时间

图 11-89　预览演示文稿